高等职业学校西式烹饪工艺专业教材

西式烹饪工艺与实训

Western Culinary Art and Practice

郭晓赓 ◎ 主编

中国轻工业出版社

图书在版编目（CIP）数据

西式烹饪工艺与实训 / 郭晓赓主编 . —北京：中国轻工业出版社，2022.2
高等职业学校西式烹饪工艺专业教材
ISBN 978-7-5184-3090-1

Ⅰ . ①西… Ⅱ . ①郭… Ⅲ . ①西式菜肴—烹饪—高等职业教育—教材 Ⅳ . ① TS972.118

中国版本图书馆 CIP 数据核字（2020）第 127752 号

责任编辑：贺晓琴　　责任终审：白　洁　　整体设计：锋尚设计
策划编辑：史祖福　　责任校对：朱燕春　　责任监印：张　可

出版发行：中国轻工业出版社（北京东长安街6号，邮编：100740）
印　　刷：艺堂印刷（天津）有限公司
经　　销：各地新华书店
版　　次：2022年2月第1版第1次印刷
开　　本：787 × 1092　1/16　印张：21.75
字　　数：502千字　　插页：3
书　　号：ISBN 978-7-5184-3090-1　定价：68.00元
邮购电话：010-65241695
发行电话：010-85119835　传真：85113293
网　　址：http://www.chlip.com.cn
Email：club@chlip.com.cn
如发现图书残缺请与我社邮购联系调换
190411J2X101ZBW

前言

从学生时代学习烹饪到现在成为一名烹饪教育工作者，多年来，我发现实训作为教学的重要组成环节，直接影响学生理解和掌握西式烹饪技能的水平。虽然市面上每年都会涌现出各种有关西餐学习的教材，但有关西式烹饪工艺实训方面的教材却一直比较欠缺。因此，我认为，目前无论是学生还是教师都急需一本以西餐理论知识与实际操作为基础、全新编排的教材。

本人总结多年在法国学习和工作的经验，吸取法国烹饪教育的优点，参考了大量国外职业院校的西餐实践教科书，总结西餐实际操作基础和工艺的实践方法，同时结合现行中国职业教育的特点，编写了这本有关西式烹饪文化及工艺实训的教材。本教材配备大量的图片，务求使内容深入浅出，更直观地展现西式烹饪工艺的各个步骤，清晰而全面地指导学生学习烹饪所必需的实际应用知识。通过揣摩教材中系统、规范的实践演示，使学生对西式烹饪工艺能够轻松地理解和掌握，大大提高学习的效率。

本教材着重于基础，继承传统，收集了来自欧洲著名的经典、传统菜肴食谱。与此同时，本教材详细介绍了西餐历史文化、食材特性、厨房卫生安全知识、厨房常用设备与工具等，这些内容的编排都是为了方便学生更全面地了解烹饪知识和技能在实际环境中的应用。本教材按照原料的加工方法、烹调的工艺进行编排，有利于学生进行系统的实际操练，为进一步制作多样化的西餐菜肴打下基础。

本教材融合知识性、科学性、实用性于一体，既可作为高等职业院校、成人高等院校等的专业教材，也可用于旅游企业、各地旅游培训部门对各岗位员工进行岗前或在岗培训及其他相关人员和西餐业余爱好者的学习和参考用书。

《西式烹饪工艺与实训》一书的出版可以进一步丰富西餐教学的内容，同时也进一步完善本科院校和高等职业院校烹饪专业的教学书籍架构，填补实训教材空缺，提高教学质量，同时也顺应高等职业教学改革的方向。

本教材由北京联合大学规划教材建设项目资助。在编写过程中特别感谢我的师傅郭亚东教授和导师王美萍教授，他们不仅在平时的工作中帮助我进步，而且为本书的内容和编排提出了很多专业的建议和指导，另外还要感谢我的挚友伊晨厨师长提供的一些相关菜谱，北京七十公斤餐饮科技有限公司王萌先生的鼎力支持以及Agrarmarkt Austria Marketing GmbH公司和Industriels et elereurs de Poitou Charentes公司提供的图片。

由于作者水平有限，书中疏漏和错误之处在所难免，希望各位专家学者和读者批评指正。

郭晓赓

2021.4于北京

目录

上篇 西方餐饮文化

第一章 西方烹饪发展历史…… 2

中篇 西餐厨房与原料加工

第二章 西餐厨房认知……18
第一节 厨房人员组织结构…… 18
第二节 厨房类型及设备工具…… 21

第三章 原料初加工工艺……43
第一节 刀工知识…… 43
第二节 蔬果类原料加工工艺…… 51
第三节 畜肉类原料加工工艺……119
第四节 禽肉类原料加工工艺……153
第五节 水产类原料加工工艺……168

下篇 西式烹调工艺

第四章 基础烹调准备工艺…… 194
第一节 基础汤制作工艺……194
第二节 传统基础少司制作工艺……208
第三节 辅助原料制作工艺……241

第五章 烹调热加工工艺…… 261
第一节 以水为介质的热加工工艺……261
第二节 以油为介质的热加工工艺……300
第三节 以空气为介质的热加工工艺……323

参考文献…… 340

上篇

西方餐饮文化

第一章　西方烹饪发展历史

西方烹饪作为西方文化的组成部分，发展至今有数千年历史。根据资料记载，古代巴比伦人在象形文字中记录了当时西餐的种类和烹调方法。如今的西餐以用料和口味变化、餐具的考究、进餐环境的幽雅和隆重的餐桌仪式而闻名。

西方烹饪的发展历经古代、中世纪、近代和现代，这些过程与其文化、政治等因素是分不开的，而且每个阶段都有自己特定的关于烹饪的历史事件，直至发展到今天所呈现给我们的样子。特别是具有鲜明代表性的法国烹饪，无论是在厨师、烹饪技艺、烹饪著作、用餐服务、烹饪科学等方面都为西方烹饪的发展提供了坚实的基础。

一、史前时期

恩格斯指出："摩擦生火第一次使人支配了一种自然力，从而最终把人同动物界分开。"火的使用是人类第一次能源革命的开端，它结束了茹毛饮血的蒙昧时代，从生食到熟食，使人类生活进入了一个文明的新时代。

1. 主要人物

原始人。

2. 主要事件

（1）火和发酵技术的发现。

（2）食物和饮品的制作与保存方法得到改进，从根本上改变了食物短期内腐烂的问题。

3. 烹饪技术的演变

（1）运用烹饪器皿（石板、羊皮袋、瓦器提高烹饪方法和避免烧焦食物的危险）烹制食物。

（2）陶器出现后，陆续有了盐、油等调味品。

（3）面粉、谷物（饼）也相继出现。

二、希腊—罗马时期

公元前2000年左右，古希腊的克里特岛、爱琴海诸岛、爱奥尼亚群岛和小亚细亚半岛西部沿海地带的古希腊人逐渐吸取古埃及和西亚的先进文化，创造了欧洲最古老的文化——爱琴文化。

从公元前10世纪初在意大利半岛中部兴起的古罗马文明，在公元1世纪前后扩张成为横跨欧洲、亚洲、非洲的庞大罗马帝国。从北非到小亚细亚，以及现在的法国和西班牙都包括在内的罗马帝国吸收了古希腊的先进文化，对餐饮也开始重视起来，并继续发展到了一个新的水平，后来影响了大半个欧洲，被誉为"欧洲大陆烹饪之始祖"。

1. 主要人物

（1）阿彻斯特（Archestrate） 诗人、旅行家，出版了*Gastronomie D'Archestrate*。

（2）鲁库鲁斯（Lucullus） 伟大的战略家，在自己的住所举办了奢侈豪华的宴会，他的名字意味着富有。

（3）阿比斯（Apicius） 有4部小说有他的名字，都是关于餐桌艺术的。重要的一点是如何保存新鲜的生蚝。他开办了一所烹饪学校，并且出版了*Ars Magirica*一书。

2. 主要事件

（1）根据希腊罗马神话的标准组织安排食物及其烹饪。

（2）罗马帝国在帕兰丁山建立了厨师学校，以发展西餐烹调艺术。

（3）公元4世纪，罗马成立专门的烘焙协会。

（4）重大的进餐节日：（古希腊的）酒神节（主要是饮酒和性放纵）。

3. 餐饮服务

（1）餐桌上出现剁碎或泥状食物，这种做好的食物，里面的原料是识别不出来的。

（2）酒中掺有多种物质的应用，如海水、石灰、松香等。

（3）古希腊受埃及文化的影响，贵族阶层很讲究食物，日常食物已经有山羊肉、绵羊肉、牛肉、鱼类、奶酪、大麦面包、蜂蜜面包和芝麻面包等。同时还发明了水果蛋糕和杏仁蛋糕塔，蜂蜜也得到了广泛的使用。

（4）古罗马人的食品原料相当丰富，有西班牙的泡菜、法国的火腿、利比亚的石榴、英国的牡蛎、印尼的香料等。

（5）调味料及香料的用法已大有进步，调味品都由多种原料复合而成。如由蛋黄、素油、柠檬、胡椒粉、芥末等调和而成的调味品，就是现在的马乃司。有的贵族还用家族的名字作为调味品的名称，以显示自己家族的权威。

（6）食物的耗费量、餐具的豪华程度都是主人地位高低的标志。

（7）人们的用餐方法仍是以抓食为主。

4. 烹饪技术的演变

（1）火上烹饪技术的出现，如煎、炸、烤、焖、蒸、煮、炙、熏等均已出现。

（2）新产品有啤酒、面包、蛋糕、橄榄油、葡萄酒、奶酪、布丁、摊鸡蛋、鱼酱油汁（以鱼为基础的少司）等。

（3）鱼、贝类和蔬菜的特殊选用。

（4）烹饪中增加咸、甜和辛辣味道。

（5）烹调同时成为各种保存食物的方法，如烟熏及盐腌的猪肉和鱼肉、内脏，制作乳酪和面包等。

（6）烹调方法进一步完善，数十种少司的制作被发明并流传使用。

5. 代表食品

在5世纪出现高卢蜂蜜酒，它是蜂蜜与水混合放入罐中发酵而成的酒。

三、中世纪时期

公元476年，西罗马帝国灭亡后，居住在北欧的日耳曼人各部落向南迁移，在其废墟上逐渐建立起一系列封建割据的国家，并与当地居民融合。日耳曼民族以肉食为主，其饮食习惯影响了西方各国，这时，整个欧洲进入了所谓的“黑暗中世纪”，在前后大约1000年的时间里，欧洲大部分地区的餐饮文明和其他文明一样发展得比较缓慢，社会上一些旅馆只提供套餐服务。

1. 主要人物

泰优凡（Taillevent Guillaume Tirel），用法文编写了第一本烹饪法典*Le Viandier*，书里记载了许多珍贵的食谱，菜式丰富且使用了各式香料，使英国人打破了传统的和单一的烹调方法。

2. 主要事件

（1）欧洲经济复苏出现了新的技术文化资源的增长，运输改善，多种产品交换和商业得到发展。

（2）城市越来越重要，市场和集市的组织，食品行业的结构发生改变，如药剂师卖香料。

（3）为了放置菜品，出现炉灶和桌子（13世纪）。

（4）多种烹饪炊具出现（长柄平底锅、炖锅、煎盘等）。

（5）马可·波罗发现了印度之路，有利于香料商业化。

（6）英格兰人在生活习惯、语言、烹调方法等方面都受到法国人长期的影响。

（7）1183年，伦敦出现第一家小餐馆，小餐馆出售以鱼类、牛肉、家禽为原料的西餐菜肴。

（8）食物安全保存，涉及的保存方法主要有以下几种。

①新鲜的原料：在城市周围种植蔬菜，在城市里饲养牲畜。

②寻找干净水源：厨房通常会设置在井边，旁边配有石槽，用于冲洗餐具和工具。

③烹制前要点：需要用水将原料烫煮，特别用于处理肉类原料。

④长期保存：肉用盐腌渍、风干或烟熏保存，蔬菜浸泡在醋中或蜂蜜中长期保存。

（9）中世纪食材及饮料如下。

①谷类是中世纪欧洲人最重要的主食，裸麦、大麦、荞麦、燕麦最为盛行。

②中世纪欧洲沿海地区，海鲜更是每日必备，但由于运费昂贵，鱼类在中欧等内陆地带也相当昂贵。鲱鱼和鳕鱼是最主要的鱼获，其他常见鱼类有梭子鱼、鲈鱼、七鳃鳗和鲑鱼等。不少软体动物也颇为常见，如生蚝、青口、扇贝等。

③中世纪猪肉最为流行，几乎会吃尽动物每一部分。耳、舌、尾、嘴以至子宫，全部会入馔；而肠、膀胱、胃会用来做肠衣，或复活节时用来做人造巨蛋。

④除了常见的肉类外，还有刺猬和箭猪。在禽鸟方面，几乎会吃所有狩猎而得的雀鸟，当中有天鹅、孔雀、鹌鹑、山鹑、鹳鸟、丹顶鹤、百灵鸟，这些禽类现均已不用于烹饪原料当

中，天鹅、孔雀、鹅和鸭被当时的人饲养，但鸡才是所有家禽中被最多人食用的。

⑤中世纪常见蔬菜有卷心菜、甜菜、洋葱、蒜、胡萝卜。

⑥水果是另一种广为采用的食材，中世纪南欧较多用柠檬、柚子、苦橙、石榴、葡萄，北欧多会用苹果、梨、杨梅和草莓。枣椰树果实和无花果在欧洲各地流行。

⑦欧洲原生的香料使用，包括鼠尾草、芥末、香芹、香菜、薄荷、莳萝和茴香。进口香料一直是奢侈的，比如黑胡椒、藏红花、肉桂、桂皮、孜然、肉豆蔻、姜和丁香。

⑧中世纪葡萄酒被广为接纳，当时欧洲也有蜂蜜酒和用骆驼奶或马奶制成的酸奶，在北欧以麦酒和啤酒较常见。

⑨直到12世纪，阿拉伯人发明琉璃水冷蒸馏器后，欧洲才开始大规模以此法制造饮料。中世纪的学者相信蒸馏法能把液体精华提炼出来，一律把蒸馏液体称为“Aqua Vitae（生命之水）”。从13世纪起，一种称作Hausbrand（德文：家中烧制之意）的蒸馏酒开始流行并成为日后白兰地的雏形。

3. 餐饮服务

（1）法国菜式的服务由3 ~ 6步组成，从头盘、主菜、甜点，每道菜上桌都有自己的一套服务，每一步骤都应受到重视。

（2）当时没有盘子就用锯刀把大块的面包切开，掏空后盛装食物。没有玻璃杯，两人会共用圣餐酒杯。没有叉子，吃饭切肉用的是匕首，没有专用的餐刀。

（3）吃饭时用手指抓饭吃，然后用台布来擦手。

（4）客人所吃的肉是由主人来分的。

4. 烹饪技术的演变

（1）煨、炖方法出现，所有的肉在烤制之前煮制。独有的技术和卫生使肉变得柔软鲜美，补偿成熟过程的不足和避免不自然的味道使微生物滋长蔓延。

（2）酸和辛辣的少司（酸葡萄）用蛋黄使之黏稠或者面包碎加糖和蜂蜜的使用。不用油脂因为它抑制了家禽的香味。如在当时非常有名的绿汁，是由面包、酸葡萄汁、番芫荽、姜和醋制作而成。

（3）香料的四种功能如下。

①社会等级的区分。

②掩蔽菜肴的不良味道，增加独特的香味。

③预防疾病。

④一些贵族所食用的菜品开始进行装饰。

5. 代表菜品

多定（Dodine，禽肉去骨，包馅等，再用布包裹成卷，煮熟后放凉食用），烤鸡蛋，白切鸡，香葱生蚝，德国肉冻（畜肉、鸡肉、兔肉、七鳃鳗等原料），栗子鸡，辣汁兔肉。

四、文艺复兴时期

直到15世纪中叶，文艺复兴从意大利兴起并逐渐扩大至欧洲各国，其影响遍及文学、哲学、艺术、政治、科学、宗教等各个方面。餐饮文化也和其他文化一样，以意大利为中心发展起来。这个时期的意大利，烹饪成为一种时尚。

1. 主要人物

（1）普拉廷（Platine de Crémone） 作家和美食家。他在1474年出版了第一本关于烹饪的书籍*Le Traité de L'honeste Volupté*，他喜欢使用小调味品，以及柠檬、橙子、香茅和姜。他推崇蔬菜、沙拉、烤肉，还有中世纪的少司，这些都出现在他的十本书中，同时还有准备膳食的描述，如水果、奶制品、鸡蛋、蜂蜜、香料、肉类、鱼类等。最后一本书还涉及葡萄酒的内容。

（2）兰瑟洛（Lancelot de Casteau） 16世纪列日省三王子主教的烹饪大师。1604年出版的书籍*Ouverture de Cuisine*通常被认为是超越中世纪食谱并成为高级烹饪的法典。

（3）欧利维耶（Olivier de Serres） 一位法国作家和土壤科学家。他的书*Le Thétre D'agriculture* 于1600年出版。他是推荐葡萄酒种植者，种植5～6个品种葡萄来降低作物失败的风险，提倡轮作。

2. 主要事件

（1）自从1492年哥伦布发现美洲大陆以来，新大陆的香料、番茄、玉米等食物被带到西班牙，其中还包括从墨西哥带回的巧克力。

（2）当时的巧克力被当作饮料饮用，相当珍贵。但是，1660年西班牙的玛莉亚德瑞莎公主嫁给法国国王路易十四，将固态的巧克力当作嫁妆带到巴黎，巧克力因而渐渐在法国流传开来。

（3）1533年，意大利佛罗伦萨贵族，梅德契家族的卡特琳娜公主嫁给法国的亨利二世，这是西餐历史的一大转折点。当时法国宫廷非常奢华，晚餐多达十几道菜，但是进食仍停留在用手抓的阶段。卡特琳娜公主从意大利带了许多随行人员，包括厨师、仆人、种菜及饲养家畜的农人、设计炉灶的工匠等，将经过文艺复兴时期洗礼的饮食文化带入法国。从此法国宫廷开始使用刀叉，餐宴也不再只限于男性参与。此外，冰淇淋等新口味也出现在餐桌上。

在这个时期，对于食物烹饪掌握较好的人要数拉伯来（Rabelais）了，他是一个意大利厨师，是卡特琳娜把其带到法国。他改变了法国烹饪（菜品），人们开始用水果做菜，吃得量逐渐变少，同时会挑选适合的菜品，在餐前食用开胃菜。

通过卡特琳娜和亨利二世的联姻、玛丽与亨利四世的联姻，使得意大利烹饪技艺在欧洲的传播具有深远的意义。

（4）玛莉亚德瑞莎之子菲利五世，为了继承西班牙王室，在1759年从法国回到西班牙。由此西班牙上流阶层的生活习惯受到法国王室的影响，并逐渐喜欢上法国的宫廷菜。

3. 餐饮服务

（1）受意大利影响，出现两齿叉子与独立的盘子（法恩扎陶器Faenza）一起使用。但在

1000年前后拜占庭就采用刀叉进食，这使得欧洲人颇为惊讶和激动。

（2）用手将菜盛到自己的盘中食用，所以洗手成为用餐过程中必要的程序。

（3）圣餐杯被水晶玻璃杯（Murano穆拉诺玻璃，是意大利威尼斯所产）所取代，使得餐桌上的物品更加精美。

（4）1605年，英国牛津出现了第一家咖啡厅。

4. 烹饪技术的演变

（1）意大利出现了甜点、胶冻食品、小杏仁饼、香料面包和牛轧糖。

（2）新世界食物原料的使用，如番茄、玉米、马铃薯、咖啡、菊芋、辣椒、四季豆、巧克力等。

（3）甜食、糖果制造业诞生。

（4）在厨房出现了半自动化的烤肉铁扦。

5. 代表菜品

加泰罗尼亚式鹧鸪（Perdrix a la Catalane），将鹧鸪的翅膀关节和大腿关节切断，塞入身体里。然后将胸脯打开，在腹腔内放入丁香、柠檬汁或橙汁，搅拌均匀，烤制成熟，热食。

五、17世纪伟大烹饪的诞生

17世纪被称为伟大的烹饪时代，路易十四时期，随着期间法国国力的上升，也因为路易十四自己也爱好奢华，法国宫廷的餐宴的豪华已经成为欧洲各国之冠。路易十五更是将法国菜进一步发扬光大。厨师们的社会地位也随之大为提高，其成了一项既高尚又富于艺术性的职业。一时间法国食坛百家争鸣，好一派欣欣向荣的景象。在思想界伏尔泰率先提出在火鸡中放入菇类可以增加鲜味；卢梭也成为西方最早的素食主义者，反对吃肉。

1. 主要人物

（1）皮埃尔瓦蓝（Pierre la Varenne） 厨师、政府人员、作家。1640年前后，他成为时任法国大元帅沙龙布莱德（Chalon du Bled）的厨师，他写了两本划世纪巨作*Le Cuisinier François*和*Le Pâtissier François*，这两本书一经出版就获得了空前成功，图书不断再版但仍然一书难求。

（2）弗兰索瓦·马斯阿洛（François Massialot） 皇家厨师，服务于路易·菲利普一世、奥尔良公爵、路易十五的兄弟、路易·菲利普二世。著作有*Le Cuisinier Royal et Bourgeois*、*Le Nouveau Cuisinier Royal et Bourgeois*等。

（3）弗兰索瓦·瓦戴尔（François Vattel） 著名法国厨师。

（4）尼古拉斯（Nicolas de Bonnefond） 路易十四的侍从，他编写了一本名为*Le Jardinier François*的图书，书中详细介绍了水果的各种保存方法，还介绍了果酱和杏仁膏。他对园艺和烹饪蔬菜非常感兴趣，他建议蔬菜带皮水煮，不提倡将原料混合，一定展现蔬菜的本来面貌。

2. 主要事件

（1）16世纪意大利人的烹调方法传入法国后，烹饪技术经历了又一个巨大的发展阶段。看到法国丰富的农产品，厨师们有了创作新菜肴的尝试，烹饪技术在法国得到广泛的传播。

（2）到了1638—1715年，由于讲究饮食而被人称为美食家的法国国王路易十四在宫廷中发起了烹饪大赛，努力培养法国自己的本土厨师以摆脱对于意大利人的依赖。优胜者颁发蓝带奖章及奖赏，这成为全法国厨师们梦寐以求的目标，从而推动了烹饪业的蓬勃发展。

（3）咖啡馆的经营模式发生转变。自从1674年第一家普各伯咖啡馆（Le Procope）在巴黎出现，之后越来越多的咖啡馆拥有业内一流的餐饮服务和顶级的西餐环境。当时大致是这样的情景：圆顶咖啡馆（La Coupole）是属于“野兽派”的，力普咖啡馆（Lipp）聚集着“迷惘的一代”，普各伯咖啡馆（Le Procope ）成为“莎士比亚书屋”作者们的校对室，海明威坐在丁香园咖啡馆（Closerie des Lilas）一个靠窗户的位置构思他的《太阳照常升起》。

最后，说到普洛科普咖啡厅还会让人想到的是思想家聚会场所，咖啡馆也就成为之后法国大革命的温床。

3. 餐饮服务

（1）服务更加精心，程序复杂，餐桌具有等级划分：根据人们社会地位等级，主人不进入菜品餐桌服务，餐桌菜品也相对不同。

（2）注重餐桌卫生，公共的餐具逐渐变为个人特有餐具，包括餐巾。

（3）哥特式上菜的顺序有严格的要求，在汤和头盘之后，上烤肉，然后上甜品。

（4）在餐桌上形成金字塔的形状，整体统一和谐，形成视觉和嗅觉的愉悦。就餐客人在每个位置都可以接触每道菜品，特别的菜品要放在中间的位置，四个角为中等的盘子，之间为四个小些的盘子，最边上是八个最小的盘子（图1-1）。

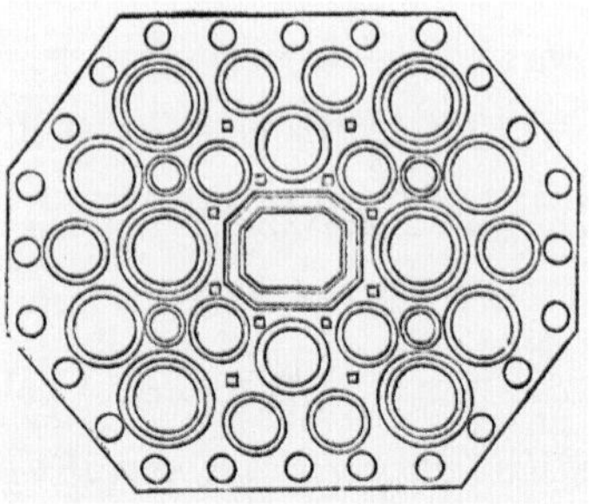

图1-1 金字塔形摆放形式

4. 烹饪技术的演变

（1）出现焖汁和精品少司，使用面包、面粉、蛋黄、黄油炒面和收汁的方法使汤汁浓缩，增稠。

（2）减少香辛料的使用，尊重食物本身的口味。

（3）基础汤的精华诞生，在肉中加入香料束，最后过滤，制成少司、烧汁。

（4）妇女喜欢吃的慕斯食品、千层饼（拿破仑酥）出现。

（5）美食成为艺术，厨师必须在味道、颜色、装饰上进行创作。

5. 代表菜品

来自17世纪菜谱“腌泡鸡肉（Marinade de Poulets）”，即用白葡萄酒、醋、香料、盐、橙子、柠檬、香葱、洋葱、香草可以裹面粉、面糊炸，肉质呈金黄色。

六、18世纪宫廷菜

1. 主要人物

（1）文森特·拉沙贝尔（Vincent de la Chapelle） 法国著名厨师，曾服务于菲利普道梅尔斯·坦霍普，切斯特菲尔德伯爵，威廉四世王子，葡萄牙约翰五世，蓬巴杜夫人。当他在切斯特菲尔德工作时，编写了*The Modern Cook*一书，1735年法国版出版。这是一本伟大的18世纪的经典烹饪书籍，对英国上层阶级的食物烹饪有较强的影响。

（2）梅农（Menon） 18世纪的法国烹饪书作者笔名，他的真实身份未知。最初他的许多作品经常被匿名转载。他最有名的一本书是*La Cuisinière Bourgeoise*，被广泛模仿和翻译。

（3）安东尼·奥古斯汀（Antoine-Augustin Parmentier） 因研究马铃薯基因而闻名，使得马铃薯的种植成为法国和整个欧洲的人类的食物来源之一。他掀起第一个强制性的天花疫苗接种运动（1805年，当时他是卫生服务总监），还创立了面包学校，研究食品，包括制冷的保存方法。

2. 主要事件

（1）炼金术的主导思想地位使得果汁、酱汁等的研究趋于完美。

（2）各种食品行业诞生。

①肉店：肉类原料。

②下水店：内脏等下水原料。

③熟食店：炖煮类食物。

（3）1765年，勃朗格（Boulanger）在法国的巴黎开设第一家真正的餐馆。餐厅内主要出售羊腿佐上白酱汁，供食用者恢复体力。餐馆（Restaurant）一词起源于法语的“Restaurer”，具有休息之意，即指吃了食物后，让人休息并恢复失去的体力。

3. 餐饮服务

（1）在服务上考虑的更加精细，使得法式服务达到顶峰。

（2）1750年，餐桌上出现了小勺。

（3）餐桌及服务的构成真实地反映了当时的社会。

（4）菜品装饰变得极其重要，通常会涉及烹饪美学（如对称）。

（5）服务员开始展现自己的风采。

4. 烹饪技术的演变

（1）烹饪、烹调一词的名称开始出现，更好的成为艺术的展现形式，新烹饪代替旧式烹饪。

（2）食材的使用越来越高档。

（3）家庭壁炉成为当时厨房烹饪的主要焦点。

七、18世纪烹饪变革

从18世纪到19世纪，在近代自然科学和工业革命的影响下，西餐发展到一个崭新阶段。发明了很多先进的炊具和餐具，用于餐桌的瓷器餐具普遍，供餐形式是每人一份的方法，餐桌上的规矩与现在大致相同，有着严格的摆放及使用方法。各种精美的餐具已令人目不暇接，社会上也涌现出大量的饭店和餐厅，形成了高度的餐饮文明。

1. 主要人物

（1）安东尼·鲍威尔（Antoine Beauvilliers） 糕点师，著作有*Art de Cuisiner*。

（2）J-A布里亚–萨瓦兰（J-A Brillat-Savarin） 律师、美食家，著作有*La Physiologie du Goût*，在著作中对各种菜肴做了评价，并以百科全书的形式综述了菜肴与饮料。该著作于1826年出版，到1960年再版70余次。

（3）格里姆雷尼耶（Grimod de la Reynière） 一个训练有素的律师，他的敏锐及公共美食的生活方式，在拿破仑统治时期获得了名声。著作有*L'almanach des Gourmands*。他和J-A布里亚–萨瓦兰有效成就了美食文章的整体风格。

2. 主要事件

（1）1782年，安东尼·鲍威尔在皇家拱廊开设了最受欢迎的餐馆“Le Beauvillers”。

（2）法国厨师在1789年大革命后的三种去处：

①跟随流亡的贵族。

②在资产阶级家中工作。

③在巴黎创建餐馆。

（3）真正意义的餐饮业诞生。

3. 烹饪技术的演变

（1）烹饪几乎成为一个系统，有组织、有结构、有理论支撑。

（2）发明了冰淇淋和冰霜。

（3）持续快速发展各类菜谱。

八、法国美食黄金时代

现代餐饮业的真正起源从1793年的法国大革命算起。在此之前那些最好的厨师只为法国贵族服务，随着革命的发展和君主专制统治的结束，原本在皇室内工作具有精湛手艺的厨师均四处分散、流离，一时间，大量的厨师突然失去工作，他们只好纷纷开起了餐馆，以维持生计。1791年，在瓦鲁瓦路10号（10 Rue de Valois），梅奥餐厅（Restaurant Méot）开业，以他的主人——前奥尔良公爵的名字命名。在这里的沙龙还设有一个可以装满香槟的浴缸，餐厅于1847年关闭。在这个时期出现了许多著名的餐馆，包括坎卡洛舍（Le Rocher de Cancale），这里是品尝牡蛎和蒙托盖尔的蜗牛的圣地。还有利达咖啡馆（Léda）、哈代咖啡馆（Hardy）、英式咖啡馆、意大利富甲大道咖啡馆会供应午餐。威利咖啡馆（Café Very）在其零点菜单上还提供十多道汤、三十道开胃菜和三十道甜点。到19世纪末和20世纪初，法国菜在欧洲独占鳌头。

图1-2　安托尼·卡雷姆

1. 主要人物

（1）安托尼·卡雷姆（Antonin Carême，图1-2）　他的事业辉煌了30年之久。年轻时，他广泛学习各种烹调技术，并致力于发展和改良烹调技艺。以其精湛高雅的拼摆装盘技艺而名噪四方，而且他是现代婚礼蛋糕、糖塑、冰雕、奶油雕的始祖。正是他的理论和大胆实践探索才使烹调技艺从中世纪走向现代。

他编写的书中系统地阐述了烹调的基本原则以及食谱和菜单的编制。其几本影响法国菜的著作有：*Le Maitre D'hôtel Français*（法国大饭店的老板）于1822年完成，为其个人创作，涉及传统烹调与现代烹调的对比，以及菜单中的上菜顺序。*Le Pâtissier Royal Parisian*（巴黎皇室糕饼师）于1825年完成，这是一本描述菜肴装饰艺术的书。另外五册*L' Art de Cuisine au XIX Siele*（十九世纪法国菜的烹调艺术）于1833年完成，书中记载了卡雷姆独自创作的烹调技术，以及描述了欧洲五百年来的烹调演进史，分析新式及旧式的烹调不同，以及法国全盛期华丽的烹调情况。

（2）尼古拉·阿贝尔（Nicolas Appert）　现代罐头食品的发明者。1795年，他研究食物储存法：将汤、蔬菜、果汁、奶制品、冻制品、果酱、糖浆装入煮过的玻璃瓶中，密封保存。

（3）朱利谷费（Jules Gouffé）　厨师和甜点厨师，善于制作菜品装饰，第一个提出根据人数供应的菜谱。著作有*Le Livre de Cuisine*等烹饪书籍、甜点书籍、400种汤的制作书籍等。

（4）约瑟夫（Joseph Favre）　出版了一本关于烹饪和食物卫生的书籍*Le Dictionnaire Universel de Cuisine et D'hygiène Alimentaire*，另外他创建了《烹饪科学》杂志。

（5）查尔（Charles Monselet）　创建了第一部美食杂志*Le Gourmet*。

2. 主要事件

（1）当时出现了大量的发现和发明，如1724年发明了华氏度，1742年发明了摄氏度，1751年索利尼亚克发明了面包搓揉机，1778年拉瓦锡在氧气和公制度量系统方面做出了贡献，1795年发明了食品密封加热灭菌法。同时开始“肉香质”的研究，即肉类能够在汤中散发出的香味物质。农产品加工业诞生等。这些相关的事件与烹饪领域研究紧密结合，引导烹饪向科学化的方向发展。

（2）更高要求的美食得到发展。

（3）对传统菜品的简化和厨房的重新组织。

（4）1855年巴黎举办世界博览会，当时出现许多招待外国宾客的知名饭店和餐厅。

（5）更高要求的美食得到发展。

（6）对传统菜品的简化和厨房的重新组织。

（7）1855年巴黎举办世界博览会，当时出现许多招待外国宾客的知名饭店和餐厅。

3. 餐饮服务

（1）食者成为观众，在餐厅增加餐车服务，火烧菜品等，来吸引客人。

（2）服务员和客人谈论菜品来保持之间的联系，增加情感交流。

（3）俄式菜品服务应用在法餐中。

（4）菜品与葡萄酒的搭配受到重视。

（5）用餐方式为每人一份。

（6）餐桌上的规矩与现在大致相同，有着严格的摆放及使用方法。

（7）卡雷姆推行了上菜次序及简单优雅的菜肴，将烹调推到更艺术化及精致化的境界。

4. 烹饪技术的演变

（1）出现壁炉内生铁铸造的炉膛。

（2）1850年，出现第一个燃气炉灶。

（3）1857年，第一个冰箱被创造出来。

（4）烹饪方法提升，出现焖、烩、炸、煎、烧等技法。

（5）菜品的上、下位置增加装饰。

（6）在食物保存方面有了重大的突破。

（7）出现了人造奶油、人造黄油。

（8）发现甜菜，并从中提取糖分。

（9）在瑞士出现工业化生产巧克力。

（10）利贝格（Liebieg）创造浓缩肉汁。

（11）玛姬（Maggi）创造各种豆粉，用于制作浓汤，进口番杏、黄豆粉及水果等原料。

（12）肉汤成为菜品的灵魂。

5. 代表菜品

（1）煎猪排（Emincé de Porc Frais à la Minute） 猪里脊肉切成片，裹面包屑、香草碎、盐、胡椒粉，放在煎锅中煎熟。

锅中放黄油，炒分葱碎，加入骨头汤汁、盐、胡椒粉，用黄油面粉增稠，食用时再放入芥末调味，配煎猪排食用。

（2）苏比斯少司（Sauce à la Soubise，卡雷姆制作的其中一款少司） 主要原料为洋葱，加入牛清汤，熬制收汁，与贝夏美尔少司混合熬制而成，洋葱味道十足。

九、20世纪旅游业的烹饪

20世纪是西餐发展的鼎盛时期，流入民间的宫廷菜已逐渐普及开来，西餐朝着个性化、多样化发展，品种更加丰富多彩。另外，20世纪50年代由于战后经济的迅速发展，女性就业人数的增加，人们生活方式的改变，“快餐”首先在美国这个经济比较发达，而历史短，传统、保守思想较少的国度里应时而生。由于快餐适应“快节奏生活方式”的需要，所以发展很快，到20

世纪60年代末、70年代初美国的快餐业发展速度达到高峰。受美国的影响，西方其他国家的快餐业也逐渐发展起来。

图1-3　奥古斯特·埃斯科菲耶

1. 主要人物

（1）奥古斯特·埃斯科菲耶（Auguste Escoffier，图1-3）　他建立了厨房人员编制及职务内容，简化了法国菜并随着其旅行之际将法国菜品推广于国际舞台，使法国菜成为现今西餐的主流奠定了坚实的基础。因此他被誉为20世纪烹饪之父。

除此之外，埃斯科菲耶的经典著作共有三本，对日后法国菜的传承，也有深远的影响，此三本书分别如下。

①1903年完成，*Le Guide Culinaire*介绍了五千种古典食谱及装饰技巧，并教导厨师业基本规范、材料介绍、烹调方法等，为第一本有系统的厨艺业用书。

②1912年完成，*Le Livre des Menus*为一本论述如何设计规划套餐的图书。

③1934年完成，*Ma Cuisine*探讨了中产阶级烹调技术。

（2）库依思琪（笔名Curnonsky）　美食作家，出版了*La France Gastronomique*，共28卷。

（3）伯斯贝（Prosper Montagne）　参与编写第一本*Larousse Gastronomique*拉鲁斯美食词典。

（4）额珍妮（Eugénie Brazier）　被称作“美食之母”，1933年，法国首位摘得米其林三星的女厨。后来在1946年，保罗博古斯在她手下工作。

（5）格力诺和瑟尼耶（Gringoire et Saulnier）　著名的作家，*Répertoire de Cuisine*这本教材仍然在酒店学校使用。

（6）亚历山大杜曼（Alexandre Dumaine）“La Côte D’or”美食餐厅的主厨之一，他在1935年和1964年获得米其林三星，被称作“烹饪之王”。

2. 主要事件

（1）酒店业诞生，出现了豪华大旅店。

（2）1900年法国出版《米其林指南》，这本书专门介绍重要的法国餐厅和饭店。

（3）开始创建烹饪的专业学校，培养专业厨师。

（4）在法国尼斯、图鲁斯等地区开始创建酒店管理学校。

（5）菜品回归自然，体现本地特色。

（6）雷泊锁（L.Léopso）出版了关于酒店业的第一篇论著。

（7）以美国为代表的快餐业开始发展，随后还出现了汽车点餐窗口服务。

（8）18世纪宴会的菜单由20盘甚至更多的菜肴组成，其中大部分是各式的肉禽类菜肴，而且是所有的菜都一起端上来，摆放在餐桌上，客人们只能享用到自己眼前够得着的几个菜。奥古思特·埃斯科菲耶沿袭了卡雷姆的思想，他将菜肴表现方式加以精练及简化，简化华丽烹调、菜肴的分量及菜单项目，并推行上完一道菜后再上一道菜的服务方式。另一方面，奥古思特·埃斯科菲耶的第二大贡献是对厨房的重新设计和安排，以他简练的风格理念为出发点，发展形成了当今厨房中一条龙似的流水作业模式。他的这一思想至今仍在许多宾馆和餐厅中得以应用。

3. 餐饮服务

（1）餐饮业出现三种餐桌服务共存。

①法式服务（French Style Service）：法式服务是由凯撒·丽兹（César Ritz）于20世纪初在豪华饭店里用餐的服务方式。这种服务十分讲究礼节，是非常豪华的服务方式，又称Ritz服务，或称餐车服务。服务过程中注重表演性，由于服务程序繁多，需要训练有素的服务员在客前对菜品进行最后烹饪，如肉类分割、剔骨、火烧菜品、装盘等技术服务。法式服务典雅、庄重、周到、细致，每一桌配一名服务员和一名服务助手。

②俄式服务（Russian Style Service）：俄式服务也称大盘服务或银盘服务。俄式宴会中，菜品在厨房里烹制好，美观地放入大银盘内，由技术熟练、经验丰富的服务员在客人面前分批次的将菜肴分送到客人餐盘中。

③英式服务（British Style Service）：英式服务是典型的家庭式服务，适用于家宴。其主要特点是由服务员将菜肴首先让给主宾，再由主宾按家庭方式传递给其他客人，客人自取所需的菜量。客人传递菜肴的过程中，服务员应站于客人背后，随时提供帮助。

（2）厨师开始在客人用餐过程或结束后进入餐厅，为客人提供菜品相关的服务，或与客人交流沟通，听取客人对菜品的意见。

4. 烹饪技术的演变

（1）法国厨师制定的厨房组织方法受到一致认可。

（2）少司越来越精工细作。

5. 代表菜品

旺代乳鸭（Canetons de Vendee Gastronnome），普罗旺斯鳕鱼（Cabillaud a la Provencale）。

十、新烹饪时期

1970年，以法国保罗·博古斯与乔耶·罗宾逊等多位代表现代的厨师开始新饮食运动，他们舍弃传统注重酱汁风味，改为展现食物原味。自此厨师们不受传统束缚，将烹饪视为艺术，自由地创作与革新。

现代的西餐从回归传统与追求创新两方面着手，顺应时代的新兴美味逐渐成为主流。从上菜道数减少，使菜肴呈现更精致化，影响了21世纪的餐饮文化。随着时代的发展，21世纪西餐将会在新科技烹调设备使用、新的饮食产品的开发和应用、快捷新颖的烹饪方式、饮食营养化、卫生化和无国界饮食的融合这六方面快速发展。

1. 主要人物

（1）费南得·波伊特（Fernand Point） 在维也纳开了“金字塔”餐馆，获得米其林三星。

（2）雷蒙·奥利维耶（Raymond Oliver） 厨师、巴黎餐馆老板，他比较憎恶新烹饪，一些明星、政治家、企业家、作家都成为他的客户，让厨师在媒体上占有一席之地。

（3）保罗·博古斯（Paul Bocuse）、米歇尔·格拉（Michel Guérard）、卢艾（Joël Robuchon） 以他们为主要代表，改变传统烹饪，创新菜肴原料、口味、制作工艺、菜肴结构、装饰等，成为法国新派烹饪。

（4）歌哈·米歇尔（Guérard Michel） 他设计并传播减肥美食。

（5）贝纳·卢伊索（Bernard Loiseau） 他十几岁当厨师，1982年买下“La Côte D’or”餐厅，在1991年获得米其林三星。他对细节的把控，对工作的狂热，对职业道德的注重，对味觉的敏锐将他推向了职业的巅峰，为他赢得了知识渊博、忠诚且苛刻的客户。他出版过大量的烹饪书籍，建立了一系列冷冻食品供应链，在巴黎开了三家餐馆，法国政府曾授予他最高荣誉：骑士军团荣誉勋章等。

2. 主要事件

（1）菜品开始从作坊式的生产步入到现代化的工业生产。

（2）出现了连锁餐馆。

（3）出现抽真空机器，超高温瞬时处理、超高温瞬时灭菌的发展。

（4）1979年法国开始创建第一家快餐。

3. 餐饮服务

（1）餐盘服务被人接受。

（2）盘钟罩出现在餐桌餐盘上。

（3）创建美食套餐（菜单）。

（4）在厨房中进行肉类分割。

4. 烹饪技术的演变

（1）各种慕斯和白黄油较为普遍。

（2）用面粉对少司增稠成为禁忌。

（3）菜品装饰精雕细琢，吸取东方思想理念。

（4）烹饪创意创新受到重视。

（5）口味清淡，体现食物本味。

5. 代表菜品

石榴鸭（Canard en Grenadin）、加斯科尼比斯开浓汤（Bisque de Gascogne ou Potage de Garbure）、猪油鹅肉卷心菜浓汤（来自马汀克里斯汀菜谱，Une Recette de Christian Marin）。

中篇

西餐厨房与原料加工

第二章　西餐厨房认知

厨房是菜肴产品加工生产的场所，在这个场所里包含了两个因素：一是人的因素（指管理者、厨师），二是物的因素（包括设施、设备、工具、能源、原料等），这两个因素是构成厨房的基础。厨房整体设计、设备布局、活动组织安排、人员管理等因素将会直接影响厨房的工作效率、菜品质量、营业收入。

第一节　厨房人员组织结构

一、厨师团队

厨房工作，从食材预定、验收、准备、加工、烹制、出菜等一系列活动，需要所有厨师一起相互配合，来确保工作顺利进行，保证菜品的质量及供给，这种合作的工作关系也就是我们所称作的“团队”。

这个团队是由总厨师长（或行政总厨）管理，在他的下一等级有副厨师长（或副行政总厨），然后是部门厨师长（也称领班或主管），整个厨房团队都是由总厨师长来管理的。部门厨师长的工作，是由主厨、厨师、学徒和实习生的协助来共同完成。

但在这里要注意，我们所指的团队不仅是人与人之间的合作，而且包括每个部门之间的合作（如原料加工厨房、热菜厨房、烧烤厨房、冷菜厨房、糕点厨房等），同时是各个不同岗位等级之间（厨师长、副厨师长、部门主管、厨师一级工等）组织在一起的一项工作。

这种组织结构在一些零点餐馆趋于简单化，传统的厨房组织结构慢慢消失，由于经济原因，有些餐饮企业会削减一些部门或减少厨师数量，使用更多的实习生、学徒。

如今的厨房组织结构通常主要是由三个部门组成：冷菜厨房、热菜厨房和甜点厨房。

二、传统厨房各部门及人员结构

如前所述，埃斯科菲耶的一个重要贡献就是对厨房组织结构（表2-1）进行了重新设计。按制作食品的不同种类，将厨房分为不同的工作区，每个工作区内设有一名领班厨师，负责此区的工作。若加工程序比较简单，那么这一区就只有领班厨师一人；若在加工程序复杂的大型厨房内，那么每个领班厨师都会配备几个助手以协助工作。

表2-1　厨房组织结构

厨房人员结构	厨房各部门人员					
1. 厨房管理层	厨师长（Chef de Cuisine）					
	助理厨师长（Chefs Adjoints）或副厨师长（Sous-chefs）					
2. 厨房和餐厅的关系层	协调员（Aboyeur）（通常在餐厅，由餐厅主管或领班兼任，主要负责菜品服务等方面）					
3. 运行部门	加工间	冷菜间	热菜间	酱汁部	饼房包房	杂物间
4. 负责人员	部门厨师长	部门厨师长	部门厨师长	部门厨师长	部门厨师长	主管（厨房杂物）
	主管	主管	主管	主管	主管	
5. 工作人员	厨师（Commis1级工、2级工……）	厨师（Commis1级工、2级工……）	厨师（Commis1级工、2级工……）	厨师（Commis1级工、2级工……）	厨师（Commis1级工、2级工……）	员工
	学徒、实习生、帮厨	学徒、实习生、帮厨	学徒、实习生、帮厨	学徒、实习生、帮厨	学徒、实习生、帮厨	

三、岗位职责

（一）厨师长

1. 技术职责

（1）负责整个厨房运营的组织工作　烹饪制作（确保维持烹饪技术）、日常管理、资金收益（销售、成本）、各种活动、产品研究、分析等。

（2）制定菜单，确定菜品价格，菜品创新与开发，编写菜谱，选择供应商，监督产品原料，了解市场（需要广泛的产品知识包括配料、设备、供应商、市场和流行趋势并根据情况调整厨房运营）。

2. 社会职责

（1）参与员工的雇佣、解雇和岗位调换。

（2）合理安排员工工作，制定工作时间表（工作时间、替换时间、假期等）。

（3）确保员工遵守卫生与安全条例。

（4）关注员工的企业生活，调动员工的积极性，鼓励员工的创造性。

3. 与上级或同级部门的合作

（1）与培训经理共同开发培训计划、培训资料，并对食品生产部门员工和其他餐饮部员工实施培训计划。

（2）与餐饮总监开发流行菜单，为客人提供物有所值的产品。

（3）与餐饮总监计划和组织成功的餐饮活动。

（4）与财务总监确认最低和最高食品、材料和设备的库存量。

4. 商业与公共关系职责

（1）商讨各种商业活动（宴会、自助、鸡尾酒会等）。

（2）在活动结束后与客人见面，回答客人的问询，关注客人的满意度，了解客人对此次菜品、服务等的意见。从而进一步与客人建立并保持良好关系。

厨师长休假的时候由厨师长助理或副厨师长代理厨师长的工作。

（二）冷菜厨师

1. 冷菜厨师负责冷菜的制作

（1）完成所有冷菜的准备工作（肉冻、冷少司、自助冷菜、冷拼头盘）。

（2）接受监控并储藏来自总务的食物，烹制前所需要的准备，如家禽等肉类的切块、上浆等，鱼类的净肉去骨和分份。

以上这两种工作随着半成品的出现慢慢减少。

2. 工作职责

（1）在烹饪工作前，负责分发所有的食品到不同的部门。

（2）负责所有食品的良好周转，并确保适宜的冷藏或冷冻的环境。

（3）随时监控更新库存，建立食品出入库日志，每天工作结束后交给厨师长。

（4）根据餐馆的规模及所选择原材料的种类（毛料或半成品），并在肉房厨师和冷菜厨师长的帮助下，对菜品进行设计、制作及装饰。

（三）头菜厨师

头菜厨师主要负责制作汤菜、鸡蛋（煮、卧、炒、蒸等）、烹制新鲜与干蔬菜（不包括烧烤与炸制蔬菜）和一些热头盘（肉塔、蛋奶酥、肉丸子等）。如果厨房没有甜点厨师，头菜厨师也可替代制作甜品（甜蛋奶酥、煎饼、焦糖布丁、水果蛋糕等）。

（四）酱汁厨师

酱汁厨师作为传统团队中重要的一部分，主管的是一份精细、讲究的工作。其工作职责通常是领导自己的副手。

酱汁厨师要制作所有的基础汤和少司，但是除了鱼基础汤和荷兰汁，这两个是由热菜厨师现用现做；还要制作肉类的煮、焖、炖等和所需的香草配料。

（五）烧烤厨师

烧烤厨师负责肉类的准备工作（腌制）并烹制，配菜的制作（马铃薯的切配，炸薯条；烤肉配炸薯条等）。准备所有部门所需要的番芫荽及其加工（切末），需要时当然还要制作员工餐。

（六）鱼菜厨师

在一些普通或小餐馆，这个工作通常由制调味汁厨师来做，但是一些海鲜的餐馆就要有专门的做鱼厨师了。

鱼菜厨师的工作是对所有鱼类、贝壳类、虾蟹类等原料加工、烹制。但烧烤除外。还要制作海鲜类（鱼、贝壳、虾蟹等）的各种汁，并负责完成菜品的装饰、配菜、汁等的制作。

（七）甜点厨师

饭店里的甜点厨师，不仅完成甜点的制作（布丁、巧克力、果酱吐司、水果蛋糕、蛋塔、煎饼等），还要制作冰淇淋、面包、各种面皮等。

（八）加工间厨师

加工间厨师负责挑选供货商购买肉类产品，保持加工间的卫生和个人卫生，将肉类产品切割、分份和储藏，清洁厨房和设备。

四、现代厨房的组织结构

从上述描述中可以看出，只有比较大型的场所才需要这种传统的厨房操作体系。

现代的厨房操作体系大多比这规模小，一般将两个或更多的职位合并到一起，如现代厨师中设有二厨一职，集传统的酱汁厨师、鱼菜厨师、汤菜厨师、蔬菜厨师等职位于一身。一般的中型厨房操作系统中有厨师长、二厨、酱汁厨师、烧烤厨师、杂工等。

若经营规模不大，厨师长除负责整个后厨事务外，还可负责其中的一个工作区的具体工作。如可负责热菜制作区，负责装盘或哪个区需要人手时，可临时帮一把。

小型后厨只需一个厨师长、一两名厨师、一两名厨工做些简单杂务，如洗菜、削皮等。

在许多小型餐馆中，散点厨师是后厨的顶梁柱，负责烤制、烧烤、油炸、盘烤、三明治、煎炒等。换句话说，散点厨师负责一切需快速出锅食用的食物。

像学校食堂这类地方的后厨，没有点菜，不需根据点菜上菜的快慢来分配工作，而是根据就餐人数的多少来分配。

第二节　厨房类型及设备工具

一、厨房类型

厨房的组织结构、设计、布局、设备等各种因素是根据餐饮企业类型及运营规模所决定的。餐饮企业类型分为以下两种。

（一）社会化餐饮业

社会公众化餐饮业以前也被称作集体餐饮业，其限定了特殊的固定人群（消费者）。比如：学校、医院、军队、监狱、企事业单位等。此类型的厨房面积较大，通常与餐厅的面积比例为1∶1，使用大型的厨房设备和工具来制作大批量的菜品。

（二）商业化餐饮业

商业化餐饮业由餐饮企业经营管理，面向所有类型的人群（消费者）。比如：星级酒店、快餐店、外卖店、烧烤餐馆等。此类厨房的面积与餐厅的比例大约为1∶0.5，根据企业规模厨房会配有辅助设施，如配餐间、办公用房、更衣室、洗碗间、各类库房等。

由于本书主要针对酒店、餐馆的学习者，所以这里主要介绍酒店和餐馆的厨房（图2-1）。

（1）酒店厨房通常分为零点厨房、自助餐厨房、糕点厨房。其中，零点厨房和自助餐厨房又可细分为热菜厨房、冷菜厨房、肉房（肉类加工厨房）和加工厨房。

（2）餐馆的厨房比酒店的厨房简单，根据餐馆不同的类型（快餐店、烧烤店、外卖店等可能只有独立的风味厨房）主要分为热菜厨房、冷菜厨房和糕点厨房。

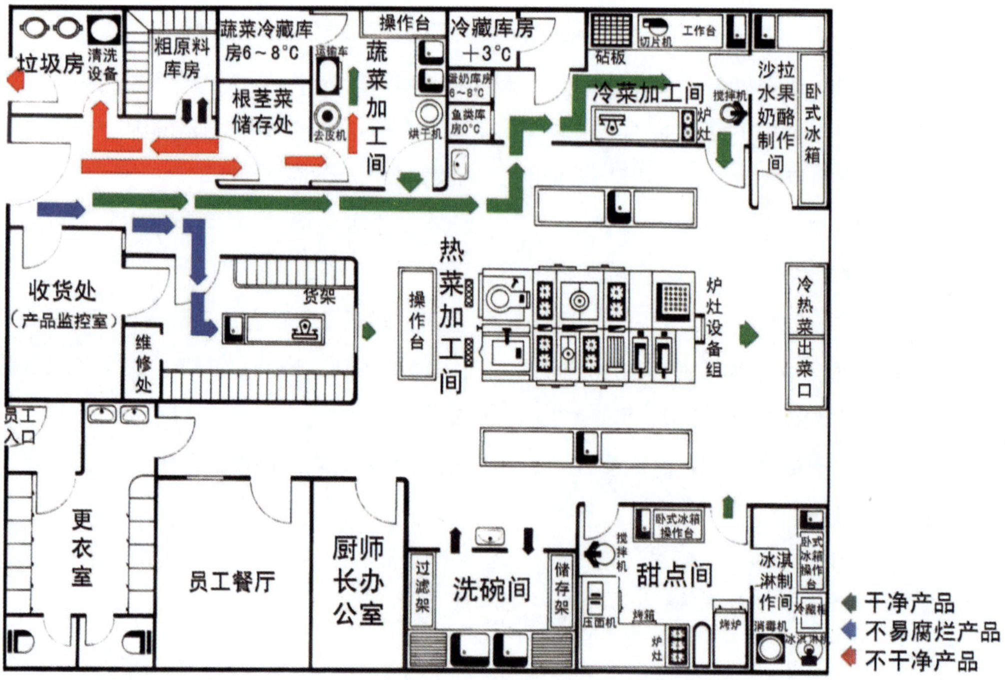

图2-1　西餐厨房布局图

二、厨房常用设备

现代的厨房生产设备经过多年的改进，已经趋向于组合式、自动化、方便实用、一机多功能的方向发展。

厨房设备主要是指厨房菜肴生产过程中所使用的炉灶设备、机械加工设备和制冷设备等。这些设备在厨房菜肴制作中起着极其重要的作用，菜肴的颜色、形状、口味、质地等各个因素都受到生产设备和工具的影响。

此外，这些生产设备价值昂贵，所以在使用的过程中，要严格遵守其正确的操作步骤，使用完后进行细致的保养，合理地加以维护，保证使用时效率高，尽可能地延长设备的使用寿命。如何使用和保养设备，最重要的是严格按设备的使用说明书中所规定的操作、保养、维修的要求进行。同时确保设备操作安全、符合厨房所要求的卫生等条件。

厨房设备在厨房里的摆放、使用数量、安装位置等重要因素都需要认真仔细去斟酌考虑。

- 建筑物、房间（形状、面积、空间等）等因素。
- 餐馆所要开放的类型（传统的、主题的、烧烤的、自助的等）。
- 每天所要准备的餐数。
- 零点、套餐、特别菜点的组成。
- 组织（根据当地的消费和周围的餐厅厨房去定义）。
- 各种不同设备的装备与布局（如靠墙炉灶或中心炉灶等）。
- 各种不同的能源供应（水、煤气、电）。
- 可能以后设备更新或厨房面积增大等因素。

（一）厨房常用炉灶设备

1. 炉灶设备组（Stove Equipment Group）

根据餐厅的大小，来安排炉灶设备的安装，但最基本简单的炉灶设备组应当具有以下设备。

- 1或2个煮汤炉灶眼。
- 1个炒制炉灶眼。
- 1个炸炉。
- 1个扒板炉。
- 1个焗炉。
- 1个热板炉。
- 1个可操作平台。

整个炉灶设备，甚至每一个加热设备的安装和使用都要全面考虑到厨师及其烹饪时的操作方法与工作安排的逻辑性。也就是说，让炉灶加热设备的使用尽最大的限度发挥它一系列的烹饪功能。

（1）煮、炒、烘、炸　烹饪的时候借助汤锅、桶锅、炒锅、炸锅，都是通过火、电和加热板等直接加热。

（2）炖、煨、烧　慢火长时间在加热板上烹制。

（3）烤、烩、焖　通过烤箱热辐射烹制。

炉灶设备组可由不同的设备组成，也可由相同的炉灶设备组成（如全是炒制炉灶眼或烤炉灶等）。根据需要可独立安装也可组合安装。

图2-2 中心炉灶设备摆放

图2-3 靠墙炉灶设备摆放

通常炉灶设备组有两种摆放方式。

（1）中心炉灶设备组（即岛型炉灶设备组） 这种炉灶设备组放在厨房的中间，它们是两组背靠背排成两行或四面围绕形（图2-2）。

（2）靠墙炉灶设备组 这种炉灶设备组，采取单排靠墙（图2-3），只能在一面进行操作，但有金属挡板可以防止外溅。

炉灶设备所使用的能源，由于地区的不同，也不尽相同，进行选择性的使用能源来实现设备运行。可以用于炉灶设备的能源有：煤炭、柴油、煤气、甲烷、电等。炉灶设备的燃料以前为木材、柴油、煤炭等，现在基本上被燃气和电力取代。

煤气能源很多用于专业烹饪厨房，在市场上的燃气固定炉灶、燃气加热板等。但是电力炉灶设备的发展，采用新而特别的安全可靠性材料，同样受到酒店和餐馆的青睐。

2. 炉灶（Stove）

在厨房中灶是最主要的烹调设备，尽管可被一些设备（如蒸烤箱、炸炉等）取代，但是炉灶还是厨房设备不可缺少的一部分。西式炉灶的结构一般用钢或不锈钢制成。有电磁炉（图2-4）和燃气炉（图2-5）两种。但燃气炉还是常用的一种，主要是适用于各种类型的锅，来烹制食物。有4~6个灶眼，下部一般还附有烤箱，上部附有焗炉。

电磁炉是采用磁场感应涡流加热原理，利用电流通过线圈产生磁场，当磁场内的磁力通过含铁质锅底部时，即会产生无数小涡流，使锅本身自行高速发热，再加热锅内食物。电磁炉具有自动性、多功能性、防水性、无废气、无明火、节能省电、操作简单、使用方便等特点。

图2-4 电磁炉

图2-5 燃气炉

3. 烤炉（Convection Oven）

烤炉又称烤箱（图2-6），是西餐厨房必备的设备之一，主要用于烤制菜品。烤箱从其热能来源上可分为：燃气烤箱和远红外电烤箱。从其烘烤原理上可分为：对流式烤箱、辐射式烤箱和微波式烤箱。从其规格上可分为：单门单层、单门多层、多门单层、多门多层等。从其类型上可分为：普通烤箱、多功能烤箱、慢烤箱、保温烤箱、旋转烤箱、链式烤箱和烟熏烤箱等。

图2-6　烤炉

（1）对流式烤箱　工作原理是利用鼓风机，使热空气不断地在整个烤箱内循环，使热空气均匀地传递给食品。其构造一般是由烤箱外壳、风机、燃烧器、控制开关等组成。

（2）辐射式烤箱　工作原理主要是通过电能的红外线辐射产生热能，同时还有烤箱内热空气的对流等供热。其结构主要由烤箱外壳、电热元件、控制开关、温度仪、定时器等构成。能在短时间内使大量食物达到可食用的温度。

（3）微波式烤箱　是以光速直线传播的，对物体有一定的穿透性。微波对物料的加热是在物料的内外同时进行，而并非是常规的加热方式（传导、对流、辐射）加热。因此微波加热具有瞬时升温的特点。

烤箱除烤制食物以外，食物还可以在烤箱内进行炖、煮、焖等烹调，节省时间，空间，使厨师有时间去做其他工作。

4. 微波炉（Microwave Oven）

微波炉（图2-7）的工作原理是将电能转换成微波，通过高频电磁场对介质加热，使原料分子剧烈振动，而产生高热。微波电磁场由磁控管产生，微波穿透原料，使原料内外同时受热。微波炉加热均匀，食物营养损失小，成品率高，但菜肴缺乏烘烤而产生的金黄色外壳，风味较差。因此，微波炉一般用于菜点的再热加工，也可用作迅速解冻肉类的设备使用。

图2-7　微波炉

另外，微波会影响人体健康，所以微波炉门都有自动控制装置，当打开门时就切断电源，以免微波外泄。

5. 万能蒸烤箱（电力蒸汽对衡式焗炉，Combi Oven）

万能蒸烤箱（图2-8）是近些年问世的集烤、蒸烤、蒸、微波、烟熏等功能于一体的新型加热设备，其能源可以使用燃气，也可以使用电力。万能蒸烤箱兼备热干风、蒸汽、微波、烟熏、混合模式等多种功能，充分利用强风循环的优点，节省空间和能量，在短时间可烹调出大量食物。

图2-8　万能蒸烤箱

6. 铁扒炉（Grill）

铁扒炉（图2-9）分平扒炉和坑扒炉两种。

（1）平扒炉　表面是一块1～2cm厚的平整的铁板，四周是滤油槽，热能来源主要有电和燃气两种。靠铁板传导使原料受热，原料受热均匀，但使用前应提前预热。

（2）坑扒炉　结构同平扒炉相仿，只是表面不是铁板，而是铁铸造的铁条，热能来源主要有燃气和电，通过下面的辐射热和铁条的传导，使原料受热，成熟的原料表面带有纹理，使菜品美观新颖。使用前也应提前预热。

图2-9　铁扒炉

7. 明火焗炉（Salamander）

明火焗炉（图2-10）又称面火焗炉，是采用炉灶顶部加热，使食物上方产生热量，食物放在热源下方。焗炉分两种：一种是体积较大的明火烤炉，它产生的热量高，耗电多，功率大的明火烤炉温度甚至可达1100℃的高温，主要用于批量上火烤制菜肴，另外一种撒拉曼达是小型的墙上明火烤炉，炉膛中间有铁架，通过右侧的扳手上下进行调节铁架的高度，一般适于食物表面上色和表面加热，常放置在炉灶上方。

图2-10　明火焗炉

在用其烤制食物时要随时注意其变化，防止食物烤煳。温度控制主要是靠食物托盘与面火的距离来调控。

8. 蒸汽炉（Steamer）

蒸汽炉（图2-11）有压力蒸汽炉和普通蒸汽炉两种。

（1）压力蒸汽炉　有高压和低压之分，高压每平方英寸（$1in^2=6.45cm^2$）受力达15lb（1lb=0.45kg），低压每平方英寸在4～6lb。在蒸汽炉上有计时器，可自动关闭，高压蒸汽炉内最高温度可达182℃。只有压力表指针回零后才可以打开门。

图2-11　蒸汽炉

（2）普通蒸汽炉　它需要压力，主要是利用封闭在炉内的水蒸气对原料进行加热。其原理同对流烤箱中的风扇，门可以随时打开。蒸制食品营养成分损失少、松软、易消化。

9. 汤锅灶（Tilting Boiler）

汤锅灶（图2-12）一般为圆形，有盖，容积较大。在锅的夹层中存在蒸汽，所以使锅的周围和底部能够达到同时加热，具有受热面积大，而且加热的速度也大大增加，比灶上的锅有更多的热量，热效率高，加热温度更容易控制等特点。它主要用于制作各种大量的汤菜，由于它烹制的时间短，从而减少食物中的营养

图2-12　汤锅灶

图2-13 炸炉

成分的丧失和变味。因此，它的使用越来越普遍。

另外一种可倾式压力汤锅是一种大而深的平底锅，它具有倾斜机制，可使锅内液体流出。这是在电力可倾式汤锅的基础上，增加压力功能，从而减少烹制时间。适用于大量的菜肴烹制，适用煎、炒、烹、炸、煮、炖等多种烹调方法。

10. 炸炉（Deep-fryer）

炸炉（图2-13）用于炸制食物原料，一般为长方形，主要由油槽、油脂过滤器、钢丝篮及热能控装装置等组成。炸炉大部分以电加热，能自动控制油温。这种炸炉的优点是工作效率高，滤油方便，温度始终保持均衡。在使用时要注意，向空油槽内倒油前一定要检查过滤阀门有没有关，防止上边倒油下边漏油。倒入油槽内的油一定要没过刻度线。

图2-14 热板炉

11. 热板炉（Solid Top）

热板炉（图2-14）是一种通过铁板传导热能的加热设备。燃气炉头和热板炉的结合，达到缓慢加热的目的。热板炉加热板的中心区域温度一般可达到500℃，外部边缘区域的温度一般为200℃左右。烹调中有些菜肴需要先在炉具上烹饪，然后移至热板炉继续慢煮，这样烹调出的少司、鲜汤和炖食味道更美。

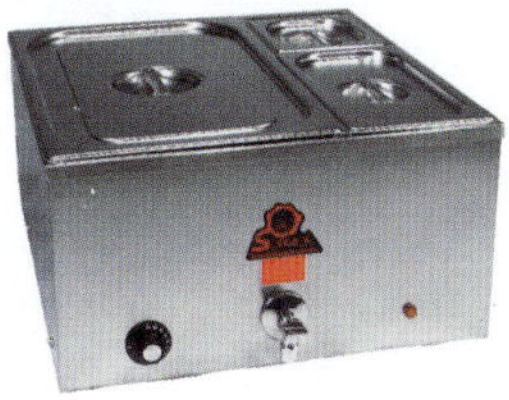
图2-15 暖汤炉

12. 暖汤炉（Bain-marie）

暖汤炉（图2-15）为盛放汤、汁、粥等流动性食品的专用器具，其作用为给汤等食物保温加热，保证汤汁的温度，延长使用时间。暖汤炉使用时先在水胆内加入适量的水，加水量以不使空汤桶浮起为准，汤汁的盛放量不宜过满，以防温度升高时溢出，温度的控制可以在规定范围内调节，温度的高低与刻度值成正比，水胆内的水要保持清洁，以免产生异味，影响产品质量，使用完毕及清洁汤炉时要及时断电。

炉灶保养

不恰当的使用炉灶会增加维护、修理的费用和时间，甚至会造成事故。在烹调操作中，要注意炊具内的原料不要装的过多，以免汁液溢出，洒在炉灶表面，浇灭火焰，堵塞燃烧器喷嘴等部位。燃烧器喷嘴应保持通畅，并保持空气配比的最佳点。对用电的元件、电点火元件要注意干燥清洁，发现问题应请专业维修人员及时检修。

（二）厨房常用机械设备

机械设备的使用，大大节省了劳动力。之所以节省劳动力，正是因为其能够处理大批量的工作。每样机械设备都具有自己的独特性，同样具有危险性。所以在使用前，应详细阅读操作指南，熟悉每一个操作环节。严格执行操作规范，安全生产。

机械设备主要是由中心的电动机来驱动机器。

使用机械设备可以提高工作效率，而且有规律；减少工作的强度，获得高质量的成品。

由于机械设备的种类繁多，有用途专一型（如切片机），也有用途多功能型（如搅拌切割机），所以在选择过程中要避免机械设备的功能重复性，造成不必要的设备功能闲置。

如小型厨房最好选用多功能型的设备，而大型厨房最好选用专一型的设备。

1. 多功能原料切割／破壁机（Vertical Cutter/Mixer）

多功能原料切割／破壁机（图2-16）是由电机、原料容器和各种不锈钢叶片刀组成。适宜打碎水果蔬菜，混合的不锈钢刀片可用于食物原料的搅拌、乳化、剁碎、切割、捣碎、切碎，蔬菜、水果和奶酪等切成中等大小的丝、丁、末等，揉面器用于揉面，另外可以混合搅打浓汤、鸡尾酒、调味汁、乳化状的少司等。

在使用时要注意确定机器放稳在桌面上，各个零部件已经卡实。在加工原料时密切注意原料加工情况，避免原料加工过久使成品变形走样。关掉机器时要等刀片完全停止再打开盖子，时常注意刀片的锋利程度，钝刀片会破坏加工原料的最终形状。

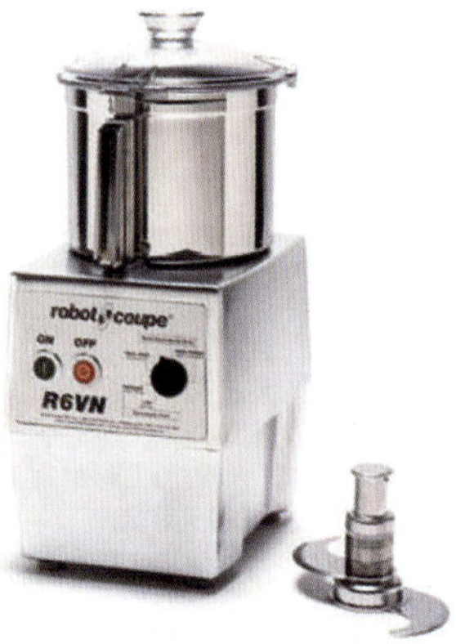

图2-16　多功能原料切割／破壁机

2. 切片机（Electric Slicer）

切片机（图2-17）是厨房常用的机械加工设备之一，用于各种硬质原料的切片，比如马铃薯、火腿等，切片机削得食物厚度比手工削得更均匀，大小更一致。切片机也可用来切面包等其他食品，并可根据要求切出规格不同的片，对于控制用量减少损失很有价值。切片机的刀片都会倾斜一定的角度，这样切下来的片就不容易破碎或打卷。手工操作时，操作人员必须前后拉动台架来切割食物。自动化切片机用电动机带动台架前后移动，节省劳动力。机器自带的磨刀石，可根据需要直接在机器上进行有效的磨刀。

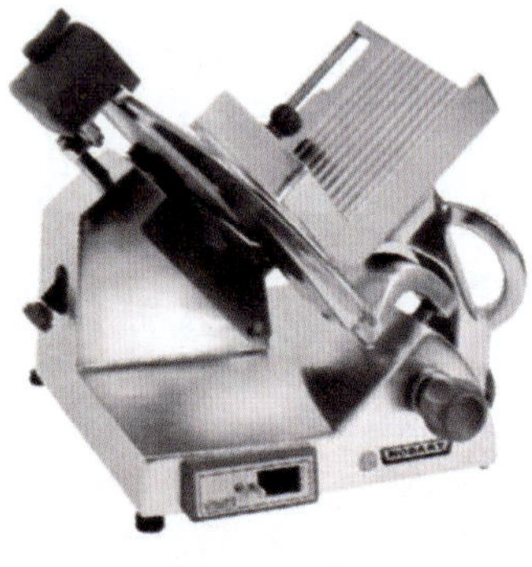
图2-17　切片机

3. 搅拌机（Mixer）

搅拌机（图2-18）是面点厨房中的重要工具，是由电机、钢制容器和搅拌龙头组成的，用途十分广泛，用于食品原料的搅拌和加工工作。搅拌机的型号很多，可根据厨房原料使用量选用体积、容量大、中、小型的搅拌机。搅拌机的搅拌部件有三种（抽子部件、搅拌桨部件、面团臂部件），根据搅拌食物原料形状、质量的不同，如打鸡蛋、搅拌混合物、和面等进行部件的选择。多数的搅拌机都会有三种速度（慢、中、快）。

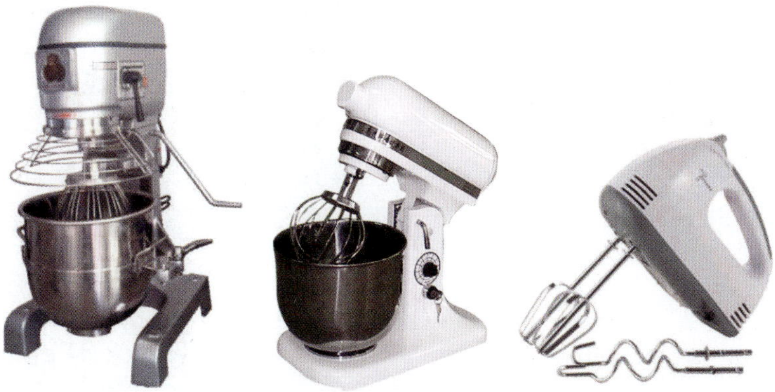

①大型搅拌机　②小型搅拌机　③手提便携搅拌机

图2-18　多种型号搅拌机

图2-19　压面机

搅拌机有大中小三种型号，其中手提式搅拌机使用方便灵活，可以直接在各种容器内使用。适用于蔬菜泥、蔬菜汤、少司、奶油等原料的搅拌、粉碎。

4. **压面机**（Kneader Machine）

压面机（图2-19）又称滚压机，由电机、传送带、滚轮等主要构件组成。压面机用于制作面条、面团卷、面皮、糕点、面包、各种酥、韧性面团。

当面团调制好后，为了使组织松散的面团变成紧密的、具有一定厚度的成形面片，需要进行辊压。面团在压片时，受到机械力的作用，使面团产生纵向和横向的张力。只需将面团放置在下输送带上，开机后即可自动输送，揉、压、折叠，即可用于压片和成形上的操作。此机器在厨房大大降低了劳动强度。

5. **绞肉机**（Meat Grinder）

图2-20　绞肉机

绞肉机（图2-20）工作主要靠旋转的螺杆将料斗箱中的原料推挤到预切孔板处，利用转动的切刀刃和孔板上孔眼刃形成的剪切作用将原料加工成细小的颗粒状，并在螺杆挤压力的作用下，将原料不断排出机外。绞肉机可根据物料性质和加工要求的不同，配置相应的刀具和孔板，即可加工出不同尺寸的颗粒，以满足下道工序的工艺要求。它广泛适用于制作各种香肠、火腿肠、午餐肉、丸子和其他肉制品等。

6. **真空包装机**（Sous-vide）

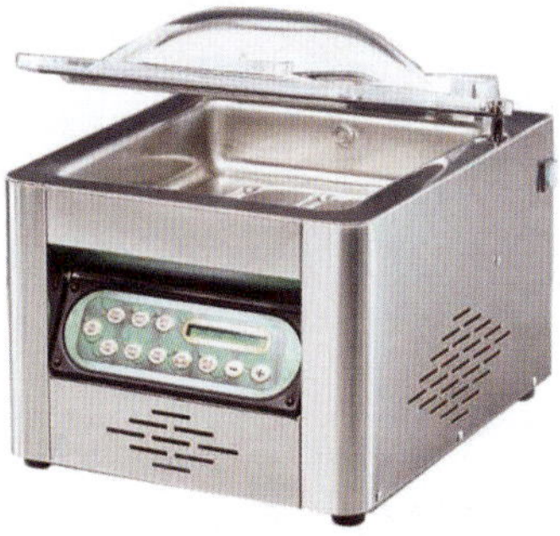

图2-21　真空包装机

真空包装机（图2-21）是可用于真空包装的小型真空包装机械，真空包装是将食品放入包装袋内，抽成低真空后，当即自动封口。由于袋内真空度高，残留空气极少，抑制细菌微生物的繁殖，避免了物品氧化、霉变和腐败，同时某些松软的物品，经真空包装后，可缩小包装体积，便于运输和储存。

另外利用食物原料在袋子中的压强小于外界压强的原理，可将质地软嫩的食物原料放入温水中进行低温烹制，此种方法烹制出的菜品质地保持原有的嫩度，口感细腻、润滑。

7. **锯骨机**（Bone Saw）

锯骨机（图2-22）也称切割机，是肉、骨类加工机械，是用以切割大块的带骨肉、冻肉、家禽等分解设备，通过高速旋转的锯条，锯断骨肉。

8. **去皮机**（Potato Peeler）

去皮机（图2-23）广泛适用于大量的马铃薯、山芋、红薯等球形根薯类蔬菜的初加工。通过高速旋转摩擦去除原料的外皮，并同时进行清洗。

9. **蔬菜脱水机**（Vegetable Dehydrator）

蔬菜脱水机（图2-24）是将洗净的蔬菜（生菜、四季豆等）通过每分钟500转的旋转，把蔬菜表面上的水分甩干，或者边清洗边甩干。机器盖子透明，打开机器自动停止，机器内配以旋转滚筒，容量为8～10L。

图2-22 锯骨机

图2-23 去皮机

图2-24 蔬菜脱水机

安全提示

常用的机械设备是具有危险性的，通常表现在以下几点。

- 锋利的刀片、刀刃。
- 高速旋转的机械部件。
- 水与电的接触。

建议

（1）经常检查连接设备的电线是否保持良好的状态（如有无破损、漏电等状况），并确保有地线连接。

（2）检查保险丝处于良好的状态。

（3）搬动一些把手、手柄、开关等不要用力过猛。

（4）使用设备前应详细阅读使用说明书。

（5）在机械设备的使用中，避免机器超负荷、超重运转，如果机器出现堵塞、停止等状态，应立即关闭开关，切断电源。

（6）对带有刀片的机械设备在拆卸、使用或挪动中要集中精神，额外小心（可使用防护手套）。

（7）定期检查机械安全零部件的状况。

注意

（1）张贴如何清洗机械及零部件的操作步骤。
（2）在清洗前要断开电源。
（3）在机械及零部件清洗、消毒过程中要使用专门的（授权的）洗涤剂。在这里值得注意的是带刀片的机械，应当在使用后每半天就清洗消毒一次。
（4）对于小型的、可拆卸的零部件及附件（刀片、搅拌棒、推杆等）在清洗消毒后，擦干，不使用时应放入防尘菌保护盒（箱）中码放整齐，避免被污染。
（5）所有的机械设备要有自己的档案夹，档案夹里包括：
①设备名称。
②供货商。
③产品序号。
④采购日期。
⑤维护周期（复审）。
⑥保养日期记录。
⑦维护公司信息（维修人员姓名，电话）。
⑧负责人签字。
（6）定期对设备进行人工卫生检查和微生物细菌检测。

（三）厨房常用制冷设备

1. **冷藏、冷冻设备**（Refrigerating Machine）

食品质量的好坏很大程度上取决于冷藏、冷冻设备的好坏。这些设备可以使食物在低温的环境中抑制细菌的生长，延长食物的保质时间。冷藏、冷冻设备的种类、型号多种多样，如冰箱、冰柜、冷库等，外形有台式、立式、卧式、壁式、嵌入式、手提式等。无论哪种类型的制冷设备，主要都是由制冷机、密封保温的外壳、门、橡胶封条、温度调节器等部件组成。

图2-25　冷冻柜

厨房中常用的冷藏设备主要有冷藏库、冷藏柜、冷藏箱和小型电冰箱。这些设备的共同特点是都具有隔热保温的外壳和制冷系统。按冷却方式分类可分为冷气自然对流式（直冷式）和冷气强制循环式（风扇式）两种，冷藏的温度范围是0～10℃。有的冷藏设备具有自动恒温控制、自动除霜等功能，使用方便。

冷冻柜（图2-25）、冷库是厨房中必备的一种设备，温度范围为−18～−10℃的设备，主要用于储存各种肉类食物、水产品等原料，也可用于储藏雪糕、冰淇淋等冷冻食品。

图2-26　速冻机

速冻机（图2-26）温度范围为−35～−28℃，用于速冻食品原料的冷冻。速冻食品又称急冻食品，是一种以低温快速冻结方式生产的食品。速冻食品是食品加工工艺的重要发展，它不同于一般的冻结和冷藏方法。其主要特征是食品一定要经过水洗、漂烫、烹调加工或其他前处理工序，然后在低温下（–33℃以下）快速冻结，产品温度在半小时内迅速通过–11 ~ –1℃温度范围（又称最大冰结晶生成带，即是使食品中80%以上的含水量变成冰结晶的温度范围），食品冻结后结晶粒子小于10μm，食品的中心温度在–18℃以下，然后在此温度下储藏和运输。

速冻机的种类有隧道式速冻机、螺旋式速冻机、流态化式单体速冻机和推进式速冻机。

图2-27 制冰机

2. 制冰机（Ice Making Appliances）

制冰机（图2-27）主要由蒸发器的冰模、喷水头、循环水泵、脱模电热丝、冰块滑道、贮水冰槽等组成。整个制冰过程是自动进行的，先由制冷系统制冷，水泵将水喷在冰模上，逐渐冻成冰块，然后停止制冷，用电热丝加热使冰块脱核，沿滑道进入贮水冰槽，再由人工取出冷藏。制冰机主要用于制备冰块、碎冰和冰花。

3. 冰淇淋机（Ice Cream Making Appliances）

冰淇淋机（图2-28）由制冷系统和搅拌系统组成。制作时把配好的液状原料装入搅拌系统的容器内，一边搅拌一边冷冻。由于制作冰淇淋的卫生要求很高，因此冰淇淋机一般用不锈钢制造，不易沾污物，且易消毒。

图2-28 冰淇淋机

冷藏设备的使用和保养

小型的冷藏设备是比较复杂的，使用和保养时要注意以下几点。

（1）冰箱内外都要经常擦拭，必要时用除臭器祛除异味。

（2）要保持电器元件的干燥和清洁。

（3）除霜时不能用利器铲刮，以免破坏制冷元件。

（4）不要频繁开门，避免热空气进入。

（5）不要把高于室温的菜点放入。

（6）不要频繁扭动温度控制系统，以免损坏制冷系统。

（7）放置原料要与蒸发器保持适当距离，避免冻住后不易取下，若遇到原料与蒸发器冻在一起的情况，不要硬撬，以免损伤蒸发器，必要时停止制冷，待其融化后取下。

（8）码放原料时要有适当空隙，以便冷空气流动，提高冷藏效果。

三、厨房常用工具

通常所说的烹调厨具是由一些器皿、容器和特殊的工具等组成，是为了方便加工、准备和烹制各种菜肴而使用的烹饪工具。

（一）烹调厨具

烹调厨具主要包括三大类：加热厨具（汁锅、汤锅、炒锅、炖锅等）、备料厨具（备料盘、不锈钢盆、桶、隔水温池等）以及附属厨具和小工具（滤网、筛子、汤勺、铲子、打蛋器等）。

1. 厨房常用加热厨具

厨房的主要厨具是锅，其质地是不锈钢、铁或铜，用于烹制各种菜点。

常用热加工厨具锅的材料质地通常有几种：无镀锡的铜锅／铜锅（如平底长柄锅、铜盆锅等，用于制作易于变色的绿色蔬菜，保持蔬菜绿色；熬糖浆；杏仁果酱等）、镀锡加厚冲压铜锅（如汁锅、炒锅、煎锅等，用于制作汤汁、炒菜等）、内部不锈钢，外部铜锅（如汁锅、汤锅、炒锅、长柄煎锅、椭圆平底锅等）、加厚铝质冲压锅（如汤锅、鱼锅等）、不锈钢锅（底部为铜或铝，再用不锈钢包围，如炒锅、汤锅、汁锅、压力锅等）、黑铁厚板锅／熟铁锅（如平底鱼锅、煎锅、烤盘等）、生铁锅（如炖锅、汤锅、平底煎锅等）。

注意

黑铁厚板煎锅（熟铁锅）在使用完不要用水清洗，应把煎锅烧热后用粗盐粒在上面涂抹，然后倒出，再倒入油加热后，用干净的布或吸油纸把油吸干、擦净，避免锅内有水腐蚀煎锅（生锈）。

图2-29　煎锅

图2-30　炒锅

图2-31　炒蛋锅

图2-32　少司锅

（1）煎锅（Frying Pan，图2-29）　圆形或椭圆形，平底，直径有20cm、30cm、40cm等多种规格，有铜质地、熟铁质地、不锈钢质地等。适用煎制食物，如牛排、猪排、羊排、鸡蛋、蔬菜等，用途非常广泛。

（2）炒锅（Sauté Pan，图2-30）　圆形、平底、形较小、较深，锅底中央略隆起，一般放入少量油脂快炒。用于速炒肉块类原料；焖制蔬菜；制作少司（荷兰汁、贝纳汁、奶油汁等）。

（3）炒蛋锅（Omelet Pan，图2-31）　一般是指法式煎蛋卷煎盘，圆形、平底、形较小、较浅，四周立边呈弧形，用于制作炒鸡蛋。

（4）少司锅（Sauce Pot，图2-32）　圆形、平底，有长柄和盖，深度一般为7～15cm，容量不等。锅底较厚，一般用于少司的制作。

（5）汤桶（Stock Pot，图2-33）　体积较大较深，有盖，两侧有耳环，容量从10～180L不等，一般用于制汤或烩煮肉类。

（6）蒸锅（Double Boiler，图2-34）　一般双层，底层盛水，上层放食品，容积不等，有盖，一般用于蒸制食品。

（7）炖锅（Braising Pan，图2-35）　两侧有把手，有盖。主要适用于熬、炖、焖、煮等慢火烹调食物，如制作各种炖菜、基础汤、蔬菜汤或煮肉等。

图2-33　汤桶

图2-34　蒸锅

①生铁炖锅　②不锈钢炖锅

图2-35　炖锅

（8）三文鱼锅（Salmon Kettle，图2-36） 用于烹制整条三文鱼，有铜制和不锈钢质地。

图2-36　三文鱼锅

（9）比目鱼铜锅（Turbotiere，图2-37） 用于煮或煨扁平类鱼（比目鱼），主要用于多宝鱼的烹制。

图2-37　比目鱼铜锅

（10）铜质蒸锅（Copper Steamer，图2-38） 主要用来蒸马铃薯、鸡蛋。

图2-38　铜质蒸锅

（11）熬糖铜锅（Copper Pot，图2-39） 用于熬制糖浆、焦糖等。

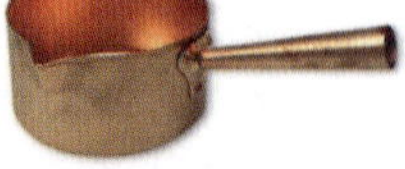

图2-39　熬糖铜锅

（12）铜盆（Copper Basin，图2-40） 有圆底和平底两种，用于制作甜食或拌制冷菜，如沙拉等。

图2-40　铜盆

2. 厨房常用备料厨具

备料厨具通常是在烹制之前、烹制过程中和烹制结束后都会使用的工具，是制作菜肴不可缺少的厨房常用工具。备料厨具的材料质地通常有两种：不锈钢和塑料（食品级塑料）。

（1）备料盘（Stainless Steel Tray，图2-41） 有方形和圆形两种，不锈钢备料盘，通常是盛放准备加工的原料、初加工完的原料、废料和挪运原料过程中所使用的盛装器皿。

（2）不锈钢盆（Mixing Bowls，图2-42） 有圆底和平底两种，用于盛装原料、保存食物、清洗蔬菜等。不锈钢圆底盆和平底盆直径有25cm、30cm、35cm、40cm等规格。

（3）不锈钢矮桶（Stainless Steel Low Barrel，图2-43） 用于保存食物（带有汤汁的食物）；清洗蔬菜、肉类、鱼类等原料。

（4）保温少司锅（Heat Preservation Sauce Pot，图2-44） 可置于热板炉上或温水盆中，保持少司的温度。

（5）保温汤桶（Heat Preservation Soup Barrel，图2-45） 放置在热板炉或温水池中，用于储存和保温热汤。

（6）少司漏斗（Entonnoir，图2-46） 由不锈钢制成，用于将液体（少司、奶油等）注入较小的容器中，在漏斗底部出口

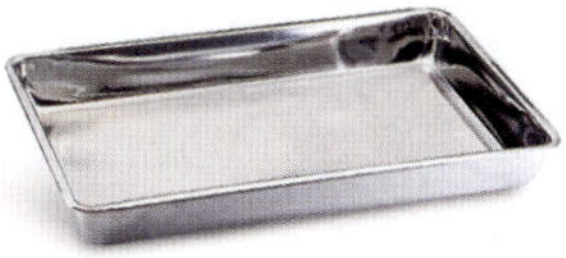

图2-41 备料盘

图2-42 不锈钢盆

图2-43 不锈钢矮桶

图2-44 保温少司锅

图2-45 保温汤桶

图2-46 少司漏斗

有钢球堵塞，如需让液体流出，按下把手上的压板，钢球抬起。优点是可以随意控制液体的流出。底部出口直径大小可根据需要更换。

（7）带盖（无盖）不锈钢份数盒（GN各种标准尺寸*，Stainless Steel GN Tary with Cover/without Cover，图2-47） 可放入温水池、保温箱、冷藏箱、蒸箱中，用于保温、加热、冷藏食物或汤汁。内部可放置不锈钢铁网架子，用于存放油炸食品。

（8）漏孔蒸盘（GN各种标准尺寸，Leaky GN Tray，图2-48） 不锈钢质地，表面有均匀的小孔，放置在蒸箱中蒸制食物使用。

（9）烤盘（GN各种标准尺寸，Roasting Tray，图2-49） 长方形，立边较高，有铁烤盘、铝

①无盖不锈钢份数盒　②带盖不锈钢份数盒

图2-47 不锈钢份数盒

图2-48 漏孔蒸盘

* GN（Gastronome Size）是指在EN631中明确规定，用于食品工业化生产所用的标准的容器尺寸。

GN1/9：108mm×176mm
GN1/6：176mm×162mm
GN1/4：265mm×163mm
GN1/3：325mm×176mm
GN1/2：325mm×265mm
GN2/3：354mm×325mm
GN1/1：530mm×325mm
GN2/1：650mm×530mm

烤盘、不锈钢烤盘和不粘烤盘，有带把手和不带把手两种，用于烤制大块肉类原料、禽类原料或面食等。

（10）带盖塑料（聚酯）方盒（Plastic Square Box with Cover，图2-50） 盛放初步加工完成的蔬菜和肉类原料或菜肴，进行冷藏、冷冻保存。这种容器通常由不锈钢、聚碳酸酯、聚丙烯为原料，按照GN标准尺寸制成方盘或方盆，用于食品工业化生产或是厨房。

3. **附属厨具和小工具**

附属厨具通常是配合其他厨具一起使用或单独使用的厨具，附属厨具和小工具的材料质地有不锈钢（如汤勺、铲子等）、铁镀锡（如铁筐、筛子、滤网等）、橡胶（如铲子、抹刀、切刀等）、聚碳酸酯（如切板、擀面棍等）。

（1）帽形滤器（Conical Strainer，图2-51） 帽形滤器由不锈钢制成，锥形形似帽子，有长柄，锥形体上有许多规则的细小孔眼，用来过滤汤汁。另外一种侧壁上有许多较细的孔，侧壁上用较细的不锈钢纱网制成。一般用于过滤汤汁、少司等质地较细的液体。

（2）笊篱（Spider，图2-52） 用于捞取液体中的块、片、条、丁类原料。

（3）筛网（Colander，图2-53） 呈碗形，有不锈钢和塑料质地，用于过滤面食、蔬菜、水果等原料中的液体。

（4）撇沫铲（Skimmer，图2-54） 用于撇除汤汁表面的浮沫，优点是不会撇去过多的汤汁。

①不锈钢烤盘

②不粘烤盘

图2-49 烤盘

图2-50 带盖塑料（聚酯）方盒

图2-51 帽形滤器

图2-52 笊篱

图2-53 筛网

图2-54 撇沫铲

（5）研磨器（Grater，图2-55）梯形，四周铁片上有不同孔径的密集小孔，主要用于芝士、水果、蔬菜的研磨擦碎。

图2-55　研磨器

（6）打蛋器（Whisk，图2-56）由钢丝捆扎而成，头部由多根钢丝交织编在一起，呈半圆形，后部用钢丝捆扎成柄。主要用于搅打蛋液等。

图2-56　打蛋器

（7）食品夹子（Tongs，图2-57）不锈钢制成的有弹性的V形夹子，用于夹取较热的块形原料。

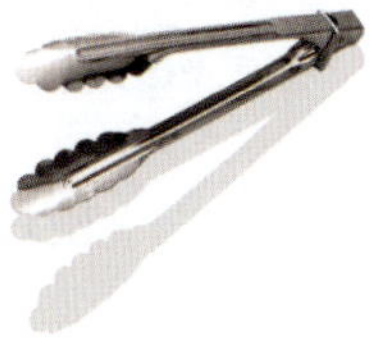
图2-57　食品夹子

（8）煎铲（Spatule Pelle，图2-58）由不锈钢制成，长方形，铲面上有孔，以沥掉油或水分，主要用于煎蛋等。

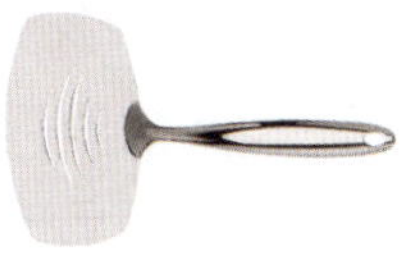
图2-58　煎铲

（9）肉叉（Roasting Fork，图2-59）不锈钢制品，叉齿坚硬，有不同型号，大叉一般为两齿，有木柄，用于叉取大块肉类原料。小叉有三齿或四齿的，用于叉取小块食物。

图2-59　肉叉

（10）汤勺（Soup Ladle，图2-60）一般由全钢制成，有长柄，供舀汤汁等。

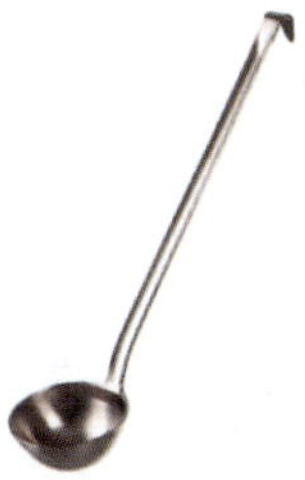
图2-60　汤勺

（11）少司勺（Sauce Ladle，图2-61）由不锈钢制成，长柄，用于舀取少司。勺一头为尖嘴，方便把少司倒出。

图2-61　少司勺

（12）搅板（Spatule，图2-62）搅板按材质分为两种：一种是木质构成，前端制成板状，形似船桨，大小不等，主要用于搅打少司或与不粘锅一起使用。另外一种搅板为橡胶质地，把手由塑胶混合物制成，可以完全紧贴容器内壁，把黏稠的液体原料（奶油、少司等）从容器内壁上刮下，液体原料不会存在死角，避免浪费。尺寸长度有25cm、35cm和45cm，有耐110℃和260℃高温两种，适用于不粘锅。

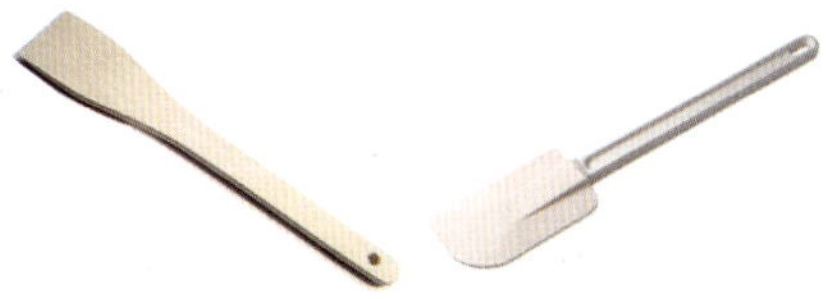
①木质搅板　②橡胶搅板
图2-62　搅板

（13）蔬菜制泥器（Vegetable Grinder，图2-63）由不锈钢制成，纱网孔直径有1.5mm、2.5mm和4mm。通过转动把手，3片扇叶与纱网进行摩擦，从而把蔬菜、水果碾压碎并从纱网滤出，适用于制作蔬菜泥、蔬菜蓉汤、果泥等。

图2-63　蔬菜制泥器

（14）量杯（Measuring Cup，图2-64）由透明材料制成，指数标于杯侧。边缘高于止杯线，有流出槽。量

图2-64　量杯

杯分液体量杯和固体量杯，液体量杯多以毫升为单位，固体量杯以克为单位。量杯一般大小成套，如25mL、50mL、150mL、200mL、500mL、1000mL和2000mL的量杯为一套。

（15）量勺（Measuring Spoon，图2-65） 一般用铝、不锈钢制成，有茶匙、1/2茶匙、1/4茶匙一套，也有1mL、2mL、5mL、25mL一套，用于计量液体或干配料。

图2-65　量勺

（二）厨具材质特性

（1）选择需要的厨具时应注意以下几点。

①选用可接触食品的、没有任何毒物危险的材质。

②有很好的导热能力，不会出现某个点过热现象，不会加热后变形。

③在冲击、碰撞等因素下，仍能保持较好的使用。

④容易维护与保养。

（2）使用电热板加热的厨具，底部坚厚、周围平整，能与炉面最大面积的接触，不易变形，并具有较好的热传导性能。

（3）厨具的手柄、把手来说要坚固、稳定，便于手持，在接点部位的铆钉要稳固结实。

（4）没有镀锡的厨具容器使用完后必须进行清洗，先用盐和醋，然后用清水冲洗，并擦干净。避免容器变色发青、发灰。

（5）尤其是铜的厨具，要在使用完后注意以下几点。

①用盐和醋进行清洗。

②定期检查容器底部是否有漏洞，并对铆钉的松紧情况进行检查，防止把手松动、脱落，消除危险隐患。

注意

铜质的厨具是用来烹饪的用具，不是用来放置食物的，所以千万不要把食物长时间的存放在铜质厨具中，否则厨具会被氧化，变成青灰色，甚至腐蚀锅体。

四、厨房常用刀具

在厨房使用最频繁的工具就是刀具，通常每个厨师都有自己的私人用刀，而像一些砍刀、拍刀、磨刀棒等会公用。

西餐刀具，每件都有它自己独特的功能，不管是大的、小的，薄的、厚的，带齿的、不带齿的，都是为了方便工作而配制的。

（1）劈刀（Cleaver，图2-66） 和中餐刀相似，刃厚不锋利，较重。用于劈砍硬骨头及大块肉类原料。

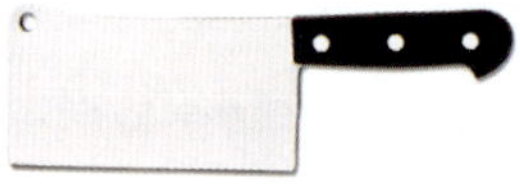
图2-66　劈刀

（2）剁刀（Chopper，图2-67） 刀刃非常厚6～8mm，刀长25～30cm，用于剁骨、剁肉、切肉，也可拍肉。

图2-67　剁刀

（3）厨刀（Chef's Knife，图2-68） 习惯上称作分刀（French

图2-68　厨刀

Knife），由全钢制成，前尖后宽，刀背稍厚，刀刃薄而锋利，呈弧形。长度大小不等，型号较多，以长度在25～30cm范围内较多，主要用于切割各种动植物原料。

（4）小刀（Paring Knife，图2-69） 刀膛短小，长7～11cm，适用于对蔬菜、水果的加工、去皮等。使用灵活。

（5）剔鱼刀（Fillet Knife，图2-70） 刀膛薄而细长，长17～20cm，适用于鱼类剔骨。

（6）蔬菜刀（Vegetable Knife，图2-71） 刀细长，长18～22cm，用于蔬菜的切丁、条、丝、末，也可片肉片。

（7）切鱼刀（Fish Cutting Knife，图2-72） 刀膛厚，刀刃呈锯齿状，长35～40cm，用于整鱼带骨切块。

（8）片肉刀（Slicing Knife，图2-73） 刀膛细长，长3～35cm，用于大块无骨烤肉的切片（牛肉、羊腿等）或大鱼的剃骨（三文鱼、鳕鱼等）。

（9）火腿刀（Ham Knife，图2-74） 刀膛有椭圆凹槽，柔软细长，长28～32cm，用于片薄片，如片火腿、片腌制三文鱼等。

（10）锯齿刀（Serrated Knife，图2-75） 刀刃呈锯齿状，刀膛硬长，长2～25cm，适用于面包、蛋糕、饼干等切片。

（11）去骨刀（Boning Knife，图2-76） 刀膛硬，细小而长，长14～18cm，用于肉类的去骨。

（12）牡蛎刀（Oyster Knife，图2-77） 刀短而厚，刀柄大，用于剖开牡蛎的外壳。

（13）蛤蜊刀（Clam Knife，图2-78） 刀身扁平、尖细，刀口锋利，用于剖开蛤蜊外壳。

（14）拍刀（Cutlet Bat，图2-79） 无刃，方形，下面平滑，背面有脊棱，中间厚，四边薄，用于拍砸肉类。

（15）抹刀（Palette Knife，图2-80） 平板无刃，长15～30cm，对馅心、奶油、慕斯、肉泥等原料进行抹平，在西点制作中经常使用，如在蛋糕上抹奶油。

（16）去鳞刀（Fish Scaler，图2-81） 用于鱼类的去鳞。

图2-69　小刀

图2-70　剔鱼刀

图2-71　蔬菜刀

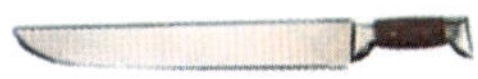

图2-72　切鱼刀

图2-73　片肉刀

图2-74　火腿刀

图2-75　锯齿刀

图2-76　去骨刀

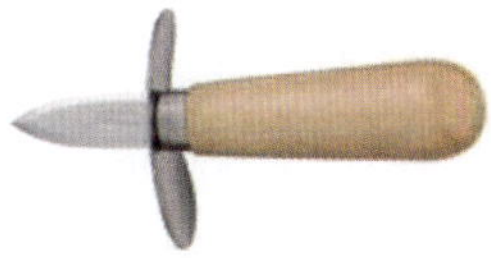

图2-77　牡蛎刀

图2-78　蛤蜊刀

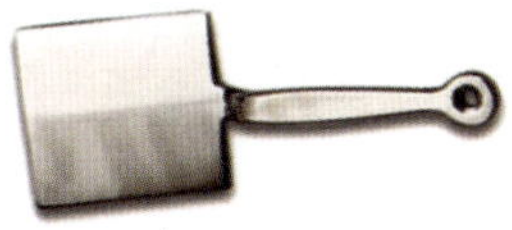

图2-79　拍刀

图2-80　抹刀

图2-81　去鳞刀

（17）去皮刀（Peeling Knife，图2-82） 用于蔬果类原料去皮。

（18）刮丝刀（Grater Shredder，图2-83） 用于硬果蔬，刮丝，刮末。

（19）去核刀（Fruit Corer，图2-84） 用于苹果、梨、菠萝等水果的去核。

（20）挖球刀（Vegetable Ball Spoon，图2-85） 用于挖蔬菜、水果球，根据挖球刀不同的型号，挖出的球大小也有不同，形状有圆形和椭圆形。

（21）曼陀林（Mandoline，图2-86） 也称为礤子，用于蔬菜切各种形状，如片、丝等。

（22）磨刀棒（Steel，图2-87） 磨刀棒就是一根钢制的棒，直径大约15mm，长度约300mm，顶端稍细，下端装有木把柄，钢棒上有很细的螺纹，硬度较高，适宜锉磨各种钢制刀具。

（23）串扦（Skewer，图2-88） 串扦多为钢制品，前端较尖，后端有钢柄，或有钢耳，有大小不同型号。小扦长约250mm，大扦长约650mm，主要用于制作串烧类菜肴。

（24）鱼剪刀（Fish Scissors，图2-89） 不锈钢质地，刀口坚硬，带有锯齿防滑，用于修整鱼鳍。

（25）禽剪刀（Poultry Shears，图2-90） 不锈钢质地，形状符合人类工程学，易于剪断原料，把手带有安全保护按钮。

（26）V字刀（Decorating Knife，图2-91） 用于蔬菜、水果的雕刻。

（27）熟鸡蛋切割器（Egg Slicer，图2-92） 用于熟鸡蛋均等切割（块、片）。底座由铝和不锈钢制成，中间凹陷成蛋形，上面有数根能转动的细钢丝。使用时将熟鸡蛋去皮放凹陷处，便可用钢丝夹成均匀的薄片或块。

（28）钢针（Steel Needle，图2-93） 用于整禽、肉类的捆绑。

（29）穿针（Insert Meat Needle，图2-94） 用于将动物脂肪穿入瘦肉内部。

图2-82 去皮刀

图2-83 刮丝刀

图2-84 去核刀

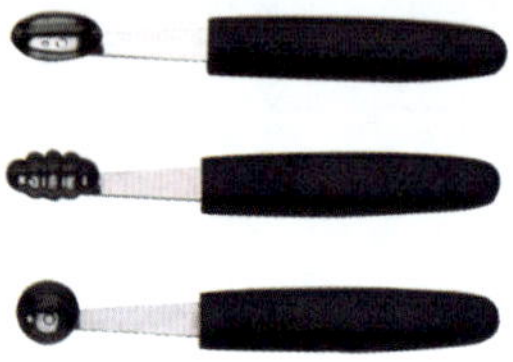
图2-85 挖球刀

图2-86 曼陀林

图2-87 磨刀棒

图2-88 串扦

图2-89 鱼剪刀

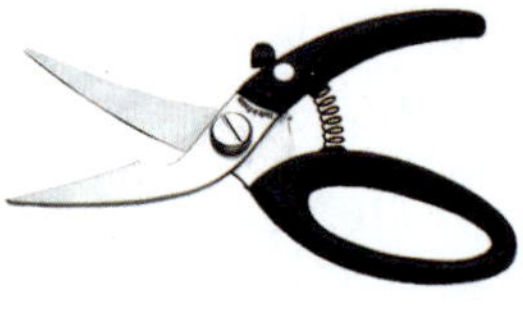
图2-90 禽剪刀

图2-91 V字刀

图2-92 熟鸡蛋切割器

图2-93 钢针

图2-94 穿针

五、厨房其他工具

1. 手套 / 围裙（Disposable Gloves/Apron）

手套 / 围裙（图2-95和图2-96）是在厨房准备阶段，即在烹饪之前所佩戴的用具，由塑料或橡胶制成。手套是阻挡细菌的屏障，带有细小的气孔，透气性强，防水性好，有韧性，柔软的材质可以更容易抓取原料，进行操作（制作肉馅、鱼类加工、拌沙拉等），根据手套不同的种类（一次性或反复使用），可选择扔掉或清洗消毒，最多每半天消毒一次（如需要制作冷菜，手套必须消毒或使用一次性手套）。还有一种钢丝手套，用于肉类去骨、剁骨、贝壳加工，或初学者磨刀时防止刀具等对手的伤害。

①一次性手套

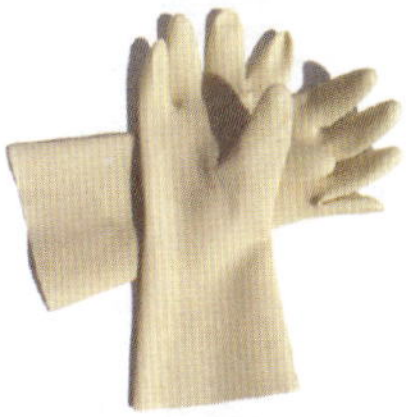
②手套

③钢丝手套

图2-95　厨房各种手套

图2-96　围裙

2. 口罩（Disposable Mask）

口罩由100%聚酯微纤维制成，布满0.5μm的细孔，可过滤葡萄球菌，佩戴舒适，实用。

3. 案板（Chopping Boards）

案板有两种类型：聚乙烯质地和纯木质地。

高密度聚乙烯案板（图2-97），有各种颜色。根据不同的颜色针对不同原料进行分类使用，避免交叉感染。如红色（用于加工生肉）、蓝色（用于加工鱼类、海鲜）、黄色（用于熟肉类）和绿色（用于蔬菜、水果）。

木质案板（图2-98）由整块木板或由很多木块拼接制成。需要注意的是这种案板不能放到洗碗机内清洗。

4. 保温灯（Lampe Chauffante）

烹饪成熟的热菜放在灯（图2-99）下，在服务生取走前进行保温。

5. 擀面棍（Rolling Pin）

擀面棍（图2-100）用于擀平面皮，有木质、树脂、不锈钢质地，有不同的规格尺寸。通常总长47cm，中间压面部分长25cm，中间直径5cm，手柄直径3cm，不锈钢质地方便耐用，易清洗。

图2-97　高密度聚乙烯案板

图2-98　木质案板

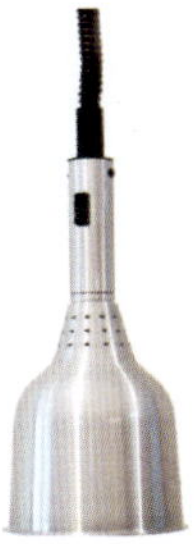
图2-99　保温灯

图2-100　擀面棍

六、厨师着装

工作服是由能够把头发全部罩在里面的厨师帽、双排扣的厨师服、吸汗巾、过膝围裙、别在围裙上的带手布、长裤（黑色、白色、蓝色）和舒适防滑鞋构成的整套厨师服。

1. 工作服上衣

其质地为纯防火棉，或50%棉和50%涤纶。上衣应当双排扣，前胸为双层布，为了在炉灶前起到隔热保护胸的作用。双层袖口，袖口折叠后到手腕（紧急时候可以打开袖口，隔热保护手）。纽扣设计在紧急情况下（如着火）方便解开。上衣应当合身，避免过大、袖口过长等，出现机械事故（如袖子卷入机器中）。衣服质地恒温（隔热），不易燃烧，吸水性强，易于整理，韧性强。

2. 工作服裤子

其质地为纯防火棉，或65%棉和35%涤纶。裤子为黑色、白色、蓝色，裤口盖住脚面，合身舒适。涤棉不防火，但也不会自燃。

3. 厨师帽

其质地为棉、棉纤维。在烹饪过程中，确保能够包裹住头发，防止脏东西掉落，同时也是防止油烟、水蒸气等对头发的伤害。

4. 汗巾

其质地为棉或棉麻。重要是吸水性强，每次工作完要及时更换，潮湿的时候不用。

5. 围裙

其质地为硬棉或棉麻。围裙系好后，折叠成双层，起到隔热保护的作用，底部适合（过膝），带手布可别在围裙带子上。胶皮围裙则用于择菜、洗菜；禽类、鱼类加工，有更好的保护效果。

6. 带手布

其质地为棉或棉麻。带手布主要是用于拿热锅、热盘子而不是用作抹布。

7. 厨师鞋

其质地为皮或革。专用厨师鞋，完全覆盖脚面，能够防止烫伤、硬物掉落砸伤。质地坚韧，颜色鲜明（黑色或白色），便于打理。

总之，厨师在保护自己安全的同时也要展现厨师的良好形象，特别要注意个人的卫生。比如修剪头发、清洗头发，修剪指甲，穿着佩戴齐全（汗巾、围裙；衣服保持干净、整齐），这样不会给其他人带来抵触感，反而会带来一种信任。因为顾客时时刻刻都在注意厨师，所以餐馆的成功经营，顾客的满意都是通过厨师的努力得以实现的。

第三章　原料初加工工艺

原料加工是指将各种烹饪原料加工成可直接用于菜肴烹制的过程，又称为原料的初步加工。其主要包括植物性原料的择洗、去皮，动物性原料的宰杀、剖剥、分档取料以及各种原料的切配成形、腌渍入味等工艺。

原料加工是菜肴制作中最基本的一道工序，在整个烹调过程中占有相当重要的地位，无论是动物性原料还是植物性原料，都不可能直接进行烹制，必须按原料的不同种类、性质进行不同的加工，以适应各种烹调方法的需要。所以，原料的加工具有较强的技术性。原料加工的优劣将直接影响菜肴成品的质量、营养、卫生状况及成本的高低。

第一节　刀工知识

刀工是根据烹调和食用的需要，采用相适合的刀法将烹调原料加工成一定形状的操作过程。好的烹饪是要在有一定基础的刀工上才会出效果，不管是五星级酒店的厨师还是烹饪初学者，学会正确用刀，才能使原料初加工顺利地进行，同样也是烹饪过程中的一部分享受。

在刀具使用前首先要了解刀具及其相关内容。

一、专业刀具

厨房里厨师常用刀具或专业厨师常用的专门刀具与其他刀具会有所不同。在厨房里会有一些公共或特别刀具，如磨刀石（棒）、砍刀、拍刀等。还有一些刀的用途是多种多样的，如去皮刀、去骨刀、锯齿刀等，同样，厨房中所使用刀具的样式也是品种繁多的。刀具的刀身可以是短的、厚的、坚硬的、柔软的，但是最终是根据工作需要才使用的。

这就是为什么合理选用一把刀，就能够快速、精准、安全而且保证质量地完成工作任务的原因。

1. 刀具的构成

刀具分为两部分。

（1）刀身　刀身的质地通常是碳钢和不锈钢。刀身尾部整体插入刀柄中，使用金属环与刀柄装配在一起（由于这种安装方法使用黏合剂把刀柄与刀尾部黏合，不建议长时间泡在热水中），或者使用铆钉与刀柄固定（这种安装方法由于需要两块板来固定刀柄，所以在重量上较沉，但是坚实耐用）。

（2）刀柄　刀柄的质地通常是山毛榉木、黄檀木或者不变黑色的树脂、尼龙，具有足够的长度和厚度，使得持握较为舒适，在使用上能够灵活运用并控制刀身。

2. 刀具使用安全事项

所有的刀具都具有危险性，但是很多的事故可以通过以下几点来避免。

（1）购买质量好的刀具，而且要注重刀具的保养。

（2）厨房里每个位置的工作都需要正确的操作姿势和合理组织工作程序的方法。

（3）在每个位置上的工作都要有条理性，时刻注意不使用的刀具要及时收拾清理干净（如把不用的刀具放在菜板旁边是不被允许的）。

（4）当每个分开的工位都有厨师工作时，应避免相互碰撞。

（5）操作时，各种原料、容器要摆放整齐，有条不紊。

（6）操作姿势正确，熟练地掌握各种刀法的要领。

（7）厨师在工作时要保持稳定的心情、清醒的意识和警惕错误的使用方法所引起的危险，特别是在切、削等工作过程中，保持精神集中，任何情况都不能分散精力，更不能说笑打闹。

（8）不要在手里拿刀时随意走动。即使在紧急情况下，也应该要刀尖朝下，手握刀膛，从容不迫地行走。

（9）所有的刀具应该放入刀箱，刀尖和刀刃朝同一方向，码放整齐。放在离工作区域比较近，拿取方便的地方（如操作台下面的抽屉里，或者是磁铁条的架子上等）。

3. 磨刀

磨刀的工具一般是两种：一是磨刀棒；二是磨刀石。由于西餐刀具在购买时，其钢质量与结构相对坚固稳定，刀刃相当锋利，在使用过程中如果出现刀钝的情况，只需稍微轻轻磨下就可以继续使用。磨刀棒的使用会使磨刀变得方便，快捷，所以在西餐厨房中，磨刀的工具通常为磨刀棒。

在检查刀刃是否磨锋利时可将刀刃纵向朝上，刀面与视线成45°角左右，如不能看到刀刃上有一条细的、白色的反射光线，则表明刀刃已经锋利。或者纵向持刀，用手指在刀刃上横向轻拉，如有涩感，无卷边也表明刀刃很锋利。

使用磨刀棒磨刀的具体使用方法如下（右手持刀方法磨刀）。

以分刀为例，握刀后，大拇指接触的一面为内刃面，食指接触的另一面为外刃面。

（1）磨刀方法一

①左手持磨刀棒，右手持刀。

②刀的内刃面放在磨刀棒下面，刀刃向左紧贴磨刀棒根部。

③刀刃斜度与磨刀棒呈20°角左右，刀身与磨刀棒呈十字交叉（呈钝角135°左右）。

④刀向磨刀棒顶部斜拉，同时磨刀棒轻轻向相反的方向斜拉，使刀刃从根部一直磨到刀尖。

⑤然后把刀放在磨刀棒上面，刀的外刃面紧贴磨刀棒的根部，刀刃斜度与磨刀棒呈20°角左右，刀身与磨刀棒呈十字交叉行（呈钝角135°左右）。

⑥刀向磨刀棒顶部走，刀刃从根部一直磨到刀尖。

⑦反复重复此过程，根据刀刃利钝的不同程度完成磨刀步骤（正常情况下每一边的刀刃磨

两至三次就可以锋利）。

（2）磨刀方法二

①左手持磨刀棒，右手持刀。

②刀的内刃面放在磨刀棒下面，刀刃向左紧贴磨刀棒顶部。

③刀刃斜度与磨刀棒呈20°角左右，刀刃从磨刀棒顶部向下走，一直磨到刀尖部位。

④然后把刀放在磨刀棒的上面，刀外刃根部紧贴磨刀棒顶部。

⑤刀刃斜度与磨刀棒呈20°角左右，刀刃从磨刀棒顶部向下走，一直磨到刀尖部位。

⑥反复重复此过程，根据刀刃利钝的不同程度完成磨刀步骤。

注意

（1）磨刀时，保持角度基本不变。每磨几下，观察刀刃或触摸刀刃检查利钝，直到刀刃线很小或有涩感为止。如果刀刃很锋利，继续磨刀过力或过久，会使刀刃卷曲，刀刃线加大、变白反光。

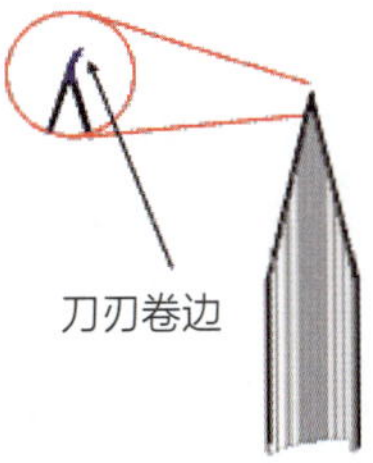

（2）每磨一次刀内刃，再磨一次刀外刃，一次刀外刃，一次刀内刃，反复交替进行。如果刀内刃或刀外刃一面磨得次数相对另一面过多，就会出现刀刃一侧偏厚一侧偏薄。刀的使用寿命会大大缩减。

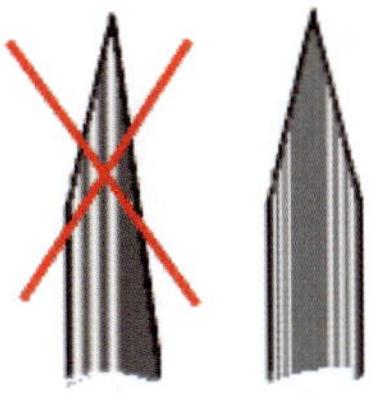

4. 刀具维护保养

厨房里所使用的刀具应保持清洁卫生、安全放置，并具有较好的性能，主要是要保持刀刃的锋利（厨师在使用刀具过程中要花费一点时间来磨刀，使刀具锋利以便于工作。但应注意刀刃的锋利程度增加时，危险程度也随之增加，所以要按照正确的方法使用刀具）。

（1）磨刀通常要借助磨刀棒（石），是有规律的，力量均匀的，细致的工作。磨刀的方法虽然有多种，但其中最主要还是在磨刀时，让刀刃朝外，不要朝向自己。

（2）对于初学者来说，出于安全方面的考虑，还是要戴上防护手套（钢丝手套）。

（3）当刀刃比较钝、厚，借助磨刀棒（石）起不到很好的作用时，就应当拿到专门的磨刀店，让专业的磨刀工去磨（如使用砂轮机器等），使得刀膛变薄，刀刃变得更锋利。

（4）刀具在使用过程中，如需清洗要使用热水，去污剂洗净后，再用高于63℃的水进行冲洗，洗净后要避免与不净物接触造成污染。

（5）洗净的刀具，如果还要继续使用，不要放入密封的盒子、套、包、袋子中，避免其中的细菌污染刀具，从而再对原料进行污染。对于中心厨房或者切割加工间，刀具可放入磁铁消毒刀柜（图3-1）中。

（6）在刀具使用结束后，放入消毒水溶液或者次氯酸钠水溶液中浸泡，然后用63℃的水清洗，擦干放入刀包或刀箱。

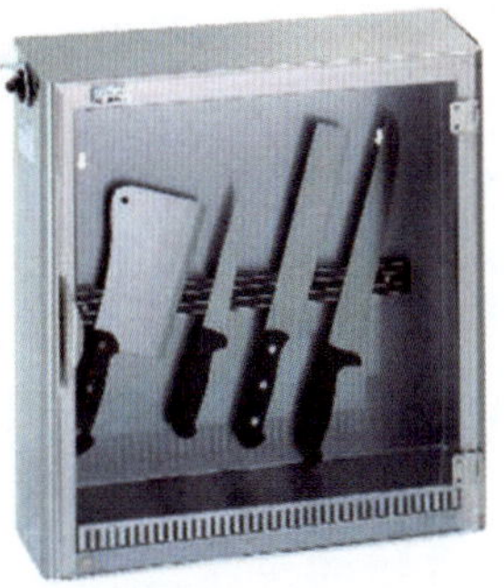

图3-1　不锈钢构造的磁铁消毒刀柜

无色透明的有机玻璃磁场封闭门，关门后紫外线设备开启，开门则自动切断，定时器调节为0～2h，建议最低1.5h，以便有效地对刀具进行杀毒。

二、刀工的基本要求

1. 操作站姿

刀工是比较细致且劳动强度较大的手工操作，除了平时注意锻炼身体，保证健康的体格，有较耐久的臂力和腕力，还要有正确的操作姿势。

操作站姿的步法有两种：一种是八字步，要求两脚自然分开，成八字形站稳，上身略前倾，但不要弯腰曲背，目光注视两手操作的部位，身体与菜板要保持10cm的距离，这种步法两脚受力均等，不易疲劳，适宜长时间操作。

另一种步法是丁字步，要求左脚竖直向前，右脚脚跟横靠在左脚脚弓内侧，成丁字形。重心主要落在左脚上，上身挺直，略向左侧，头微低，目光注视两手操作的部位，身体与菜板保持10cm距离，这种姿势较为放松，但长时间较易疲劳，可以左右脚倒换，也可与八字步交替使用来减轻疲劳感。

2. 握刀动作规范

在刀工操作过程中，动作必须自然、优美、规范。基本方法一般是右手操刀，用右手拇指和食指分别夹住刀后根部的刀膛两侧，食指根部压住刀背，其余三指自然合拢，握住刀柄，但不要死握（图3-2）。如将食指全部压在刀背上，这种错误持刀方法（图3-3）不易握紧刀，切硬质原料时容易左右摆动。

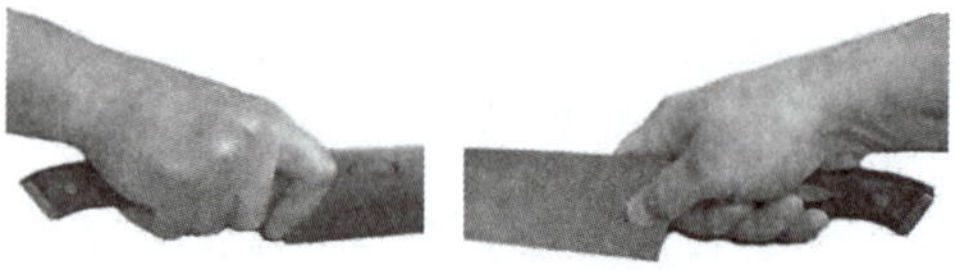

①右手持刀外侧　②右手持刀内侧

图3-2　正确的持刀动作

①正确持刀方法　②错误持刀方法

图3-3　正确/错误持刀方法示意图

左手手指按住原料，手背拱起，掌心稍空。中指第一个关节向前弯曲突出在所有手指的最前端与刀膛接触，其他手指均在中指第一个关节以后，压稳原料不使之移动。中指关节前后移动，调节所切原料的薄厚程度（图3-4）。在切原料时左手慢慢后移，与右手运刀过程相互配合，最终将原料切完（图3-5）。

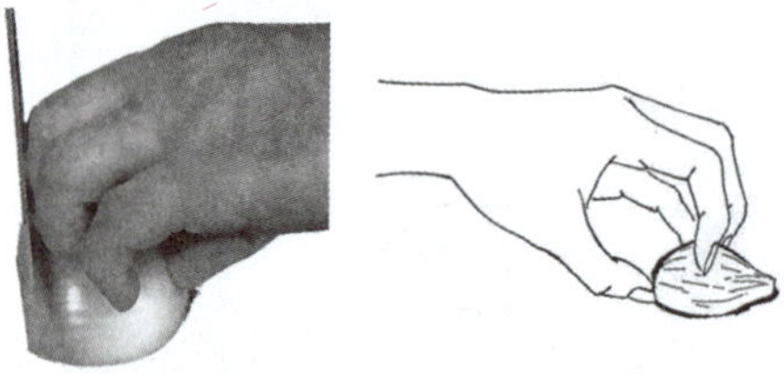

图3-4　左手手指按住原料

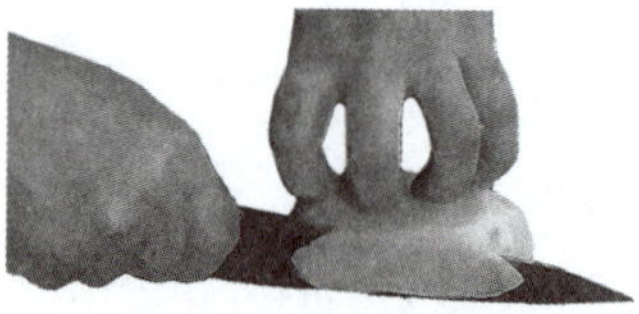

图3-5　原料切配时两手的配合

3. 刀法运用恰当

刀工是为烹调做准备的一道重要工序，其任务主要是如何完善地对原料进行加工，以适应烹调的需要，由于原料有脆、韧、松、软、硬、有骨和无骨等区别，刀工处理过程中所用的刀法也应有所不同，一般情况下，如脆性原料采用直刀法中的直刀加工，韧性原料采用推切、拉切或锯切加工，硬的带骨的原料采用剁的刀法加工等。

4. 合理使用原料

合理使用原料是整个烹调工作的一条重要原则，刀工操作过程中更应遵循。西餐的食用方法是每人1份，而且很多菜肴都是一块整料，因此，在操作过程中要计划用料，做到落刀心中有数，凡能使用的原料充分使用，不能随意扔掉，做到物尽其用，降低成本。

5. 密切配合烹调

刀工是烹调前最后一道工序，原料成形是否符合要求，直接影响菜肴的质量，如急火、短时间加热，就要注意原料加工成小或薄的形状，反之，采用慢火，加热时间较长，原料形状要加工成较大的形状。

6. 整齐、均匀、利落

经过刀工处理的每种原料，必须整齐划一，厚薄均匀，没有藕断丝连的现象，还应注意刀具有无缺口，砧板是否平坦及运刀用力是否均匀等。

7. 符合卫生要求

在刀工操作过程中，从原料的选择到工具的使用，都要做到清洁卫生，做到不污染，不串味，生熟刀具、案板分开使用，确保所加工的原料的清洁与卫生。

三、刀工的作用

刀工的使用不仅能改变原料的形状，而且对菜肴制成后的诸多方面都起着重要作用。

1. 便于成熟

烹饪原料通过加工处理，规格一致，所以在烹调中能均匀受热，成熟度一致。

2. 便于入味

由于经过刀工使原材料由大变小或变松软，调味品才易于渗入原料内部，使成品口味均匀一致。

3. 便于食用

原料经过刀工处理后，已去掉了不可食用的部分，其形态也由大变小，可直接入口，食用起来就方便多了。

4. 美化形态

刀工能把各种不同形态的原料加工成多种形态，使其整齐美观，从而引起食欲。

四、常用刀法

1. 刀法的概念

刀法是使用刀具的各种方法，是根据烹调和食用要求，将烹调原料加工成一定形态时采用的各种不同的行刀技法。

2. 刀法的种类及分类依据

刀法的种类很多，西餐操作时使用的刀具种类繁多，但主要以分刀为主，根据刀刃与案板或原料接触的角度，一般分为直刀法、平刀法、斜刀法和其他刀法等。

（1）直刀法　直刀法是指刀刃与案板或原料接触成直角的一类方法，主要包括切、剁、砍等。

①切：一般用于无骨原料，操作要领是将刀对准原料，右手握刀，左手按稳原料，用食指中的第一个关节抵住刀内侧刀膛，均匀地控制刀的后移，由上向下垂直切下去操作，由于无骨原料也有老嫩、脆、韧的区别，所以，切又有许多不同手法。

- 直切：操作要领是用刀笔直地切下去，一刀切断，切时既不前推，也不后拉，着力点在刀的中部。这种刀法主要适宜切一些脆硬性的原料，如各种蔬菜。
- 推切：操作要领是用刀向下压的同时，有往前推的动作。由刀的中前部下刀。最后的着力点在刀的中后部。这种刀法适宜切韧性原料，如较嫩的肉类。
- 拉切：操作要领是用刀由上往下压的同时，有向后拉的动作，由刀的中部入刀至后，着力点在刀的前部，这种刀法适宜切较细小或松脆的原料，如芹菜、黄瓜等。
- 推拉切：操作要领是用刀由上往下压的同时，先向前一推，再向后一拉。向前一推是便于入刀，向后一拉时将原料切断。这样一推一拉，不再重复，由刀的中部入刀，最后的着力点在刀的中前部。
- 锯切：操作要领是用刀由上往下压的同时，先向前一堆，再向后一拉，这样反复数次，最后切断，由刀的中部入刀，最后的着力点仍在刀的中部，这种刀法适宜切较厚的并带有一定韧性的原料，如各种熟肉、肠子等。
- 滚切：操作要领是用力由上往下压直切下去，切一刀滚动原料一次，如胡萝卜、马铃薯等主要用来加工滚料块。
- 铡切：操作要领是右手提起刀柄，左手扶在刀尖背上，刀尖不离开菜板，刀根抬起落下，使刀中部和根部切入原料，反复重复此过程将原料切成碎末。适用于加工质地脆嫩的原料，如蒜、番芫荽、细叶香芹等。

②剁：剁是指将原料制成泥茸和某些成形菜肴剁松的一种刀法。操作方法是右手握刀垂直向下用力，没有前推后拉的动作，与切不同的是刀不抬高，运刀快，用力大。左手控制原料，但不用手指的第一关节抵住刀侧，根据加工要求的不同，可分为剁断、剁烂、剁形三种方法。

- 剁断：这种方法使用砍刀或刀背沉重的分刀，操作方法是左手按住原料，右手握刀用小臂和腕部力量直剁下去。要求运刀准确有力，一刀剁断，不要反复剁。这种方法用来加工带有小骨的原料，如鸡、鸭、猪排等。

- 剁烂：这种方法是先将原料切成小片或小丁，然后用刀顺序直剁。剁烂分为单刀剁和双刀剁两种。单刀剁即用一把分刀，将原料剁细；也可以两手各握一把刀同时剁，边剁边翻弄原料，使之均匀一致。剁时提刀不能过高，防止碎末飞溅，有时刀面要涂些清水，以免粘刀。
- 剁形：这种刀法要先经过切、拍等工序，然后把原料放在菜板上，用刀尖把原料的粗纤维剁断，同时用左手配合收边，逐步剁成菜肴要求的形态，如树叶形、椭圆形等。这种刀法操作中要求掌握碎裂而不烂的原则，剁断粗纤维的目的是使原料受热后不因纤维收容而变形，这种刀法用来加工肉排等。

③砍：通常用于加工带骨的或者是质地坚硬的原料，砍的操作方法是右手紧握刀柄，对准要砍的部位，用力砍下去，要稳准。砍有直刀砍、跟刀砍、拍刀砍三种。

- 直刀砍：将刀对准原料要砍的部位用力向下直砍，多用于带骨的肉类。
- 跟刀砍：凡一次砍不断，需连续不断数刀方能砍断的，称跟刀砍，操作方法是对准原料要砍的部位先直砍一刀，让刀嵌进原料要砍部位，让刀与原料一起落下砍断。
- 拍刀砍：将刀放在原料所需砍断的位置上，右手握住刀柄，左手举起，在刀背上用力拍下去，将原料砍开，适用于圆形或椭圆形、体积小、表面易滚滑的原料。

（2）平刀法　平刀法是刀面与菜板表面接近平行的一种刀法，用于加工无骨的原料，其操作方法是将刀刃与菜板平行进入原料，较硬的原料（西葫芦、马铃薯等）从顶部进行片，较软的原料（猪肉、鸡肉等）从底部进行片，而不是从原料自上而下地切入。平刀法可分为平刀片、拉刀片、推拉刀片三种。

①平刀片：操作要领是刀与原料平行，从原料右端入刀，平行向前推进，一刀片到底，着力点在刀的中部，这种刀法适宜片形状较小、质地软嫩的原料，如肉冻、黄油等。

②拉刀片：操作要领是从原料右前方入刀，入刀后由前向后拉一刀，将原料片下，这种刀法适宜片形状较小、质地较嫩的原料，如鸡片、鱼片、虾片等。

③推拉刀片：操作要领是从原料中部入刀，入刀后先向前推，再向后拉，1至2次后将原料片断，这种方法一般由原料的下方出片，这种刀法适宜加工韧性较大的原料，主要是各种肉类。

（3）斜刀法　斜刀法是刀面与菜板成小于90°角的一种刀法，有斜刀片和反刀片两种刀法。

①斜刀片：操作要领是左手指按稳原料左端，右手持力，刀刃贴在原料顶部表面，向左下方倾斜。片时使刀刃在原料表面靠近左手的部位，调整入刀部位与左边原料边缘的距离，确定片的薄厚，斜着片入原料向左下方运动，这种方法适宜加工无骨的韧性原料，如鱼片、虾片等。

②反刀片：操作要领是刀背向上，刀刃向外，刀身微呈倾斜状。刀刃进原料后由里向外运动，这种刀法通常适用于加工大型带骨且有一定韧性的熟料，如烤鸡、烤羊腿等。

（4）其他刀法如下。

①拍：拍是西餐传统的加工刀法，使用的刀具是拍刀，也有的用木制或铝制的宽面榔头，是为了将原料的质地由硬韧变为松软。拍的操作要领是，把切割好的原料断面朝上放平在菜板上，右手握住拍刀向下拍打原料，左手按住原料的骨把，如无骨把，就每拍一下，右手指随之轻按一下原料，以防被刀带起。也可使用食品袋，把原料装入食品袋内再拍打，防止拍散的原料四处飞溅。

拍根据手法不同又分直拍和拉拍。直拍的方法适宜加工较嫩的原料，或用于原料拍制的开始阶段。拉拍的方法适宜加工韧性较大或需要拍制很薄的原料，在加工原料时，一般先用直拍把原料的纤维拍松散，再用拉拍的方法把原料拍薄。

②削：削是将原料拿在手里用刀加工的操作方法。削的操作方法是左手持原料，用拇指和食指抵住原料，右手持刀对准所要削的部位，削之前要调整入刀的角度，即所削原料的厚度，刀刃与原料的角度越大削的原料越厚，角度越小削的原料也就越薄，可从原料外向里削，也可从原料里向外削。削适用于对根茎和瓜果类蔬菜的去皮和某些原料的外形加工。

③旋：旋是指用刀将原料一层表皮旋下，可分手上操作和菜板上操作两种。手上操作是将原料拿在手上，刀刃进入原料表面，旋转原料，刀刃随着旋转进入原料，同时调整入刀角度选择旋下原料的薄厚。菜板上操作是将原料放在菜板上，原料放在刀左侧。刀平放在菜板上，刀刃朝左，刀平行进入原料表层，根据刀和菜板的距离调整所旋下原料的薄厚，刀刃向左移动，原料同时向左滚动，刀与原料一起走动，直到把所需原料的表皮旋下来。主要适用于加工水果及茄果原料。

④剔：一般用于取下肉类原料中的骨头或部位取料等，使用专用剔骨刀、剔鱼刀等。操作时，运刀路线要灵活，下刀要准确，随部位不同交叉使用刀尖、刀中部和刀根部。做到原料分档正确，取料完整，剔骨要干净。

⑤刮：刮是用刀将原料表皮杂质或污垢去掉的一种刀法。操作时，刀身垂直，刀刃接触实物，横着运用。刮有顺刮和逆刮两种：顺刮适用于刮污垢，皮毛；逆刮适用于刮鱼鳞。

⑥剜：剜是用刀从原料中挖出所需或不要的原料，针对不同的原料操作方法有三种。

- 将原料的内瓤剜出成空壳，便于填入馅心，如鲜番茄、嫩西葫芦等。
- 用特殊的用具（挖球刀）在体大的瓜果蔬菜上剜下圆球，作为佐食肉类的配菜，如萝卜球、冬瓜球等。
- 取出凹陷原料内部的肉，如海螺、蜗牛等。

⑦敲：敲又可称为捶砸，即用榔头、刀背或拍刀敲碎原料硬壳，如螃蟹的螯足及龙虾盔壳等。

⑧撬：撬是用刀（如牡蛎刀、蛤刀等）将两扇结在一起的原料撬开，以便取得其肉，如生牡蛎、扇贝等。

第二节　蔬果类原料加工工艺

一、蔬果原料加工的一般原则

（1）去除不可食部位，如纤维粗硬的皮、黄叶及腐烂变质的部分等。

（2）洗污物，如泥土、虫卵等。

（3）保护可食部分不受损失。

二、蔬果原料的初步加工方法

西餐中蔬果原料的品种丰富，初加工方法也不尽相同，在加工前要做好充分的准备，才能够提高工作效率，保证食品卫生安全标准。

（一）蔬果去皮加工前准备

对于习惯右手操作的厨师，通常都是采用从左到右的方式来进行的。有三件容器（不锈钢方盘、圆盘或不锈钢盆）是必须使用的。通常是按照倒“品”字摆放，离自己最近的容器放蔬果废料（如蔬果皮、核等）；左上方的容器放准备加工的蔬果（如果蔬果表皮泥土太多，那在加工前最好清洗）；右上方的容器里放去好皮，加工好的蔬果原料（图3-6）。

图3-6　容器摆放

在加工容易被氧化的蔬果时（如马铃薯、苹果等），最好准备一个盆，里面放入冷水，把去好皮的蔬果放入冷水盆中，防止加工好的蔬果表面氧化变黑。

（二）蔬果清洗

为了达到有效的清洗目的，有两种清洗方法需要特别注意。

1. 在流动的水下进行清洗（以韭葱为例）

将韭葱外皮剥去，切除蔫黄的葱叶，把葱叶从根部用刀切开成四部分，放到水龙头下，用水冲去泥、沙、虫等物质。

2. 在盆中进行清洗（以口蘑为例）

至少要准备3个容器（如盆、桶等）。把口蘑放入盆中，接入清水，进行清洗，然后用手把口蘑捞出，过滤水分，再放入另外一个清水盆中，最后把第一个盆中的脏水倒掉，把盆清洗干净后，接入清水，这样反复进行口蘑的清洗，直到把口蘑清洗干净。

在任何情况下，都不要在清洗过程中，不捞出口蘑，直接在盆中把水过滤掉。因为在清洗过程中口蘑上面所带有的泥沙会沉在盆底。如果不捞出口蘑就把水过滤掉，口蘑与泥沙又会混合在一起，起不到清洗干净的目的。

用盆清洗蔬果的时候，要及时将清洗干净的蔬果取出。在常用的蔬果中，只有加工后的马铃薯等易氧化的蔬果需要立即放到冷水中或表面擦拭柠檬汁保存，其他的蔬果洗净后沥干水分放到容器内，用纸或保鲜膜盖好放入冰箱，直到用时取出。

卫生安全注意

在蔬果加工的时候，必须进行细致的清洗，尤其注意通常使用洋葱、蒜、分葱的时候，去皮后别忘记清洗。

生长在地下的蔬果或者是没洗干净的蔬果可能会带有较多有害物质：

- 寄生虫卵、胚胎或者幼虫（如蛔虫、肠兰伯氏鞭毛虫、蛲虫、苍蝇幼虫、肝片吸虫、大肠杆菌、痢疾杆菌等）。
- 化学农药残留物（如杀虫剂、各种肥料等）。
- 基于粪便、被污染溪水或未知源头水浇灌等的生物复合肥料残留物。

清洗蔬果后避免二次污染：

一些冷盘、凉菜会由许多生蔬菜组成，改善生蔬菜中大量的微生物含量，还需要把所盛的容器放入次氯酸钠（漂白水）水溶液浸泡（1：99稀释漂白水，如10mL漂白水混合于1L清水内，然后浸泡5min左右）。然后立即用清水冲洗干净，脱干水分。

对用于甜点装饰或直接食用的水果来说，要进行长时间的浸泡和仔细的清洗，沥干水分放入密封袋中，通常水果在最高不超过3℃的环境下保存（除了香蕉要在12℃下保存）。

另外，还应当注意保持食品袋、容器和手的干净卫生。

提醒

一般不建议蔬菜，特别是叶类蔬菜在水中长时间浸泡（马铃薯除外），因为长时间在水中浸泡，尤其在温度升高的环境下，会产生过多的微生物（或发酵）。另外，还会失去或多或少人体所需的维生素（特别是水溶性维生素）和矿物质。

（三）工位的布置与准备

对于右手持刀的操作者来说，洗净的蔬果原料应放置在切菜板的左侧，然后左手把要切的原料放在菜板的中间进行所需类型（片、丝、丁、末；大小、薄厚、粗细等）的切配。切好后放到菜板的右侧，切到一定量的时候，可以放到干净的容器里。

切配好的蔬果原料应当尽量接近烹制或者再加工的时间，不易长时间放置储存。

如果使用机械设备（如食品切碎搅拌机）对蔬果原料进行加工切配，那么使用过程中要注意安全，按照操作规范进行操作。使用完后应当保持机械设备的整洁（机械设备的附件存放应当保持低温）。

（四）蔬果原料具体加工方法

1. 叶菜类

叶菜类是指以脆嫩的茎叶为可食部位的蔬菜。西餐中常用的叶菜类蔬菜主要有：生菜、菠菜、卷心菜、荷兰芹等。

蔬菜的初步加工方法主要如下。

（1）选择整理　主要去除黄叶、老根、外帮泥土及腐烂变质部位。

（2）洗涤　一般用冷水洗涤菜中的泥土。夏秋季节虫卵较多，可先用2%的盐水浸泡5min，使虫卵的吸盘收缩，浮于水面，便于洗净。

（3）切配　加工成所需要的形状。

叶菜类蔬菜质地脆嫩，操作中应避免碰损蔬菜组织，防止水分及其营养素的损失，保证蔬菜的质量。

实训项目1　菠菜（Spinach）基本加工

相关知识

知识点1　菠菜茎叶柔软滑嫩、味美色鲜，含有丰富维生素C、β-胡萝卜素、蛋白质、草酸以及铁、钙、磷、钾等矿物质。其中丰富的铁对缺铁性贫血有改善作用，但其中含有丰富的草酸，不建议有关节炎和风湿病患者经常食用。

知识点2　在选购上，应选择新鲜、干净的菠菜，叶片完整、紧实、脆嫩、鲜绿色，春天发芽的菠菜（凉拌沙拉）叶片较小、光滑、柔嫩、翠绿色。

知识点3　菠菜叶通常可生食（沙拉），或者熟食，用水焯熟（英式烹制法）。除生食外，还可脱水干制和速冻。

实训准备

实训场地准备：西餐实训厨房加工间。

实训用品准备：分刀，菜板，不锈钢盘，不锈钢盆。

仪容仪表准备：穿厨师工作服、工作鞋、工作帽、围裙，不佩戴任何饰物，不留长指甲，洗净双手。

实训内容

1. 菠菜基本加工

原料准备

原料	单位	重（数）量
菠菜	kg	0.5
平均准备时间	min	5
平均加工处理时间	min	5

操作过程

（1）菠菜初步加工准备。

①将成捆的菠菜打开，顺着叶脉轻轻地把整片叶分开，剔除中央的叶梗（图①）。

②择除黄叶、萎蔫叶、烂叶。

③在清水盆中用手轻轻地反复清洗，泥沙会沉在盆地（图②）。

④菠菜洗干净后，沥干水分。

⑤切掉菠菜根部（图③）。

（2）菠菜加工切配规格：切菠菜丝。

①选取少量的叶片，叠加码放。

②慢慢把叠加的叶片卷成卷，卷实（图④）。

③横向摆放，根据需要切成丝（图⑤）。

图①

图②

图③

图④

图⑤

2. 注意事项

（1）拒绝选用叶片过大、过厚、过硬、破裂、发黄、萎蔫、梗软、腐烂的菠菜，同样也不要选用水泡过、过湿润（很容易继续发芽生长）和过热的（容易发酵）菠菜。

（2）菠菜冷藏储存，温度为6～8℃，建议当天购买当天使用，避免烹制后的蔬菜储存超过24h。

（3）菠菜在清洗过程中，必须两个盆交互清洗。

（4）切菠菜丝的方法同样适用于大片叶菜的切丝方法，比如酸模、生菜等。切好的丝可用于汤菜（清汤）的装饰，煮蛋、鱼菜的配菜等。

3. 实训总结

菠菜在烹饪过程中通常可作为配菜使用，可以整叶使用，也可以经过加工成丝使用，还可以用机器打成碎末用于提取绿色。菠菜丝成品需要粗细均匀一致，避免其中含较粗或较细的丝。

作为一项基本技能，在菠菜加工过程中涉及直刀切技法和清洗、去梗、卷等技术要点，需要熟练掌握。

实训项目2 生菜（Lettuce）基本加工

相关知识

知识点1　生菜由野生种驯化而来，古希腊人、罗马人最早食用，是一种很常见的叶食蔬菜，通常生食。

知识点2　食用的生菜在开花前就收割了。有一类变异的生菜颜色是紫色的。如按叶的生长状态区分，则有散叶生菜、结球生菜两种。按照其菜和叶子的形状来区分，生菜有上百个品种，其中最常见的有五种类型的生菜。

①莴苣生菜（Laitues）：球形生菜、荷兰莴苣、罗马生菜、绿色/红色花叶生菜。②菊苣（Chicorees）：卷叶菊苣（Cornette）、苦苣（Endive）、苦菊（Chicoree Frisee）、野生菊苣。③野苣（Maches）：野苣原为欧洲野生植物，叶片长、圆，呈匙形，味道微苦。④蒲公英（Pissenlit）：蒲公英叶子的形状像狮子牙，叶子从根部上面一圈长出，围着一两根花茎。⑤多种生菜和芳香植物的混合菜（Mesclun）：混合生菜，选用各种鲜嫩的生菜（卷叶菊苣、野生菊苣、香芹、水田芥、野苣、芝麻菜、生菜等）。

知识点3　选购时选择新鲜、干净（无泥土）的生菜。叶子表面湿润，但不要水分过多，否则容易腐烂。叶子质地紧实、脆嫩、鲜绿色或紫红色，对于菊苣类生菜中心的位置颜色变淡呈淡黄色，根部刀切断面新鲜。

实训准备

实训场地准备：西餐实训厨房加工间。

实训用品准备：小刀，分刀，菜板，不锈钢盘，不锈钢盆。

仪容仪表准备：穿厨师工作服、工作鞋、工作帽、围裙，不佩戴任何饰物，不留长指甲，洗净双手。

实训内容

1. 生菜基本加工

原料准备

原料	单位	重（数）量
莴苣生菜	棵	1
菊苣	棵	1
野苣	棵	1
水田芥	g	250
平均准备时间	min	15

操作过程

（1）莴苣生菜初步加工准备。

①用小刀把生菜根部去除（图①）。

②把最外边的叶子、破损的叶子、黄色萎蔫的叶子或者较硬、深绿色的叶子去掉。

③然后把每片叶子中间的硬叶脉用刀划开去除。

④如果叶片较大，可分为两半。

⑤把叶片放入清水盆中，用手持少量的菜叶轻轻地小心反复清洗（图②）。

⑥沥干水分。

（2）菊苣初步加工准备。

①用小刀把菊苣根部去除。

②把最外边的叶子、破损的叶子、黄色萎蔫的叶子或者较硬、深绿色的叶子去掉。

③把每个分枝分开，如果每个分枝较长可分为两段。

④放入清水盆中，用手轻轻地反复清洗。

⑤沥干水分。

（3）野苣初步加工准备。

这种野苣特别柔嫩，容易被损坏，所以加工时要特别注意。

①用小刀尖把每个野苣的根部修平。

②择除外层的叶子和萎蔫黄色的叶子。

③保留少部分的根，保持中心叶片不至于散落。

④在野苣叶片中间会藏有泥沙，放入清水盆中浸泡，在水中的野苣上的泥沙会沉入盆底。用手轻轻地反复放入清水盆中进行清洗。

⑤洗净后沥干水分。

（4）水田芥初步加工准备。

①把整捆的水田芥打开，放入清水盆中（可加入适当的洗涤剂），轻轻的反复进行清洗，避免用力过猛，把叶片弄烂（至少反复清洗2次，图③）。

②只保留顶部以下5～6cm的茎（图④），用手把每根较粗的茎梗，黄色、腐烂的叶片和根去除（图⑤）。

③把择好的每根水田芥，再用清水清洗干净，沥干水分（图⑥）。

④如果不立即使用，可在托盘等容器底部放少量的水和少量的冰块，直立整齐码放在托盘中。

⑤表面用吸水的纸盖上，放入冰箱储存。

图①

图②

图③

图④

图⑤

图⑥

2. 注意事项

（1）最大限度储存48h，冷藏温度为6～8℃，如果把生菜去除外皮、洗净、脱水等，放入密封的保鲜盒中可以冷藏保存数天。

（2）生菜在清洗时要额外小心，避免损伤叶片。

（3）生食生菜需要单独加工，严格注意卫生，避免交叉感染和二次污染。

（4）为了方便快捷，通常把成捆的水田芥直接切去茎根部。这种方法是禁止的，因为成捆的里面会藏有腐烂、发黄的叶片。正确的加工方法是，把成捆的水田芥打开，每根分别加工。

3. 实训总结

生菜在制作过程中可独立成菜，也可以作为配菜。通常整棵使用，但是如果叶片过大的可用手将其轻轻撕成小片。

作为一项基本技能，在加工生菜时涉及择菜、去根、去梗、清洗等技术要点，需要熟练掌握。

实训项目3 鲜香草（Herbs）基本加工

相关知识

知识点1 新鲜香草的品质鉴定，需要把成捆的香草束打开，闻和品尝：香草的香味应该没有杂味，具有其自身的特点。外观：色泽明亮，鲜绿色，根部断面新鲜，干净，没有变黄、变黑，没有腐烂。叶和梗的质地脆嫩，不萎蔫、不发黄。

知识点2 常用的香草有番芫荽（卷叶）、香芹（平叶）、细香葱、龙蒿（蛇蒿）、百里香、迷迭香、罗勒等。

实训准备

实训场地准备：西餐实训厨房加工间。

实训用品准备：小刀，分刀，菜板，纱布，不锈钢盘，不锈钢盆，小碗，保鲜膜，吸水纸。

仪容仪表准备：穿厨师工作服、工作鞋、工作帽、围裙，不佩戴任何饰物，不留长指甲，洗净双手。

实训内容

1. 鲜香草基本加工

原料准备

原料	单位	重（数）量
番芫荽	kg	0.05
香芹	kg	0.05
细香葱	kg	0.05
龙蒿（蛇蒿）	kg	0.05
平均准备时间	min	20
平均加工处理时间	min	10

操作过程

（1）番芫荽（Parsley）初步加工准备。

①将成捆的番芫荽打开，放入清水盆中反复进行清洗。

②沥干水分，最好使用吸水纸吸干水分。

③将每根番芫荽梗上的叶子用手择去。

④番芫荽梗可用于制作香料束（番芫荽梗、百里香等捆绑在一起，用于调味）。

⑤择下的叶子可剁成末，或者可用于菜品装饰，还可以炸制。

（2）番芫荽加工切配规格：切末。

①将番芫荽叶用纱布包裹住用力拧，使其最大限度拧干水分。

②用左手把番芫荽团紧，压实后，用刀进行斩切。

③切碎后，用左手压住刀背的前部，抬起刀的后部进行多次铡切，直到切成所需要的碎末（图①）。

图①

④切好的成品（图②）。

图②

⑤如不立即使用，可放入容器中，用保鲜膜封好。

⑥番芫荽末可以撒在菜品上，也可以和黄油混合在一起做成香草黄油片，或者制作绿色的少司（贝西少司），与鸡蛋混合制作炒蛋等。

（3）细香葱（Chive）初步加工准备。

①剥去外皮，放入清水盆中反复清洗干净。

②把所有的细香葱打开分散放到吸水纸上面，使其吸干细香葱上的水分。

③把细香葱聚集，切除根部（根部为实心）。

④横向码放，根据需要把细香葱切成2～3mm的细粒。

（4）香芹（Parsley）初步加工准备。

①把香芹散开放入清水盆中，每根要轻轻反复清洗干净。

②沥干水分，放到吸水纸上吸干表面的水分。

③用手指把每根香芹上的叶片择下，较小独立的叶片可用作汤的装饰，三个叶片在一起可用作菜肴的装饰。将其洗净后放在水中保存。

④切末步骤，参考切番芫荽末的过程。

（5）龙蒿（Tarragon）初步加工准备。

①把龙蒿散开放入清水盆中反复清洗干净。

②轻轻把每片叶子择下。

③如果用作装饰，把叶子放入清水盆中存放。

④用刀先把叶子切碎，然后在运用铡刀法将其铡切成细末后，立即使用。

用处：香芹末和龙蒿末可以用于制作贝纳少司（Bearnaise Sauce）、美国少司（Americane Sauce）、猎户少司（Chasseur Sauce）、香草黄油等。

2. 注意事项

（1）香草应放在潮湿的地方储存，比如把吸水纸沾满水分放在玻璃瓶底部，再把香草束直立放入玻璃瓶里，密封冷藏储存，这样可以减缓其香味的挥发。

（2）它们的香味在烹制加热过程中很容易发生变化，所以如果不是立刻烹制，不要提前把它们切成碎末保存（香味的强度会随着时间的加长而减弱）。

（3）鲜香草要经常进行采购（例如，根据需要每天采购或每两天采购一次），避免长时间储存而使其失去过多香味。

（4）番芫荽切成末后，通常都会沥干水分，这样可以防止番芫荽在储存中由于水分过多而加快腐烂变质。同样，也可以避免因过多的水分而黏在手上，不容易在菜品上撒匀。当然，沥干水分的处理方法也会失去其较多的香味和营养物质。

3. 实训总结

每种新鲜的香草都具有自己独特的香味，经常用在菜肴的增香、调色、装饰等方面。在使用上，要选择新鲜的香草，根据需要摘取使用的部分，清洗干净、沥干水分、切配（切碎末等）或使用整个叶片，通常用在烹制的最后一道工序。

实训项目4　苦苣（Endive）基本加工

相关知识

知识点1　白色的苦苣是布鲁塞尔的一个植物学家创造出来的，他把苦苣的嫩芽放在避光的地方生长，不见光的嫩芽生长出来后变成了白色，而叶子带有淡黄色。现在培育的苦苣的叶子边缘还有红色的，叶面有稀疏的绒毛。这种新型的蔬菜，佛拉芒语被称作Witloof（白叶菜，图①）。苦苣中含有一些一般蔬菜中没有的成分，如马栗树皮素、马栗树皮苷、野莴苣苷、山莴苣素和山莴苣苦素等苦味物质，有清肝利胆的功效。许多国家的美食家们都很看重苦苣，把它视为蔬菜中的上品。

图①

知识点2　苦苣一般是根据它的长度、直径来统一规格。比如：大型苦苣长9～17cm，直径2.5～6cm；超大型苦苣长9～20cm，直径2.5～8cm。

尽管苦苣整年各个月份都会有产，但7月至8月产的重量较轻且中空，最佳的采购月份是11月至次年3月。应选择椭圆、纺锤形，新鲜白色，叶片紧包的苦苣。

知识点3　苦苣可以熟食炖制成菜，也可生食。当用作沙拉拌菜时，每人约100g；用作炖菜时，每人约250～300g。

实训准备

实训场地准备：西餐实训厨房加工间。

实训用品准备：小刀，分刀，菜板，不锈钢盘，不锈钢盆。

仪容仪表准备：穿厨师工作服、工作鞋、工作帽、围裙，不佩戴任何饰物，不留长指甲，洗净双手。

实训内容

1. 苦苣基本加工

原料准备

原料	单位	重（数）量
苦苣	棵	2
平均准备时间	min	3
平均加工处理时间	min	10

操作过程

苦苣初步加工准备

根据制作方法的不同，如凉拌沙拉或是炖菜，苦苣的加工方法也不同。

（1）用作沙拉菜品的苦苣加工方法。

加工方法一：

①切去根部较粗厚的部分（图②）。

②剥去外层叶片（图③）。

③如果叶片上有伤痕、萎蔫等，应切除。

④用清水将其冲洗干净（图④）。

⑤纵向把苦苣平均分成两份（图⑤）。

⑥再横向切成1～1.5cm厚的薄片（图⑥）。

⑦切到根部就不要继续切了，因为有时根部会比较苦。

加工方法二：

①切去根部较粗厚的部分。

②如果外层叶片有萎蔫、腐烂等情况应去除。

③把每片叶子掰下来。

④再横向切成1～1.5cm厚，一直切到根部（图⑦）。

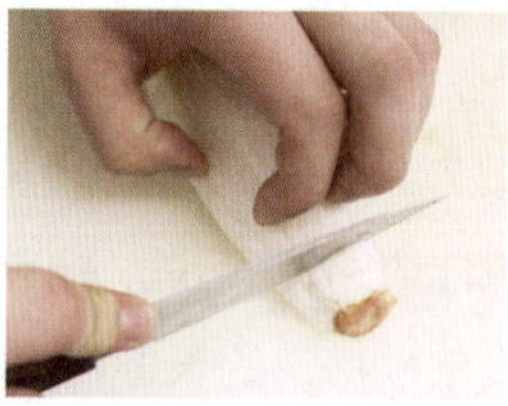

图②

图③

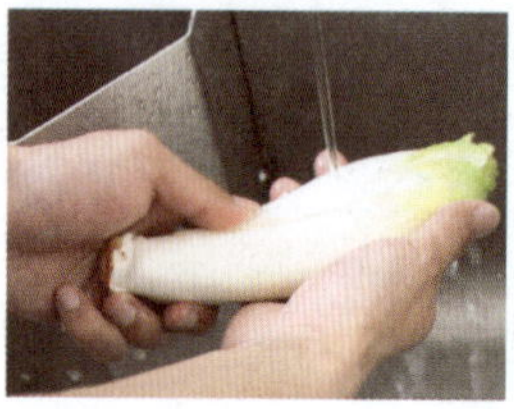

图④

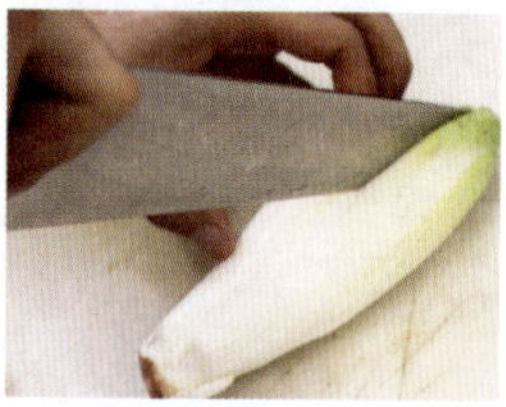

图⑤

⑤最后放入清水盆中快速反复地清洗干净，之后滤干水分，不要长时间在水中浸泡（图⑧）。

这种加工方法同样适用于黄油焖苦苣或奶油焖苦苣。

在有些菜品中，会保留完整的苦苣叶片。

（2）用作炖制菜品的苦苣加工方法。

①如果外层叶片有萎蔫、腐烂等情况应去除。

②去除粗厚的根部，再用小刀向根部的中心倾斜一定角度，刀尖插入根部边缘，围绕根部旋转走刀，把根部挖出一个洞。但要注意，不要让叶子在烹制的时候掉下来，主要是防止菜肴味道过苦。

③最后放入清水盆中轻轻地清洗干净，滤干水分。

用处：炖苦苣；莫尼埃式（在原料表面沾上薄面粉，锅中放黄油熔化后把原料煎熟，再用柠檬汁调味，食用时和里面的汁一起食用）；布鲁塞尔式煎小牛肉块。

图⑥

图⑦

图⑧

2. 注意事项

（1）避免选购叶子打开、松散，暗绿色（受到光照），萎蔫或开始腐烂的苦苣。

（2）苦苣应放在密封的纸箱冷藏，温度在8～10℃，注意避光。长期储存的苦苣，在用作绿色沙拉菜时苦味会突显。

（3）清洗过程中不要长时间浸泡。

（4）苦苣的根部苦味较重，加工时需要注意。

3. 实训总结

苦苣在烹饪过程中可独立成菜，也可作为配菜，通常可以整棵使用，也可加工成小块使用。

作为一项基本技能，在苦苣加工过程中涉及直刀切的技法和削、清洗等技术要点，需要熟练掌握。

实训项目5　卷心菜（Cabbage）基本加工

相关知识

知识点1　卷心菜品种的形状有尖、扁或球状；包卷有松有紧；具有绿、灰绿和紫红等色泽；重量从300g至3kg以上不等，通常平均重量为1.5～2kg。

卷心菜在烹饪中经常使用，其主要品种有：①皱叶甘蓝（米兰卷心菜）：叶子大而皱褶多，绿色，1.5～2kg。通常是先焯水后再进行烹制（汤、包馅、焖、蔬菜烧肉等）。②结球甘蓝（圆白菜）：叶片光滑，有绿色、白色和紫色，通常情况下是生食，但有时也可以和猪肉等一起炖。4～6kg的较大圆白菜可用于制作酸菜。③抱子甘蓝（布鲁塞尔甘蓝）：为甘蓝种中腋芽形成小叶球的变种，成串生长，大抱子甘蓝小叶球直径大于4cm；小抱子甘蓝直径小于4cm，品质较好。不能生食。

知识点2 选择品质好的甘蓝，要新鲜、包心尖形或圆形，层数较多，叶片紧裹。

知识点3 卷心菜既能熟食也可生食，适用于制作沙拉、卷心菜汤、配菜等，是欧洲一种传统的民间菜。

实训准备

实训场地准备：西餐实训厨房加工间。

实训用品准备：小刀，分刀，菜板，不锈钢盘，不锈钢盆。

仪容仪表准备：穿厨师工作服、工作鞋、工作帽、围裙，不佩戴任何饰物，不留长指甲，洗净双手。

实训内容

1. 卷心菜基本加工

原料准备

原料	单位	重（数）量
皱叶甘蓝（米兰卷心菜）	棵	1
结球甘蓝（圆白菜）	棵	1
抱子甘蓝（布鲁塞尔甘蓝）	kg	0.5
葡萄醋	L	0.1
平均准备时间	min	5
平均加工处理时间	min	10

操作过程

（1）皱叶甘蓝（米兰卷心菜）初步加工准备。

图①

①用分刀把菜根切除，再把最外层的叶子掰除（图①）。

②如果卷心菜里面的叶子较大，较老（颜色深绿、质地较硬）或发黄、萎蔫，应去除。

③再用小刀向根部的中心倾斜一定角度，刀尖插入根部边缘，围绕根部走刀，把较厚较硬的根部挖出（图②）。

图②

④轻轻地把每片叶子剥下，应保持完整的叶片。

⑤把每片叶子中间的叶梗切掉（图③）。

⑥再把叶片放入清水盆中小心地反复清洗干净（也可以在第一次清洗时在清水中加入少许醋，浸泡几分钟后，再用清水反复清洗干净）。

⑦不要长时间浸泡，沥干水分，如果不是立即使用，放入带盖子的保鲜盒中冷藏保存，冷藏温度在6～8℃。

（2）皱叶甘蓝（米兰卷心菜）加工切配规格：切片。

①把每片叶子铺平，切成1cm宽的长条（图④）。

②再把切好的长条，横向码放整齐后，切成1cm的方片（图⑤）。

③切好的成品（图⑥）。

（3）结球甘蓝（白色或紫色圆白菜）初步加工准备。

①用分刀把菜根切除，把最外层的叶子掰除。

②如果里面的菜叶有萎蔫、变黄，再把叶子去掉。

③根据烹制使用的需要（切丝凉拌或炖制等），纵向把整棵圆白菜切成4等份（图⑦）。

④再把每份残留的根部和叶梗切掉（图⑧）。

⑤用手轻轻把每片叶掰开，但是不要掰掉，让每片叶子之间留有空隙，便于清洗。

⑥清水盆中放入少许醋，把每份圆白菜浸泡数分钟。

⑦然后用清水反复清洗，不需要再次浸泡。

⑧放入带盖子的保鲜盒中冷藏保存，冷藏温度在6～8℃。

（4）结球甘蓝（白色或紫色圆白菜）加工切配规格：切丝。

①手持一份，压紧，不要让叶片松散开。

②横向码放，用分刀直接切丝（图⑨）。

③把切好的丝放入盆中，撒上少许盐，拌匀，放置30min左右，析出水分。

④调味前沥干水分（注意在调味少司中，不要再放盐了）。

用处：适用于制作头盘小吃；凉拌混合蔬菜沙拉；汤或清汤配菜。

备注：在调味前，也可以放入开水中焯熟，过凉使用。

图③

图④

图⑤

图⑥

图⑦

图⑧

图⑨

（5）抱子甘蓝（布鲁塞尔甘蓝）初步加工准备。

①把黄叶、蔫叶择除。

②用小刀把根部去掉，但不要削去过多（在烹饪过程中外围的叶片容易脱落）。

③用小刀在底部划个十字（更容易烹制）。

④倒入清水盆中，加入少量醋，浸泡数分钟。

⑤再换清水反复轻轻清洗干净，不必再继续浸泡。

用处：适用于炖制、炒制；配菜装饰；弗拉芒（法国地区）蔬菜蓉汤（Flamande）。

2. 注意事项

（1）拒绝选购叶片发黄，枯萎，包心腐烂的卷心菜。

（2）储存过程中要冷藏8～10℃，最多储存4～5天，尤其是新鲜绿色的甘蓝较为清脆，应尽快使用。

（3）卷心菜在清洗过程中，需要在水中加葡萄醋浸泡数分钟。

3. 实训总结

卷心菜可以独立成菜，也可以作为配菜使用。通常皱叶甘蓝和结球甘蓝可以整叶使用，也可以经过加工成丝或小片使用，而抱子甘蓝通常整棵使用。卷心菜丝要粗细均匀一致，避免其中含有过粗或过细的丝而影响口感。

作为一项基本技能，在卷心菜加工过程中涉及直刀切的技法，还涉及去皮、去根、去梗、清洗、浸泡等技术要点，需要熟练掌握。

2. 根茎类

根茎类是以脆嫩的变态根茎为可食部位的蔬菜，西餐中常用的有：马铃薯、胡萝卜、莴笋、洋葱、紫菜头、辣根等。

其初步加工方法主要如下。

（1）去除外皮　根茎类蔬菜一般都有较厚的外皮（纤维粗且硬）、不宜食用，均须去除。

（2）洗涤　根茎类蔬菜一般用清水洗净即可。马铃薯含鞣酸较多，去外皮后易氧化，发生褐变，故去皮后应及时洗涤，然后用水浸泡，以隔离空气，避免褐变。洋葱因含有较多的挥发性葱素，对眼睛刺激较大，故葱头也可用冷水浸泡，以减少加工葱素的挥发，减缓刺激。

（3）切配　加工成所需要的形状。

实训项目1　胡萝卜（Carrot）基本加工

相关知识

知识点1　胡萝卜有长筒、短筒、长圆锥及短圆锥等不同形状，有黄、橙、橙红、紫等不同颜色。通常使用的胡萝卜分为：新鲜带秧的胡萝卜和储存的胡萝卜两种。储存的胡萝卜选择形状呈圆筒状、较长、笔直、表皮干净光滑、肉质紧密、不糠、味甜、中心脆嫩、颜色统一、有些发育、根颈刀口部位没有黑斑、没有腐烂的胡萝卜。

知识点2 适合的储存温度在10～12℃，避光，也可在沙土里、地窖里储存数月。

知识点3 根据胡萝卜的种类，可有多种食用方法：生食、头盘、沙拉、熟食、配菜及装饰、汤、泥等，另外还可以作为调料（汤料）使用。

实训准备

实训场地准备：西餐实训厨房加工间。

实训用品准备：去皮刀，分刀，蔬菜刀，小刀，挖球刀，刮丝刀，菜板，不锈钢盘。

仪容仪表准备：穿厨师工作服、工作鞋、工作帽、围裙，不佩戴任何饰物，不留长指甲，洗净双手。

实训内容

1. 胡萝卜基本加工

原料准备

原料	单位	重（数）量
胡萝卜	根	10
平均准备时间	min	5
平均加工处理时间	min	40

操作过程

（1）胡萝卜初步加工准备。

胡萝卜去皮

①用小刀把胡萝卜两头（根部和顶部）去掉（图①）。

②用去皮刀或去皮机，把胡萝卜的皮去掉（注意皮不要去得太厚）（图②）。

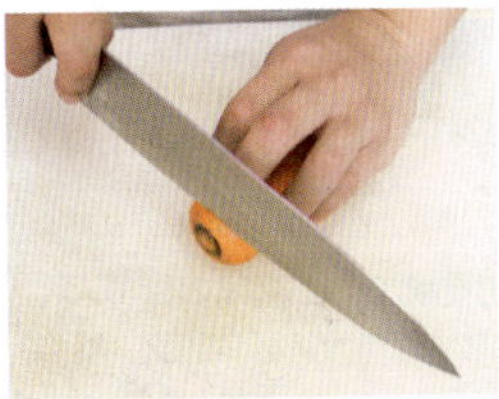

图①

图②

胡萝卜清洗

①把去完皮的胡萝卜放入清水盆中反复清洗干净。

②不要长时间浸泡在水中，沥干水分。如果不是立即使用，密封好冷藏（温度为6～8℃）。

（2）胡萝卜加工切配规格。

切胡萝卜丝（Julienne）

①把胡萝卜横向切成5～6cm长的胡萝卜段（图③）。

②用刀把每段胡萝卜纵向切成薄片（图④），或者使用礤子纵向把胡萝卜段擦成薄片（厚1～2mm，图⑤）。

③把每片胡萝卜叠加码放整齐，纵向切成1～2mm的细丝（整个操作过程可借助机器完成，图⑥）。

④切好的成品（图⑦）。

用处：制作配菜；汤汁和沙拉等。

切胡萝卜条（Jardinère）

①用分刀把胡萝卜横向切成3.5～4cm长的胡萝卜段（图⑧）。

②把每段纵向立起来，切成3.5～4mm厚的片（图⑨）。或者可以借助礤子来完成。

③把每片胡萝卜叠加码放整齐，纵向切成3.5～4mm厚的小条（图⑩）。

用处：这种胡萝卜条可和其他蔬菜一起煮或蒸；作为主菜或配菜。

切胡萝卜小段（Garniture Fleuriste）

①其操作步骤同切条。只是在尺寸上有所不同。

②把胡萝卜切成2cm长，2mm见方的小段。

用处：蔬菜的装饰搭配。

切胡萝卜丁（Dice）

①小丁（Macédoine）：切配方法如下。

- 将胡萝卜横向切成6～7cm长的段，或者把一根胡萝卜切成两段（切段的时候，刀要轻轻进入，不要用力过猛，避免胡萝卜断裂）。
- 用刀把每段胡萝卜纵向切成4mm厚的片（或使用礤子）。
- 把每片胡萝卜叠加码放整齐，纵向切成4mm的小条。
- 最后把每堆胡萝卜条码放整齐，横向切成4mm的小方丁（图⑪）。
- 切好的成品（图⑫）。

用处：胡萝卜小丁可和番茄丁配冷鱼肉食用。

②大丁（Mirpoix）：使用整条胡萝卜，加工方法步骤同切小丁。根据需要通常加工成1～1.5cm

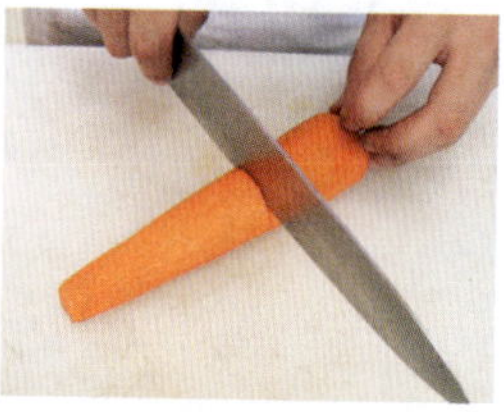

图③

图④

图⑤

图⑥

图⑦

图⑧

图⑨

图⑩

见方的形状。胡萝卜大丁通常在做棕色基础汤、汁、调味时使用。

③粒（Brunoise）：加工方法步骤同切小丁，根据需要通常加工成2mm见方的小粒（图⑬）。

图3-7 维希胡萝卜（Carotte Vichy）

切胡萝卜片（Carottes Emincees）

①切圆片：

- 选择粗细一致的胡萝卜，使用蔬菜刀横向（刀与胡萝卜呈90°角）将胡萝卜切成所需要薄厚的胡萝卜片（图⑭）。
- 或者使用礤子、切片机等也可以把胡萝卜切成圆片。

用处：制作维希胡萝卜（图3-7）、奶油胡萝卜或调味装饰等。

②切椭圆片：如果斜切（刀与胡萝卜呈45°角），可切成椭圆片（图⑮）。

③切花片：

- 用刮丝刀在胡萝卜表面间隔一定的宽度，纵向刮丝（图⑯）。
- 用蔬菜刀横向切（刀与胡萝卜呈90°角），把胡萝卜切成所需要薄厚的片（图⑰）。

④切方片：

- 把胡萝卜横向切成两段。
- 纵向切成两半，根据胡萝卜的粗细，每块可切成3或4条。
- 横向码放3～4条胡萝卜，根据需要切成片（最厚不超过1cm）。
- 切好的成品。

用处：制作熏鱼的调料；制汤等。

削胡萝卜榄（橄榄的形状，Carotte Tournees）

①把胡萝卜横向切成5～6cm长的胡萝卜段。

②根据胡萝卜的粗细，纵向切成两半，每大块可切成2块、3块或4块。尽量保持每个形状大小一致（图⑱）。

图⑪

图⑫

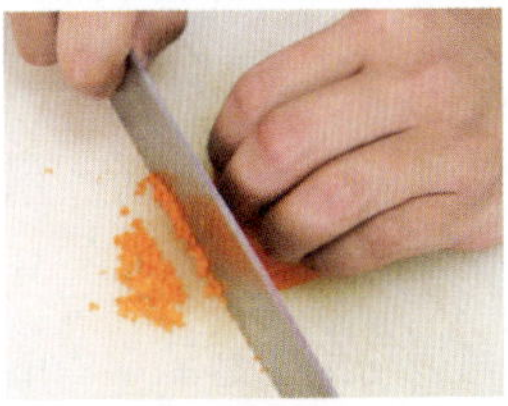

图⑬

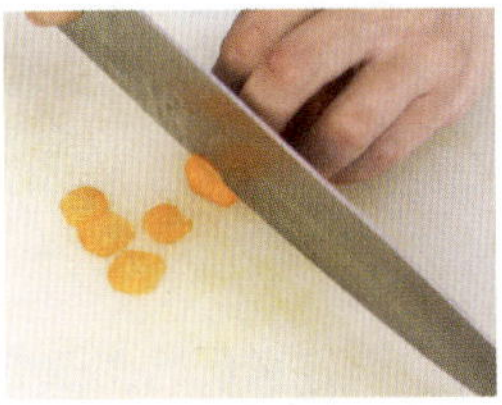

图⑭

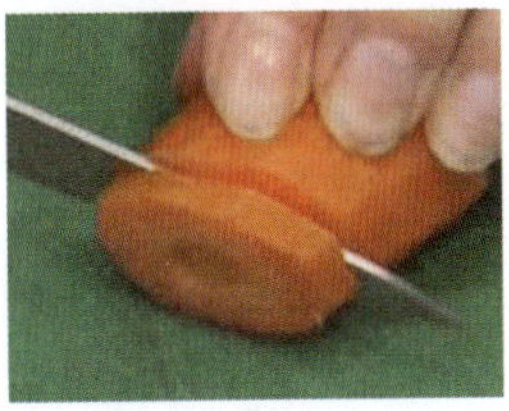

图⑮

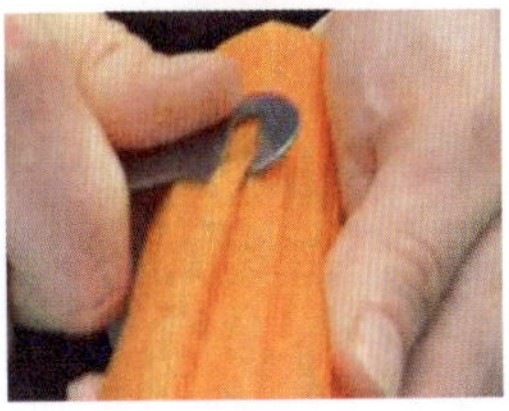

图⑯

图⑰

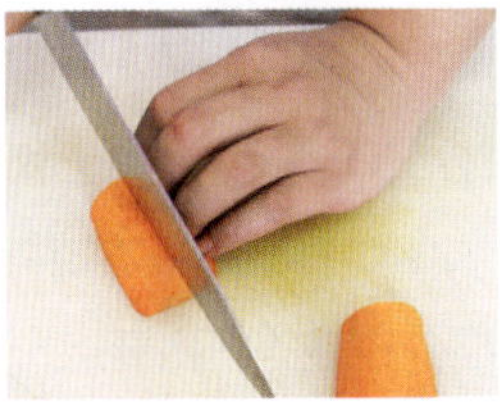

图⑱

③纵向把每块的棱角去除，如果胡萝卜中心松动，可以去除（图⑲）。

图⑲

④使用小刀把胡萝卜修成规则的椭圆形：左手手指纵向握紧原料，右手拇指按住原料底部，刀刃从胡萝卜顶部到底部呈弧线均匀走动，不要断刀。两头去除的原料要厚，中间去除的原料要薄（图⑳）。

图⑳

⑤最后把胡萝卜榄两端的尖头切去。

⑥根据不同的需要，可以把胡萝卜榄加工成如下不同的规格：

- 2～2.5cm长可作为新鲜蔬菜的装饰品。
- 3～4cm长可作为蔬菜的配菜。
- 4～5cm长可和蔬菜（西葫芦、青椒等）混合成菜。
- 5～6cm长中部较宽，可与鸡肉等一起烹制。

⑦切好的成品（图㉑）。

图㉑

挖胡萝卜球（Boules）

①根据需要使用不同型号的挖球刀，所挖出的胡萝卜球的大小与挖球刀大小一致。

②为了能挖出比较圆的胡萝卜球，刀进入胡萝卜时要尽量深，当挖球刀全部进入胡萝卜后，转动刀，直到把球取出来。如果胡萝卜的质地比较坚实，可用拇指按压挖球刀，使其进入胡萝卜。

用处：成品可用于（牛）清汤、蔬菜浓汤和汤汁的装饰。

2. 注意事项

（1）避免选择肉质萎蔫、疏松、裂口、挫伤、腐烂、心柱坚硬、色泽发白的胡萝卜，温度过低（低于6℃）容易腐败。

（2）在胡萝卜切条时也可使用其他比较轻松的方法：将整条胡萝卜纵向直接切成或擦成3.5～4mm的厚片，然后切成3.5～4mm的条，再横向切成3.5～4cm长的小条。

（3）可以使用椭圆形的挖球刀，挖出的椭圆形的胡萝卜球用于配菜和装饰。

（4）用礤子擦胡萝卜片时，要借助防护套，避免手指受到伤害。

（5）切胡萝卜段的时候，刀要轻轻切入，不要用力过猛，避免胡萝卜断裂。

3. 实训总结

胡萝卜在烹调过程中可以对菜肴起到增香的作用，同时也可以作为配菜或单独成菜。通常可以加工成丁、条、片、丝、榄、球等形状使用。胡萝卜丁需要颗粒大小均匀，胡萝卜片要薄厚统一，胡萝卜丝、胡萝卜条、胡萝卜段要粗细一致，胡萝卜榄要根据需要削成所需的大小，并保持所有胡萝卜榄的形状大小一致，表面呈5～6面。

作为一项基本技能，在对胡萝卜进行加工过程中涉及直刀法、推刀法和去皮、刮丝、削胡萝卜榄、挖球等技术要点，需要熟练掌握。

实训项目2 红菜头（Beetroot）基本加工

相关知识

知识点1　红菜头肉质根富含糖分和矿物质，并有花青素苷，呈鲜艳颜色，是欧洲和美洲国家的重要蔬菜之一。

知识点2　红菜头一般是通过烤、蒸或煮等方法进行保存的，尤其现在都是一些半成品（真空包装），方便使用。

知识点3　在选购时，选择的红菜头应该大小一致，表皮光滑、细腻、干净、颜色均匀，呈深紫红色（红葡萄酒渣色），肉质紧密，没有白色物质，无霉味和土腥味。

知识点4　红菜头可生食（切丝拌沙拉）或熟食（制成蓉配菜肴等），在欧洲中部，通常用来做汤（俄罗斯或波兰红菜汤）。

实训准备

实训场地准备：西餐实训厨房加工间。

实训用品准备：硬毛刷，小刀，分刀，菜板，不锈钢盘。

仪容仪表准备：穿厨师工作服、工作鞋、工作帽、围裙，不佩戴任何饰物，不留长指甲，洗净双手。

实训内容

1. 红菜头基本加工

原料准备

原料	单位	重（数）量
红菜头	个	2
平均准备时间	min	5
平均加工处理时间	min	10

操作过程

（1）红菜头初步加工准备。

①浸泡、清洗红菜头，然后用刷子轻轻地把表皮刷干净（图①）。

②把表皮削掉（图②）。

③切除根部和顶部（图③）。

④如有较粗的纤维，也要去掉。

图①

图②

（2）红菜头加工切配规格。

①小丁：最大约1cm见方。

②圆片：横切约2mm厚（红菜头选择春天体形较长的品种）。

③长条：长约3cm，宽约3mm。

④根据需要切成片（图④）。

⑤再切成条（图⑤）。

⑥最后切成丁（图⑥）。

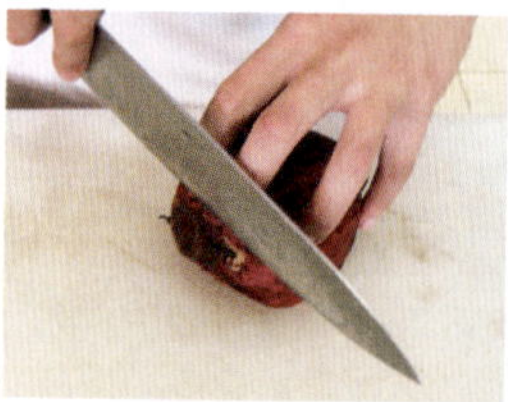
图③

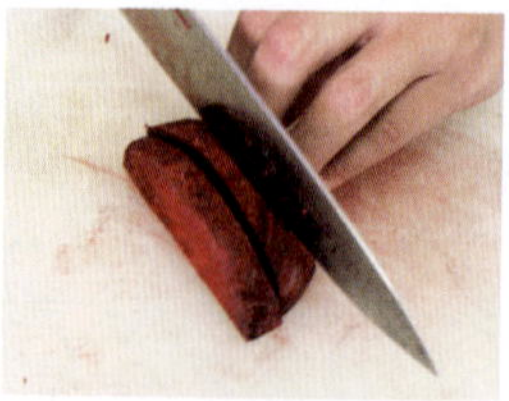
图④

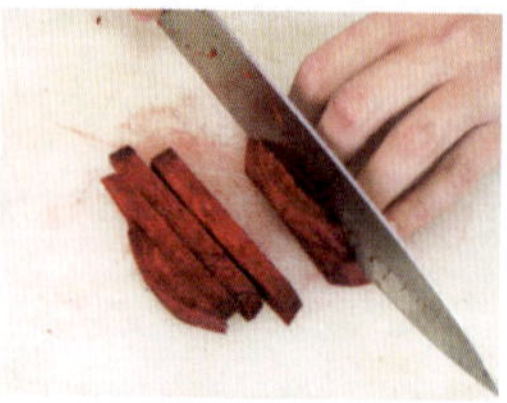
图⑤

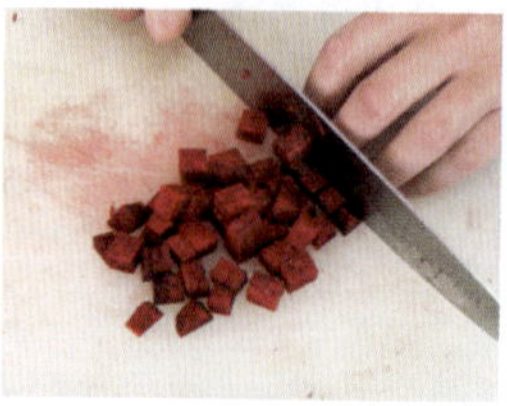
图⑥

2. 注意事项

（1）红菜头应冷藏，最高不超过3℃，也可以在地窖中保存，温度是0～2℃，适宜的湿度为85%～95%，注意避光。

（2）在切配好的红菜头中加入适量的葡萄酒醋或醋精，可去除其土腥味并增强其颜色。

3. 实训总结

红菜头在烹饪过程中可独立成菜，也可作为配菜，通常可以经过加工成片、丁、段、条等形状，也可制成泥。红菜头加工成品需要规格一致，以便保证其能够达成统一的成熟度。

作为一项基本技能，在红菜头处理过程中涉及直刀切的技法和刷洗、去皮等技术要点，需要熟练掌握。

实训项目3 马铃薯（Potato）基本加工

相关知识

知识点1 马铃薯在原产地就有几百个品种，在世界各地又不断地培养新品种，目前全世界有几千个品种，有含淀粉比例较高，适合作为主食的，也有适合作为蔬菜食用的。根据不同的用途培养出新的品种，花色有白色、红色、紫色等，地下块茎有圆形、卵形和椭圆形，其皮色有红色、黄色、白色和紫色的不同品种。用于烹饪的马铃薯主要有两种类型：①肉质坚硬的马铃薯（如法国马铃薯一般分为BF 15，Belle de Fontenay，Roseval，Rosa，Ratte等）烹制后比较容易成形，特别是带皮或去皮马铃薯可整个进行烹制。②肉质松软的马铃薯（如法国马铃薯一般分为：Bintje，Mona lisa等）容易烹制成熟，常用于制作汤、泥（蓉），蒸制或炸制等。

知识点2 采购马铃薯时，应注意区分新马铃薯和储存马铃薯两种类型：①新马铃薯不是指刚采摘的马铃薯而是指未完全成熟、个儿比较小、一般在马铃薯皮还没长成熟时就收获的马铃薯（5月底到7月底）。由于还没成熟，新马铃薯在处理过程中往往部分掉皮或其薄皮是翘起来的，直径至少要28mm。②储存马铃薯是8月初至次年5月底期间储存的马铃薯，采摘时根据马铃薯的成熟时间而定，直径在35～60mm。在这储存期间，要根据马铃薯的质量状况进行储存期限控制。

知识点3 选购时应尽量挑选表皮干净、没有伤痕、没有斑点、没有皱纹、肉质紧密、无发芽的马铃薯。

实训准备

实训场地准备：西餐实训厨房加工间。

实训用品准备：去皮刀，小刀，礤子，蔬菜刀，去核刀或花嘴，分刀，菜板，铁丝圆筐（中号和小号），不锈钢盘，不锈钢盆，玻璃碗。

仪容仪表准备：穿厨师工作服、工作鞋、工作帽、围裙，不佩戴任何饰物，不留长指甲，洗净双手。

实训内容

1. 马铃薯基本加工

原料准备

原料	单位	重（数）量
马铃薯	个	20
平均准备时间	min	10
平均加工处理时间	h	2

操作过程

（1）马铃薯初步加工准备。

①准备容器（3个不锈钢盆或3个玻璃碗）：一个不锈钢盆或玻璃碗放马铃薯；一个不锈钢盆或玻璃碗放马铃薯皮；一个不锈钢盆或玻璃碗放去皮的马铃薯（图①）。

②使用去皮刀，纵向把马铃薯的皮削去（图②）。

③然后小心地把带有绿色、黑色的坑眼用刀尖挖去（图③）。

④放入冷水盆中（去皮后的马铃薯容易氧化变黑，属正常现象，不会造成危害。放入水中可防止氧化变黑，图④）。

图①

图②

图③

图④

⑤在清水盆中反复清洗干净。

⑥用手把马铃薯捞出，沥干水分。

⑦放入容器中，冷藏保存，直到用时取出。

（2）马铃薯加工切配规格。

切马铃薯细丝（Pommes Cheveux）

①使用经过调节后的礤子纵向把马铃薯擦成薄片，或使用蔬菜刀，纵向把马铃薯切成0.5～1mm的薄片（图⑤）。

图⑤

②把薄片纵向码放整齐。

③切成细丝。

④放入清水盆中。

⑤取出，沥干水分（放到吸水纸上，图⑥）。

图⑥

用处：炸制。将马铃薯细丝放入油温在16～165℃的油锅中炸制。直至炸干，呈金黄色即可。

切马铃薯丝（Pommes Paille）

①使用经过调节后的礤子可直接把马铃薯纵向切成1.5～2mm粗的丝。或使用蔬菜刀，纵向把马铃薯切成1.5～2mm厚的薄片，然后码放整齐后，纵向切成1.5～2mm粗的丝。

②切好的丝放入冷水盆中。

③取出，沥干水分（放到吸水纸上，图⑦）。

图⑦

用处：炸制。将马铃薯丝放入油温在160～165℃的油锅中炸制。直至炸干，呈金黄色即可。

炸制马铃薯筐（Paniers en Pommes Paille）

①切好的薯丝不要放入水中，以保存更多的淀粉。

②在铁丝圆筐内侧周围撒上马铃薯丝，再用较小型号的铁丝圆筐或圆形汤勺压实筐中的马铃薯丝。

③放入油温在160～165℃的油锅中炸制金黄色。

④最后把炸好的薯筐从模子中脱出来。

切马铃薯细条——火柴棍（Pommes Allumettes）

①选择体积较大、形状规则的马铃薯，去皮，洗净，沥干水分。

②修整边缘：纵向码放马铃薯，把四周多余的原料切去，再切除两头的多余原料，使其成长方体，稳定立在案板上，便于切片。

③纵向码放，切成3～4mm厚的马铃薯片。

④把马铃薯片纵向码放整齐，切成3～4mm宽的长条。

⑤把切好的细条，放入冷水盆中，然后沥干水分（可用吸水纸，图⑧）。

图⑧

⑥把少量马铃薯条放入油温为155～160℃的油锅中。也可放入开水中，焯熟，沥干水分。

切马铃薯粗条（Pomme Pont neuf）

①选择体积较大、形状规则的马铃薯，去皮，洗净，沥干水分。

②修整边缘：纵向码放马铃薯，把四周多余的原料切去，再切除两头多余的原料，使其成长方体，稳定立在案板上，便于切片（图⑨）。

图⑨

③纵向码放，切成1cm厚的马铃薯片（图⑩）。

图⑩

④再把2～3片纵向码放整齐，切成1cm宽的长条。

⑤把切好的长条放入冷水中，最后沥干水分（可用吸水纸，图⑪）。

图⑪

⑥把少量马铃薯条放入油温为155～160℃的油锅中。也可放入开水中，焯熟，沥干水分。

⑦然后把马铃薯条捞出，油温加热至175～180℃，进行复炸（使其表面酥脆）。

切马铃薯丁（Dés）

①选择体积较大、形状规则的马铃薯，去皮，洗净，沥干水分。

②修整边缘：纵向码放马铃薯，把四周多余的原料切去，再切除两头的原料，使其成长方体，稳定立在案板上，便于切片。

③纵向码放，切成0.5～1cm厚的马铃薯片。

④再把2～3块马铃薯片纵向码放整齐，切成0.5～1cm宽的长条。

⑤把几根长条聚集一起，切成0.5～1cm大小的方丁（图⑫）。

图⑫

切马铃薯小方片（Paysanne）

①选择体积较大、形状规则的马铃薯，去皮，洗净，沥干水分。

②修整边缘：纵向码放马铃薯，把四周多余的原料切去，再切除两头的原料，使其成长方体，稳定立在案板上，便于切片。

③纵向码放，切成0.5～1cm厚的薄片。

④再把2～3片纵向码放整齐，切成0.5～1cm宽的长条。

⑤把几根长条聚集一起，切成1mm厚的小方片。

用处：适用于制作蔬菜汤。

切马铃薯圆片（Chips）

①选择大小规整的马铃薯，去皮，洗净。

②使用小刀，纵向围绕马铃薯削去多余的原料，削成圆柱的形状。

③使用礤子或蔬菜刀，垂直把马铃薯擦出薄片，横向码放马铃薯，切成片：1～1.5mm的片，用于制作炸薯片；1.5～2mm的片，用于制作焗薯片；2～3mm的片，用于制作炒薯片。

④把薯片放入清水中，冲洗，沥干水分。

切华夫马铃薯片（Gaufrette）

①选用中等大小的马铃薯，去皮，洗净。

②如果需要，可使用小刀纵向围绕马铃薯削去多余的原料，削成圆柱的形状。

③选择镂空的网格，同时使用波形刀片。

④将马铃薯放在礤子上，用力压住马铃薯，手指轻微向上跷。

⑤从上到下经过刀片，并同时呈45°角转动马铃薯。

⑥逐渐将切出的华夫薯片放入清水中。

⑦浸泡，小心冲洗，沥干水分，用吸水纸吸干水分。

⑧放入油锅内（油温为160～170℃）炸制成熟，呈金黄色。

挖马铃薯球（Noisetes）

①选择体积较大的马铃薯。

②去皮后，使用挖球刀，用拇指把刀深深推入马铃薯中，然后转刀（图⑬）。

③取出刀，拿出马铃薯球（图⑭）。

④用水清洗干净后，放入清水盆中，使用前捞出沥干水分（图⑮）。

⑤通常先把马铃薯球焯水再烤，比较大的马铃薯球应先煮熟（如番芫荽薯球等）。

制作马铃薯蘑菇（Champignons）

①使用裱花嘴（直径6～8mm）插入薯球1/3处（图⑯）。

②用小刀在底部切入薯球直到碰到裱花嘴，围绕薯球，切除多余废料（图⑰）。

③马铃薯蘑菇通常焯熟或烤熟，用于菜品装饰（图⑱）。

削马铃薯榄（Tourner des Pommes de terre）

马铃薯榄是许多传统餐馆里不可忽视的菜肴装饰。根据菜肴的特点，选择各种不同类型及大小的马铃薯榄来配合（图⑲）：装饰马铃薯榄、蒸制马铃薯榄、城堡马铃薯榄和丰登马铃薯榄。

①削装饰马铃薯榄（Pommes Cocotte）：

- 选择长形的马铃薯（图⑳）。
- 切除两端，保持马铃薯的长度在5.5～6cm。
- 如果马铃薯较粗，可纵向均分为2～4等份。
- 每等份大小尽量接近成品大小（节省原料）。
- 使用小刀，把马铃薯的外形修成枣核形：左手手指纵向握紧原料，右手拇指按住原料底部，刀刃从马铃薯顶部到底部呈弧线均匀走动。两头

图⑬

图⑭

图⑮

图⑯

图⑰

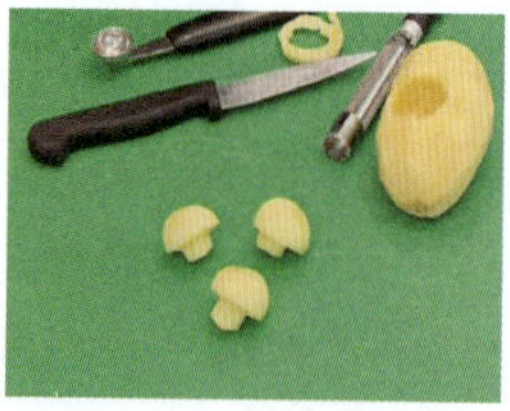
图⑱

图⑲

图⑳

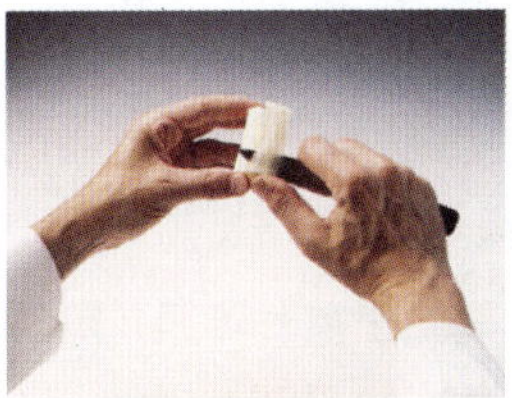
图㉑

图㉒

去除的料厚，中间去除的料薄（图㉑）。

- 在走刀的时候要轻轻地去料，表面不要出现较大的平面及棱角，要使表面光滑（图㉒）。
- 最后把薯榄两边的尖头切去。
- 削好后的薯榄放到冷水盆中，洗净保存。
- 通常装饰薯榄应先经过水煮（冷水下锅），然后烤制金黄色即可。

②削蒸制马铃薯榄（英式薯榄，Pommes Vapeur et Pommes à l’anglaise）：

- 选择如鸡蛋大小的马铃薯（为了保证不过多浪费原料）。
- 去皮、洗净后，切除两头，以保证所有马铃薯的长度一致（长度约为6cm）。
- 如果马铃薯的宽度较大，可以纵向均分为两份（每份的断面要先用小刀修圆，直到平面消失）。
- 使用小刀，把马铃薯的外形修成鸡蛋形：左手手指纵向握紧原料，右手拇指按住原料底部，刀刃从马铃薯顶部到底部呈弧线均匀走动，不要断刀。
- 蒸制薯榄的形状中间应凸起，走刀面平滑，呈均匀的6～8边形。
- 长度大约为6cm，重量为50g。
- 蒸制薯榄的方法通常有蒸熟或者英式烹制法——放入盐水中煮熟（冷水下锅），然后沥干水分撒上番芫荽碎。

③削城堡马铃薯榄（Pommes Château）：

- 选择体积较大的马铃薯。
- 去皮、洗净后，切除两端，以保证所有的马铃薯长度一致（长度要比蒸制薯榄稍长）。
- 使用小刀把马铃薯的外形修成长度比蒸制薯榄稍长、宽度稍窄于蒸制薯榄的形状，重量大约在80g。
- 城堡薯榄通常先水煮（冷水下锅）2～3min，然后烤制。通常和多种原料一起作为配菜使用。
- 如果马铃薯的宽度较大，可以纵向均分为两份。
- 每份的断面要先用小刀修圆，直到平面消失（也可以保留此平面，以便平放在盘子中）。最后削成中间凸起的橄榄状，走刀面平滑，呈均匀的6～8边形。
- 城堡薯榄煮软后，平面放在熔化的黄油烤盘中，倒入白色基础汤或清汤一起烤制。通常和多种原料一起作为配菜使用。

④削丰登马铃薯榄（Pommes Fondantes）：

- 选择体形较大的马铃薯。

- 清洗去皮后，纵向将其均分为两份，每份重量在80～90g。
- 围绕断面两侧将其修整出弧度，但要保留其平面。
- 按照削城堡马铃薯榄的方法将其削成橄榄形状。
- 削好的丰登马铃薯榄由于有一平面，可以平放在盘中（不会滚动）。

用处：可以在烤盘底部放些黄油，然后将马铃薯榄放入，再加入白色基础汤或清汤放入烤箱内烹制成熟，作为配菜使用。

2. 注意事项

（1）拒绝选用冷藏储存过的马铃薯，这样的马铃薯表皮会出现许多小斑点、锈菌或变绿，或肉质变软、易腐烂。已经发芽的马铃薯严禁选用。

（2）马铃薯通常在地窖储藏（10～12℃），避光、阴冷、干燥，冬季要防冻，春季要避免发芽，防止虫、鼠咬。最理想的温度为15℃，一定的湿度、光的照射会加快马铃薯的生长：马铃薯的糖分增加，苦味减缓，表皮褶皱，如果不对马铃薯的芽进行处理（电离），马铃薯发芽会较快。

（3）马铃薯腐烂、霉烂或长芽较多应禁止食用，因含过量龙葵素，会引起食物中毒。

（4）加工后的马铃薯容易被氧化变色，需要浸泡在水中。

（5）使用礤子擦马铃薯片时，需要借助防护手套，避免手指受到伤害。

（6）用作炒制等配汁菜肴的薯榄，如萝卜土豆烩羊肉（le ravarin aux pommes），里面薯榄的形状要稍微宽大些，而且稍圆，其大小介于装饰薯榄和蒸制薯榄之间。

（7）所有切剩下的马铃薯废料都可以保存下来，可用于制作薯泥等菜品。

3. 实训总结

马铃薯在烹饪过程中通常可独立成菜或作为配菜使用，可以整个使用，也可以经过加工成条、片、榄、丝、球等形状。马铃薯的加工成品规格需要大小、薄厚、粗细、形态均匀一致。

作为一项基本技能，在马铃薯加工过程中涉及直刀切、推刀切的技法，还涉及清洗、去皮、擦片、做筐、挖球、削榄等技术要点，需要熟练掌握。

实训项目4 分葱（Shallot）基本加工

相关知识

知识点1　分葱表皮的颜色多样化，有金黄色、灰色以及玫瑰红色等，白色肉通常带点黄绿色或紫红色，形状有枣核形（黄铜色）、椭圆形和球形。分葱的味道有点像洋葱，因为其质地结实而甜美、芳香、辛辣而温和，是烹调中不可或缺的增加香气的食材之一。尤其是灰色分葱，质地更加细嫩，其风味更受到厨师的青睐，他们往往比洋葱昂贵。

知识点2　选购质量好的分葱，其表皮一定要干燥、光亮，肉质紧密、坚实，大小一致，无伤痕（图①）。拒绝选用肉质变

图①

软、发芽、散发出一种较浓的硫化味道的分葱。

知识点3　分葱是凉拌沙拉的常用调味品之一，与葡萄酒收汁后制作各种少司（贝西少司、贝纳少司、魔鬼少司、黄油少司等），也经常用在传统波尔多菜，炖鱼、煮鱼等菜中。

知识点4　分葱在使用时，通常会加工成细丝或碎末。

实训准备

实训场地准备：西餐实训厨房加工间。

实训用品准备：小刀，剔鱼刀/蔬菜刀，菜板，不锈钢盘，小不锈钢盆。

仪容仪表准备：穿厨师工作服、工作鞋、工作帽、围裙，不佩戴任何饰物，不留长指甲，洗净双手。

实训内容

1. 分葱的基本加工

原料准备

原料	单位	重（数）量
分葱	kg	0.5
白葡萄酒	L	0.08
平均准备时间	min	10
平均加工处理时间	min	20

操作过程

（1）分葱初步加工准备。

①用小刀把分葱两头去掉（图②和图③）。

②再把干燥的表皮剥去，注意不要把嫩肉剥掉（图④）。

③放入清水盆中反复用手进行清洗。

（2）分葱加工切配规格。

切分葱丝

①使用刀膛较薄的刀（如剔鱼刀），把分葱纵向均分两半（图⑤）。

②将每半个分葱的根部切除，在切的时候，刀向内侧稍微倾斜。

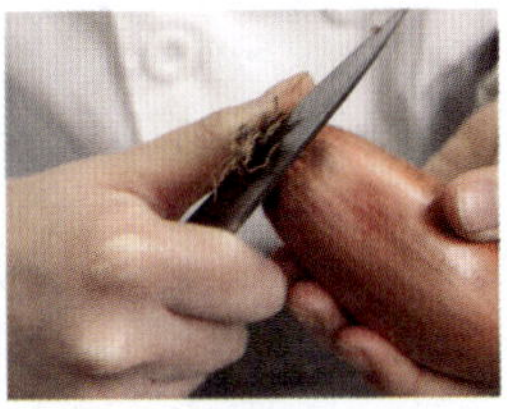

图②

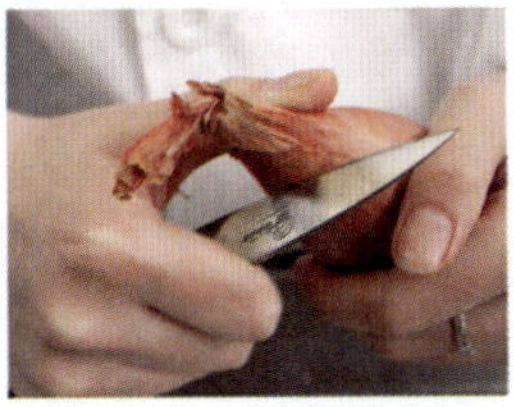

图③

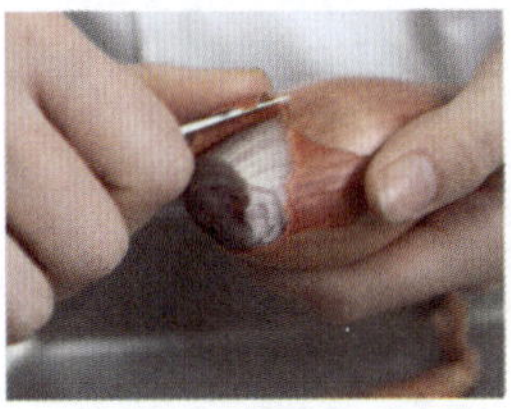

图④

图⑤

③纵向将分葱切成细丝，切丝时根据分葱表皮细小的纵向纹路走刀。

用处：鱼汤的香料；分葱牛排（腰肉、排骨肉等）。

切分葱末

①使用刀膛较薄的刀（如剔鱼刀），把分葱纵向均分两半，不要把根部去掉（图⑥）。

图⑥

②使用刀尖纵向把每半个分葱切成细丝，注意切丝时根据分葱表皮细小的纵向纹路走刀，但不要把整条丝切离分葱，在距离根部几毫米的地方停住，保持丝与根部的联结（图⑦）。

图⑦

③切完后，把分葱横向摆放，左手手指（右手持刀者）按住分葱根部。

④刀与菜板平行，从分葱的中间入刀，一直片到距离根部几毫米处停止，不要片断（图⑧）。

图⑧

⑤把刀从分葱中取出，分葱的位置不动。

⑥左手手指按住分葱根部，垂直切成细末（图⑨）。

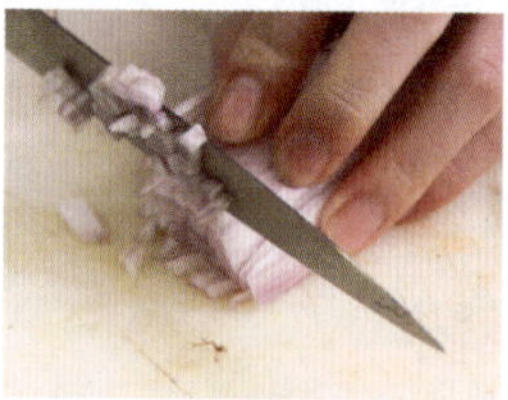

图⑨

⑦如果不是立即使用，放入不锈钢容器中，加入少量白葡萄酒，盖盖子保存（图⑩）。

图⑩

用处：凉拌沙拉的调味品；与葡萄酒收汁后制作各种少司（贝西少司、贝纳少司、魔鬼少司、黄油少司等）；炖鱼、煮鱼等。

2. 注意事项

（1）分葱的保存方法和洋葱、蒜的保存方法一样，一定要放在网兜中干燥保存并保持其内部通风，否则容易发芽或腐烂，长出的绿色嫩芽可以当作细香葱使用。注意避光、避虫咬，可以存储至少6个月（从春天采摘后直到发芽），但不要放入冰箱冷藏储存。

（2）由于分葱体形较小，在加工时适宜选用蔬菜刀或剔鱼刀（刀膛薄，刀身短）进行切丝、切末。

（3）在切丝或切末时，要按照分葱的纹路纵向下刀。

（4）不建议冷藏保存，其易挥发的味道会很快影响其他原料。

3. 实训总结

在烹调过程中，分葱对菜肴起着调味增香的作用，通常加工成丝或末使用。分葱末的成品需要颗粒大小均匀一致，避免其中含有较大的葱块。

作为一项基本技能，在分葱的加工过程中涉及直刀切的技法，还涉及小刀去皮，切丝、切末、保存等技术要点，需要熟练掌握。

实训项目5 韭葱（Leek）基本加工

相关知识

知识点1 韭葱（图①）是冬季蔬菜，全年都有供应，但最佳食用期在每年10月至次年3月。味道不如洋葱辛辣，白色的茎肉质比叶子嫩，含有丰富的纤维素、少量的热量（100g含有167J）和维生素A，是厨房常用的蔬菜原料，常在主菜肴烹制后加入菜中（比如制作蔬菜汤、冷头盘、香料束、菜品装饰等）。

图①

知识点2 选购时应选择新鲜，叶子直挺、绿色、干净的韭葱。葱白较长、脆嫩（至少要1/3为葱白，2/3为葱叶）。拒绝选用叶子萎蔫的、变黄的、破损的，葱皮较厚、纤维较多的，茎失去水分而变软的、糠心的或腐烂的韭葱。

知识点3 韭葱可加工成葱碎（花）、葱丝和打捆的葱段等。

实训准备

实训场地准备：西餐实训厨房加工间。

实训用品准备：小刀，分刀，菜板，线绳，不锈钢盘。

仪容仪表准备：穿厨师工作服、工作鞋、工作帽、围裙，不佩戴任何饰物，不留长指甲，洗净双手。

实训内容

1. 韭葱基本加工

原料准备

原料	单位	重（数）量
韭葱	kg	2
平均准备时间	min	5
平均加工处理时间	min	20

操作过程

（1）韭葱初步加工准备。

①用小刀把韭葱的根部切掉（图②）。

②把过长的葱叶（粗叶、老叶）择掉，只保留1/3的葱叶。

③用手把韭葱的最外层表皮剥去（如果韭葱太老，可剥去2～3层外皮）。

图②

④手持韭葱葱白部位，用小刀在韭葱绿色部位下刀，把韭葱上半部十字划开（图③）。

图③

⑤把韭葱放入清水盆中反复清洗数次后，用自来水冲洗葱叶部位（葱叶里常会有大量的泥沙和虫卵，图④）。

⑥根据需要选择并分割所需韭葱的部位（葱叶或葱白）。

⑦葱叶部位可用于制作绿色蔬菜汤或者是用于制作清汤。

（2）韭葱加工切配规格。

切韭葱碎（葱花）

①纵向把韭葱均分为两半或者四半（根据韭葱直径大小而定，图⑤）。

图④

②横向码放，直切成碎末（图⑥）。

用处：适合用于蔬菜汤、蔬菜泥、奶油汤中。

切韭葱丝

①韭葱横向码放，切成5～6cm长的段。

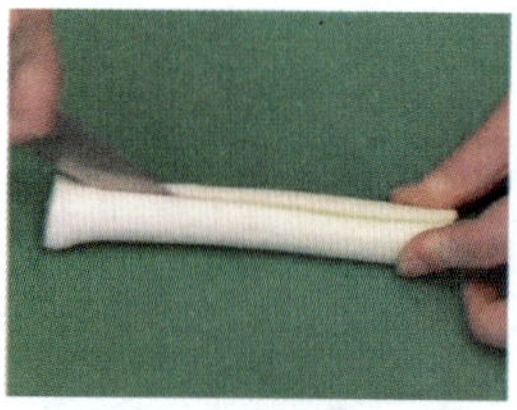
图⑤

②每段韭葱纵向码放，用分刀切到韭葱的中心部位即可。

③用手把韭葱打开，放平在菜板上。

④纵向切成细丝（图⑦）。

用处：适用于汤菜（奶油汤、清汤等），普罗旺斯鱼汤（la bouillabaisse）的装饰，鱼汁的装饰等。

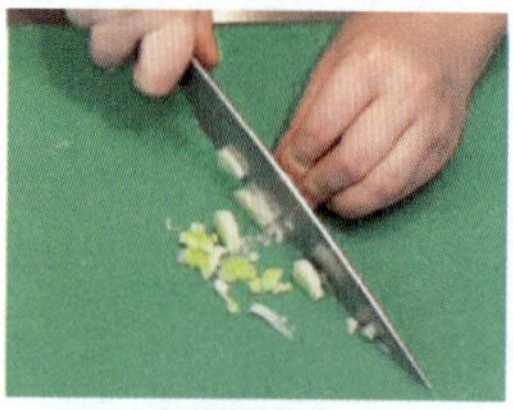
图⑥

韭葱打捆

①把去除葱叶的韭葱聚集在一起，只选择粗细一致的韭葱，4～6根即可。

②用线绳在成捆的韭葱上部和下部分别绕2～3圈，捆结实（同芦笋的捆绑方法）。

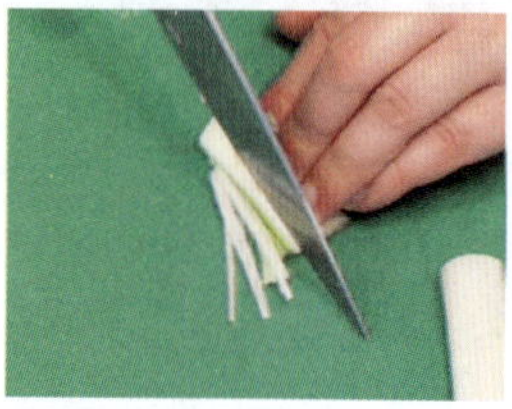
图⑦

③切除多余的葱叶。

④成捆的韭葱通常是先用开水焯一次，之后用英式烹制法、蒸制或真空烹制法来制作。

用处：适合制作醋汁韭葱、荷兰汁韭葱、奶汁韭葱、焗韭葱、黄油炒韭葱、油炸韭葱。

2. 注意事项

（1）在清洗韭葱时，要将葱叶根部掰开冲洗（葱叶根部有大量泥沙）。

（2）韭葱的葱叶通常切除，只使用葱白部位。

（3）韭葱需冷藏储存，温度为6～8℃。

3. 实训总结

韭葱在烹调过程中对菜肴起着调味增香的作用，通常可以整条（葱白）使用，也可经过加工成丝、碎末等使用。韭葱丝的成品需要粗细一致，韭葱碎大小均匀，避免其中含有较大的韭葱块，成捆的韭葱捆绑紧实，选用粗细一致的韭葱。

作为一项基本技能，在加工韭葱的过程中涉及冲洗、直刀切、捆绑和保存等技术要点，需要熟练掌握。

实训项目6 块茎茴香（Fennel）基本加工

相关知识

知识点1 块茎茴香的叶、种子的芳香广泛应用于各国烹饪美食中，也被用作药，并且是苦艾酒的主要成分之一。茴香种子的芳香类似八角味。茴香种子新鲜时为绿色，时间久后，变为灰暗棕色。对于烹饪，绿色种子是最优的选择。黄色的花朵和像羽毛的叶子，其微妙的香味和形状与莳萝类似。佛罗伦萨茴香（Finocchio），呈灯泡状，鳞茎粗大膨胀，具有温和的八角风味，芳香且甜蜜，佛罗伦萨是其最早栽培的起源地。

知识点2 选择块茎较小，色白，肉质紧密，叶子黄绿、柔嫩，根部切断面新鲜的块茎茴香。

知识点3 茴香特征突出显现在地中海美食中，块茎茴香和其叶子可以炒、炖、焖、烤、焯、烩或生食。佛罗伦萨茴香是一些意大利和德国沙拉的关键原料，使用在小菜、沙拉（与菊苣和鳄梨一起凉拌）、意大利面条和蔬菜菜肴中，如希腊朝鲜蓟菜、意大利调味饭（Risotto肉汤加干酪等制成）。茴香种子是意大利香肠、肉丸以及北欧黑麦面包常用的成分。在许多蛋菜、鱼菜和其他菜肴中，会经常使用新鲜或干茴香叶。另外就是茴香与蒜、洋葱、橄榄油、帕尔玛奶酪配合使用，更能体现茴香的本味。

实训准备

实训场地准备：西餐实训厨房加工间。

实训用品准备：小刀，分刀，菜板，不锈钢盘，不锈钢盆。

仪容仪表准备：穿厨师工作服、工作鞋、工作帽、围裙，不佩戴任何饰物，不留长指甲，洗净双手。

实训内容

1. 块茎茴香基本加工

原料准备

原料	单位	重（数）量
块茎茴香	头	2
平均准备时间	min	3
平均加工处理时间	min	15

操作过程

（1）块茎茴香初步加工准备。

①用小刀把块茎茴香根部去除。

②如果外皮发黄、萎蔫或者纤维较粗，应用刀削去。

③把叶和梗切掉（叶和梗风干后可以用于制作鱼菜的调味香料，图①）。

④放入清水盆中反复清洗干净。

⑤切除根部和顶部（图②和图③）。

（2）块茎茴香加工切配规格。

切块茎茴香碎丁/末

①把清洗干净的块茎茴香纵向均分两半（根据其体积大小，如果较大可均分为三份，图④）。

②纵向摆放在案板上，根据需要切成条或丝（图⑤）。

③再横向摆放，切成细碎丁/末（图⑥）。

④切好的成品（图⑦）。

用处：适合用于制作头盘开胃菜、凉拌蔬菜沙拉；与黄油、奶油炖制。

切块茎茴香块

①纵向把块茎茴香均分两半（图④，适用于炖菜）。

图①

图②

图③

图④

图⑤

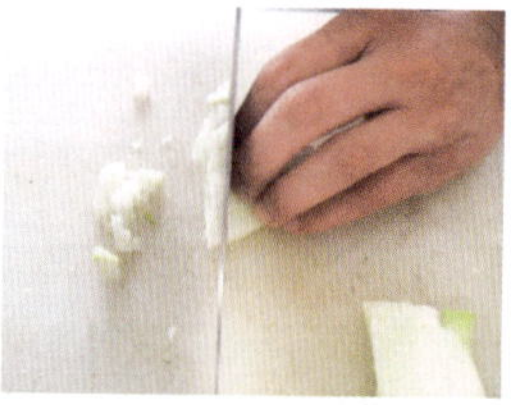

图⑥

图⑦

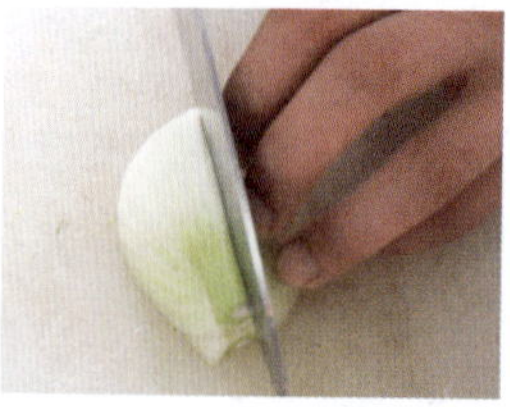

图⑧

②纵向把块茎茴香均分两半，然后每半个再均分两半（图⑧，适用于希腊式烹制法）。

2. 注意事项

（1）避免选用块茎体积较大、纤维过粗、颜色发黄，叶柄因失去水分而干枯，叶子深绿色、萎蔫的茴香。

（2）冷藏储存，温度在6～8℃，用湿布覆盖表面，密封保存（因为其芳香容易影响其他原料的风味）。

（3）块茎茴香易被氧化而变色，可抹或洒些柠檬汁。

3. 实训总结

块茎茴香在烹饪过程中可独立成菜，也可作为配菜使用，通常可以半个使用，也可经过加工成碎或末使用。块茎茴香切块应大小保持一致，保证其成熟度一致。

作为一项基本技能，在块茎茴香加工过程中涉及直刀切的技法和掰、削、清洗等技术要点，需要熟练掌握。

实训项目7 洋葱（Onion）基本加工

相关知识

知识点1　洋葱供食用的部位为地下的肥大鳞茎（即葱头），根据其皮色可分为白皮、黄皮和红皮三种。①白皮小洋葱（鳞茎小）：直径4～6cm，外表白色或略带绿色，并带有秧子，肉质细嫩，汁多辣，味道淡，品质佳，适于生食。②黄皮洋葱：葱头为黄铜色或淡黄色，鳞片肉质，微黄而柔软，组织细密，辣味较浓，扁圆形，直径6～8cm。③红皮洋葱：扁球形或圆球形，红色或深紫色，直径8～10cm。萌芽较早，表现为早熟至中熟。

新长出的细小葱叶，可以代替细香葱使用。

知识点2　洋葱含有一定量硫化物、二烯丙基及硫氨基酸等刺激成分，会引起流泪。所以建议在去皮前放到温水中浸泡几分钟或者放到蒸锅中蒸几秒钟。

洋葱生食通常不容易消化，为了缓解这种不适，可以把洋葱放到开水中焯几秒钟，然后取出立刻放到冰水中。

知识点3　应选择葱头肥大、大小规则、肉质紧密、外皮光泽、不烂、无机械伤和泥土的洋葱，鲜葱头不带叶。

知识点4　洋葱在加工时可根据需要加工成丝、丁、末、圈等形状。

实训准备

实训场地准备：西餐实训厨房加工间。

实训用品准备：小刀，蔬菜刀，菜板，不锈钢盘，不锈钢盆。

仪容仪表准备：穿厨师工作服、工作鞋、工作帽、围裙，不佩戴任何饰物，不留长指甲，洗净双手。

实训内容

1. 洋葱基本加工

原料准备

原料	单位	重（数）量
洋葱	头	6
平均准备时间	min	5
平均加工处理时间	min	20

操作过程

（1）洋葱初步加工准备。

①把洋葱两头去掉（根和顶部）。

②用小刀把洋葱外皮去掉（干皮），注意不要把洋葱肉去掉（图①）。

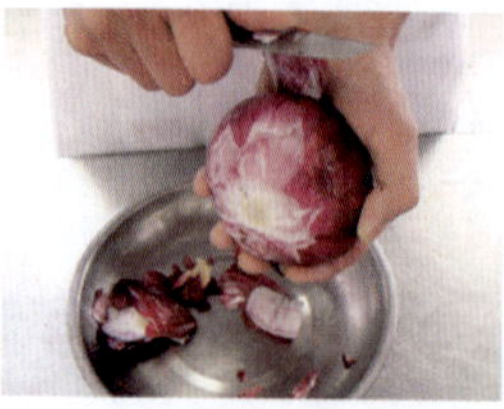
图①

③放入清水盆中反复清洗干净，沥干水分，放到容器里。

（2）洋葱加工切配规格。

切洋葱丝

①用刀把洋葱纵向（针对洋葱的丝路来说，顺着丝路为纵向）一分为二，均匀等分。

②断面与菜板接触，刀向内倾斜，把根部切除。这个部位质地较硬，而且是所有鳞片连接的部分。

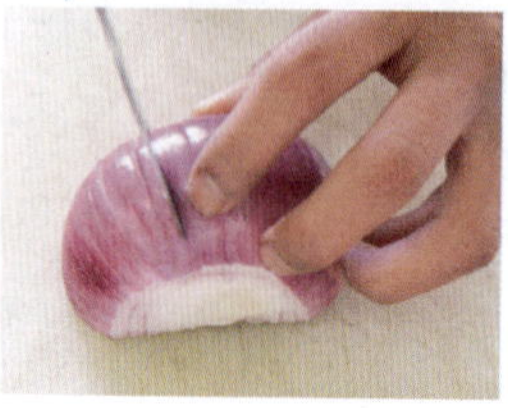
图②

③如果洋葱比较大，可以横向把洋葱均分两半。

④可以使用蔬菜刀，顺着洋葱的纵向丝路切成细丝（粗细根据需要而定）。

用处：适用于鱼基础汤的香料；苏比斯少司（Soubise Sauce）；洋葱汤；炒土豆；炒排骨；炒里昂小牛肝等。

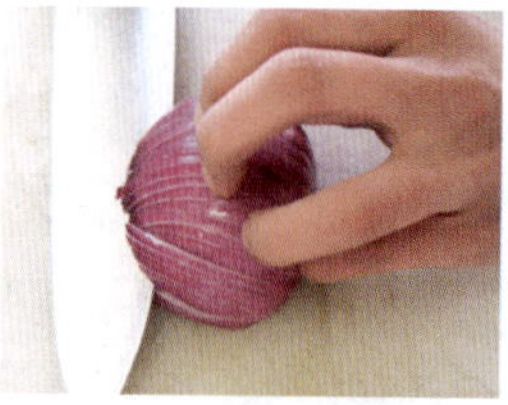
图③

切洋葱丁（末）

①纵向把洋葱均分为两半。

②断面与菜板接触，纵向码放，洋葱头发芽部位朝向自己。

③用刀尖顺丝划切，根据需要切粗丝或细丝，但注意不要切断洋葱的根部，使切好的丝与根连接（切好的样子像梳子），以方便下一步加工（图②）。

图④

④把洋葱掉转90°，切丝的部位向外，刀与菜板平行，在中间片入洋葱内，如果洋葱较大，可以在底部再片一刀，但注意不要片到根部（图③）。

⑤左手固定洋葱，根据需要垂直切丁或末（图④）。

⑥切好的成品（图⑤）。

图⑤

用处：作为香料配料使用，如制作密尔泊瓦少司（Mirepoix Sauce）、波尔多红酒少司（Bordelaise Sauce）等，或与蒜等辛辣香料制作各种馅料、番茄沙拉、各种蔬菜凉拌菜等。

切洋葱圈

①选择形状正圆的洋葱。

②让洋葱的侧面与菜板接触，垂直立起。

③使用蔬菜刀或切片机，垂直横切成2~3mm的片（图⑥）。

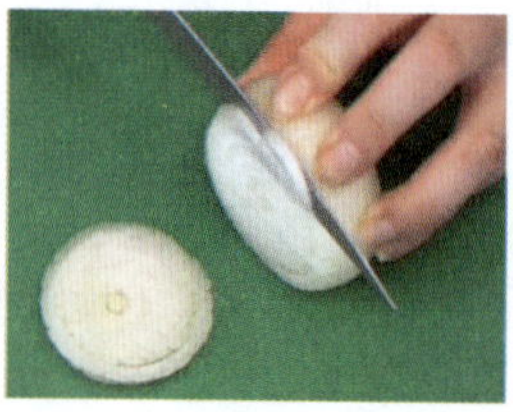
图⑥

图⑦

④用手把每片洋葱圈分开（图⑦）。

⑤选择所需要大小的洋葱圈，洋葱中心较小的部分可以保留用作他用（煮汤等）。

用处：适用于菜品香料装饰、炸洋葱圈。

2. 注意事项

（1）洋葱在储存时应放入网兜中置于避光、通风、干燥的地方，不要放入冰箱冷藏储存（湿度大容易腐烂）。特别是在春天的发芽期，避免长时间储存。洋葱经储存后，不松软，不抽薹，鳞片紧密，含水量少，辛辣和甜味浓的为佳。

（2）在切洋葱丝时，注意要先把根部去掉，否则所有的洋葱丝会连在一起。同时注意当把洋葱的根部切除后不要抖动洋葱，保持其稳定的状态，否则容易使洋葱的鳞片和中心分离，对切丝造成困难。

（3）切洋葱丁或洋葱末时，在先切洋葱丝时不要切断洋葱根部，使切成的丝与根部保留一小段距离，丝与根部连接在一起，便于切丁或切末。如果洋葱末出现变黑的情况，应将其放在细纱网的帽形滤器中，用清水冲洗，然后小心浸泡，沥干水分即可。

（4）在储存时，避免与其他原料混合放在一起。

3. 实训总结

洋葱在烹调过程中对菜肴起着调味增香的作用，通常可以整个使用（煮汤），也可以加工成丁、末、丝、圈、块使用。洋葱丁或洋葱末需要颗粒大小均匀一致，避免其中含有较大的洋葱块。洋葱丝粗细一致，洋葱圈的厚度在2～3mm为宜，避免过厚或过薄。

作为一项基本技能，在加工洋葱的过程中涉及直刀切、拉刀切、平刀片的技法，还涉及去皮、切丁/末、切洋葱圈等技术要点，需要熟练掌握。

实训项目8 大蒜（Garlic）基本加工

相关知识

知识点1 大蒜外皮颜色有白色、红色和紫色三种，其辛辣味的程度也随着表皮颜色（白色—红色—紫色）从弱到强。

知识点2 要选择蒜头大、包衣紧、蒜瓣大且均匀，味道浓厚、汁液多而黏稠的大蒜。避免选择蒜瓣萎蔫、中空、出芽、发霉的大蒜。

知识点3 大蒜在浓汤、鱼汤、少司、肉汁中都会用到。如香芹末和大蒜末拌以油、醋制成的调味汁可以与冷切牛肉片配合食用。另外，大蒜与羊肉和番茄最为搭配（烤羊腿、烤羊排、番茄沙司等）。

实训准备

实训场地准备：西餐实训厨房加工间。

实训用品准备：分刀，小刀，菜板，不锈钢盘，小不锈钢桶/碗。

仪容仪表准备：穿厨师工作服、工作鞋、工作帽、围裙，不佩戴任何饰物，不留长指甲，洗净双手。

实训内容

1. 大蒜基本加工

原料准备

原料	单位	重（数）量
大蒜 植物油	头 L	2 0.1
平均准备时间	min	5
平均加工处理时间	min	10

操作过程

（1）大蒜初步加工准备。

①把蒜头的外皮和根部去掉。

②用手掌用力把整头蒜压散，使所有蒜瓣分开（图①）。

③蒜瓣去皮（可借助小刀把蒜皮、蒜根、蒜尖部去掉，图②）。

④用小刀纵向把蒜瓣劈开两半，取出中心的蒜芽（图③）。

图①

图②

图③

图④

（2）大蒜加工切配规格。

切蒜碎

①把加工好的蒜瓣洗净放在菜板上。

②借助分刀刀膛压住蒜瓣，再用拳头用力击打刀膛，压碎蒜瓣。

③粗斩几刀即可。

切蒜末

①在蒜碎的基础上，左手指压住刀尖背部，刀尖不离开菜板，右手持刀，使用刀刃中部和根部，直到切好的蒜末符合需求（图④）。

②切好的蒜末，如果不是立即使用，可放入不锈钢容器里，加入植物油保存。

③将所有接触过蒜的工具（菜板、刀等）、用具清洗干净。

2. 注意事项

（1）在加工准备时，要把蒜芽去掉，蒜芽的味道会影响整个蒜瓣的味道。

（2）加工成末的蒜，如果不是立即使用，应放入植物油中，防止其水分挥发变干。

（3）大蒜储存时要避免与其他原料混合在一起。

（4）加工完成后应立即清理接触过蒜的工具，而且要清洗双手。

（5）遵守库存原料“先进先出”的原则，储存大蒜的筐要及时清洗。

3. 实训总结

大蒜在烹调过程中对菜肴起着调味增香的作用，通常可以整瓣使用，也可经过加工成碎或末使用。蒜末成品应该颗粒大小均匀一致，避免其中含有较大的蒜块。

作为一项基本技能，切蒜碎和切蒜末的过程中涉及铡刀切的技法以及去皮、去芽、拍、砸、保存等技术要点，需要熟练掌握。

实训项目9　芦笋（Asperger）基本加工

相关知识

知识点1　芦笋按照颜色分为三种。①白芦笋：白芦笋的整个生长过程是不见光的，只要长出土一点，就要培以轻壤或沙壤盖住，以实现完全避光。②紫芦笋：从地里长出几厘米后采摘。③绿芦笋：从地里长出十几厘米后采摘。

知识点2　在选购时，芦笋的直径最大允许在8mm左右，而且颜色清新、明亮。质地脆嫩，挤压后有汁液流出。所有芦笋的直径应保持一致，笔直，顶部叶子紧包，柔嫩。

知识点3　芦笋的烹制方法通常有英式法*、蒸、煮、真空加热等。在使用英式法烹制时，整捆的芦笋要垂直放入煮开的咸水中，由于芦笋头部比较软嫩，所以不需浸泡在开水中。一般情况下煮12～18min，但是要根据芦笋的品质、大小、新鲜度等而有所不同。芦笋熟后变软，应立即过滤水分，放在口布上沥干水分。通常食用会配马耳他汁、荷兰汁等。其他芦笋菜品还有奶油芦笋、芦笋布丁等。

实训准备

实训场地准备：西餐实训厨房加工间。

实训用品准备：刮皮刀，分刀，线绳，菜板，不锈钢盘。

仪容仪表准备：穿厨师工作服、工作鞋、工作帽、围裙，不佩戴任何饰物，不留长指甲，洗净双手。

实训内容

1．芦笋基本加工

原料准备

原料	单位	重（数）量
芦笋	棵	20
平均准备时间	min	10
平均加工处理时间	min	5

* 英式法是指把蔬菜放入大量煮开的咸水中煮熟，然后放入冰水中。这种方法使蔬菜保持原有清新的颜色。

操作过程

（1）芦笋初步加工准备。

①把芦笋平放在操作台（或菜板）上，从芦笋头部以下的部位直到根部的外皮（较厚、硬的部分）用去皮刀轻轻削去（图①）。

②如果芦笋头部有开花或变黄的部分，应去除。

③码放整齐放在不锈钢盘中（图②）。

④使用两个清水盆，反复交替进行浸泡清洗。清洗过程中一定要小心谨慎，避免把芦笋折断（这时的芦笋比较脆嫩），或直接用水清洗（图③）。

（2）芦笋打捆。

①把一定数量（根据需要，通常是一份菜使用8～10根）的芦笋收集在一起，并用线绳在芦笋头部以下2cm左右部位和根部以上5cm左右部位进行捆绑（图④）。

②把芦笋捆根部多余的部分切除，使芦笋长度一致（图⑤）。

③切好的成品（图⑥）。

④如需烹制可放入盐水中煮熟（图⑦）。

⑤捞出后放入冰水中冷却（图⑧）。

⑥再捞出放入吸水纸上保存待用（图⑨）。

⑦如果不是立即使用，应冷藏并在表面盖上一层湿布。

2. 注意事项

（1）避免选择顶部发黄，茎发干、纤维多、内空的芦笋。

（2）在储存时，要尽量减短储存期，用保鲜膜包好或用湿布盖好保存，冷藏温度为6～8℃。

（3）根据烹饪需求的变化，芦笋在提前烹制过或放凉并保存的情况下都会失去很大一部分自身的味道。

（4）芦笋去皮时，应将芦笋平放在菜板上，如果手拿芦笋去皮，容易将其折断。

（5）有一些比较新鲜、青绿色或野生的芦笋，其质地比较脆嫩，可以不去除外皮。

图①

图②

图③

图④

图⑤

图⑥

图⑦

图⑧

图⑨

3. 实训总结

芦笋在烹饪中可以独立成菜，也可以作为配菜使用。在加工过程中，通常切除根部，去除老硬的外皮后成捆蒸或煮制。整捆加工好的芦笋成品应紧实不松散，根部整齐。

作为一项基本技能，在加工芦笋的过程中涉及直刀切的技法和去皮、捆绑、保存技术要点，需要熟练掌握。

实训项目10 芹菜（Celery）基本加工

相关知识

知识点1　芹菜可分为常见的普通芹菜和叶柄特别肥大的西洋芹菜。

芹菜（以茎食用为主的芹菜）根据其重量，可分为大中小三种类型。①大型：重量大约在800g以上。②中型：重量在500～800g。③小型：重量在150～500g。

知识点2　在芹菜选购时，应选择其根部断面为近期切割，芹菜整体新鲜，叶子为绿色有光泽，而且脆嫩的芹菜。茎肉厚实，绿色或带有些黄色；笔直、质地脆嫩，粗纤维较少的芹菜为选用佳品。

知识点3　芹菜通常作为蔬菜主菜（烩菜、焗菜、蔬菜泥、蔬菜浓汤或奶油浓汤等）或作为汤料及蔬菜炖肉等的佐料，也常用来制作开胃菜或沙拉。芹菜的果实（或称籽）细小，含2%～3%的精油，具有与植株相似的香味，可用作佐料，特别用于汤和腌菜中。芹菜叶也可作为白色基础汤或炖锅菜品的调味。块根芹具有可食用的粗根，生食或烹调做菜均可。

知识点4　块根芹是芹菜的特殊品种（图①），食用其厚实的球形块状根，味道和芹菜很接近。块根芹为冬季蔬菜，质地紧实，平均重量在800～1000g，直径在10cm左右。最佳的采购时间在9月份至次年4月份。

图①

知识点5　选购块根芹时，应选用新鲜、表皮干净、去除根毛和茎叶、颜色一致、圆球形、较重的品种。拒绝选用形状不规则的，有凸起的，表皮带有较多泥土，质地柔软、糠心，有虫蛀，腐烂的块根芹。

知识点6　块根芹可以生吃，磨碎或用水煮软，然后搭配调味酱上桌，或焯熟后淋油醋汁食用，也可以榨成泥糊用在汤及炖菜里。

实训准备

实训场地准备：西餐实训厨房加工间。

实训用品准备：小刀，分刀/蔬菜刀，挖球刀，礤子，菜板，不锈钢盘，不锈钢盆。

仪容仪表准备：穿厨师工作服、工作鞋、工作帽、围裙，不佩戴任何饰物，不留长指甲，洗净双手。

实训内容

1. 芹菜及块根芹基本加工

原料准备

原料	单位	重（数）量
芹菜 块根芹 柠檬	棵 头 个	1 1 1/2
平均准备时间	min	5
平均加工处理时间	min	40

操作过程

（1）芹菜初步加工准备。

①用小刀把芹菜根部去掉，目的是分开每根芹菜的茎（图②）。

②把每根芹菜茎上的叶子去掉。可以将嫩绿叶子保留，用于装饰（图③）。

③如果芹菜茎的根部锈斑较多或纤维较粗，可用去皮刀把外皮去掉（图④）。

④用手将根芹菜掰成两半，不要用刀来切，然后去除芹菜外皮的粗纤维（图⑤）。

⑤放入清水盆中，反复轻轻地清洗干净，或者使用流动的清水，对根芹菜进行逐个冲洗（图⑥）。

（2）芹菜加工切配规格。

切芹菜片

①把洗干净并去除粗纤维的芹菜茎放在菜板上，横向码放聚集在一起。

②用分刀把芹菜切成1～2mm厚的芹菜片。

③如果芹菜的茎较粗或较长，可先把芹菜纵向切成1～1.5cm宽的长条，或横向平均切成2～3段，再继续进行切片。

④切好的成品。

用处：用于制作蔬菜汤；生食菜品；凉拌蔬菜；烤鱼的配菜等。

切芹菜丝

①把每根芹菜切成4～5cm长的芹菜段。

②用刀切成0.5～1mm的片，或者用去皮刀，纵向把每段芹菜刮成片状。

③整齐码放每片芹菜，纵向切成细丝。

图②

图③

图④

图⑤

图⑥

用处：用于制作汤的装饰；鱼汁等。

（3）块根芹初步加工准备。

①用小刀把整个块根芹的外皮削去，一直削到表皮层没有较粗的纤维为止。

②放入清水盆中反复清洗干净。

③沥干水分，立即在表皮涂抹柠檬汁，保持原有的白色，避免因氧化变成褐色。

（4）块根芹加工切配规格。

切块根芹丝

①如果块根芹较大，可先切成两半。

②使用礤子或者用分刀把块根芹切成1～1.5mm厚的片。

③把每片码放整齐后，纵向切成1～1.5mm的丝。

④如果不是立即使用，应用柠檬汁拌匀，防止变色。

⑤切好的成品。

用处：用于生食、配蛋黄酱、奶油、葡萄醋、柠檬汁等；凉拌蔬菜；汤菜装饰、配菜等。

切块根芹丁

①如果块根芹较大，可先切成两半。

②根据需求，切成0.5～1.5cm厚的芹菜片。

③码放整齐，纵向切成0.5～1.5cm长的条（和片的宽度保持一致）。

④横向码放切好的芹菜条，聚集在一起，切成有规则的方丁（如果不是立即烹制，应放入有柠檬汁的冷水中保存）。

用处：用于制作凉拌沙拉；蔬菜浓汤和蔬菜泥等。

削块根芹榄（橄榄的形状）

①把块根芹纵向切成3cm高的块状。

②纵向切成1～1.5cm厚的芹菜片。

③横向切成1～1.5cm的小条。

④用小刀纵向把每块的棱角去除。

⑤然后把外形修成规则的椭圆形：左手手指握紧，右手拇指按住底部，刀刃从块根芹顶部到底部呈弧线均匀走动，不要断刀。通常两头去除的原料较多，中间去除的原料较少。

⑥把块根芹榄两边的尖头切去。

⑦把切好的块根芹榄放入有柠檬汁的冷水中保存。

⑧切好的成品。

用处：用于制作奶油炖菜；黄油千层饼；菜肴配菜、装饰等。

挖块根芹球

①根据需要选用挖球刀型号，挖球刀插入块根芹中，旋转，取出块根芹球。

②挖好的块根芹球放入有柠檬汁的冷水中保存。

2. 注意事项

（1）拒绝选用已经变软，茎分散，没有紧实包裹的茎，叶子萎蔫、变黄，质地因失去水分而变得不脆嫩的芹菜。拒绝选用形状不规则的，有凸起的，表皮带有较多泥土，质地柔软、糠心，有虫蛀，腐烂的块根芹。

（2）芹菜应冷藏储存，温度在6~8℃，避免见光，保持湿润。块根芹冷藏温度在8~10℃。

（3）芹菜茎外侧有较粗的纤维，用手把每根芹菜茎掰成两半，不要用刀来切，否则会将芹菜粗纤维丝切断。然后用手撕去芹菜外皮的粗纤维。使用刮皮刀直接将芹菜茎外侧的粗纤维削去。

（4）块根芹烹制前必须去皮。在切配的过程中容易氧化变色，所以在加工完后加些柠檬汁以保持颜色。

3. 实训总结

芹菜在烹调过程中对菜肴起着调味增香的作用，也可以用于制作配菜或生食，通常可以加工成片、丝、块使用；块根芹通常用于制作配菜或凉拌菜中，经过加工制成球、榄、丝、条等形状。芹菜片、块根芹片薄厚统一，避免其中含有较薄或较厚的芹菜或块根芹片。芹菜丝和块根芹丝粗细一致。保证所有块根芹榄的形状大小一致，表面光滑。

作为一项基本技能，在加工芹菜和块根芹的过程中涉及直刀切的技法和去皮、削榄、挖球、切丝、擦片、擦柠檬汁等技术要点，需要熟练掌握。

3. 瓜果类

瓜果类蔬菜是指以果实为可食部位的蔬菜，常见的瓜果类蔬菜有黄瓜、番茄、茄子、甜椒等。其初步加工方法主要如下。

（1）去皮或去籽　黄瓜、茄子视其需要去皮或不去皮。甜椒去蒂去籽即可。

（2）洗涤　一般瓜果类蔬菜用清水洗净即可。番茄、黄瓜等若生食则应用0.3%的氯亚明和高锰酸钾溶液浸泡5min，再清水冲净即可。

（3）切配　加工成所需要的形状。

实训项目1　茄子（Eggplant）基本加工

相关知识

知识点1　颜色多为紫色或紫黑色，也有淡绿色或白色品种，形状有圆形、椭圆形、长条形、梨形等。在法国，人们常用紫黑色的灯茄（梨形），最理想的选购时间是6月到10月。

知识点2　选购茄子时，表皮光滑，无裂口、腐烂、锈皮、斑点，肉质发紧、较重，花萼新鲜、绿色，无黑斑，不发黏的茄子为选用佳品。

知识点3　茄子的烹制方法有多种：如热头盘（瓤馅、焗烤、裹糊炸等）、配菜或装饰（烩、炒等）。

实训准备

实训场地准备：西餐实训厨房加工间。

实训用品准备：小刀，分刀，刮丝刀，挖球刀，菜板，不锈钢盘。

仪容仪表准备：穿厨师工作服、工作鞋、工作帽、围裙，不佩戴任何饰物，不留长指甲，洗净双手。

实训内容

1．茄子基本加工

原料准备

原料	单位	重（数）量
茄子	个	3
平均准备时间	min	3
平均加工处理时间	min	20

操作过程

（1）茄子初步加工准备。

茄子去皮后，应立即使用，否则会氧化变黑。

①使用两个清水盆，反复清洗干净。

②把茄子的花萼部分切除（图①）。

③根据需要可以用去皮刀或凹槽刀（刮丝刀）纵向并间隔去皮（图②）。

（2）茄子加工切配规格。

切茄子片

①横向、垂直地把茄子切成所需要薄厚的片（图③）。

②在每片上面撒上细盐，放置20min左右，让其水分析出（图④）。

③轻轻擦干（用布或吸水纸）水分（图⑤）。

用处：适用于炒制、炸制、裹糊炸等。

切茄子丁

①纵向、垂直地把茄子切成1～1.5cm厚的茄子片（图⑥）。

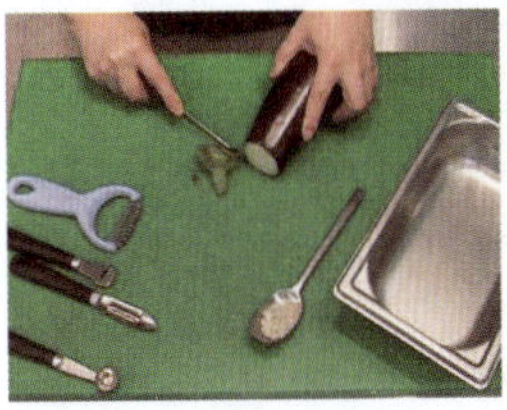
图①

图②

图③

图④

图⑤

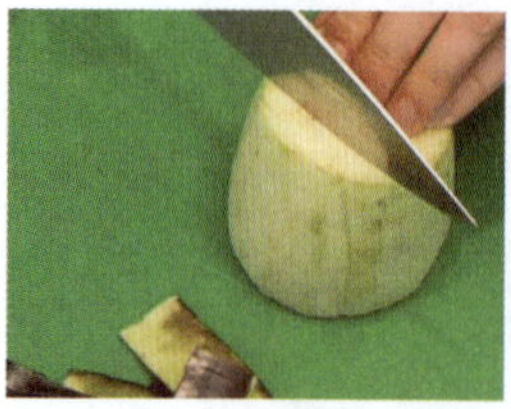
图⑥

图⑦

图⑧

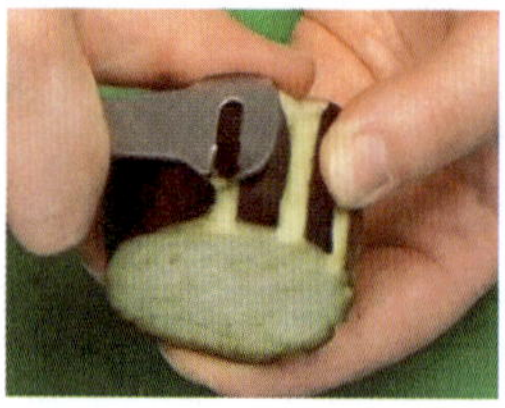
图⑨

图⑩

图⑪

图⑫

②把每片茄子叠加起来，再纵向切成1～1.5cm宽的长条（图⑦）。

③把茄子条聚集起来，横向切成1～1.5cm宽的方丁（图⑧）。

用处：适用于炒制、烩制等。

瓤馅茄加工（选择整茄）

①根据大小需要，把茄子纵向（2/3高度）或横向（4cm高度）切开，刮皮（图⑨）。

②在断面离茄子边缘3～4mm的地方，用小刀插入1/2茄体深度，围绕边缘划一圈，并始终与边缘保持等距（图⑩）。

③把中间部分的茄肉，用小刀在上面有规律地划开，这样便于把中间部分的茄肉取出。

④用小勺或挖球刀，把茄子中间划开的肉取出（图⑪），最后呈碗状，在里边瓤馅（图⑫）。

2. 注意事项

（1）要保存的茄子绝对不能用水冲洗，还要防雨淋，防磕碰，防受热，并存放在阴凉通风处或冷藏，温度以10～12℃为宜。

（2）加工瓤馅茄子时，注意不要将茄底部挖漏。

3. 实训总结

茄子在烹饪过程中可以独立成菜，也可以作为配菜使用，通常可以半个使用，也可经过加工成片、丁、条或小碗等形状。茄子加工成品（丁、片、小碗等）的规格和形状均匀一致。

作为一项基本技能，在茄子加工过程中涉及直刀切的技法和去皮、刮丝、挖等技术要点，需要熟练掌握。

实训项目2　西葫芦（Zucchini）基本加工

相关知识

图①

知识点1　西葫芦果实有长圆筒形和球形两种，嫩瓜或老瓜都可食用，嫩瓜皮薄、肉厚、多汁、味道清香、口感质量好。老瓜用水煮或蒸熟后，把里面的瓤搅拌成粉丝状后像意大利面条，所以法文称“意大利面西葫芦（Courgettes Spaghettis）”，而中文称搅瓜，是西葫芦的一个变种（图①），可冷食或热食。

知识点2　西葫芦选购时应选择果形规则端正，颜色鲜绿并且光亮，质地坚实的品种。

实训准备

实训场地准备：西餐实训厨房加工间。

实训用品准备：分刀，蔬菜刀或剔鱼刀，菜板，不锈钢盘，小不锈钢桶/碗。

仪容仪表准备：穿厨师工作服、工作鞋、工作帽、围裙，不佩戴任何饰物，不留长指甲，洗净双手。

实训内容

1. 西葫芦基本加工

原料准备

原料	单位	重（数）量
西葫芦	个	5
平均准备时间	min	5
平均加工处理时间	min	20

操作过程

图②

图③

（1）西葫芦初步加工准备。

①放入清水盆中反复进行清洗，清洗干净后沥干水分。

②用分刀将西葫芦的柄根和顶部切掉（图②和图③）。

③根据需要，可以使用去皮刀把皮去掉，也可以用刮丝刀纵向把部分皮去掉（图④）。

（2）西葫芦加工切配规格。

切西葫芦片

①根据需要，把西葫芦横向摆放在案板上，可以直切（圆片）或者倾斜一定角度切（椭圆片）。也可以使用礤子，根据需要调节其薄厚度（图⑤）。

②切成厚片或薄片（用于炒、焗、裹面炸等，图⑥）。然后可以撒些细盐，入味并去除其水分。

图④

切西葫芦丁

①纵向将西葫芦切成1～1.5cm厚的片（或者稍薄，根据需要而定，图⑦）。

②将西葫芦片码放整齐后，纵向切成1～1.5cm粗的条（图⑧）。

③将切好的条收集在一起码放整齐，横向切成1～1.5cm大小的方丁。

用处：适用于炒菜、炖菜等。

图⑤

切西葫芦梳子花

①横向将西葫芦切成5～7cm的西葫芦段。

②用刮丝刀横向围绕西葫芦有规律地将皮去掉。

③尽量选择较细的西葫芦，纵向切成均等的两半（如果较粗可纵向切成均等的三份）。

④使用蔬菜刀或剔鱼刀纵向切片，但顶头不要切断。

⑤切完后用手轻轻地压平，呈扇形。

用处：适用于炒菜、炖菜；菜肴的装饰。

图⑥

挖西葫芦碗

①将西葫芦横向切成4cm高的段。

②每段在一侧断面距离边缘3～4mm的地方用小刀划圆，刀尖离底部1cm，不要划断。

③用挖勺刀把中间的肉挖空。

图⑦

削西葫芦榄

①将西葫芦横向切成3～4cm高的西葫芦段。

②纵向每段平均分成4～6小段（图⑨）。

③用小刀纵向将每块的棱角去除（图⑩）。

④将外形修整成规则的椭圆形：左手手指握紧，右手拇指按住底部，刀刃从西葫芦顶部到底部呈弧线均匀走动（图⑪）。通常两头去除的原料

图⑧

图⑨

图⑩

图⑪

较多，中间去除的原料较少。但注意不要把表皮全部去掉，让西葫芦榄带有一些绿色（西葫芦榄可以煮、炖等）。

⑤将西葫芦榄两边的尖头切掉。

2. 注意事项

（1）拒绝选用腐烂，有损伤，种子过多或过于成熟，表皮颜色灰暗无光，萎蔫，质地变软的西葫芦。

（2）削西葫芦榄时注意不要把表皮全部去掉，让西葫芦榄带有一些绿色。

（3）挖西葫芦小碗时要小心，避免将底部挖漏。

（4）切西葫芦梳子花的方法同样适用于黄瓜、茄子等蔬菜。

3. 实训总结

西葫芦在烹饪过程中可独立成菜也可作为配菜，通常可以整棵带花使用，也可经过加工成丁、片、榄等形状使用。西葫芦加工的成品（丁、片、榄）应该规格一致，西葫芦梳子花每片薄厚均匀，无片掉落，西葫芦小碗底部不能过薄（易破漏）或过厚（成熟不一），保持在1cm的厚度。

作为一项基本技能，在加工西葫芦的过程中涉及直刀切、拉刀切、梳子花刀的技法和刮丝、去皮、挖坑、削榄等技术要点，需要熟练掌握。

实训项目3　柿子椒（Sweet Bell Pepper）基本加工

相关知识

知识点1　柿子椒由原产中南美洲热带地区的辣椒在北美地区演化而来，经长期栽培驯化和人工选择，果实近球形或圆柱形，略扁，表面有纵沟，果实较大，味道不辣，略带甜味，用作蔬菜食用而不是作为调味料。由于它颜色鲜艳，培育出来的品种有绿、红、黄、橙、紫、黑等多种颜色，故又称“彩椒”。

知识点2　选购时应选择颜色纯正（绿色、红色、黄色等），质地坚实，含水量足，形状规整，表皮光滑，无伤痕的柿子椒。

知识点3　柿子椒经常会用在一些地中海、巴斯克、西班牙和葡萄牙地区的菜肴（如头盘、蔬菜沙拉、瓤馅的柿子椒、炖菜、少司、慕斯等），并同时配以洋葱和番茄食用。

实训准备

实训场地准备：西餐实训厨房加工间。

实训用品准备：去皮刀，小刀，分刀，蔬菜刀或剔鱼刀，菜板，不锈钢盘，小不锈钢桶/碗。

仪容仪表准备：穿厨师工作服、工作鞋、工作帽、围裙，不佩戴任何饰物，不留长指甲，洗净双手。

实训内容

1. 柿子椒基本加工

原料准备

原料	单位	重（数）量
柿子椒（红、黄、绿）	个	4
平均准备时间	min	3
平均加工处理时间	min	30

操作过程

（1）柿子椒初步加工步骤。

①将柿子椒放入清水盆中反复轻轻地用手清洗干净。

②沥干水分，可用吸水纸把柿子椒表皮的水分吸干。

③放置晾干柿子椒表皮的水分，或用吸水纸擦干表皮水分（图①）。

图①

（2）柿子椒去皮。

根据不同的使用及烹制方式，柿子椒主要有两种去皮方法。

方法一：柿子椒用于生食（沙拉、装饰等）。

直接用去皮刀轻轻地把柿子椒外皮削去即可（图②）。

图②

方法二：柿子椒用于熟食（巴斯克式配菜装饰、西班牙式配菜装饰等）。

①将柿子椒放入烤炉，炉温250℃，烤制数分钟。

②立即放入食品袋中密封，在变冷前去皮。

或者采用以下去皮步骤：

①将柿子椒放入炸锅中，油温为180℃，炸制数秒。

②当柿子椒表皮起气泡后，用手剥去外皮（图③）。

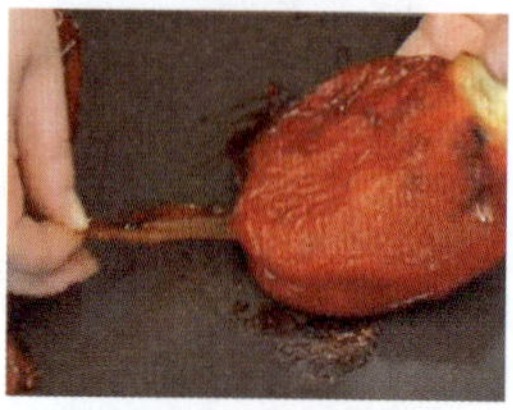

图③

③用小刀围绕柄的周围划开，取出并清空里面的籽（图④）。

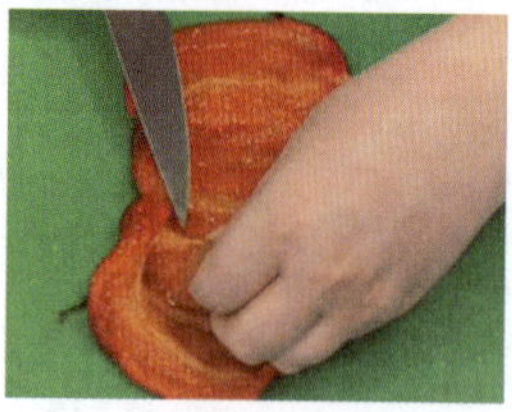

图④

（3）柿子椒加工切配规格。

切柿子椒圈

①将柿子椒的外皮、柄、籽去掉（图⑤和图⑥）。

图⑤

②用蔬菜刀或剔鱼刀，根据需要横向码放切成所需要薄厚的柿子椒圈（图⑦）。

切柿子椒条（丝）

①将柿子椒梗、籽和外皮去掉。

②纵向均分成3～4份，然后再把内侧白色较厚的海绵状肉质片去除（图⑧）。

③横向码放，根据需要切成条或丝（图⑨）。

图⑥

图⑦

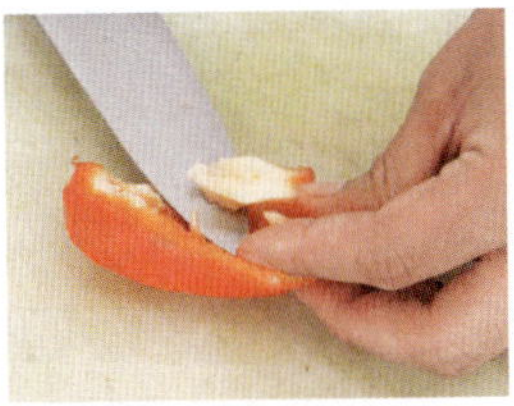
图⑧

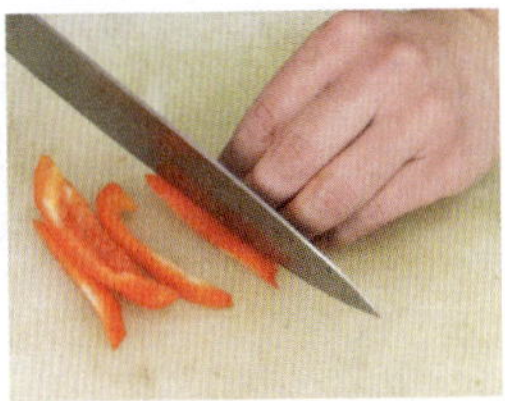
图⑨

切柿子椒粒

①将柿子椒的梗、籽和外皮去掉。

②纵向均分成3～4份，把内侧白色较厚的海绵状肉质片去除。

③纵向切成4～5mm宽的长条。

④把每根长条聚集在一起，横向码放，切成4～5mm大小的方粒（图⑩）。

⑤切好的成品（图⑪）。

用处：适用于制作蔬菜沙拉、炖菜和装饰等。

图⑩

图⑪

2. 注意事项

（1）拒绝选用质地柔软的、萎蔫的、有褶皱的、有霉斑的柿子椒。

（2）柿子椒冷藏温度为10～12℃，可保存数天。避免硬伤和热伤。

3. 实训总结

柿子椒在烹饪过程中通常作为配菜使用，可以整个使用（如瓤馅等），也可以经过加工成条、丝或圈使用。可以根据烹饪需要，将柿子椒去皮，柿子椒加工的颗粒大小均匀一致，避免其中含有较大的柿子椒块。

作为一项基本技能，在柿子椒加工过程中涉及直刀切、拉刀切和平刀片的技法，还涉及清洗、削皮或撕皮、去梗、去籽等技术要点，需要熟练掌握。

实训项目4　黄瓜（Cucumber）基本加工

相关知识

知识点1　黄瓜在选择上应注意新鲜，宜选用黄瓜肉质应紧密、坚实，圆柱形，深绿色，有光泽，瓜籽柔嫩，被果肉紧包，顶部带有萎蔫的花的黄瓜。

知识点2　通常情况下黄瓜用于生食，口感爽脆，清新，根部略带苦味。有时候，黄瓜也可以烹制熟食（如与奶油汁炖制、焗或者希腊式烹制方法等）或作为传统菜肴（多丽亚舌鳎鱼或多丽亚炒鸡等经典菜肴的配菜）的原料。

实训准备

实训场地准备：西餐实训厨房加工间。

实训用品准备：去皮刀，小刀，分刀，餐勺，菜板，不锈钢盘，不锈钢盆。

仪容仪表准备：穿厨师工作服、工作鞋、工作帽、围裙，不佩戴任何饰物，不留长指甲，洗净双手。

实训内容

1. 黄瓜基本加工

原料准备

原料	单位	重（数）量
黄瓜	根	3
平均准备时间	min	3
平均加工处理时间	min	20

操作过程

（1）黄瓜初步加工准备。

①将黄瓜放入清水中，冲洗干净。不要长时间浸泡。

②将黄瓜表面的水分沥干或用吸水纸吸干。

③将黄瓜两头（即根部的肉柄和顶部的花蕊）切去（图①）。

④用刮皮刀，纵向将黄瓜皮削掉（图②）。

⑤使用分刀，纵向将黄瓜均等切成两半（图③）。

⑥用小勺将每块黄瓜中间的籽刮掉（图④）。

图①

图②

图③

图④

（2）黄瓜加工切配规格。

切黄瓜片

①黄瓜断面与案板接触，横向摆放。

②使用分刀，有规律、均匀地把黄瓜切成1mm厚的薄片（图⑤）。

③切好后，在上面撒少许细盐，放置30min左右。

④调味前将水分过滤掉。

⑤切好的成品。

图⑤

用处：适用于头盘；生食凉拌沙拉；塔布雷沙拉（一种用麦粉、切碎的番茄、洋葱、香芹加上橄榄油、柠檬汁等佐料制作而成的黎巴嫩拌菜）等。

切黄瓜细条

①整根黄瓜去皮后，横向摆放。

②切成3～4cm长的黄瓜条。

③将每段的断面与案板接触，使其竖立，切成3～4mm厚的片状。

④将每片黄瓜码放整齐，纵向切成3～4mm粗的细条。

⑤切好的成品。

用处：适用于头盘；生食；沙拉凉拌菜等。

削黄瓜榄

①整根黄瓜去皮后，横向摆放，切成3～4cm长的黄瓜段。

②将每段的断面与案板接触，使其竖立，纵向切成4～6块均等份（根据黄瓜的粗细而定）。

③使用小刀，左手手指夹住黄瓜段，右手持小刀，纵向从黄瓜段的顶部入刀，刀的路线呈圆弧，一直削到黄瓜段的底部，两头去的原料较多，中间去的原料较少，均匀而有规律的围绕黄瓜段把多余的部位削去，最后把黄瓜段削成橄榄形。

④整根黄瓜在切配前，不用去皮。

⑤切好的成品。

用处：适用于奶油炖黄瓜、莫尼埃式（Meuniere）；黄瓜炖鸡、多丽亚炒鸡、多丽亚比目鱼等。

挖黄瓜球

可借助挖球刀挖球，根据需要选择不同型号的挖球刀。

2. 注意事项

（1）拒绝选购表皮萎蔫、质地柔软、颜色发黄、瓜籽变硬与果肉分离、部分腐烂的黄瓜。

（2）黄瓜应冷藏储存，储存温度在6～8℃。

（3）加工时应去除黄瓜籽，避免影响口感。

3. 实训总结

黄瓜在烹饪过程中可以单独成菜，也可以作为配菜使用。通常经过加工成片、条、丝、橄榄等形状使用。黄瓜片、黄瓜条和黄瓜榄的规格保持均匀一致。

作为一项基本技能，在加工过程中涉及直刀切、拉刀切的技法，还涉及清洗、去皮、削榄等技术要点，需要熟练掌握。

实训项目5　番茄（Tomato）基本加工

相关知识

知识点1　番茄的品种众多。小到樱桃小番茄，大到直径有十几厘米的牛排番茄（Beefsteak Tomato）。多数品种的果实是红色的，也有一些是黄、橙、粉红、紫色、绿色甚至白色，还有带彩色条纹的番茄。

知识点2 番茄可以生食、煮食、加工制成番茄酱、番茄汁或整果装罐储藏。

实训准备

实训场地准备：西餐实训厨房加工间。

实训用品准备：小刀，分刀/蔬菜刀，菜板，餐勺，小汤锅，笊篱，不锈钢盘，不锈钢盆。

仪容仪表准备：穿厨师工作服、工作鞋、工作帽、围裙，不佩戴任何饰物，不留长指甲，洗净双手。

实训内容

1. 番茄基本加工

原料准备

原料	单位	重（数）量
番茄	个	2
平均准备时间	min	5
平均加工处理时间	min	10

操作过程

（1）番茄初步加工准备：去皮。

①将番茄清洗干净。

②用小刀尖将番茄根部的柄剜去（图①）。

③用小刀在番茄顶部轻轻划一个十字（图②）。

④将番茄放入开水中，焯8~12s（根据番茄成熟度而定），用笊篱将番茄捞出（图③）。

⑤同时检查每个番茄的皮是否容易剥掉，然后立即放入冰水盆中（图④）。

⑥当番茄温度降下来后，从冰水中捞出，沥干水分。

⑦剥去番茄外皮（图⑤）。

图①

图②

图③

图④

用处：剥去皮的番茄可用于制作沙拉、制作番茄基础汤和番茄切丁（碎）。

（2）番茄加工切配规格：切番茄丁。

①将番茄去皮。

②整个番茄横向切成两半（图⑥）。

③将番茄里的汁液、籽倒在容器中（保存起来，可用于制作棕色基础

图⑤

汤和番茄沙司），可以借助小勺将籽挖出（图⑦）。

④将半个去籽后的番茄断面朝向菜板，切成5～8mm宽的片状，再切成条（图⑧）。

⑤最后调转过来再切成5～8mm宽的小丁（图⑨）。

⑥切好的成品（图⑩）。

图⑥

图⑦

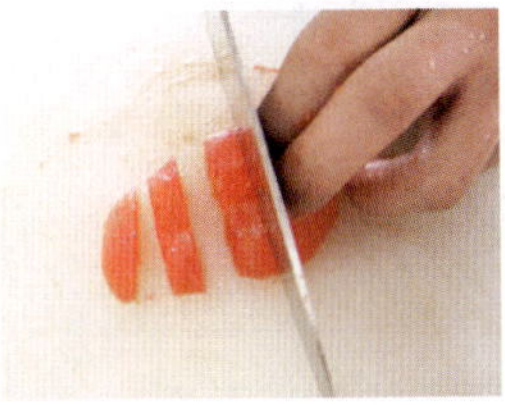
图⑧

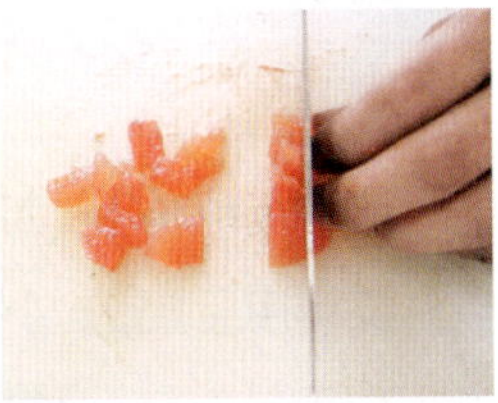
图⑨

图⑩

2. 注意事项

（1）番茄焯水前在其顶部用小刀轻轻划一个十字（划破表皮即可）。

（2）番茄焯水后应立即放入冰水盆中凉凉。

（3）加工番茄丁时先将番茄籽去掉。

3. 实训总结

番茄可以独立成菜，也可以作为配菜或制作成酱汁、沙拉、汤菜。其中番茄对菜肴调味起着非常重要的作用，通常可以整个或半个使用，也可经过加工成丁、片、泥等。

作为一项基本技能，在番茄加工过程中涉及直刀切和拉刀切的技法，还涉及去皮、去籽等技术要点，需要熟练掌握。

4. 花菜类

花菜类是指以花为可食部位的蔬菜，西餐中最常见的是花椰菜、西蓝花。

其初步加工方法主要如下。

（1）去除茎叶，削去花蕾上的疵点，然后分成小朵。

（2）洗涤　花椰菜内部易留有虫卵，可用2%的盐水浸泡后，再用清水洗净。

（3）切配　加工成所需要的形状。

实训项目1　洋蓟（Artichoke）基本加工

相关知识

知识点1　洋蓟营养价值极高，有“蔬菜之皇”的美誉。未成熟头状花序的肉质部分是美味的菜肴。叶也可煮食或凉拌。

知识点2　洋蓟的最佳食用期是在3月到11月，平均每个重量大约333g，小的每个重50～80g，大的每个大约重500g。挑选时，要注意洋蓟花瓣紧包，青绿色或绿色带有淡紫色（根据品种）而且光亮，花的根部宽大、多肉，花柄新鲜、硬挺、没有黑斑。要避免选用花瓣干枯、叶子发黄、花柄粗大、多纤维的洋蓟。

知识点3 春天的洋蓟，细嫩的部分是可以生食的，但是通常情况下还是用来蒸食和炸食，或者简单的方法就是放入盐水中煮熟，将柠檬汁、油浇在上面或配少司食用。洋蓟的根部有很多传统而经典的食用方法，可以在里面瓤馅、焗烤（与芦笋、菠菜、青豆、蘑菇、虾、煮鸡蛋等原料一起制成菜肴）。

实训准备

实训场地准备：西餐实训厨房加工间。

实训用品准备：小刀，分刀，剪刀，挖球刀，菜板，线绳，不锈钢盘，不锈钢盆。

仪容仪表准备：穿厨师工作服、工作鞋、工作帽、围裙，不佩戴任何饰物，不留长指甲，洗净双手。

实训内容

1. 洋蓟基本加工

原料准备

原料	单位	重（数）量
洋蓟（小棵）	个	1
洋蓟（大棵）	个	1
柠檬	个	1/2
平均准备时间	min	5
平均加工处理时间	min	20

操作过程

洋蓟初步加工处理

（1）洋蓟整体加工。

①将洋蓟冲洗干净。

②手握住花柄使之与花的根部掰开分离（最大限度保留花底部分）。

③用刀小心地将花根部切掉，修平。

④将花的顶部切除（约为花高的1/3）。

⑤用剪刀将每个花瓣的外缘（坚硬、枯萎部分）剪去。

⑥在花底部放上一片圆形的柠檬片（避免其底部氧化变色）。

⑦用线绳把加工好的洋蓟和柠檬片十字捆绑在一起。

（2）洋蓟底部加工。

①准备一个容器，放入加入柠檬汁的冷水，由于去除花瓣的洋蓟容易被氧化变色，所以应立即

放入酸性的冷水中，保持其原有颜色。

②用手握住花柄使之与花的根部掰开分离（最大限度保留花底部分）。

③根据花体底部直径的大小，可选用以下两种加工方法：

方法一（加工体形较大的洋蓟）：底部直径较大的洋蓟花不易用手持住，所以要将其置于菜板上使用分刀。用分刀把花底部的花瓣切掉，然后旋转洋蓟，把周围的花瓣逐一切掉。

方法二（加工体形较小的洋蓟，图①）：底部直径较小的洋蓟花（大约10cm），易用手持住，可使用小刀加工。

图①

图②

图③

- 用小刀将花的底部花瓣削掉、削平。
- 左手拿住洋蓟，右手用刀削下花瓣，再慢慢地转动洋蓟，直到将周围的花瓣都削下来（图②）。
- 在削的过程中，绕过突起的部分，不要在削下的花瓣上留过多的肉，也不要削得过薄，在其表面留下青绿色的痕迹即可。修整根部，去除较厚的皮（图③）。
- 用手握住花的顶部，将整个花冠切下来（图④）。
- 用小刀把边缘和外侧修平（图⑤）。
- 用柠檬擦拭表面，然后放入加入柠檬汁的冷水里（图⑥）。
- 将其逐个捞出，用挖球刀将花苞底部的绒毛去除（图⑦），然后在底部擦拭柠檬汁。
- 最后把所有加工好的洋蓟放入柠檬汁冷水中，备用。

图④

图⑤

2. 注意事项

（1）洋蓟一般避光储藏，温度在10～12℃，避免温度低于10℃。

（2）根据洋蓟体形大小选择底部加工方法。

（3）加工洋蓟底部时，可在烹制完后把花苞底部的绒毛去掉，这种方法简便快捷，但在烹饪前去除绒毛是比较干净卫生的。

图⑥

3. 实训总结

洋蓟在烹饪中可以独立成菜，也可以作为配菜使用。在加工过程中，通常切除根部和花冠后整棵烹制（水煮），也可以去除花瓣，在根部瓤馅。加工好的整棵洋蓟成品，应捆绑紧实，花瓣无蔫黄。加工好的洋蓟底部呈浅钵的形状，周边修饰圆滑。

图⑦

作为一项基本技能，在加工洋蓟的过程中涉及直刀切的技法和剪花瓣、削花瓣、挖绒毛等技术要点，需要熟练掌握。

实训项目2 花椰菜（Broccoli）基本加工

相关知识

知识点1 花椰菜也称作菜花，品种繁多，有白色花椰菜、绿色花椰菜（又称西蓝花、罗马花椰菜）、紫色花椰菜和黄色花椰菜等。

白色花椰菜的大小是根据其直径的长短来区分的，比如最小的花椰菜直径在11cm左右。收获时一般保留2～3轮外叶，以对内部花球起一定保护作用。

绿色花椰菜（西蓝花）在生长20余片叶子后抽出花茎，顶端生紧密群集成花球状的群生花蕾，花蕾青绿色。主茎顶端形成绿色或紫色的肥大花球，表面小花蕾明显，较松散，而不密集成球，每棵花冠由4～6个小花冠组成。

知识点2 在选购时，有的花椰菜带有大片的叶子包裹；有的叶子和菜梗已被去除，通常情况下，去除叶子保护的花椰菜缺乏新鲜度，不能确保对花椰菜起到良好的保护。根据情况，无论选择哪种，花椰菜本身要沉重、组织紧密、坚实、色泽纯正、光亮、新鲜，包裹的叶片绿色且新鲜。

知识点3 花椰菜主要作为肉类（煎或炒小牛肉和禽肉）的配菜或做色拉。粗壮的茎可用于制作汤、蔬菜泥、蔬菜批等。

实训准备

实训场地准备：西餐实训厨房加工间。

实训用品准备：小刀，分刀，菜板，不锈钢盘，不锈钢盆。

仪容仪表准备：穿厨师工作服、工作鞋、工作帽、围裙，不佩戴任何饰物，不留长指甲，洗净双手。

实训内容

1. 花椰菜基本加工

原料准备

原料	单位	重（数）量
花椰菜（白色）	棵	1
花椰菜（绿色）	棵	1
葡萄醋	L	0.05
平均准备时间	min	2
平均加工处理时间	min	20

操作过程

（1）白色花椰菜初步加工处理。

①使用分刀，把叶子和菜梗切除。

②使用小刀，插入花椰菜底部，根据所需要的大小切开每束花椰菜，分成均等份。

- 加工成较小束的花椰菜，适用于汤、菜的装饰（如杜巴瑞奶油汤）。
- 加工成中型的花椰菜，适用于生拌凉菜和希腊式烹制。
- 加工成大块的花椰菜，适用于英式烹制和蒸制。

③修整每束花椰菜，把过多的菜梗削去。

④使用小刀尖在每束花椰菜底部轻轻划一个十字，使其在烹制过程中成熟一致并增加入味。

⑤在清水盆中加入葡萄醋，再将加工好的花椰菜放入并浸泡数分钟。

⑥然后用清水反复进行清洗，无须再继续浸泡。

⑦沥干水分。如果不是立即使用，可放入带盖的保鲜盒中，6~8℃的温度下储存待用。

用处：适用于制作蔬菜汤（奶油汤）；奶油花椰菜、焗花椰菜、配菜和装饰；花椰菜泥、蔬菜批等。

（2）绿色花椰菜（西蓝花）初步加工处理。

①用小刀把包裹花椰菜周围的叶片和较粗的菜梗切除。

②根据需要的大小，将每个小花束切成均等份。

③将每个小花束的梗切短，切下的部分收集起来，留作他用。

④用刀尖在每个花束底部轻划一个十字，便于烹制。

⑤切除的菜梗，选择较新鲜、脆嫩的部分，可制作蔬菜泥和蔬菜汤。

⑥将加工好的西蓝花束，放入有葡萄醋的清水中浸泡数分钟（由于菜中会有残留的农药，还容易生菜虫。浸泡后菜虫就会与菜脱离，并有助于去除残留农药）。

⑦用清水将其反复清洗干净。

⑧沥干水分，即可烹制（英式烹制法、蒸制等）。如果不是立即使用，可放入带盖的保鲜盒中，6~8℃的温度下储存待用。

用处：适用于与黄油一起炖制；奶油西蓝花；西蓝花配荷兰汁；制成慕斯或蔬菜泥；蔬菜批等。

2. 注意事项

（1）西蓝花要拒绝选用已经开花、发黄、松散、萎蔫的。白色花椰菜要拒绝选用发黄、色泽暗淡、有黑色霉斑、根部腐烂的。

（2）花椰菜在清洗时需要加葡萄醋浸泡。

（3）可以将整个花椰菜烹制，烹制成熟后可再把菜梗去除，分割。

3. 实训总结

花椰菜在烹饪中可以独立成菜，也可以作为配菜使用，通常加工成小瓣使用。加工后的小束花椰菜大小总体上要保持一致。

作为一项基本技能，在花椰菜加工过程中涉及直刀切的技法，还涉及掰、削、清洗、去皮等技术要点，需要熟练掌握。

5. 豆类

豆类是指以豆和豆荚为可食部位的蔬菜。西餐中常用的有扁豆、荷兰豆、豌豆等。

扁豆、荷兰豆等是以豆及豆荚为可食部位，初加工时一般掐去蒂与顶尖，撕去两侧筋，然后清水洗净即可。豌豆等以豆为可食部位，初加工时剥去豆荚，洗净即可。

实训项目 豌豆（Peas）基本加工

相关知识

知识点1 豌豆可呈圆形、圆柱形、椭圆形、扁圆形、凹圆形，每荚2~10颗，多为青绿色，也有黄白、红、玫瑰、褐、黑等颜色的品种。可根据表皮特点分为皱皮形和圆粒形，干后变为黄色。荷兰豆是豆荚用豌豆，在豆荚未发育成熟前采摘，可带皮一起烹制食用。

知识点2 选择豆荚紧密、坚实、肉厚，颜色翠绿的豌豆，每颗至少含有6~8颗饱满的豌豆，用手指挤压豆荚，比较容易裂开。豌豆大小一致、颜色淡绿、肉质软嫩、有豆香味而且味甜。

知识点3 豌豆既可炒食，籽实成熟后又可磨成豌豆粉食用。因豌豆豆粒圆润鲜绿，十分好看，也常被用来作为配菜，以增加菜肴的色彩，促进食欲。豆荚光滑、鲜嫩，可和豌豆一起制作豌豆汤和豌豆泥（蓉）。

实训准备

实训场地准备：西餐实训厨房加工间。

实训用品准备：不锈钢盘，不锈钢盆。

仪容仪表准备：穿厨师工作服、工作鞋、工作帽、围裙，不佩戴任何饰物，不留长指甲，洗净双手。

实训内容

1. 豌豆基本加工

原料准备

原料	单位	重（数）量
荷兰豆 豌豆（带荚）	kg kg	0.25 0.25
平均准备时间	min	20

操作过程

（1）荷兰豆荚初步加工准备。

①用手轻轻地把荷兰豆两头掐断，并拉出细丝（是否拉丝视情况而定）。

②放入清水盆中反复清洗，但不要长时间浸泡，洗干净后沥干水分。

（2）豌豆荚初步加工准备。

①用手指按压豌豆荚，使豆荚裂开。

②待豆荚打开后，剥开豆荚，用拇指把豆荚里的豌豆刮掉。

③所有的准备加工步骤完成后，应立即进行烹饪制作。

用处：适用于焯制、炒制等，豌豆汤、豌豆泥，蔬菜沙拉等。

2. 注意事项

（1）拒绝选用豆荚干瘪、坚硬、萎蔫，豆子质地坚硬、干瘪的豌豆。

（2）新鲜带豆荚的豌豆在6～8℃的温度下储存，最长不要超过48h。豌豆最好新鲜食用，也可脱水储存或冷冻储存。

（3）1kg的带豆荚豌豆有400～450g的豌豆，可成菜3～4份。

3. 实训总结

豌豆在烹饪过程中可以独立成菜，也可以作为配菜使用，荷兰豆整个使用，嫩豌豆可带豆荚一起加工，如制汤、豆蓉等。

作为一项基本技能，在豌豆加工过程中涉及掐、去丝、剥皮等技术要点，需要熟练掌握。

6. 菌类

在西餐菜肴制作过程中，菌类食材是重要的组成部分。菌类食材可以用于制作汤、少司、配菜、装饰等，常见的菌类食材有口蘑、松露、羊肚菌、牛肝菌、鸡枞菌、香菇、蟹味菇等，这些菌类都会为菜肴增加独特的香气。由于菌类多为无土种植，所以加工时尽量减少水洗浸泡，以失去其自身的香味。

实训项目 口蘑（Mushroom）基本加工

相关知识

知识点1 口蘑的颜色有纯白和金黄两种，它们的味道和品质相同。口蘑菌肉肥厚，质地细腻有香气，味道鲜美，营养价值高，含有丰富的蛋白质、维生素、微量元素，脂肪含量较低。世界上的口蘑年产量已超过140万吨。

知识点2 口蘑没有规格大小、种类的统一标准，通常菌盖宽5~17cm，半球形至平展，象牙白色或金黄色，颜色统一，没有污物，光滑，初期边缘内卷。菌肉白色，厚实。菌褶白色，稠密，弯生不等长。整个菌盖紧扣菌柄，不易脱落。菌柄粗壮，白色，长3.5~7cm，粗1.5~4.6cm，内实，基部稍膨大。整个口蘑的香气十分强烈，质地坚实。

知识点3 口蘑全年均产，用来做汤、沙拉、馅料、配菜等均可，烹制方法可炒、烧烤、煮（少量的盐水，加些柠檬汁和黄油即可）。

实训准备

实训场地准备：西餐实训厨房加工间。

实训用品准备：小刀，分刀，菜板，不锈钢盘，不锈钢盆。

仪容仪表准备：穿厨师工作服、工作鞋、工作帽、围裙，不佩戴任何饰物，不留长指甲，洗净双手。

实训内容

1. 口蘑基本加工

原料准备

原料	单位	重（数）量
口蘑 柠檬	kg 个	0.25 2
平均准备时间	min	5
平均加工处理时间	min	30

操作过程

（1）口蘑初步加工准备：口蘑去根和清洗。

①用小刀把口蘑菌柄根部含有沙土的部分切除。

②用小刀把菌柄根部修尖（其方法就像削铅笔）。

③口蘑不要在清洗前去皮。

④清洗时要小心谨慎，把口蘑放入清水中轻轻搅拌。注意，不要在水中过分抖动口蘑（菌褶中浸入过多水分，质地变成海绵状，影响烹制效果和口感）。

⑤用手轻轻将口蘑从水盆中捞出（千万不要用手阻挡口蘑，再直接把盆中的脏水倒掉，因为盆底会有泥沙），放入另外一个清水盆中，这样反复进行清洗，直到口蘑被清洗干净，盆底没有泥沙。

（2）口蘑加工切配规格。

切口蘑块（Quartiers）

①把口蘑菌柄切短或者全部切掉（尤其是口蘑菌盖展开较大或者出现菌褶变黑的情况，图①）。

②菌柄可以用作制汤原料，有给鱼汤、基础汤或少司增香的作用。

③对于中等大小的口蘑，在菌盖上纵切十字，平均分成四块（图②）。

④对于形状较大的口蘑，建议最好把菌柄去掉。再把口蘑纵切成两半，最后每半个以圆心为轴，切成3～4等份的块（图③）。

切口蘑斜刀块（Escalopes）

①把口蘑平放在案板上，斜刀45°纵向从口蘑中间切下平均分成两半（图④）。

②然后掉转90°，再斜刀45°纵向从口蘑中间切下，切成均等的四份。

用处：这种斜刀块切出的口蘑，通常是用于配菜；也可以炒（普罗旺斯炒法、波尔多炒法）或者是简单热处理（煮、蒸等）来配白色的少司。

切口蘑薄片（Emincer）

①如果可能，尽量将菌柄切短（图⑤）。

②把口蘑平放在案板上，码放好，最好使用切片刀，刀膛比较薄，使用较为方便。

③如果口蘑较大，可以先切成两半。

④纵向垂直将口蘑切成1～1.5mm的片状（图⑥）。

用处：适用于混合蔬菜沙拉（凉拌菜）；黄油焖口蘑，佐奶油；水煮鱼的配菜；切口蘑末的第一步。

切口蘑粗丝（Julienne）

①选择菌盖比较大而厚实的口蘑。

②把口蘑直立起来，纵向垂直切成薄厚一致的片状（通常情况下片成2～3mm厚，图⑦）。

③切好的口蘑片码放整齐，再切成2～3mm宽的粗丝（图⑧）。

用处：适用于制作各种蔬菜汤、奶油汤、清汤的装饰；各种混合的蔬菜沙拉拌菜。

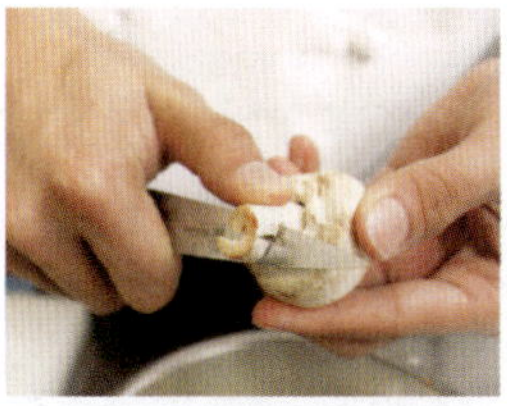
图①

图②

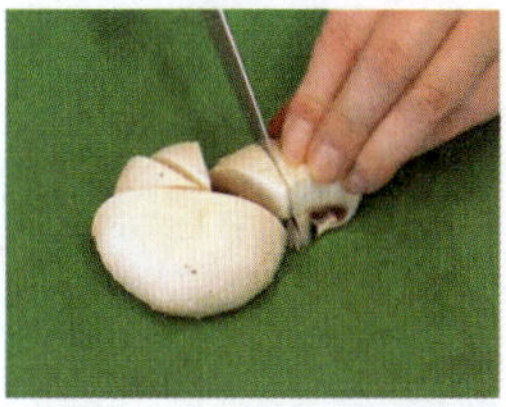
图③

图④

图⑤

图⑥

切口蘑粒（Brunoise）

①在切好粗丝的基础上进行加工。

②将粗丝码放整齐，归堆，切成2～3mm的小方粒（图⑨）。

用处：用于制作各种蔬菜汤、奶油汤、清汤的装饰；各种混合的蔬菜沙拉拌菜；各种馅料。

切口蘑末（Hachage）

①把口蘑切成薄片。

②借助分刀（或三刃刀），用手压住刀尖背部，刀尖不离菜板，只抬起刀的中后部，快速铡切，因为切开的口蘑很容易被氧化变黑（最好是切完后马上使用，否则应在切好的口蘑中放入柠檬汁，防止变色，图⑩）。

用处：用于制作杜克塞拉式口蘑（Duxelles de Champignon）；杜克塞拉馅料；口蘑泥；制作各种蔬菜汤、奶油汤、清汤等。

图⑦

图⑧

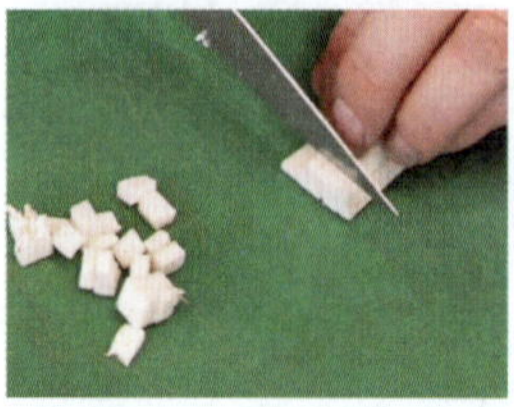
图⑨

图⑩

图⑪

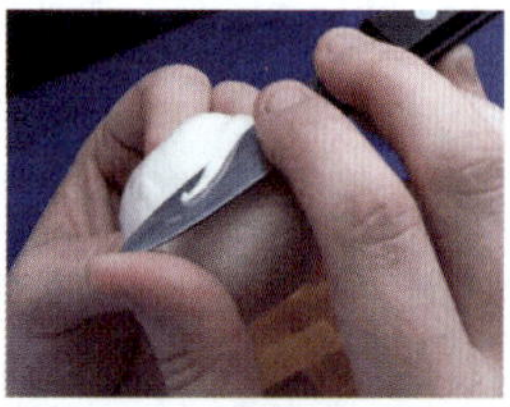
图⑫

口蘑去皮打圆（Tourne）

①注意在去皮打圆前不要对口蘑进行清洗，去掉外皮（图⑪）。

②使用小刀，从口蘑的顶部到底部，有规律地划出圆弧凹槽（图⑫）。

③去除根部。

④清洗干净后，放入加有柠檬汁的水中保存。

⑤切好的成品（图⑬）。

用处：通常作为鱼类菜肴的配菜。

图⑬

2. 注意事项

（1）拒绝选用菌盖过分展开、发霉、过热脱皮、菌褶萎蔫、菌帽易和菌柄脱落的口蘑。

（2）建议口蘑当天选购当天使用。

（3）口蘑应冷藏，温度大约为8～10℃，避光储存。

（4）口蘑清洗时禁止将其长时间浸泡在水中，更不要在清洗前去皮。

（5）加工切配后的口蘑容易氧化变色，应在其表面洒些柠檬汁或立即使用。

3. 实训总结

口蘑通常作为配菜和馅料使用，对菜肴起着调味增香的作用，通常可以整个使用，也可以经过加工成丝、片、块或末使用。口蘑去皮打圆后纹路应清晰规则，口蘑块、口蘑片和口蘑丝的形状大小、薄厚、粗细需要均匀一致，避免其中含有较大或较粗的块、片、丝等，影响其成熟度。

作为一项基本技能，在口蘑加工过程中涉及直刀切、斜刀切和铡刀切的技法和清洗、去皮、打圆、保存等技术要点，需要熟练掌握。

7. 水果类

西式菜点中水果的用量较为突出，除了西点中会大量应用，在菜肴制作中也会根据菜肴特点加入相对应的水果。通常会使用酸度较大的水果，可以规避肉类自身的腥膻味，而且其中的果酸会化解脂肪的油腻，带给菜肴清新独特的效果。

实训项目1　柑橘类（Agrume）基本加工

相关知识

知识点1　在西餐中柑橘类产品主要为柠檬、橙子、葡萄柚等。对于柑橘类产品，表皮厚，通常味甜，但含汁量相对较少。将所有的果肉放在平面上轻轻挤压（可用手掌），并将果肉颗粒挤破，可获得最大量的汁液。

知识点2　柠檬常用在传统的菜肴装饰上，通常配以鱼类菜肴（黄油煎鱼、烧烤鱼、炸鱼等），可以去除腥味。柠檬汁在烹饪中通常被用作增强风味或增加少司的酸度，还可以对一些去皮的蔬菜或水果（如鳄梨、洋蓟、口蘑、苹果、梨等）起到防氧化（变黑褐色）的作用。质量好的柠檬含汁量至少要20%～25%。

另外一种酸橙（青柠）也是一种较酸的小柠檬，外皮青绿色，薄而光滑，果肉无核，柑橘属，是来自酸橙树上的果实。

知识点3　橙是一种柑果，它其实是一种人类种植了很久的混合品种，本是柚子（Citrus Maxima）与橘子（Citrus Reticulata）的杂交品种，起源于东南亚。在生物学的角度，我们日常所吃的甜橙其实也是一个变种，原来的品种应该是酸橙，甜橙是酸橙在华南的变种。根据果实的形状和特点，可分为以下4个品种类群：普通甜橙、糖橙、血橙、脐橙。

在烹饪中，主要使用橙子的果肉及橙汁，橙皮可切成细丝和细丁，可用于制作鸡尾橙肉、混合沙拉、马耳他少司、酸橙汁（Bigarade）、坎伯兰郡汁（Cumberland）、烤鸭胸、黄油橙汁煎舌鳎鱼等。质量好的橙子的含汁量至少要33%～35%。

知识点4　市场上的葡萄柚经过混种，果肉甜而多汁，且无籽。根据果肉和果皮不同的颜色，可以分为：①白色或金色葡萄柚，味道微苦，汁多，产自以色列和塞浦路斯。②粉色葡萄柚，味甜，表皮黄色光滑，产自美国佛罗里达、得克萨斯、加利福尼亚和南非。③红色葡萄柚，果肉颜色深红，味甜，产自美国。④绿色葡萄柚，味甜，汁多，产自美国。

葡萄柚通常直接（加糖）食用或用在冷盘小吃，配蟹、虾等。果肉可用来制作水果拼盘（Coupe Florida），还可以作为鱼类、鸭类、猪肉菜肴的装饰。

选购的柑橘类产品（橙、柑橘、柠檬、柚等），其颜色应一致，手感沉，表皮细腻、光滑、明亮（注意表皮的合成蜡质），无过多的籽，汁多。

实训准备

实训场地准备：西餐实训厨房加工间。

实训用品准备：去皮刀，刮丝刀，V字戳刀，小刀，蔬菜刀或剔鱼刀，菜板，不锈钢盘，不锈钢盆。

仪容仪表准备：穿厨师工作服、工作鞋、工作帽、围裙，不佩戴任何饰物，不留长指甲，洗净双手。

实训内容

1. 柑橘类产品基本加工

原料准备

原料	单位	重（数）量
柠檬	个	1
或		
橙子	个	1
或		
葡萄柚	个	1
平均准备时间	min	5
平均加工处理时间	min	20

操作过程

（1）柑橘初步加工准备：柑橘去皮。

①将柠檬、橙子或葡萄柚放入清水盆中，反复清洗干净。

②用吸水纸吸干表皮的水分。

③横向码放，用刀把两头切掉，直到看见果肉，并且立起能够保持稳定状态（图①）。

图①

④用剔鱼刀或蔬菜刀纵向从顶部呈弧线削到底部，直到去掉所有的皮（图②）。

图②

⑤不要在上面留下任何的皮，其样子像酒桶。

（2）柑橘加工切配规格。

切柑橘圆片

去皮后横向码放，切成圆片（根据需要厚度为3~5mm）。

用处：柠檬适用于莫尼埃炸鱼、腌鱼（Marinade）、水煮鱼等。橙子适用于混合水果沙拉等。

剔柑橘瓤

去皮后清洗，用吸水纸吸干水分，用小刀在每瓣的边缘纵向切下，剔出每瓣的瓤（图③和图④）注意手底下放一个不锈钢盆来接住流出的汁液。

用处：适用于头盘小食、混合水果沙拉；橙汁或柚汁鸭；炸鱼柳等。

图③

切柑橘丁

把每瓣剔出的净瓤肉横向码放切成小丁。

用处：适用于鳟鱼、鳐鱼、牛脑等菜肴中。

（3）柑橘类装饰的制作步骤。

① 盘式花边装饰：

图④

- 将橙子或柠檬清洗干净。
- 用吸水纸吸干表皮水分。
- 用刀切除两头。
- 使用刮丝刀纵向均匀而有规律地刮丝。
- 纵向切成均等的两半。
- 每半个平放在案板上，横向切成薄片。
- 将每片码放在盘子周围。

图⑤

② 菜品配菜装饰：

- 将橙子或柠檬清洗干净。
- 用吸水纸吸干表皮水分。
- 用刀切除两头。
- 用食指和拇指捏住刀刃的前部，左手纵向持橙子或柠檬。
- 用刀尖斜着插入中间部位，然后拔出，呈V字倾斜角度再插入，重复整个过程，围绕橙子或柠檬一周（图⑤）。
- 最后用手将其掰开成两半，去除中间的籽。
- 中间可放几片番芫荽叶子。

这种V字形的加工方法同样适用于甜瓜、番茄、猕猴桃、煮鸡蛋等原料的加工。

（4）柑橘类外皮加工切配规格。

切柑橘丝

①将柑橘类的原料清洗干净，并用吸水纸吸干表皮水分。

②用去皮刀纵向把原料去皮，只保留带有颜色、薄薄的一层皮，最长不超过5～6cm。

③将削下的皮纵向码放整齐，切成细丝。

④用开水焯2～3次后再使用。

用处：适用于酸橙少司（Bigarade Sauce）、坎伯兰郡少司（Cumberland）；橙子鸭等。

切柑橘末

①把切好的细丝横向码放整齐。

②切成1mm左右的细粒。

用处：适用于米兰炖小牛肘（加番茄、洋葱和白葡萄酒烧煮而成）；橙味馅心（各种肉、菜批类菜肴）。

2. 注意事项

（1）在保存中，如果有腐烂，霉斑的应从整箱中挑出，避免影响整箱水果的质量。如果冷藏保存，应密封将其包裹，以免其特殊的气味影响冰箱中其他的原料。同时也要避免碰撞及受热。

（2）通常柑橘类水果会经过防腐、防虫处理（联苯、邻苯基苯酚、邻苯基苯酚钠、噻苯咪唑），一定要在使用前进行清洗。

（3）所制作的柑橘类装饰物，在加工切配好后如果不是立即使用，应用保鲜膜封好后冷藏保存，直到用时取出。

3. 实训总结

柑橘在烹调过程中对菜肴起着调味增香的作用，也可作为配菜或装饰使用。通常可以整个加工使用，瓤加工成片、瓣、丁等，皮加工成丝或粒。

作为一项基本技能，在柑橘类加工过程中涉及直刀切的技法，还涉及清洗、削皮、戳、刮等技术要点，需要熟练掌握。

实训项目2　苹果（Apple）基本加工

相关知识

知识点1　苹果的品种数以千计，分为生食、酿酒品种、烹调品种三大类。烹饪中对苹果的选择不仅要根据其商业质量评价，而且还要根据其烹饪用处的优势进行选择，如颜色、大小、香味、质地、风味、抗氧化、含糖量、酸度、单宁含量等因素。

知识点2　苹果除生食外，烹食方法也有很多，常用作点心馅，如苹果馅饼（苹果派），炸苹果常与香肠、猪排等菜肴同食等。

口味微酸的苹果适用于制作餐前小吃、水果沙拉、少司、果泥，不适合烹制。

选择甜味类型的苹果和晚熟的苹果用于畜类、禽类、内脏类菜肴的装饰及配菜。

实训准备

实训场地准备：西餐实训厨房加工间。

实训用品准备：去皮刀，去核刀，分刀，挖球刀，菜板，不锈钢盘，不锈钢盆，吸水纸。

仪容仪表准备：穿厨师工作服、工作鞋、工作帽、围裙，不佩戴任何饰物，不留长指甲，洗净双手。

实训内容

1. 苹果基本加工

原料准备

原料	单位	重（数）量
苹果	个	2
平均准备时间	min	10

操作过程

苹果初步加工处理如下。

①将苹果去皮清洗干净，擦干表面水分。

②使用去皮刀，用刀尖把苹果底部凹进去的花萼（相对于花柄的另一端）和花柄挖掉。

③左手纵向持苹果，并逆时针旋转苹果，用去皮刀有规则地旋转把皮去掉。

④可用半个柠檬或用柠檬汁擦拭苹果的表面。

⑤苹果去核的两种方法如下：

方法一：

- 使用去核刀，纵向从苹果的花萼部位插入，垂直插到苹果的底部，把苹果核和籽去除。

方法二：

- 纵向把苹果均分为两份。
- 用挖球刀把苹果的核与籽挖出来。

用处：

- 削成苹果圆盒，用于菜肴的装饰。
- 纵向切，均分成四块或者削成橄榄形状用于菜品的配菜和装饰。
- 整个苹果横向切成厚片，用于裹糊炸苹果圈。
- 切成薄片用于制作苹果派（塔）。
- 切成方丁用于制作少司（咖喱）或者水果沙拉。

⑥根据需要将苹果加工成块、片、丁等形状。

2. 注意事项

（1）储存时苹果应放在箱子或筐中，同一种类放在一起，避免挤压，如果有虫蛀、腐烂、损伤、过熟的苹果应挑出，避免与其他好的苹果放在一起。

（2）传统种植的苹果或储藏新鲜的苹果在自然通风、避光、防虫、防鼠的地方可以保存数月。然而对于在农业上集约经营种植的苹果在储藏时应多加注意：苹果冷藏温度在6～8℃，最多储藏一个星期（温度的升温加快其自熟）。

（3）苹果去皮后应立即使用，或者在其表面涂抹柠檬汁，防止其氧化变色。

3. 实训总结

苹果在烹调过程中可独立使用，也可作为配菜和装饰，通常可以整个使用，也可加工成片、块、丁、蓉使用。

作为一项基本技能，在苹果加工过程中涉及直刀切的技法，还涉及去皮、削、戳、挖等技术要点，需要熟练掌握。

实训项目3 甜瓜（Melon）基本加工

相关知识

知识点1 甜瓜果肉较厚实，质地绵软，味香甜，富含糖、淀粉，还有少量蛋白质、矿物质及其他维生素。

知识点2 选择品质较佳的甜瓜要注意两点，特别是在阳光不充足的年份，第一点是甜瓜的味道，在柄根处周围有强烈的香甜味，另外一点是其重量要比其体积重。

知识点3 甜瓜通常作为零点小吃，以鲜食为主或配以波尔图白葡萄酒、麝香酒或者雪利酒等，也可以配生火腿、咸干（鸭、鹅）胸脯肉、腌鱼。另外，可用于菜品装饰、冰霜、水果沙拉等。

实训准备

实训场地准备：西餐实训厨房加工间。

实训用品准备：小刀，分刀，挖球刀，菜板，不锈钢盘，不锈钢盆，吸水纸。

仪容仪表准备：穿厨师工作服、工作鞋、工作帽、围裙，不佩戴任何饰物，不留长指甲，洗净双手。

实训内容

1. 甜瓜基本加工

原料准备

原料	单位	重（数）量
甜瓜	个	3
平均准备时间	min	3
平均制作时间	min	20

操作过程

（1）甜瓜初步加工准备。

①将甜瓜清洗干净。

②用吸水纸吸干表皮水分。

根据甜瓜的大小、使用需求可有多种的切配方法，将甜瓜去皮、去籽后可切成条、片、块或者整瓜使用。

（2）整瓜食用切配。

方法一：

①在甜瓜的底部（柄的相反方向）切出一个平面（注意不要切得太厚而露出瓜瓤），甜瓜能够平稳地立住即可。

②在甜瓜的顶部1/3处用小刀的刀尖插入瓜内刻出各种形状，如锯齿状、桃心状、花瓣状等。

③刻完后把顶部的盖子打开，用小勺挖出瓜内的籽。

④重新盖上盖子。

方法二：

①用挖勺刀在清空的瓜瓤内挖出瓜球，放在容器中。

②瓜瓤内挖空后，再把挖出的瓜球放回瓜内。

③最后把盖子盖上。

2. 注意事项

（1）一份甜瓜（整个）的重量在400～450g，适用于两人份。但注意甜瓜的毛重应在750g左右。

（2）选择品质较佳的甜瓜要注意两点，特别是在阳光不充足的年份，第一点是甜瓜的味道，在柄根处周围有强烈的香甜味，另外一点是其重量要比体积重。

（3）如果甜瓜裂开，不会影响其味道品质，但是要注意其卫生。

（4）甜瓜在保存过程中会由于周围环境温度的变化而影响其自熟过程的快慢，建议放在密封的容器中冷藏储存，因为其味道容易影响其他食物。同时要避免过多搬动及撞击。

3. 实训总结

甜瓜在烹饪过程中主要以生食为主，也可以作为菜肴的配菜或装饰。通常可以整个挖空作为容器使用，也可以经过加工成片、球、块、条等形状。

作为一项基本技能，在甜瓜加工过程中涉及直刀切的技法和去皮、挖、削、戳等技术要点，需要熟练掌握。

第三节　畜肉类原料加工工艺

一、畜肉类原料的部位划分切割与加工

畜肉主要是指可食用动物的肌肉，在烹饪中常用的畜肉是指牛肉、羊肉、猪肉和马肉。

通常，在餐饮业中，根据肉的颜色来划分畜肉的种类，具体方法如下。

①红肉：包括牛的肉及所有成年动物的红肉（包括牛的改良品种、绵羊、马等，马肉在市

场上通常被单独分类出售）。

②白肉：指小牛肉、小绵羊肉、山羊羔肉（这些肉不会在家禽商铺内出售）。

③浅粉色肉：指猪肉，在畜肉店或猪肉铺内出售。

质量标准

认真检测畜肉的质量（包括烹制后的软硬度、气味、风味），尤其检测牛肉时，要求具有相当丰富的经验及扎实的基本功。

感官鉴定畜肉，通常需要去除包装，根据以下感官标准对部分或整块肉的质量进行评测。

- 外观：肌肉组织多、结实、丰满，用手指捏肉块，感觉柔韧有力。
- 颜色：牛肉和羊肉色泽鲜红有光泽，没有氧化斑点，没有变黑及变绿的现象；小牛肉肉质柔软，表面光滑略呈红色；猪肉呈粉红色，鲜亮，表面无水分渗出。
- 气味：气味柔和、清新，绝不能有浓重、甜腻、发酸或腐烂味。
- 肌肉横断面：肌肉纤维细小，不粗糙、不明显，无较多的筋膜组织。
- 脂肪：大量包围在器官（肾脏）的脂肪，白色，紧密坚实。皮下脂肪薄，无大量的堆积。肌间脂肪充盈，呈大理石花纹状。

法国官方肉质评估

在屠宰场，对于动物的胴体品质都会有一个官方的编号来对此评价，下面表格里的字母和数字会张贴在明显的地方。

对于牛肉和羊肉有两种质量标准：

品质结构 用字母E、U、R、O、P来表示。

育肥状态 用5个数字1–2–3–4–5来表示。

猪牛羊肉品质结构与育肥状态简化标识表格

字母	品质结构	数字	育肥状态
E	最好（supérieure）	1	瘦（maigre）
U	很好（très bonne）	2	少脂肪覆盖（peu couvert）
R	好（bonne）	3	脂肪覆盖（couvert）
O	较好（assez bonne）	4	厚脂肪（gras）
P	合格（passable）	5	很多脂肪（très gras）

畜肉部位质量评定等级

第一等级（高档）	后臀部（大腿）和腰部	快速短时间烹制：烤、烧烤和煎
第二等级（中档）	前部（肩胛）肋骨	长时间烹制：焖、烩、带汁煎
第三等级（低档）	颈部，胸部，腹肌，小腿	更长时间烹制：煮、烩、炖

对于小牛肉，增加了4个数字来表示其颜色：1–白色；2–淡粉色；3–粉色；4–红色。
这种用数字作为评价标准，标志畜肉已经被销售商分类（分割、去骨、包装或真空包装、冷冻等）并得到检控。

畜肉最原始的条件是最能影响其品质的重要因素：

品种	利木赞（Limousine）、诺曼底（Normande）、夏洛莱（Charolaise）、安古斯（Angus）、萨勒斯（Sales）。
食物	草饲、谷饲。
育肥	一般阉牛或母牛可以从24个月龄开始进行育肥，经过3个月左右育肥饲养即可出栏屠宰，而当18个月龄或更小开始育肥时，则经8个月左右的育肥期。公牛则从13个月龄左右开始育肥，可经6~8个月的育肥期。而当公牛15~18个月龄开始育肥时，则宜经4~6月的育肥期后出栏屠宰。育肥期长短依牛的年龄、性别、品种、屠宰和营养水平而定，并顾及肉牛养殖经济效益。见第123页牛肉育肥状态图。
年龄、性别	依据品种不同出栏年龄有所不同。牛：5~25个月左右；小牛：100~120天；羊羔：100天左右；羊：4~18个月。 通常公的畜类用于肉食，母的畜类用于生产和产奶，另外一类就是将公的畜类进行阉割，这样的肉质会更加软嫩。
健康状况	应在无任何疾病条件下宰杀，否则影响肉质及人类健康。
pH*	与动物在屠宰时的紧张状态密切相关，是畜肉在储存过程中影响其成熟度的重要因素。当pH在5.8时被称作为“兴奋”，肉质僵硬不适合烹制，储存时间欠妥。
肉块构造	来自胴体后半部的肉质通常备受好评，肉质细嫩，易熟。前半部大多数的肉块烹制时间较长，肉块中带有较多的筋膜（肌纤维膜包裹在肌束周围），随着长时间的烹制会被酶（胶原酶）破坏。
自熟	为了让肉变的软嫩、美味可口，宰杀后成年牛的肉在严格的卫生条件下需至少储存8~10天。

*pH（氢离子指数）：测量产品酸度单位，pH等于7为中性，pH低于7为酸性，pH高于7为碱性。

二、畜肉贮藏

（1）大块或整只新鲜畜肉贮藏　整只畜肉应悬挂在冰箱（库）中（最高温度3℃）冷藏，大块的畜肉之间留出空隙，应受到冷空气和湿度的控制。由于低温和畜肉筋膜的保护，整只的畜肉可以贮藏数天，但是要注意畜肉会以每天1%的速度失去水分而重量减轻。

（2）分割加工的新鲜瘦肉（肌肉）贮藏。

①选用底部有凹槽的船形食物包装盒，用保鲜膜密封冷藏。

②这种精心分割包装的鲜肉非常容易被细菌感染，严格监控其保质期，应在2℃温度下冷

藏，使用前避免长时间贮藏。

（3）畜肉真空贮藏。

①真空贮藏的畜肉通常颜色较深。缺氧改变了颜色并有利于乳酸菌群生长，此外改变了肉质使之变得柔嫩，抑制了致病菌群的发展。

②在这种真空度的条件下，许多酶菌不能再继续增长，自熟过程被抑制。

贮藏应注意保质期，并在0～2℃（不能超过2℃）冷藏，如果超过这个温度，会出现生物化学改变（腐败菌群生长、变绿、袋子膨胀等），也会产生有益菌，而大量发酵产生酸败气味和淡淡的辛辣味。

使用前需要打开袋子让畜肉接触氧气20min左右，分散摆放在不锈钢盘上的铁箅子上，继续冷藏（+2℃），使其恢复原本的颜色、气味和味道，直到烹制时再从冰箱取出。

（4）冷冻和速冻畜肉及解冻。

①畜肉冷冻或速冻后应立即在–18℃（至少）下贮藏。

②当畜肉解冻时，大块的畜肉应在冷藏室内或解冻柜中放在铁篦子上慢慢地进行解冻，不要使其表面渗出大量水分。在0～4℃解冻，会阻止细菌滋生，但需要较长的时间，通常要提前一晚进行解冻。另外也可用流动水的方式进行解冻，解冻时间较短，但营养物质易流失。其他解冻方式不宜提倡（微波解冻或室温解冻时温度较高，细菌易滋生）。

③小块畜肉或肉馅牛排最好不要解冻，可直接使用。在烹制肉排（块）时其重量会减少四分之一（在初加工时应考虑），所以在烹制时用较高的温度，使其表面迅速形成硬壳保护，防止内部血水渗出。

④冷冻或速冻的畜肉都有其最佳食用期，包装上会写：在某年某月某日前使用最佳。

三、牛肉原料

1. 牛主要部位划分（图3-8）

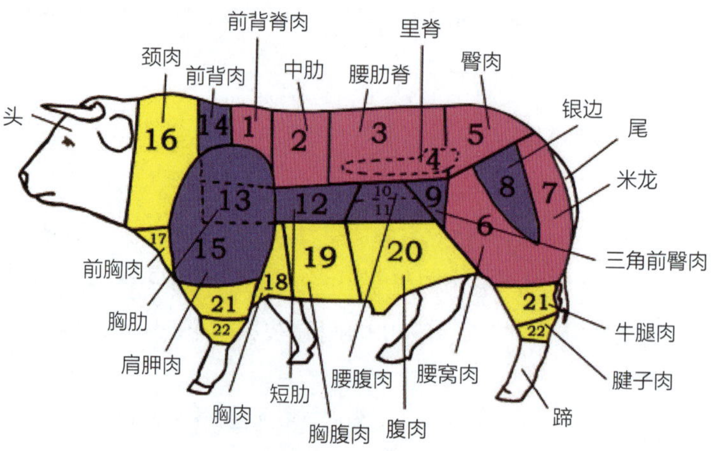

图3-8 牛主要部位划分

2. 牛肉育肥状态与品质结构

（1）育肥状态。

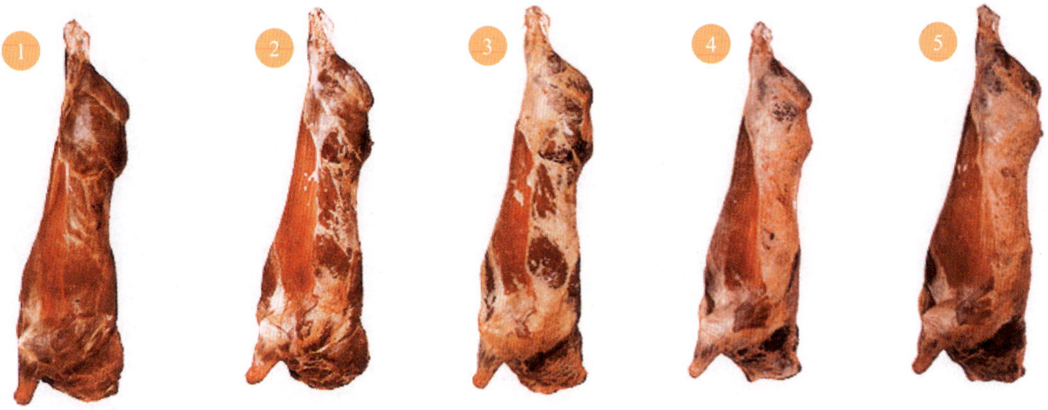

①1：无脂肪覆盖，胸内腔无脂肪（Very Low）。

②2：轻微脂肪覆盖，肌肉几乎全部外露，胸腹内腔肋骨间肌肉可见（Very Good）。

③3：除大腿和肩背部外，其他部位几乎覆盖脂肪，但胸腹内腔肋骨间肌肉仍可见（Medium）。

④4：大腿和肩背可看见少量肌肉，身体其他肌肉全部覆盖脂肪，胸腹腔内部存有脂肪，脂肪覆盖大腿并凸起饱满，肋骨间肌肉中会带有脂肪（High）。

⑤5：整个身体被脂肪包裹，胸腹腔内部存有脂肪，大腿几乎被脂肪完全覆盖，脂肪纹理显现，胸腹腔内部存有脂肪，肋骨间肌肉中带有脂肪（Very High）。

（2）品质结构。

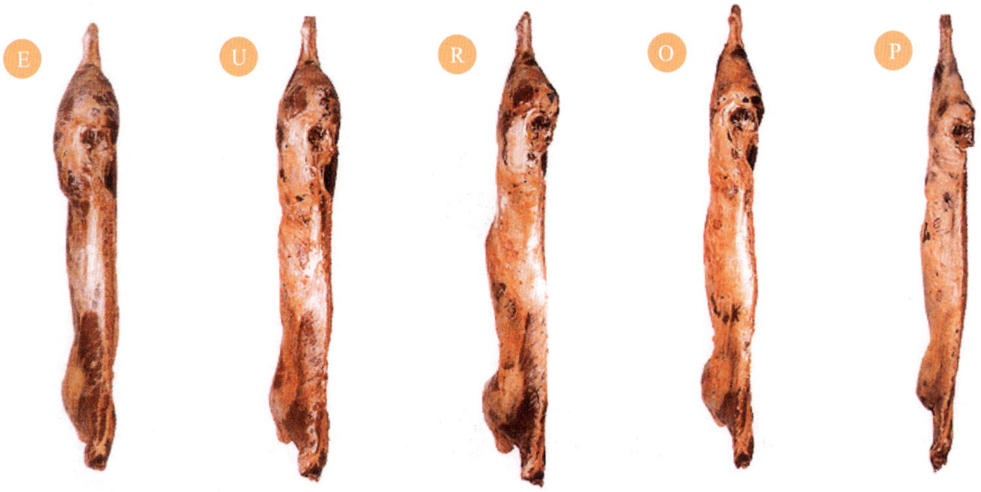

①E：整体外形轮廓外凸感强，肌肉质量卓越（Excellent）。

- 大腿：肌肉非常有弹性。

- 脊背：肌肉宽阔厚实，与肩胛高度相当。
- 肩胛：肌肉非常有弹性。

②U：外形轮廓有凸感，肌肉质量坚实（Very Good）。

- 大腿：肌肉非常有弹性。
- 脊背：肌肉宽阔厚实，与肩胛高度相当。
- 肩胛：肌肉有弹性。

③R：外形轮廓笔直，肌肉质量好（Good）。

- 大腿：肌肉质量好。
- 脊背：肌肉较厚实，但不够宽阔，比肩胛的高度低。
- 肩胛：肌肉质量较好。

④O：外形轮廓从笔直到凹陷，肌肉质量一般（Fairly good）。

- 大腿：肌肉质量一般。
- 脊背：肌肉质量一般。
- 肩胛：肌肉一般，平坦。

⑤P：外形轮廓从凹陷到特别凹陷，肌肉质量萎缩（Poor）。

- 大腿：肌肉质量不好。
- 脊背：肌肉狭窄，骨形显现。
- 肩胛：肌肉平坦贴骨，骨形显现。

3. 牛各部位分割

整头牛宰杀处理后会被纵向分割成两扇，每扇再继续分割成两大部分：牛带腹后半部和牛带腹前半部。在这几大部分的基础上再继续按照后面的分割方法分成小块用于烹饪，见插页：整牛分割加工处理。牛内脏和附属品分割分别见图3-9和图3-10。

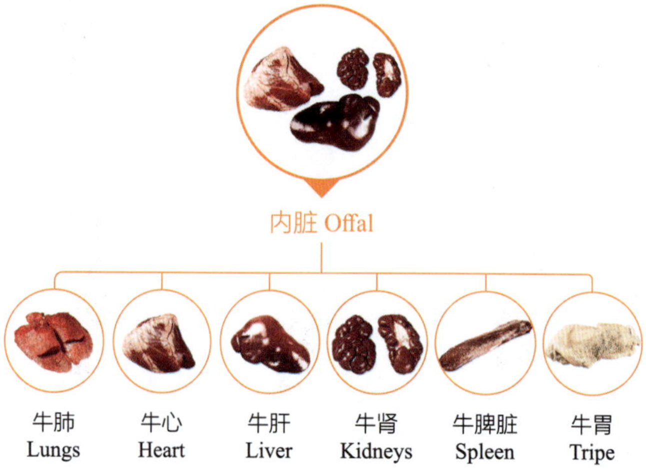

图3-9 牛内脏分割

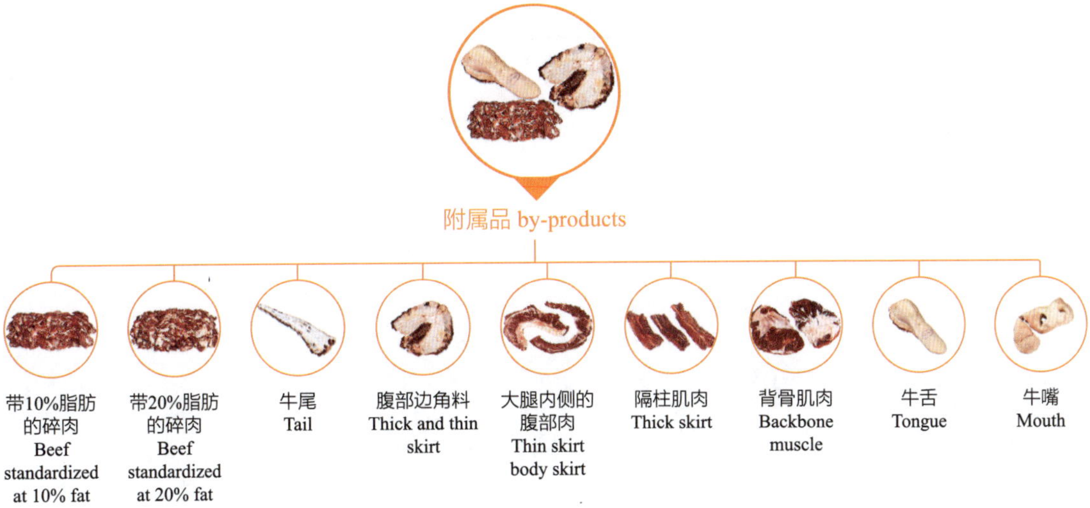

图3-10　牛附属品分割

4. 牛各部位原料烹制方法

牛各部位原料			煮	烤	焖	煎炒	铁扒	烩	炖	建议每份重量
前背脊肉，上脑（chuck back rib without bone/train de cotes decouvert）		肉质较嫩（脂肪多，坚实）				◆	◆			0.15～0.18kg
		肉质较次		◆	◆			◆		
中肋排（midribs/milieu de train de côtes）	带骨中肋排	整条带骨中肋排（表面裹糊，在客人面前切片）		◆						0.3～0.35kg
		切成小排（每块2～3人量）				◆	◆			0.35～0.4kg
		切成美式肋排（T骨牛排或大脊骨牛排，每块1人量）				◆	◆			0.3～0.35kg
	剔骨中肋排	整块		◆			◆			0.18kg
		切片					◆			
腰肋脊，外脊（sirloin/faux filet）		整块（去油脂、修整）		◆						0.15～0.18kg
		切块（修整，每块1~2人量）				◆	◆			
		鞑靼肉排*（tartar steak）								
		切小块（串烧）					◆			
里脊，牛柳，菲力（tenderloin/filet）		整块（去油脂、修整、捆绑）		◆						0.15～0.18kg
		整块（裹面或瓤馅）		◆						
	切块	每份，0.15～0.35kg				◆				
		每块1人量，0.15～0.18kg				◆	◆			
		鞑靼肉排								
	里脊尾部	切块：俄式炒牛肉等				◆	◆			
		切末：波兰牛肉酱汁等				◆				

* 鞑靼肉排为生食，不需要烹制方法。

续表

牛各部位原料		烹制方法							建议每份重量
		煮	烤	焖	煎炒	铁扒	烩	炖	
臀肉，米龙（centre cut rump/rumstek）	整块		◆						0.18kg
	切块肉排				◆	◆			
	鞑靼肉排								
	切小块（串烧）					◆			
腰窝肉，和尚头（thick flank/tranche grasse）	整块		◆			◆			0.15kg
	肉碎或切块	◆							
外大腿肉，牛霖（topside/tendre de tranche）	整块（优质）		◆			◆			0.18kg
	梨形肉/麦兰肉/腹壁肉					◆			
牛腿肉，银边（silverside）	整块		◆						0.18kg
	切片				◆				
前臀三角尾肉（tail of rump/aiguillette baronne）	切大块						◆	◆	0.18kg
牛的腰腹部细肉（牛排）（skirt steak/bavette a steak）					◆	◆			0.18kg
牛的腰腹部细肉（水煮）（skirt without bone/bavette a pot–au–feu）		◆					◆		0.18kg
短肋（boned plate/plat de cotes couvert）	带骨短肋		◆			◆			0.3～0.35kg
	剔骨短肋			◆			◆	◆	
胸肋（brisket and flat ribs/plat de cote decouvert）							◆		0.3～0.35kg
前背肉（surlonge）	剔骨前背肉（煮汤、提取胶质）	◆					◆	◆	0.3～0.35kg
肩胛肉（shoulder/epaule）	剔骨肩胛肉	◆							0.18kg
颈肉（chuck/collier）	剔骨颈肉	◆					◆	◆	0.18kg
前胸肉（brisket/gros bout de poitrine）	剔骨净肉	◆							0.18kg
胸肉（brisket/milieu de poitrine）	带骨胸肉		◆			◆			0.3～0.35kg
	剔骨胸肉						◆	◆	0.18kg
胸腹肉（short plate/tendron）		◆							0.18～0.2kg
腹肉（flank/flanchet）				◆			◆	◆	0.18～0.2kg
牛小腿肉（boned shank）	基础汤、肉冻、牛清汤	◆							0.5kg
腱子肉（shin-shank）	基础汤、肉冻、牛清汤	◆							0.5kg

注：◆代表适用的烹制方法。

实训项目 牛肉（Beef）基本加工

相关知识

知识点　牛肉来自不同品种的牛以及不同生长期所屠宰的牛，因此牛肉品质的好坏最主要来自其本身的条件（产自的地区、品种、年龄、性别等）。另外，外界条件如：喂养、屠宰方式、排酸（至少要在0～3℃的环境下贮存8～10天）、运输等，也是影响牛肉质量的客观因素。

实训准备

实训场地准备：西餐实训厨房加工间（畜肉加工区域——肉房）。

实训用品准备：剔骨刀，锯，分刀，菜板，不锈钢盘，不锈钢盆。

仪容仪表准备：穿厨师工作服、工作鞋、工作帽、防护手套（钢丝）、防护围裙（钢丝），不佩戴任何饰物，不留长指甲，洗净双手。

实训内容

1. 牛肉基本加工

原料准备

原料	单位	重（数）量
牛里脊	kg	3
牛肋排	kg	1.5
牛外脊	kg	2
平均准备时间	min	5
平均加工处理时间	min	30

操作过程

（1）牛里脊初步加工处理　牛里脊位于肋骨内侧，由于这块肌肉活动较少，所以这个部位的肉质比较细嫩（图①）。整条里脊肉可分为三部分：较宽的部分为里脊头部，较细的部分为里脊尾部，以及里脊中间。整条里脊的重量为2.5～4kg，每份菜肴用量为0.18～0.2kg。

图①

正面修整处理：

①把整条的里脊纵向码放，较宽的部位（里脊头）在上边。

②用左手把表面的细小筋膜提起并拉紧，在筋膜和肌肉间下刀（平刀），刀刃向上贴紧筋膜，从头到尾把筋膜从肌肉上剔下。

③如果里脊肉带有链条肉，应把表层的链条肉剔下。链条肉可用于制作波兰少司。

背面修整处理：

①把整条里脊翻转，背面朝上，剔除上面的脂肪。

②在里脊表面有一层薄筋覆盖。这层薄筋从里脊中部一直延伸到里脊头并存在其两侧（或一侧）的附属肉之间。

③用刀在薄筋的右侧边缘与肌肉之间纵向轻轻地划开，刀刃紧贴薄筋内侧，不要在筋内侧留肉，直到把整片覆盖在里脊上面的薄筋剔下。

④所有剔下的肉或筋膜等都可以保存，用于制作烤肉少司或肉汤。

成品：加工处理好的整条里脊肉或切配的里脊肉可用于不同的烹制方法及菜肴。

（2）牛里脊肉切配　加工后的里脊肉可按照里脊头部、中部和尾部三部分进行切配。

①里脊头部：整条里脊最粗、最宽的部位（图②）。

- 加工：横向摆放里脊头部，顶刀切成厚片（根据里脊头的宽度），大约每块0.3～0.35kg，可供2人食用，通常的烹制方法为烧烤。
- 用处：适用于制作烤里脊牛排（Châteaubriand）等。

图②

②里脊中部：里脊头和里脊尾中间的部分，粗细较为均匀（图③）。

- 加工：横向摆放里脊中部，顶刀切成厚片，大约每块0.15～0.18kg（图④），可供1人食用，通常的烹制方法为煎、铁扒或烧烤。
- 用处：适用于制作菲力牛排（Tournedos）等。

图③

③里脊尾部：整条里脊最细、最窄的部位（图⑤）。

- 加工方法一：把里脊尾部较粗的部分可切成5cm长、2cm宽的长条。
- 用处：适用于制作蘑菇肉丝酸酱（Beef Stroganoff，牛肉切丝后加洋葱、蘑菇和酸奶油炒制）。
- 加工方法二：里脊尾部较细的部分可切成小丁。
- 用处：适用于制作波兰少司。

图④

（3）牛肋排加工处理　最好选择整条肋排的中间部位，即由5根被肉覆盖的肋骨和3根主肋条（带有外脊肉）组成（图⑥）。通常可供4人食用，平均重量为1.2～1.5kg。

图⑤

①用刀把包裹在肋排外层的厚脂肪片下。

②用剔骨刀紧贴脊椎骨棘突内侧入刀，切断与其连接的肌肉，直到脊椎骨的根部。

③用锯在脊椎骨的根部并向外倾斜一定角度把脊骨锯掉，同时取下脊椎骨棘突。

图⑥

④清除肋排上的脊髓*。

⑤将包裹在肋骨末端以上3～4cm处的肉剔除干净。

（4）牛外脊初步加工处理　牛外脊位于牛的背部，在牛臀部肉到肋排中部（第三根肋骨）之

* 事实上，这种加工方法禁止在厨房内进行。根据规定（法国相关规定），肋排在配送前已经被加工过（去除脊椎骨及其棘突）。

间（图⑦）。整条外脊肉通常的烹制方法为烤。生肉加工成牛排每份重量为0.175～0.2kg，适用于煎制和烧烤。

图⑦

①在覆盖外脊肉表面的一层厚厚脂肪和肌肉之间入刀，用刀划的同时掀起脂肪，注意不要划破肌肉，最终使脂肪片与肌肉分离。

②剔下脂肪保留，可包裹在切配好的外脊肉周围，然后用线绳将其捆绑，使其在烹制过程中得到保护（当外脊肉达到3/4成熟度时，可将脂肪取下）。

③纵向摆放外脊肉，在被剔除的脂肪下面有层筋膜，从外脊肉顶部筋膜与肌肉间入刀。

④贴紧筋膜内侧，向下划刀，一直提到外脊肉底部，但不要在筋膜上留有肌肉。每次剔下的筋膜呈宽条，重复操作以上方法数次后，把外脊表面的所有筋膜剔除干净。

⑤用手拉扯外脊肉侧面的肌腱和脂肪，同时用刀割断与肌肉的连接来剔除肌腱和脂肪。

⑥把外脊肉翻转过来，底部朝上，用刀剔除表面的筋膜、脂肪和肋条间所带的肉。

⑦剔下的废料可用于制作烧烤汁或棕色基础汤。

⑧为了使整条外脊肉烹制成熟达到一致，可以把外脊肉切成2cm宽的长条。

⑨整块的外脊肉适合烤制：将一层脂肪铺放在外脊肉表面，在烤制过程中起到保护的作用（当外脊肉达到3/4成熟度时，可将脂肪取下）；再用线绳将脂肪与外脊肉均匀地捆绑在一起。

（5）牛外脊肉切配。

①将加工好的外脊肉横向摆放在案板上，垂直切成大约2cm厚的肉片。

②每片的重量为0.15～0.18kg（图⑧）。

③也可以将其切成4cm厚的肉片，大约0.3kg，供2人食用。

④将4cm的厚片横向摆放，在其中间切割成均匀的两等份，每块重量为0.15～0.18kg。

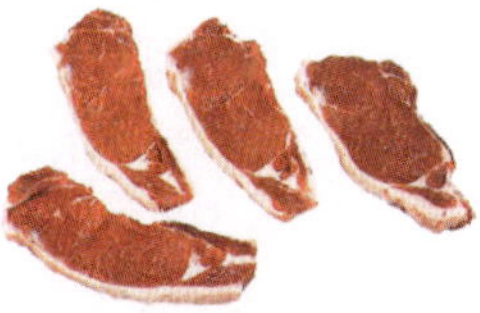
图⑧

用处：适用于制作各种牛排。

2. 注意事项

（1）牛肉加工前，确保其品质的新鲜。

（2）牛肋排加工前，确保脊椎骨及其棘突已经被去除。因为脊椎骨内带有脊髓，脊髓容易被细菌污染而变质腐败。

（3）加工牛外脊时先把较厚的脂肪剔除，然后再将下面的筋膜剔除，如果烹制整块外脊，需要再将脂肪覆盖其表面，一起捆绑，以在烹制过程中，保持其肉质软嫩。

3. 实训总结

牛肉在烹饪过程中独立成菜（主菜），边角料也可制作基础汤，肉末可制作波兰酱汁等。通常根据需要将牛各部位的肉加工成排、块、条、馅料等使用。

作为一项基本技能，在牛肉加工过程中涉及推拉切的技法和去脂肪、锯骨、捆绑等技术要点，需要熟练掌握。

四、小牛肉原料

小牛肉来自生长100～120天后（服役前）被屠宰的小母牛，重量超过120kg。但不是所有小母牛用于食用，只是根据其种类（利木赞农场小母牛、诺曼底完全喂奶的小母牛）选择肉质较好的小母牛。

1. **小牛主要部位划分**（图3-11）

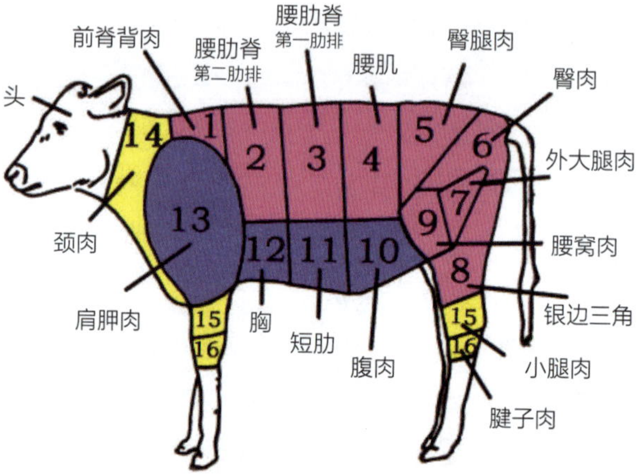

图3-11　小牛主要部位划分

2. **小牛肉颜色**

小牛肉颜色有白色、浅粉色和粉色（图3-12）。

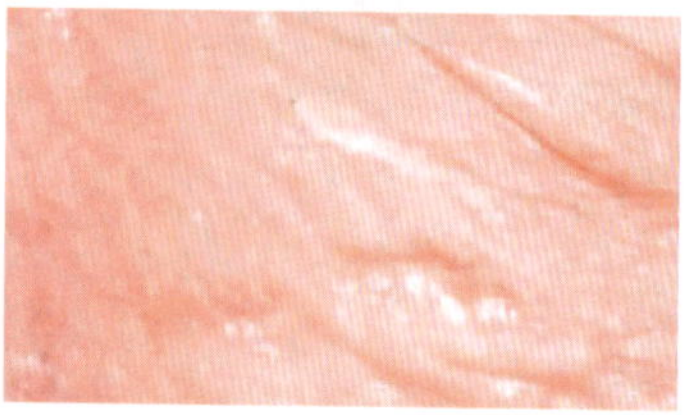

白色

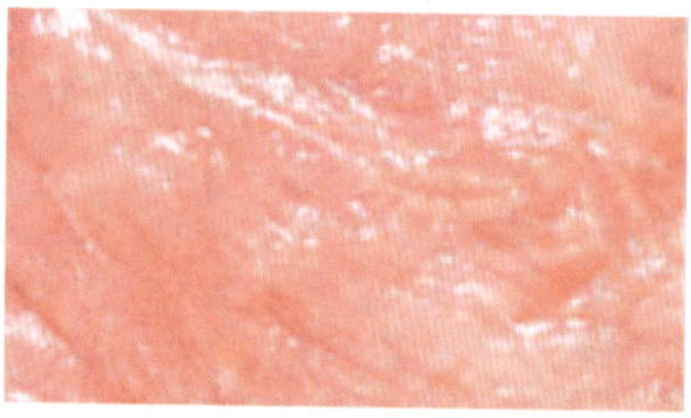

浅粉色

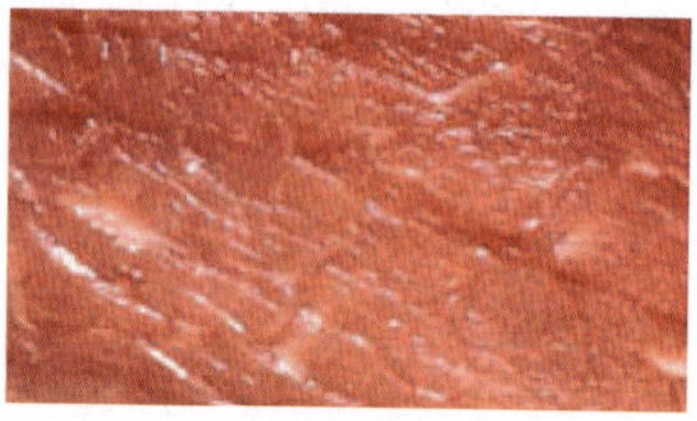

粉色

图3-12　小牛肉颜色

3. **小牛各部位分割**

小牛半扇分为整扇带腹前半部和整扇不带腹后半部，在这两部分的基础上再继续分割成不同的小块用于烹饪，见插页：小牛分割加工处理。小牛附属品和内脏分割如图3-13和图3-14所示。

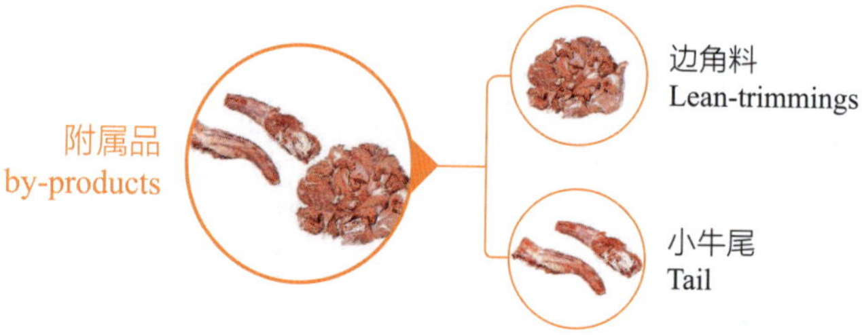

图3-13　小牛附属品分割

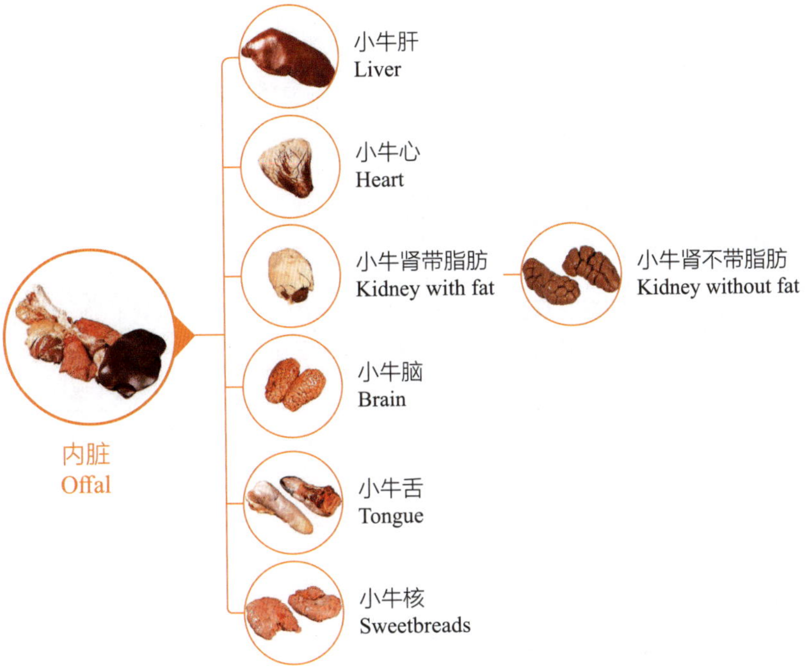

图3-14　小牛内脏分割

4. 小牛各部位原料烹制方法

小牛各部位原料		煮	烤	焖	煎炒	铁扒	烩	炖	建议每份重量
前背脊肉（square cut shoulder/cote de decouvertes）	切成小块肉排				◆	◆			0.25kg
	整块带骨或去骨			◆					
腰肋脊（rack/carre couvert）	整块			◆					0.25～0.3kg（带骨重量）0.15kg（去骨重量）
	切成小块肉排				◆	◆			
	剔骨小块肉或肉排或肉片				◆			◆	
里脊（tenderloin/filet）	整条			◆					0.3kg
	切成肉排或肉片				◆	◆			
小牛鞍（selle）	整块带骨或剔骨		◆	◆					0.2～0.25kg（带骨重量）0.15kg（去骨重量）
	整块去骨瓤馅（羊腰制馅）			◆					
	整块带腰子			◆				◆	
	切厚片				◆	◆			
	去骨，切成肉排				◆	◆			
整条大腿（leg/cuisseau raccourci）外大腿肉（topside）、银边三角（silverside without eye of round and heel）、腰窝肉（thick flank）	整块部位肉			◆					0.15kg
	插上猪油切厚片（供数人）							◆	
	切片							◆	
	切薄片				◆	◆			
	切薄片瓤馅肉卷							◆	
	制成肉馅（制作肉泥/肉批/肉酱）	◆	◆		◆	◆	◆		
肩胛肉（shoulder/epaule）	整块去骨或瓤馅		◆	◆				◆	0.25kg（带骨重量）0.15～0.18kg（去骨重量）
	去骨切成小块	◆						◆	

续表

小牛各部位原料		烹制方法							建议每份重量
		煮	烤	焖	煎炒	铁扒	烩	炖	
颈肉（chuck/collier）								◆	0.3～0.35kg
胸肉（brisket/ poitrine）	切成小块	◆					◆	◆	0.3～0.35kg
	去骨瓤馅			◆					
臀腿肉（centre cut rump/ quasis découpés）	整块		◆	◆					0.2～0.25kg
小腿肉（boned shank/crosse）	棕色或白色基础汤、肉冻	◆							0.3～0.35kg
腱子肉（shin–shank/crosse）	棕色或白色基础汤、肉冻	◆							0.3～0.35kg
	带骨切厚片						◆	◆	

注：◆代表适用的烹制方法。

实训项目 小牛肉（Veal）基本加工

相关知识

知识点1 小牛肉较早在荷兰生产，之后其发展速度很快，其他如美国、加拿大、澳大利亚、日本等国也都相继生产。

知识点2 小牛肉肉质嫩滑、味道鲜美，肉色全白或稍带浅粉色，营养价值高，粗蛋白比一般牛肉高63%，脂肪低95%，富含人体所必需的各种氨基酸和维生素。

实训准备

实训场地准备：西餐实训厨房加工间（畜肉加工区域——肉房）。

实训用品准备：剔骨刀，拍刀，菜板，不锈钢盘，不锈钢盆，保鲜膜。

仪容仪表准备：穿厨师工作服、工作鞋、工作帽、防护手套（钢丝）、防护围裙（钢丝），不佩戴任何饰物，不留长指甲，洗净双手。

实训内容

1. 小牛肉基本加工

原料准备

原料	单位	重（数）量
小牛霖肉	kg	2
小牛里脊	kg	2
小牛胸腺（胰脏）	个	1
小牛脑	个	1
小牛肾脏	个	1
猪脂肪条	kg	0.5
平均准备时间	min	3
平均加工处理时间	min	40

操作过程

（1）小牛霖肉加工处理　小牛霖肉位于小牛肉大腿上部（图①），重量为2.8～3.2kg。每份菜肴净肉毛重为0.15～0.175kg。整块的牛霖肉应该被穿入猪脂肪条焖制成熟食用。

图①

①将覆盖在整块小牛霖肉上的脂肪和筋膜小心地剔除干净。

②将小牛霖肉横向摆放（肉丝纹路横向）顶刀切成片，每片重量为0.125～0.15kg（图②）。

图②

③用食品塑料片（或保鲜膜）将肉片包裹（防止在拍肉时碎肉四溅），用拍刀拍打肉片使其薄厚一致，以便在烹制时达到成熟一致。

④也可以将肉片拍成较薄的肉片，适用于烧烤，快速烹制，配以柠檬和黄油。避免加热过久使其肉质发干发柴，如奶酪火腿小牛排（Veal Cordon Blue）等。

（2）小牛里脊加工处理。

①把整条里脊表面的筋膜、脂肪和肋条肉等剔除干净（操作方法参考牛里脊初步加工处理）。

②小牛的整条里脊可以烤制或焖制。

③把整条里脊横向摆放，顶刀切成1cm厚的片，被称作“皮卡达斯（Piccatas）”。

④用拍刀轻轻拍打肉片，破坏其纤维，以至于在烹制受热的时候不至于变形。

⑤拍打好的肉片每人份4～5片，重量为0.12～0.15kg。

（3）小牛胸腺（脾脏）加工处理。

①将小牛核放入冷水中浸泡，浸出积血。

②焯烫牛仔核，然后用小火煮沸5min，捞出。

③刮除表面薄膜，冲洗干净。

④摘除脂肪和筋，但不用把所有的脂肪和筋剔除干净。

⑤用抹布包紧，用沉物压置一夜。

（4）小牛脑加工处理　动物脑髓非常细嫩，外表有一层薄膜，加工时如果破坏了保护膜，脑髓便会溢出，给洗涤带来不便，而且成熟后不成形，所以洗涤时要采用漂洗法，先将原料放入容器中，缓缓注入清水，浸泡一会儿以后将水连同杂物一起流出，也可反复多次进行，直到漂洗干净。

（5）小牛肾脏加工处理　肾脏俗称腰子，其内部的腰臊有很浓的腥臊味，加工时先撕去外表膜，然后用刀从侧面平劈成两半，再用刀分别片去腰臊，要去尽腰臊但不能带肉过多，同时还要保证腰肌平整。

2. 注意事项

（1）小牛肉片需要用刀将较厚的部位拍平，使其薄厚达到一致，便于均匀成熟。

（2）剔除筋膜时需小心，避免在筋膜上留有较多的肌肉。

3. 实训总结

小牛肉在烹饪过程中独立成菜（主菜），通常根据需要加工成片、块、排等形状。

作为一项基本技能，在小牛肉加工过程中涉及直刀切、斜刀片的技法和拍、穿、剔等技术要点，需要熟练掌握。

五、羊肉原料

1. 羊主要部位划分（图3-15）

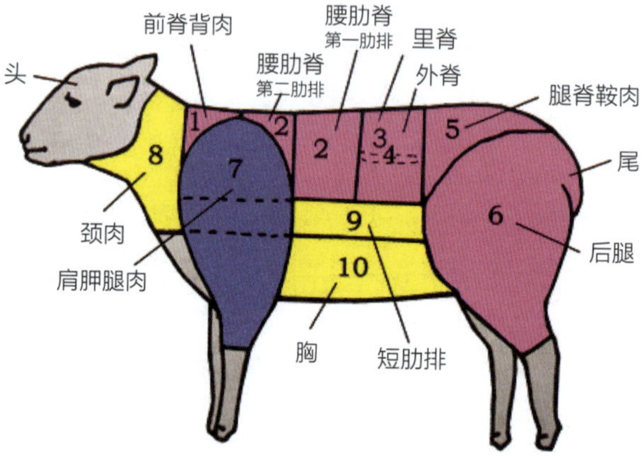

图3-15　羊主要部位划分

2. 羊各部位分割

羊分为整扇带腹前半部和整扇不带腹后半部，在这两部分的基础上再继续分割成不同的小块用于烹饪（图3-17），内脏分割如图3-16所示。

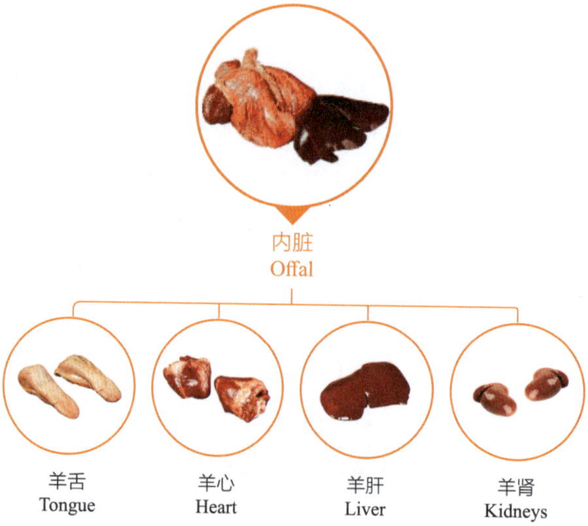

图3-16　羊内脏分割

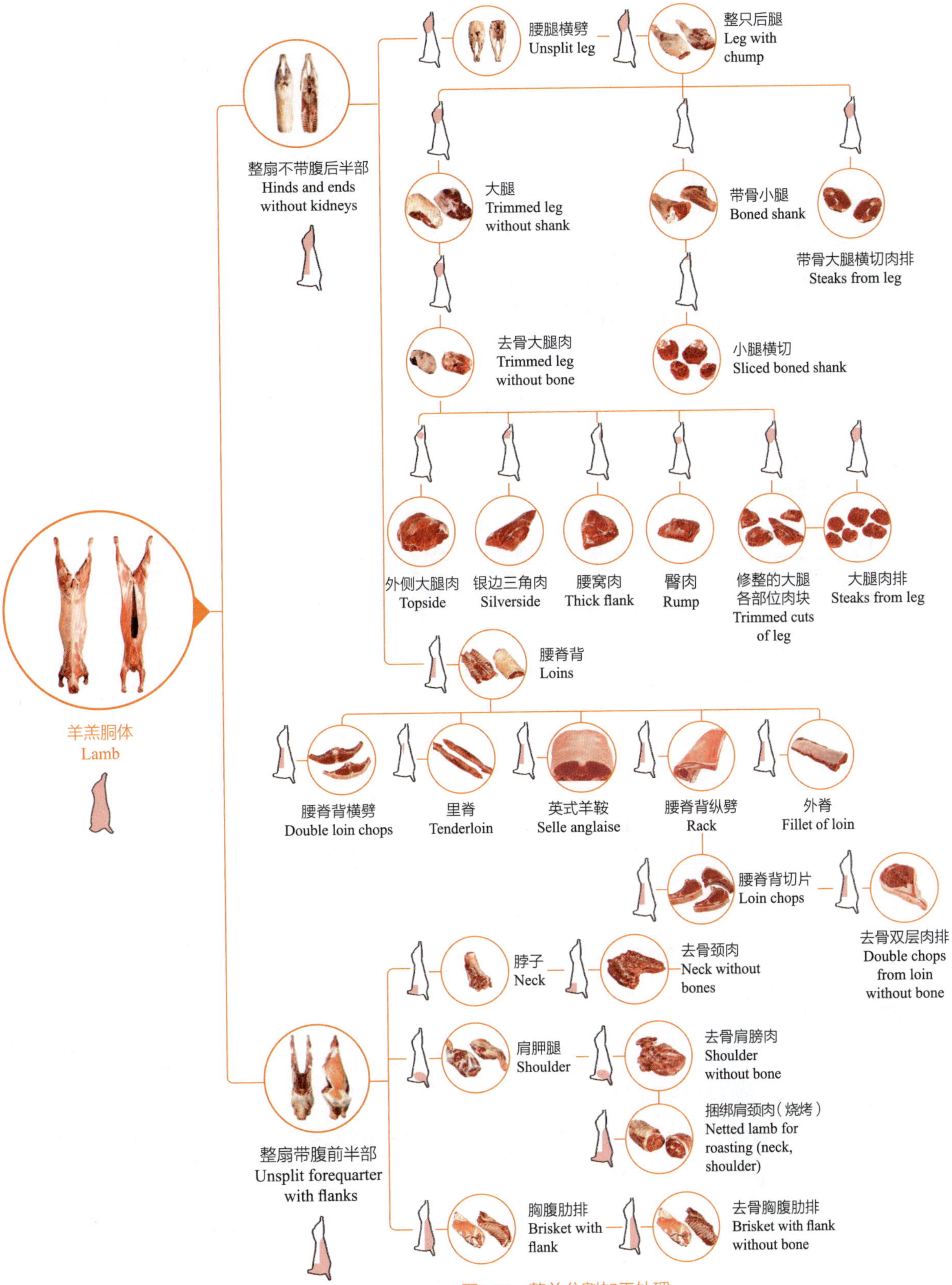

图3-17　整羊分割加工处理

3. 羊各部位原料烹制方法

羊各部位原料		烹制方法							建议每份重量
		煮	烤	焖	煎炒	铁扒	烩	炖	
前背脊肉（square cut shoulder/cote de decouvertes）	切成小块肉排				◆	◆			0.25kg
腰肋脊（rack/carre couvert）	整块		◆						0.25kg
	切成小块肉排				◆	◆			
	剔骨小块肉				◆	◆			
里脊（tenderloin/filet）	带肋骨菲力肉排					◆			0.3kg
	双层厚带肋骨菲力肉排					◆			
	去骨，切成肉块或肉丁				◆	◆			
英式羊鞍（selle anglaise）	整块或剔骨整块		◆						0.3kg
	去骨瓤馅（羊腰制馅）		◆	◆					
	切厚片					◆			
	去骨，切成肉块或肉丁				◆	◆			
整条大腿（leg/gitot）	切成小块（串）		◆						0.2kg
	去骨瓤馅			◆					
	英式烹制法	◆							
	切成圆片或切丁				◆	◆			
肩胛肉（shoulder/epaule）	根据羊龄，整块肩胛或去骨可以烤制		◆						0.25～0.3kg
	去骨瓤馅			◆				◆	
	去骨切成小块	◆					◆		
颈肉（chuck/collier）		◆					◆		0.3～0.35kg
胸肉（brisket/poitrine）		◆					◆		0.3～0.35kg
短肋（haut de côtellettes）		◆					◆		0.3～0.35kg
内脏（offal）	肾（kidneys/rognon）				◆	◆			0.15～0.18kg
	心（heart/coeur）	◆							
	肝（liver/foie）				◆				
	舌（tongue）	◆		◆					

注：◆代表适用的烹制方法。

实训项目　羊羔肉（Lamb）基本加工

相关知识

知识点1　羊羔（100天）重量为40～45kg，半只20～25kg的羊羔具有50%～55%的净肉出成率。

知识点2　整只的羊羔易于切割，所有部分均可使用，因此市场上也销售整只的羊羔。羊羔肉质细腻，无较多的膻味，适合烤制，如瓤馅羊羔肉、波尔多羊肋排、菠萝烤羊腿等，是复活节菜肴常用的原料。

实训准备

实训场地准备：西餐实训厨房加工间（畜肉加工区域——肉房）。

实训用品准备：剔骨刀，锯，砍刀，分刀，菜板，钢针，铁扦，拍刀，不锈钢盘，不锈钢盆。

仪容仪表准备：穿厨师工作服、工作鞋、工作帽、防护手套（钢丝）、防护围裙（钢丝），不佩戴任何饰物，不留长指甲，洗净双手。

实训内容

1. 羊羔基本加工

原料准备

原料	单位	重（数）量
羊羔（羊腿、羊鞍、羊肋排） 禽肉馅 猪网油	只 kg 张	1 0.25 1
平均准备时间	min	5
平均加工处理时间	h	3

操作过程

（1）整只羊羔分割处理（图①）。

划定前蹄髈分割界线

用剔骨刀的刀尖插入皮层，围绕前蹄髈边缘，肩胛骨、肱骨关节、尺骨呈圆弧划开。

拆卸前蹄髈

①抬起前蹄髈朝向自己同时用刀子割开前蹄髈内侧连接身体的筋膜。

②身体与前蹄髈没有关节连接，很容易剔下（图②）。

分割羔羊后半部

把羊羔前半部锯掉，后半部只留两只后腿和羊鞍（带脊骨和肋骨的脊肉，图③）。

拆卸羊鞍

①从腰根部的第一根脊椎处用刀把肉切开。

②再用锯把腰根部的脊骨锯断。

③拆卸下的羊鞍要有6段脊骨（图④）。

拆分后腿

①把两只后腿立起来，从两腿间的尾部下刀。

②用砍刀用力从两腿间劈下，顺着脊骨直到把两腿劈开（图⑤）。

拆分前胸

从颈部到第一根肋骨处，用锯把胸廓与脊柱锯断（图⑥）。

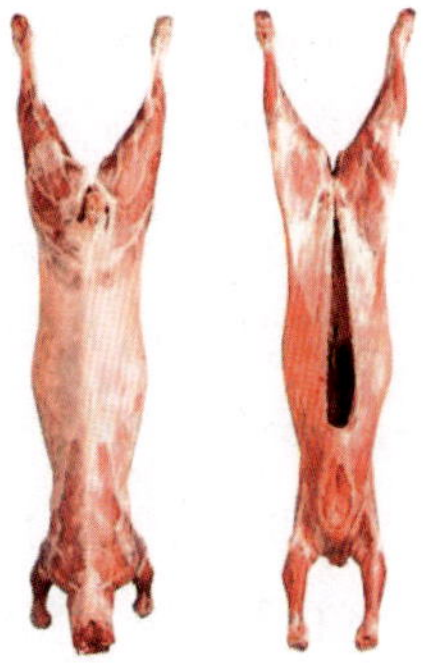

图①

图②

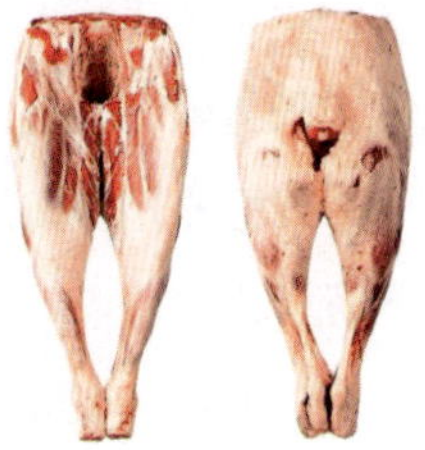

图③

图④

图⑤

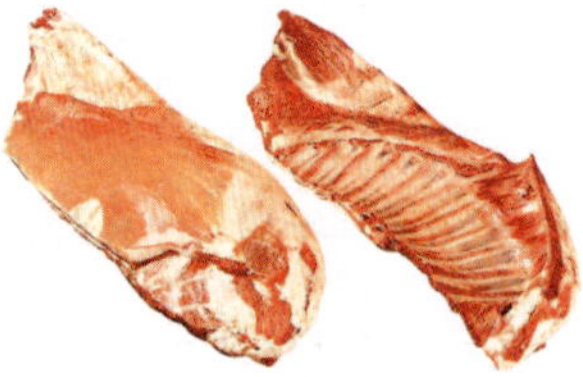
图⑥

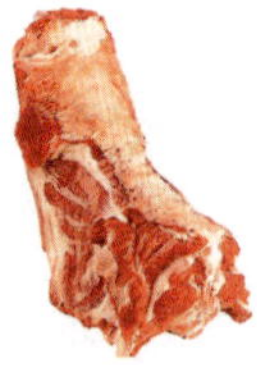
图⑦

锯断颈骨

在最后一根肋骨与颈骨连接处用锯把颈骨锯断（图⑦）。

拆分脊背（方肌）

①把脊背（方肌）竖立起来，用钢针从脊髓的一头穿进去。

②用砍刀沿着钢针垂直劈砍。

③从脊骨的中间把脊背（方肌）均匀地劈成两半。

分割后的羊羔各部位用于进一步的加工处理（分割、剔骨、修整、捆绑等）。

（2）羊后腿初加工　羊后腿重量为2.6～3kg，可供10～14人食用。在烹饪中，通常后羊腿与上腰肉连在一起使用，如果上腰肉被剔除，可供8～10人食用。

剔除尾骨（如果带尾骨）

用拇指按住刀膛（剔骨刀）在腿骨根部入刀，划入尾骨关节底部，刀刃贴在尾骨上部轻轻把肉与尾骨划开，把尾骨完全剔下。

剔除盆骨（髋骨和臀骨）

①小心剔除尿道，把尾部的脊肉拨开，但不要与腿肉分离。

②从尾部开始，用刀紧贴盆骨，把覆盖在盆骨上的肉全部拨开。

③直到将整个髋骨和臀骨暴露出来，上面不要带有肉。

④剔到盆骨根部（与大腿骨连接的关节处），用手把住盆骨用力扭动，使其活动，用刀将腿骨和盆骨关节处的筋腱割断。

⑤手持盆骨向外拉扯，同时用刀将盆骨与腿骨连接的软骨割断，剔下盆骨。

去除后腿外皮脂（有可能已被剔除）

①在后腿内侧用刀将脂肪边缘割破，用手在脂肪割破处向外撕扯皮脂，左手按压住后腿肉。

②如果肉与皮脂粘连，刀刃紧贴皮脂将肉与皮脂割开（也可以在剔骨前先把外皮脂剔除）。

清理（羊腿外露的）长骨

①长骨朝向自己，用刀尖插入长骨与筋腱之间。

②刀刃紧贴长骨向上划，直到后腿肉的根部，再将两头的筋腱（在烹制后会变得硬韧）割断，取下筋腱。

锯除（羊腿外露的）长骨

①用锯的末端（3～4cm处）在后腿肉的根部（露出长骨的位置）轻轻地刮擦。

②用力将露出的长骨锯掉。

剔除脂肪

用刀子在后腿内侧将上面附着的薄片脂肪片掉（也可以在剔骨前先把脂肪剔除）。

捆绑后腿（图⑧）

用线绳有规则地捆绑后腿，以保持在烹制时后腿的形状（图⑨）。

图⑧

图⑨

（3）羊后腿剔骨。

①用刀剔除羊后腿表皮的脂肪（根据需要）。

②剔除盆骨（具体方法参考以上操作步骤）。

③清理并锯除（羊腿外露的）长骨（具体方法参考以上操作步骤）。

④用刀将包围大腿骨顶端（与盆骨连接的部位）的肉剔开。

⑤再向内围绕大腿骨用刀尖将周边的肉拨开，露出白骨。

⑥将后腿翻转过来，膝盖朝右，割断膝盖关节的筋膜。

⑦将大腿骨末端（髌骨与小腿骨连接的部位）的肉剔开，向内围绕大腿骨用刀尖把周边的肉拨开。

⑧用手抓住大腿骨的末端，轻轻地一边扭动一边向外拉扯，直到将整个腿骨从肉中拉出。

⑨用线绳规则地捆绑后腿。

（4）羊前腿（方肩肉）初加工 羊前腿（方肩肉）重量为1.6～2kg，可以不去骨烹制，也可以去骨切成大块制作荤素杂烩（萝卜土豆烩羊肉），或者捆绑烤、煎、炖。一个羊前腿（方肩肉）可供6～8人食用。

去除外皮脂

①在羊前腿（方肩肉）外侧边缘用刀把脂肪边缘割破，用手在脂肪割破处向外撕扯皮脂，左手按压住腿肉。

②如果肉与皮脂粘连，刀刃紧贴皮脂将肉与皮脂割开（也可以在剔骨前先把外皮脂剔除）。

剔除肩胛骨

①羊前腿（方肩肉）内侧朝上，将覆盖在肩骨上的肉从中间纵向划开。

②从划开的位置入刀，分别向左右两侧贴紧肩胛骨，将肩胛骨上的肉剔开。

③再从肩胛骨外侧（弧形边缘）底部入刀，贴紧肩胛骨上面轻轻划开，把肉与肩胛骨分离。

④用手握住肩胛骨外侧（弧形板）向下压，使另一头的关节处露出，割断连接肱骨的筋腱。

⑤抓紧肩胛骨的关节部位，向上抬起并向外拉扯，使整个肩胛骨与肉分离。

剔除臂骨和前腿骨

①用刀将包围在肱骨上的肉刮开，一直刮到与尺骨连接的关节处，把整个肱骨露出来。

②将尺骨上的肉也用刀刮开，露出整个尺骨（不要留任何的肉在骨头上）。

③折断臂骨与前腿骨的关节，取下臂骨。

④手持前腿骨末端，刮开前臂骨周围的肉直到关节处，剔下前腿骨。

捆绑前腿肉

①将前腿肉内侧的散肉恢复到原来的位置。

②纵向从外侧向内侧卷紧。

③用绳子有规则地将卷好的前腿肉捆绑结实（也可以捆绑成球形）。

（5）羊肋排初加工　半边羊排包括5根主排和3根次排，重量为0.8～1.2kg，通常供4人食用。

①整个羊排应在脊柱背面两侧纵向下刀，贴紧脊骨分别将两侧脊肉切开。

②如果有锯，将整个羊排翻转过来，在肋骨和脊骨间的接缝处将羊排锯开。

③如果没有锯，可使用砍刀将羊排竖立起来，窄的一端朝下，用砍刀在肋骨和脊骨间的接缝处将肋骨砍断。或者也可以放倒羊排，内侧朝上，垂直朝向自己，用剔骨刀刀尖围绕脊骨与肋骨间的接缝（关节），将肋骨与脊骨一根根地分开，再用刀尖贴紧脊骨把脊肉从脊骨上剔下，注意不要在脊骨上留下肉。

④用以上的方法将另外一边的肋骨与脊骨分开，得到两片大小相等的肋排。

⑤脊骨保留，可用于制作少司。

⑥将肋排外肩胛骨的软骨剔除，沿着外侧的边缘将筋腱剔除（烹制后，筋腱会变硬而且肋排也会变形）。

⑦用手抓紧表层的皮，在手中滚动，把皮轻轻撕下。

⑧如果需要（表面的脂肪过厚），把多余的脂肪剔除，只留薄薄的一层脂肪（保护脂肪最多不超过5mm）。

⑨可以在脂肪上用刀轻轻地斜划，但不要划破下面的肌肉，然后再与其交叉斜划，形成网格状。这种方法可以使味道和热量更好地渗入肉内。

⑩在脂肪上距离末端2cm处直切（图⑩），一直切到肋骨（图⑪），翻转到内侧，在距离肋排末端2cm处用刀尖划开。

⑪将每根肋骨间的薄膜划开（图⑫），紧贴肋骨将肉从肋骨之间剔下。剔下肉的肋骨上不要留任何的肉。

⑫用刀刃在肋排内侧将肋骨上的筋膜刮去（图⑬）。

（6）羊小肋排初加工　通常每份小肋排菜肴由2～3块小肋排组成，一根主肋骨、一根次肋骨和一根带有较多里脊肉的肋骨。

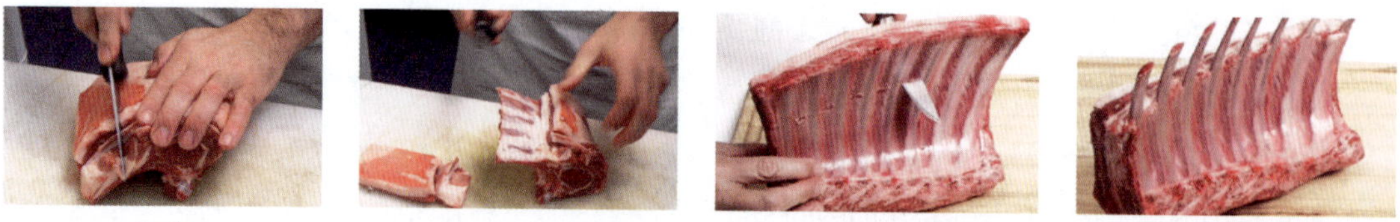

图⑩　图⑪　图⑫　图⑬

加工方法一:

①半扇肋排加工处理(具体方法参考以上操作步骤)。

②沿着肋条的倾斜度均匀的分割每条肋骨。

③如果分割的小肋排厚度不一,用拍刀轻拍较厚的肋排,将其拍平,使每块小肋排的厚度统一。

加工方法二(半扇肋排未加工处理):

此方法同样适用于加工猪排、小牛排、牛排、羊排。

分割小肋排

①用刀在每条肋骨间均匀切下,直到碰到脊骨。

②再用砍刀把连接的脊骨砍断。

修整小肋排

①用剔骨刀的刀尖把脊骨与肋骨连接的关节处切开,剔除脊骨。

②用刀将距离肋条末端2cm处的肉和脂肪刮掉,露出干净的肋骨。

③去除多余的脂肪和背部的筋膜(如果没有去掉,在烹制后肋排时容易变形,图⑭)。

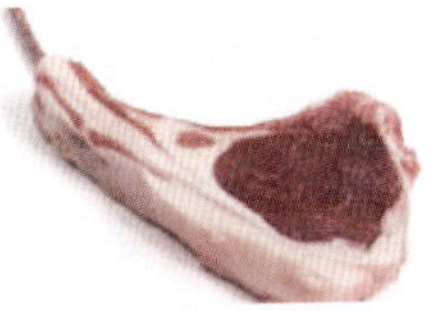

图⑭

(7)羊鞍加工处理 羊鞍由6段腰脊椎组成,重量为1.8~2.2kg,供6人食用。如果里边瓤馅可供8人食用。

图⑮

修整羊鞍

①将羊鞍纵向平铺在案板上,内侧朝上(图⑮)。

②从里脊较厚的部位(前端)开始,剔除覆盖在肌肉上的尿管和脂肪(图⑯)。

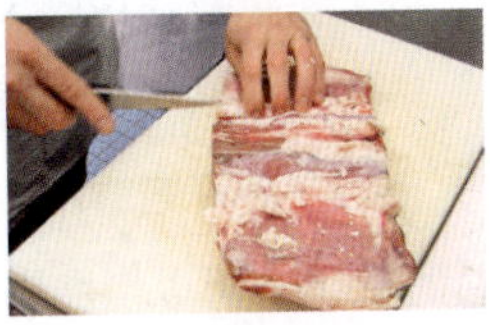

图⑯

去除皮脂

①将羊鞍翻转过来,外侧朝上。

②用刀纵向在脊背中间垂直轻轻地划开皮脂。

③在划开的缝中分别掀起左右的皮脂,用手将其撕扯掉。如果背部的脂肪过薄,可以借助剔骨刀剔下皮脂(图⑰)。

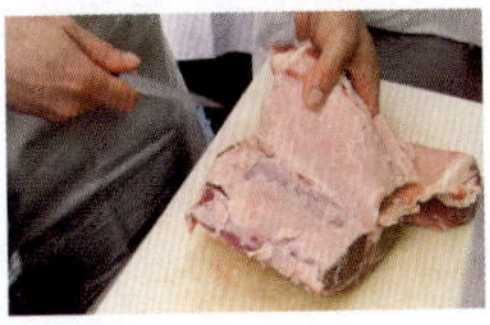

图⑰

修整腹围肉

①用刀将腹围肉边缘修短(切掉多余的肉),使腹围肉向内侧折叠后可以盖住另外一侧的里脊肉。

②保留剔下的肉,用于制作烤肉少司。

③用拍刀将腹围肉拍平,把两片腹围肉向内相互折叠。

④为了避免在烹制时羊鞍收缩,用刀尖在其脊背部纵向每隔2cm刺穿背部筋膜。

⑤用线绳横向均匀而有规则地将羊鞍捆绑结实。

(8)羊鞍带骨切片(块)处理。

羊鞍切片

①加工羊鞍（按照羊鞍加工处理步骤），但是在修整腹围肉时要保留较长的腹围肉。

②将加工好的羊鞍横向码放，在两块脊骨间用砍刀将其切成厚片（2cm厚）。

③将两片腹围肉分别向内侧卷紧，用一根签子从两片腹围肉中间穿过，使其固定。

④借助签子把脊髓去掉。

羊鞍切块

①将整个羊鞍竖立起来，用钢针从脊髓的一头穿进去，在另外一头穿出。

②用砍刀沿着钢针垂直劈砍。

③从脊骨的中间将羊鞍平均分成两半。

④把半边羊鞍横向码放，垂直切成4～5cm厚的块状（每块有2条肋骨）。

⑤将每块腹围肉向内卷紧，用竹扦或铁扦从中间插入使其固定。

（9）羊鞍剔骨加工处理　去骨羊鞍肉可以烤制、瓤馅、煎制或烩。瓤馅的馅料通常是小牛肉或禽肉泥，再加入黑菌和蔬菜（胡萝卜、芹菜、茴香、分葱等）或者开心果（去壳）。整块瓤馅的羊鞍肉可供8人食用。

修整羊鞍

①将羊鞍纵向平铺在案板上，内侧朝上。

②从里脊较厚的部位（前端）开始，剔除覆盖在肌肉上的尿管和脂肪。

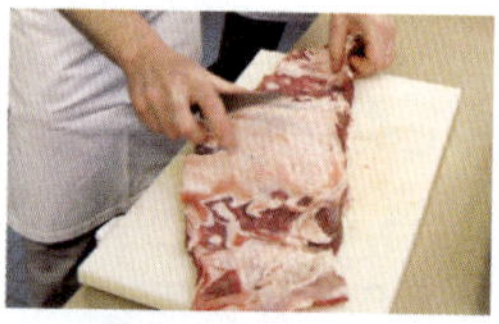

图⑱

去除皮脂

①将羊鞍翻转过来，外侧朝上（图⑱）。

②用刀纵向在脊背中间垂直轻轻划开皮脂。

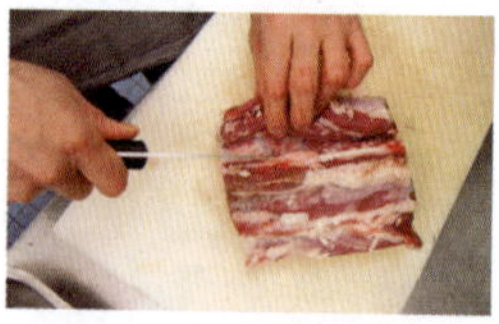

图⑲

③在划开的缝中分别掀起左右的皮脂，用手将其撕扯掉。如果背部的脂肪过薄，可以借助剔骨刀剔下皮脂。

里脊处理

①羊鞍内侧朝上纵向码放，使用剔骨刀，分别紧贴脊骨两侧下刀，直到碰到肋骨（图⑲）。

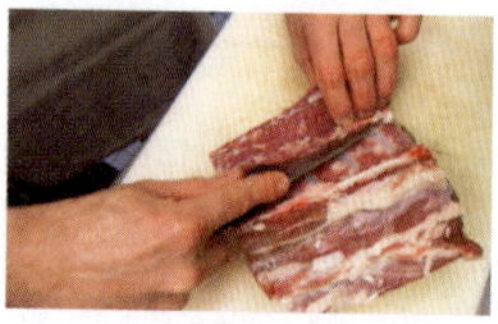

图⑳

②再分别沿着两侧的肋骨横向剔，把肋骨上的肉刮开，一直到肋骨的末端停止，同时把里脊向外打开（注意不要把里脊肉剔下），使表层的脊骨和肋骨裸露出来（图⑳）。

图㉑

剔除脊骨和肋骨

①在两侧肋骨的末端底部（与肉连接）下刀，剔骨刀紧贴肋骨底部，向脊骨划动，直至碰到脊骨，使肋骨与外脊肉分离（肋骨上不要留肉，图㉑）。

②把整条脊骨抬起，用刀割断脊椎骨棘突与外层连接的筋膜，取下整条完整的脊骨和肋骨，图㉒）。

图㉒

修整腹围肉

①用刀将腹围肉边缘修短（切掉多余的肉），使腹围肉向内侧折叠后可以盖住里脊肉。

②用拍刀将腹围肉拍平，保留剔下的肉。

割断筋膜

①在羊鞍肉表皮的脂肪及筋膜上用刀轻轻地斜划，但不要划破下面的肌肉，然后再与其交叉斜划，形成菱形网格状。这种方法可以使味道和热量更好地渗入肉内。

②为了避免在烹制时羊鞍肉收缩，用刀尖在其脊背部纵向每隔2cm刺穿背部筋膜。

瓤馅

①把羊鞍肉内侧朝上，平铺在案板上，里脊肉向外侧打开。

②撒上盐和白胡椒粉入味。

③在两片里脊肉中间放入馅料（如加入黑菌的禽肉泥等）抹平（图㉓）。

④把两片里脊肉折叠回去，盖住馅料。

⑤再用一层馅料覆盖住里脊，再次根据馅料的厚度拍打修整腹围肉，用腹围肉折叠包裹住馅料，使两片腹围肉对接但不要相互交叠。

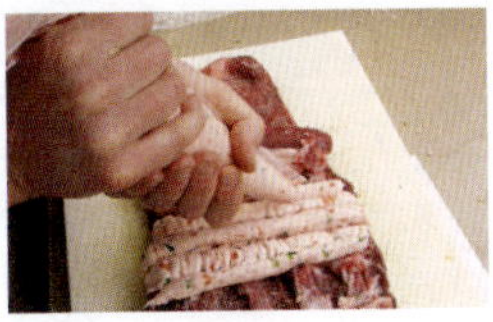

图㉓

捆绑及包裹

①用整块的羊鞍肉将馅料卷紧，纵向码放，用线绳横向有规则地将其捆绑紧实，固定其形状。

②由于羊鞍肉两端的馅料暴露在外边，可以用之前保存的剩余腹围肉将其包裹住，起到保护的作用。

③猪网油放入冷水中浸泡后打开铺平，把捆绑好的羊鞍肉放在上面，用猪网油将其包裹住。

（10）羊鞍净肉切块加工处理　此加工方法同样适用于加工猪肉等，每块重量在50g左右，每份菜肴至少需要3块。

①羊鞍剔骨（具体方法参考以上步骤）。

②将羊鞍肉内侧朝上，平铺在案板上，里脊肉向外侧打开。

③用刀在脊背中间把羊鞍肉均分为两部分。

④把多余的腹围肉切掉。

⑤剔除背部的筋膜。

⑥分别将两个半块羊鞍卷成卷，用线绳每隔4～5cm捆一次。

⑦横向码放，在每条线绳中间将肉卷切断，大约每块50g。

2. 注意事项

（1）羊羔肉剔骨时要十分小心，由于剔骨刀较锋利，另外一只手（不持刀）要佩戴防护手套（钢丝），必要时需要佩戴防护围裙（钢丝）。

（2）羊鞍背部筋膜需要用刀尖刺穿2cm，避免加热后变形。

3. 实训总结

羊羔肉在烹饪过程中独立成菜（主菜），通常可以整只（烧烤）使用，也可以根据需要加工成排、块等形状。

作为一项基本技能，在羊羔加工过程中涉及整体分割的技法和去脂肪、去筋膜、剔骨、捆绑、包裹、瓤馅、锯等技术要点，需要熟练掌握。

六、猪肉原料

1. 猪主要部位划分（图3-18）

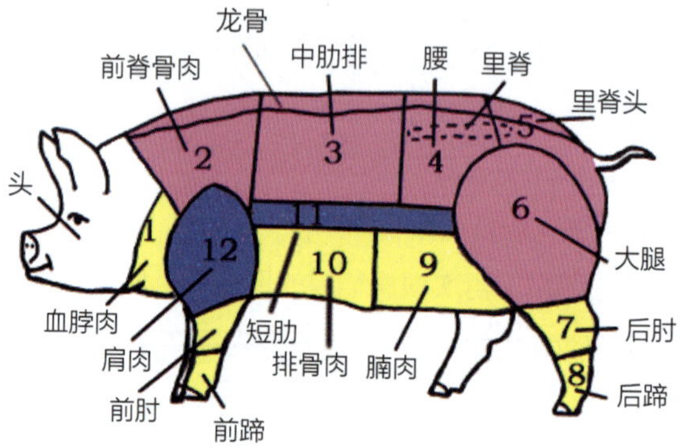

图3-18 猪主要部位划分

2. 猪各部位分割

猪半扇分割见插页：整猪分割加工处理。猪内脏和附属品分割分别如图3-19和图3-20所示。

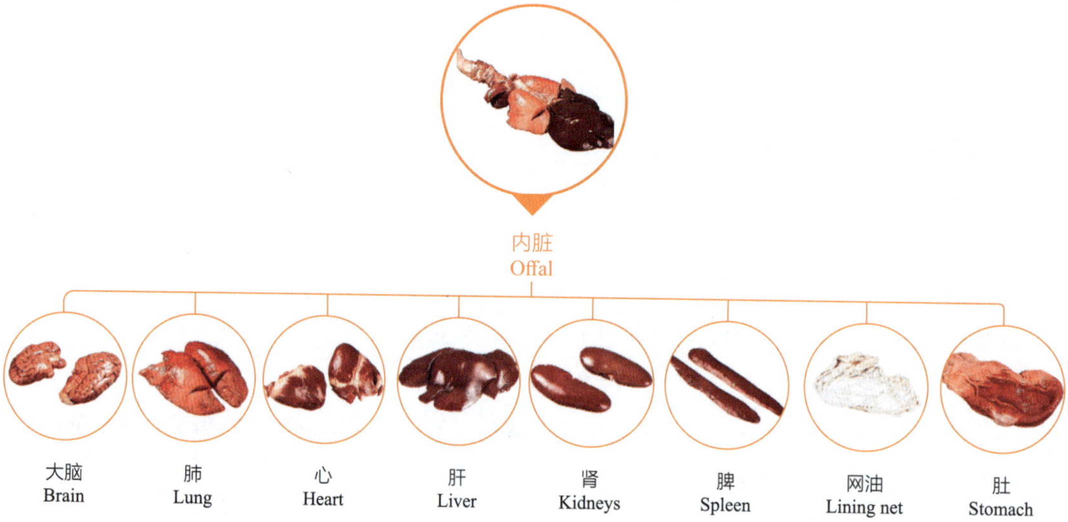

图3-19 猪内脏分割

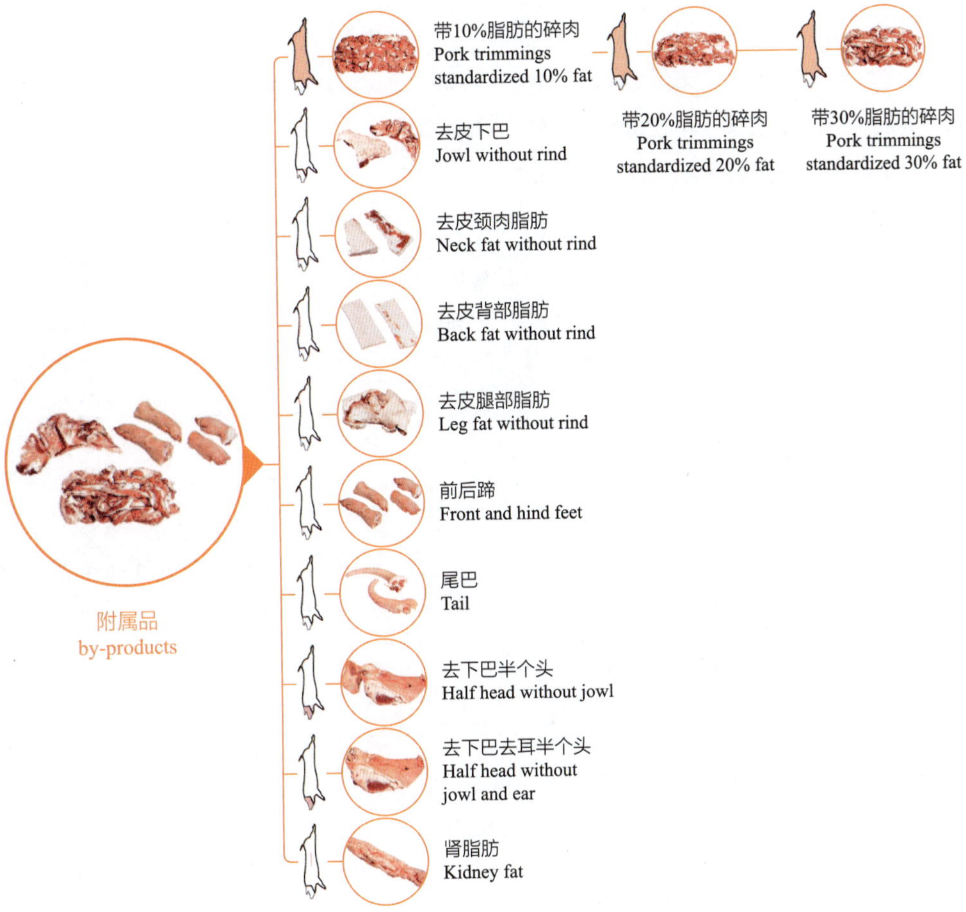

图3-20　猪附属品分割

3. 猪肉分级

各种因素会影响宰杀后猪肉的质量，比如猪种、性别、健康状况、体重、喂养等。但是，不管以上因素如何繁多，终归要考虑的是供给与需求的基础因素。根据这种情况，体现猪（半扇）胴体的价值需要注意以下两点。

（1）分级　在西方国家，半扇猪的分级根据其瘦肉与脂肪的比例和规定用途，分为7个等级，即S、E、U、R、O、P、Z（表3-1）。

表3-1　猪瘦肉率分级表

商业分级	半扇猪中瘦肉的含有比率/%
S	60%以上
E	55%至60%
U	50%至55%
R	45%至50%
O	40%至45%
P	40%以下
Z	产仔母猪和阉猪

（2）重量。

①胴体：猪在宰杀后，去除内脏、颈部先天瘘、生殖器、舌头、蹄外皮等。半扇猪的体重在70～130kg。同时，会对猪肉进行pH检测（排酸肉）。

②体重：在猪被电晕后称其体重（表3-2）。

表3-2 各类猪在不同年龄段的体重

种类	年龄	体重
乳猪	5～6个星期	10kg
出栏猪（经济）	5～6个月	95～110kg
产仔母猪和阉猪	3～4年	110～150kg

4. 猪各部位原料烹制方法

猪各部位原料		烹制方法							建议每份重量
		煮	烤	焖	煎炒	铁扒	烩	炖	
前背脊肉（square cut shoulder/carré découvertes）	整块		◆	◆					0.25kg
	较肥的肉排					◆			
	去骨修整腌制、熏制				◆	◆			0.15～0.18kg
腰肋脊（rack/carré couvert）	整块，肋骨修整			◆					0.25kg
	剔骨，卷卷捆绑		◆	◆					
	切成肋排：第一肋排（5块），第二肋排（3块）				◆	◆			
外脊（loin/contre filet）	带肋骨菲力肉排				◆	◆			0.3kg
	整块去骨，卷卷捆绑		◆	◆					
里脊（tenderloin/fillet）	整条		◆	◆					0.25kg
	切小块肉排				◆	◆			
	里脊头部，整块（腌制）	◆	◆	◆					
整条大腿（leg/jambons）	去除腿骨 去除脂肪、筋膜，放在香料基础汤内加入波尔图酒或马德拉酒或雪利酒煮 借助焦糖色的基础汤炖制	◆						◆	0.2kg
	新鲜整条大腿或切成圆片		◆						
肘（shank/jambonneaux）	整肘腌制（加工同大腿肉，盐腌、装模或卷卷捆绑煮），大腿或肩胛碎肉可加入其中	◆							0.2kg
颈肉（neck/échine）	去骨，卷卷捆绑成形		◆						0.3～0.35kg
	去骨切块						◆		
	进行腌制和熏制	◆							
肩胛肉（shoulder/épaule）	同颈肉	◆	◆				◆		0.25～0.3kg
胸肉（brisket/poitrine）	通常胸肉用于制馅，但也可以进行腌制和熏制	◆			◆				0.15kg
	咸肉（培根）				◆	◆			
	前胸肋排	◆							0.3kg
蹄（feet/Pieds）很少在餐馆里使用	去骨制基础汤（胶质）	◆							根据菜谱用量使用
	水煮提取胶质（肉冻）	◆							
	瓤馅（网油包裹）				◆	◆			
血脖（jowl/gorge）	新鲜制馅	◆	◆	◆	◆	◆	◆	◆	根据菜谱用量使用

注：◆代表适用的烹制方法。

实训项目　猪肉（Pork）基本加工

相关知识

知识点1　猪是典型的可食性动物，容易饲养且生长速度较快，6个月龄屠宰的猪重量为90～120kg，全身所有部位都可以被使用。通常选购的猪肉为鲜肉，但也可以经过风干、腌制或熏制进行加工。

知识点2　在西餐中猪肉较牛肉和海鲜的食用量少，主要以整只乳猪、猪肘、猪肋排、通脊等部位做菜较为常见。

实训准备

实训场地准备：西餐实训厨房加工间（畜肉加工区域——肉房）。

实训用品准备：剔骨刀，锯，分刀，菜板，不锈钢盘，不锈钢盆。

仪容仪表准备：穿厨师工作服、工作鞋、工作帽、防护手套（钢丝）、防护围裙（钢丝），不佩戴任何饰物，不留长指甲，洗净双手。

实训内容

1. 猪肉基本加工

原料准备

原料	单位	重（数）量
整扇猪肋排 小块猪肋排	kg kg	3 1
平均准备时间	min	5
平均加工处理时间	min	40

操作过程

（1）整扇猪肋排加工处理　整扇猪肋排有5根主肋骨和3根次肋骨（图①），重量为2.4～3kg，每人份的肉排毛重为0.225～0.25kg。加工方法与整扇羊肋排的加工方法相同。

图①

①将肋排外层较厚的脂肪或皮剔除（根据需要）。

②划开脊背上的筋膜，用手提住，同时用刀贴紧筋膜内侧将其与肉分开。

③用刀割开距离肋骨内侧末端2cm处的肉。

④围绕整根肋骨将肉向外侧推出，用刀将肋骨末端2cm处的肉剔下，不要在此处的肋骨上留下肉。

⑤保存剔下的肉，可用于制作烧烤汁和基础汤。

⑥剔下脊椎骨：使用切肉刀切入每个脊椎中间，同时向左右摆动，使其关节脱臼。

⑦用刀尖插入连接每根肋骨与脊椎骨的关节处将其断开。

⑧从头到尾将整条脊椎骨与肋骨连接的部分（肉、筋、软骨）用刀尖划开。

⑨用刀刃将脊椎骨棘突上的肉刮下，使整根脊椎骨与肋排分离。

⑩如果需要，可在肋排外层的脂肪上用刀划成斜方形，使脂肪在烹制中易于熔化。

⑪在每根肋骨之间用线绳捆绑，保持整扇肋排在烹制中的形状。

（2）小块猪肋排加工处理　此加工方法与羊肋排的加工方法一致，人均食用重量为0.18～0.2kg。

①用切肉刀在每根肋骨中间下刀，一直切到肋骨根部与脊椎骨连接的地方停止。

②换用砍刀，继续将肋骨根部的脊椎骨砍断，分别砍下每块小肋排。

③再将每块小肋排上肋骨与脊椎骨连接的关节用刀尖（切肉刀）将其分离。

④把脊椎骨及棘突与肋骨、外脊连接的肉、筋、软骨等剔下。

⑤剔除小肋排外层的筋膜。

⑥用刀割开围绕肋骨内侧末端2cm处的肉，并将其剔除干净（图②）

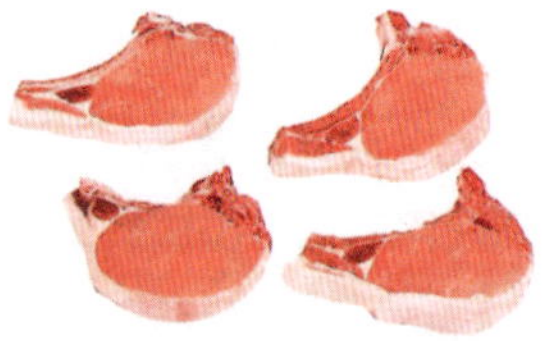

图②

2. 注意事项

（1）在肋排剔骨时，刀尖紧贴肋骨，避免在上面留下肉。

（2）在捆绑整条肋排时，注意避免线绳捆绑得过紧。

3. 实训总结

猪肉在烹饪过程中独立成菜（主菜），通常可以整只（烧烤）使用，也可根据需要加工成排、块等形状。

作为一项基本技能，在猪肉加工过程中涉及剔骨、刮、划、捆绑、砍等技术要点，需要熟练掌握。

七、畜类其他原料

根据畜肉原料不同部位的肉质特点，对于一些特定部位有进一步的加工处理方法，如通过镶嵌脂肪、脂肪包裹等加工方法，以便得到更好的品质效果。

另外，畜类躯干部位经过加工处理后剩余的其他不常食用的部位，也称作下水，如头、蹄、内脏等。这些部位更容易受到细菌的影响，所以在加工、保存、卫生等各个环节相对较为重要。

实训项目　畜类其他原料基本加工

相关知识

知识点

下水属于特定风险原料，在使用时应遵循并核实其现行使用法规及加工方法。下水一般指牲畜内脏，或泛指除去肌肉和脂肪以外的其他器官和部位。

下水被分为两种。白色下水：①在屠宰场加工处理（牛胃、肠、蹄、头、乳房）。

②在屠宰场未加工处理（胸腺、脑、网油、脊髓）。红色下水：包括肝脏、肾脏、心脏、脸、舌、口鼻。

实训准备

实训场地准备：西餐实训厨房加工间（畜肉加工区域——肉房）。

实训用品准备：锯，小刀，分刀，砍刀，穿针，带沟槽的铁扦，线绳，铁扦或竹扦，菜板，不锈钢盘，不锈钢盆，瓷罐，保鲜膜，汤锅，撇沫铲，布。

仪容仪表准备：穿厨师工作服、工作鞋、工作帽、防护手套（钢丝）、防护围裙（钢丝），不佩戴任何饰物，不留长指甲，洗净双手。

实训内容

1. 畜肉及其下水原料基本加工

原料准备

原料	单位	重（数）量
牛里脊或牛外脊	kg	4
猪脂肪	kg	1.5
牛前臀肉	kg	1.5
牛腿骨	根	1
番芫荽	kg	0.05
白兰地（干邑）	升	0.02
洋葱	kg	0.1
分葱	kg	0.05
胡萝卜	kg	0.1
百里香	kg	0.02
白胡椒粉	kg	适量
白葡萄酒	L	0.02
葡萄醋	L	适量
小牛胸腺	个	1
小牛肾脏	个	1
羊肾脏	个	2
羊脑	个	4
平均准备时间	min	30
平均加工处理时间	min	90

操作过程

（1）戳孔肉块加工处理　为了使肉质更软嫩，口感细腻，口味鲜香，可以借助特殊的穿针（锥形内空）把肥肉条、黑菌条、腌渍牛舌、火腿条等原料插入瘦肉中，改善其风味。

脂肪条加工准备

①将猪皮下脂肪切成5～6cm长、3～4mm宽的长条。

②将每次切好的脂肪条放在冰上，使其变硬。

牛里脊戳孔加工

①先进行牛里脊加工处理（方法参考牛里脊加工步骤）。

②将脂肪条小心地插入穿针（呈锥形内空）的末端（针头的另一端，比脂肪条较宽的圆孔）。

③顺着肌肉纤维的方向从里脊底部（紧贴案板一面）穿入（由于穿针末端较宽于脂肪条，肌肉肉质较紧，在脂肪条穿入肌肉中可借助手的力量向里脊肉内推挤），从里脊上面穿出来，脂肪条留在里脊肉里面。

④重复数次以上的操作，在里脊肉里分布均匀地插上脂肪条。

牛排戳孔加工

①先进行牛里脊加工处理（方法参考牛里脊加工步骤）。

②横向摆放牛里脊，切成2.5cm厚的片状。

③在每块肉排的横断面上用穿针均匀地插入脂肪条（呈星形）。

④也可以穿入黑菌条或腌渍的牛舌条。

（2）脂肪包裹肉块加工处理　为了避免畜肉（牛霖肉等纯瘦肉部位）或禽肉（体形较小的禽类如：珍珠鸡、鹌鹑等）在旺火烹制过程中失去水分过多，肉质变得硬而干柴，通常会在其表面包裹或部分包裹一层薄的脂肪片，用线绳捆绑好，使其在烹制过程中给予肉质保护与滋润。

这种加工方法对脂肪的使用有标准，对于超过0.3kg的肉块，使用的脂肪最多为肉块重量的10%。但此种方法不适用于烤牛肉（烤牛肉应先用旺火迅速煎或炸其表面，使其形成带有深色的硬壳保护层，在烤制过程中或结束后不至于有过多的汁液或血液流出，影响其口感品质）。

整条里脊肉包裹

①将牛里脊进行初步加工（方法参考牛里脊加工步骤）。

②选用猪皮下脂肪将其切成宽薄片。

③将脂肪片围绕里脊肉周围包裹好（部分包裹）。

④用线绳均匀规则地将里脊肉及脂肪捆绑结实。

肉排包裹

①在切好的肉排的周围用脂肪片（宽度与肉排的厚度一致）包裹一圈。

②用线绳围绕在包裹好的脂肪中间并捆绑结实。

③在烹制结束后取下脂肪片，用旺火迅速煎或炸其周围（脂肪片包裹的部位）。

（3）瓤脂肪条肉块加工处理　为了避免大型纯瘦肉块（水分较少）在烹制中由于失去过多的水分，肉质口感变得硬而干柴。除了使用脂肪包裹肉块的加工方法，还可以在整块肉中镶嵌大量的脂肪条，改善肉质口感及风味。

①把牛前臀肉表面的脂肪和筋膜剔下，再剔除侧面较薄的肉，前臀肉的长度大于10cm左右。

②选用猪皮下脂肪，切成14～15cm长、1cm宽的长条，每根条的长度和宽度保持一致。

③放入容器中，加入少许的番芫荽碎末、白胡椒粉和白兰地酒，轻轻搅拌均匀。

④冷藏放置30min左右。

⑤将前臀肉纵向摆放，用带沟槽的铁扦子纵向（顺着纤维的方向）插入前臀肉，从另外一端插出。

⑥把脂肪条放在铁扦子（插出肉的部分）的沟槽里。

⑦向回轻轻拉动铁扦子同时转动铁钎子，把脂肪条带入肉中。

⑧直到把脂肪条从靠近自己的一方（铁扦子的入口）拉出，再用手抓紧远离自己一方（铁扦子的出口）的脂肪条，撤出铁扦子。

⑨重复以上的操作步骤，在牛前臀肉中均匀地插入数根脂肪条。

⑩把牛前臀肉放在陶瓷容器或其他容器中，但不要放在不锈钢容器中。

⑪加入洋葱片、分葱片、胡萝卜片、少许的百里香、白葡萄酒和白兰地酒。

⑫用保鲜膜封好，冷藏腌制6～8h。

（4）获取骨髓。

①选用牛腿骨，锯掉两端的肱骨，保留中间部位的尺骨。

②将尺骨竖立，用砍刀的刀背用力敲打其顶部边缘。

③把尺骨敲裂后，用手小心（破裂的尺骨周边非常锋利，可戴手套）地把尺骨掰开（避免继续用刀破坏骨髓），取出骨髓。

④骨髓可以保留整条，也可以将骨髓横向摆放，切成圆厚片。

⑤将骨髓放在冰水中加入少许的葡萄醋（需更换数次）保存待用。

（5）小牛胸腺加工处理　胸腺作为下水，其质地细腻，口感软嫩，是备受追捧的部位。胸腺仅存在于年幼的动物中（小牛/羊羔），重量为0.4～0.6kg，可供2～3人食用。烹制胸腺需提前一晚进行加工准备。

浸水洗除杂质

将胸腺放入冰水中浸泡并用手轻轻搓洗表面杂质，需要多次更换冰水浸泡清洗。

焯水

①将胸腺放入煮锅中，加入冷水将其没过，加热煮开3～4min（图①）。

②轻轻地将浮沫撇去。

③小心地把胸腺捞出并放入冷水盆中过凉（图②），然后再捞出沥干水分。

图①

图②

修整胸腺

①将焯过水的胸腺放在案板上，如果表层带有脂肪、筋膜和软骨应该剔除。

②根据需要可以把整块胸腺（由许多小块胸腺组成）上的小块胸腺分别剔下。

压制

①将修整好的大块胸腺整齐码放在不锈钢盘中，上面铺上一层布，用保鲜膜封好。

②在最上面再压一个同样大小的不锈钢盘（里面放入东西），保持重量在1kg左右。

③放入冰箱冷藏（放置一晚）。

用处：通常适用的烹制方法为炖、煮或炒。

（6）小牛肾脏加工处理　肾脏具有非常微妙的味道，尤其是小牛的肾脏比牛、羊和猪的肾脏更受到好评。每个肾脏通常供1人食用。

用于整个肾脏的烹制加工

去除脂肪

将包裹在肾脏周围厚厚的脂肪用刀削掉，但要保留一些紧贴在肾脏周围的脂肪（将脂肪切成小丁，在烹制时使用）。

修整肾脏

不要将肾脏切开，只是将肾盂（白色的）、神经、血管和输尿管切掉。

用于切割肾脏的烹制加工

去除脂肪

①顺着脂肪的纹路纵向将厚厚的脂肪劈开，用双手将脂肪掰开。

②检查包裹在肾脏周围的薄膜是否在掰开脂肪时已被移除，如果薄膜还在肾脏表层应用手将其剥下。

修整肾脏

①将肾盂（白色的）、神经、血管和输尿管一起切掉。

②将肾脏切成片或大丁（根据菜品需要）。

（7）羊肾脏加工处理　每人每份2～3个肾脏。

去除脂肪

用小刀将其表面的脂肪轻轻划开，避免划的过深破坏肾脏，用双手将脂肪剥掉。

去除薄膜

如果肾脏的薄膜没有跟随脂肪一起剥落，用手将其剥掉。

修整肾脏

①将肾脏平放在案板上，将其片成均匀的两半。

②将每一半内部的肾盂（白色的）、神经、血管和输尿管一起切掉。

串肾脏

用于简单的烹制法，可将2～3片（半片）的肾脏横向用铁扦或竹扦穿在一起。

（8）羊脑加工处理　羊脑不如小牛脑质地细腻，但是更容易烹制。每人每份菜肴需2块羊脑。

浸水洗除杂质

①为了去除脑缝里的血瘀状物质，把脑放入冰水盆中浸泡，并加入少量的醋（需要多次更换冰水浸泡）。

②在水中用手将脑缝里附着的血瘀剥去。

③再继续浸泡30min左右后取出，用清水冲洗干净。

④通常羊脑在烹制前先进行焯水（水中放入香料）热处理。

用处：适用于的烹制方法为炸或加黄油炒。

2. 注意事项

（1）针对下水等原料，要注重现行的食品卫生品质安全法规。

（2）注意下水原料（容易腐败变质）的新鲜度，有腐败等异味应拒绝使用。

（3）腌制牛肉需要将其放在陶瓷容器中。

3. 实训总结

畜肉及其下水原料在烹饪过程中独立成菜（主菜），通常可以整个使用，也可以根据需要加工成片、块。下水原料适合炸、炖、焖、烤等烹制方法。

作为一项基本技能，在畜肉及其下水原料加工过程中涉及镶嵌脂肪、去脂肪、去筋膜、去尿管、劈砍尺骨、捆绑、腌制、焯等技术要点，需要熟练掌握。

第四节　禽肉类原料加工工艺

西餐中常用的禽类原料主要有鸡、鸭、鹅、火鸡等，其肌体结构和肌肉构造大体相同，现以鸡为例加以说明。

1. 鸡主要部位划分（图3-21）

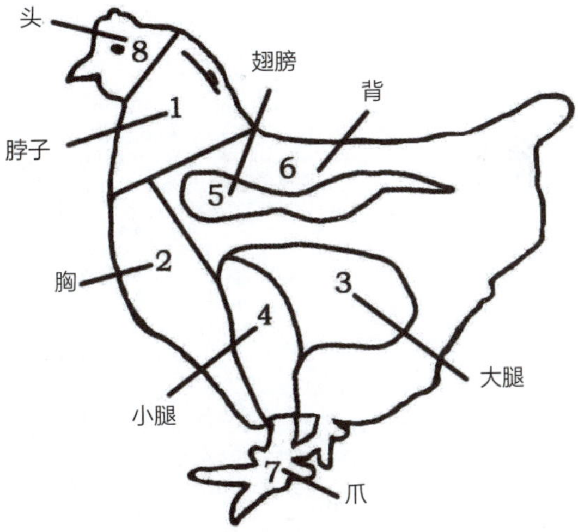

图3-21　鸡主要部位划分

2. 鸡各部位分割

鸡的部位可分为：胸、后腿、翅膀和脊背，如图3-22所示，鸡内脏分割如图3-23所示。

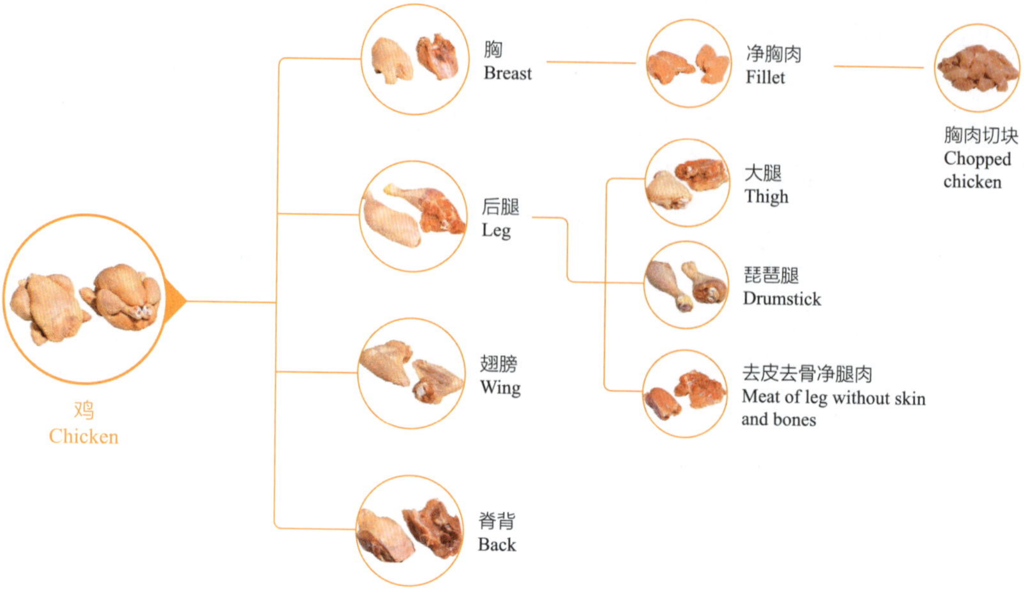

图3-22　整鸡分割加工处理

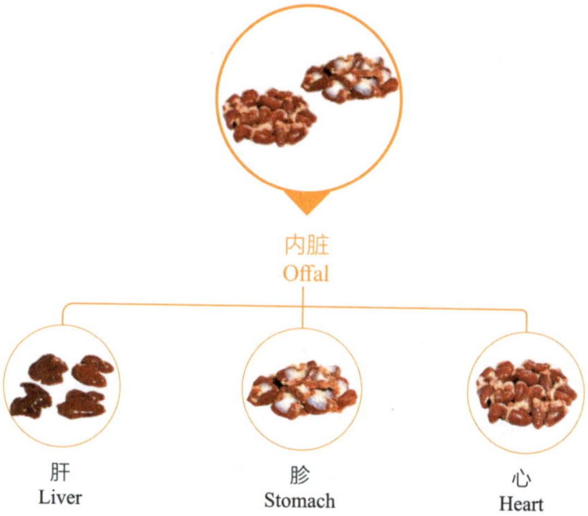

图3-23　鸡内脏分割

3. 禽类原料烹制方法

品种	类别	烹制方法							体重（毛重）
		煮	烤	焖	煎炒	铁扒	烩	炖	
性器官尚未发育成熟的鸡	仔鸡、雏鸡		◆	◆	◆				0.8kg以内
	童子鸡		◆	◆	◆				
	体形较小鸡		◆	◆	◆				1.3kg以内
	体形中等鸡		◆	◆	◆	◆	◆	◆	1.3～1.7kg
	体形较大鸡		◆	◆	◆	◆	◆	◆	1.7～2.2kg
	体形特大鸡		◆	◆	◆	◆	◆	◆	大于2.2kg

品种	类别	烹制方法							体重（毛重）
		煮	烤	焖	煎炒	铁扒	烩	炖	
性器官尚未发育成熟的鸡	小公鸡		◆						1kg
	小母鸡	◆		◆			◆	◆	
	阉鸡		◆	◆					2.5～5kg
性器官发育成熟的鸡	公鸡（红酒烩鸡）				◆		◆	◆	2.5kg
	母鸡	◆							
火鸡	小火鸡、雌火鸡	◆	◆	◆					3.5～5kg
	火鸡块	◆	◆	◆	◆	◆	◆	◆	0.18kg
鸭	鲁昂鸭、南特鸭	◆	◆	◆	◆	◆	◆	◆	1.8～3kg
	骡鸭			◆	◆	◆			
鹅	小鹅	◆	◆	◆	◆		◆	◆	2.5～3kg
	大鹅		◆	◆			◆		9～13kg
珍珠鸡	小珍珠鸡	◆	◆			◆			0.8kg
	成珍珠鸡		◆	◆	◆		◆	◆	1.2～1.4kg
鸽子	小鸽子	◆	◆	◆		◆			0.4～0.5kg
	成鸽子		◆	◆	◆		◆	◆	0.75～0.8kg
鹌鹑	成鹌鹑	◆	◆						0.2～0.25kg
兔子	小兔子	◆	◆						2～2.5kg
	成兔		◆		◆		◆	◆	3～3.5kg

注：◆代表适用的烹制方法。

4. 禽类初步处理

禽类在加工过程中一定要清除并要清理干净内腔，防止内脏中的一些有害细菌（如沙门菌）的扩散。

遵循提前做好准备的原则，操作台及工具必须根据实际操作的需要，进行合理有序地放置，参考图3-24。

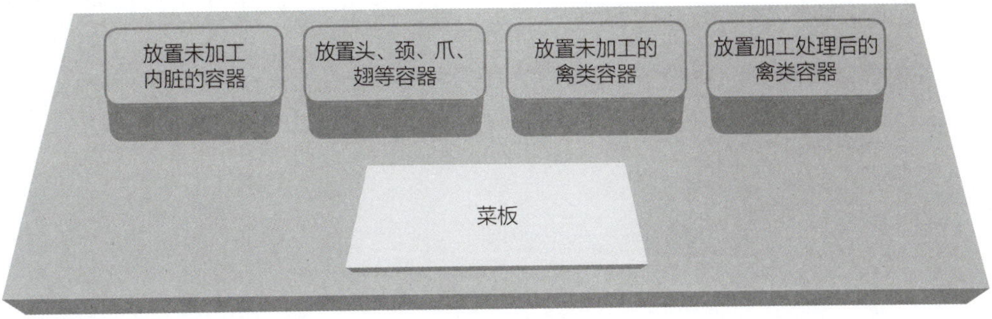

图3-24　禽类初步处理放置位置

首先，要立刻分开清除各部位的内脏并放在容器中，坚决不要把内脏放在菜板上。

然后，清空内脏后，对内脏进行分类处理，把需要保留下来的内脏（如肝脏、胗、心等）放到干净的容器中，进行下一步的加工处理（肝脏去除苦胆、胗去除砂囊、心去除血管、脂肪等）。

最后的垃圾应立即清除，然后对所用的工具、台面进行消毒、冲刷（按照操作流程进行清洗），最后洗净双手（按照洗手流程进行清洗）。

实训项目1 鸡（Chicken）基本加工

相关知识

知识点1 鸡是人类饲养最普遍的家禽，家鸡是人类从野生原鸡长期饲养驯化而来，历史悠久，其驯化历史至少约4000年，但直到1800年前后鸡肉和鸡蛋才成为大量生产的商品。鸡的优良品种很多，影响较大的有白洛克鸡（White Plymouth Rocks）、横斑洛克鸡（Barred Plymouth Rocks）和科尼什鸡（Cornish）等。

知识点2 鸡的品质特点及用途：西方习惯按生长期把肉鸡分为三级：嫩鸡是指饲养期不足3个月的鸡，这种鸡肉质嫩、用途广泛，在西方市场上消费量比较大；育肥鸡是指饲养期3～5个月的鸡，这种鸡比嫩鸡肉质紧，香味足，使用也较普遍；老鸡是指饲养期超过5个月的鸡，这种鸡肉质较老，可用于煮汤。按用途的不同可分为：用于煎、烩、焖的阉鸡（Capon），用于烤制的鸡（Roaster），用于炸或铁扒的雏鸡/小母鸡（Cornish Hen）和法式春鸡（Poussin）等。

实训准备

实训场地准备：西餐实训厨房加工间（禽肉加工区域——肉房）。

实训用品准备：小刀，分刀，剪刀，钢针，线绳，锡纸，拍刀，菜板，不锈钢盘，不锈钢盆。

仪容仪表准备：穿厨师工作服、工作鞋、工作帽、围裙，不佩戴任何饰物，不留长指甲，洗净双手。

实训内容

1. 鸡基本加工

原料准备

原料	单位	重（数）量
整鸡	只	5
猪脂肪	kg	0.25
盐	kg	适量
白胡椒粉	kg	适量
平均准备时间	min	10
平均加工处理时间	min	30

操作过程

（1）整鸡初加工处理。

伸展四肢，火燎整鸡

①一只手抓紧头部和两个翅膀，另一只手抓紧两个爪子，用力向两侧拉长四肢使其充分伸展（图①）。

②将其放在火上面，用火燎鸡身上（包括颈部、翅膀和腿）未拔除干净的绒毛、羽毛，但注意不要把表皮烧煳（控制好与火的距离）。

③用手托住鸡身，把鸡爪放在火上面，使其表面的鳞片浮肿脱落。

④迅速（不要让鸡爪放凉）用布裹住鸡爪，将其表面的皮及所有鳞片搓掉。脚趾之间和脚底可用小刀将表皮刮掉。

⑤检查整只鸡身上是否还带有未剔除干净的羽毛和绒毛。如果有，可手持小刀，用刀刃与拇指夹住羽毛或绒毛将其拔除。

⑥用干净的布将整只鸡身表面擦拭干净。

整鸡修整

①用刀把鸡爪较小的（三个）脚趾切掉，只保留中间较长的脚趾，切掉其趾尖（指甲）。

②切掉翅尖（大约1cm），放在不锈钢盘中保留（图②）。

③将整鸡背部朝上，鸡头朝向自己。

④用手抓紧脖子下的皮，使脖子上面的皮紧绷，用刀纵向把整个脖子的表皮划开（从脖子根部划开，一直划到头根部，图③）。

⑤用手把皮内的脖子拽出来，使脖子与表皮分离（图④）。

⑥用刀在脖子根部（与脊椎骨平齐）将脖子切断（图⑤）。

⑦在脖子皮中间的位置将其切断，鸡头、脖子与鸡身分离（在整鸡捆绑时，在鸡身上的脖子皮用于封闭剔除脖子时脊柱前留下的洞口），切成大块放在不锈钢盘中保留。

⑧用手抓住肛门口向外拽，用刀横向将其切掉（不要切的过多而导致肛门口过于宽大，一个手指的宽窄较为合适，食指伸入腹腔清理内脏），放入垃圾盘中。

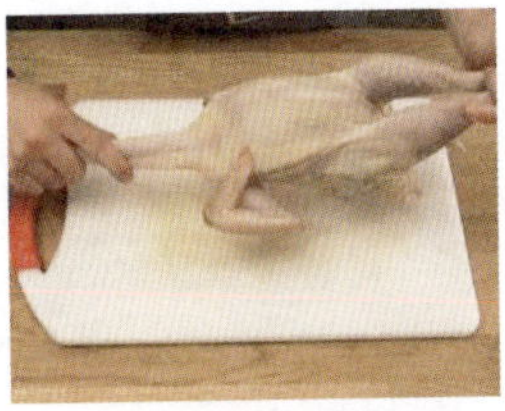
图①

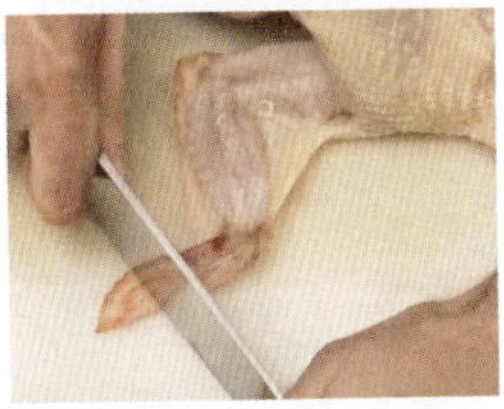
图②

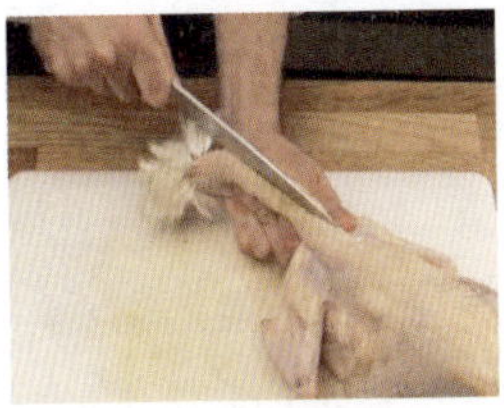
图③

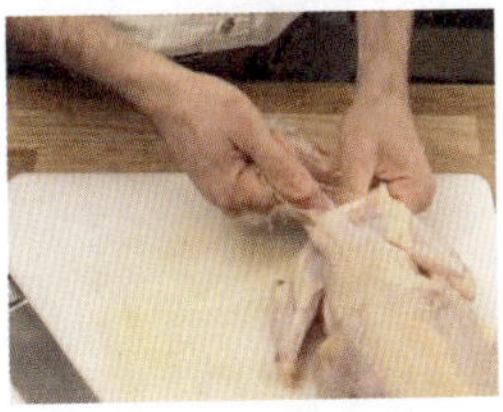
图④

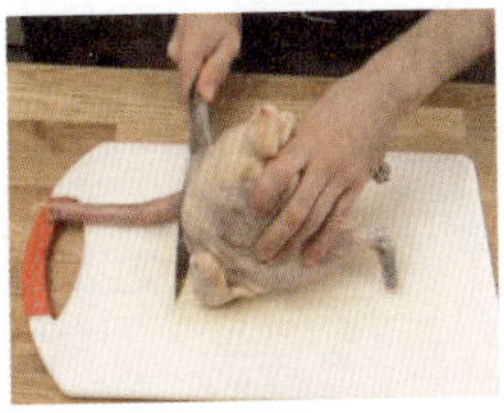
图⑤

清空整鸡内脏

①用手抓住食道、气管、动脉、嗉囊、皮下脂肪等将其与皮撕开分离，注意不要把嗉囊弄破（在屠宰时鸡不一定是空腹，所以嗉囊内可能会有食物）。

②鸡背朝上，鸡头向右，手扶住鸡身，另一只手的食指从脖子根部的孔中伸进去，围绕内腔把心脏、肺与内腔分离。

③将鸡掉转过来，鸡胸朝上，鸡尾向右，手扶住鸡身，另一只手的食指从肛门口进入，围绕内

腔把肝脏、脾脏、胗与内腔分离。如果尾部有较多的脂肪，应剔除。

④把所有内脏器官与内腔分离后，抓住胗把所有的内脏一起从尾部轻轻地拽出。注意不要弄破胆囊（图⑥）。

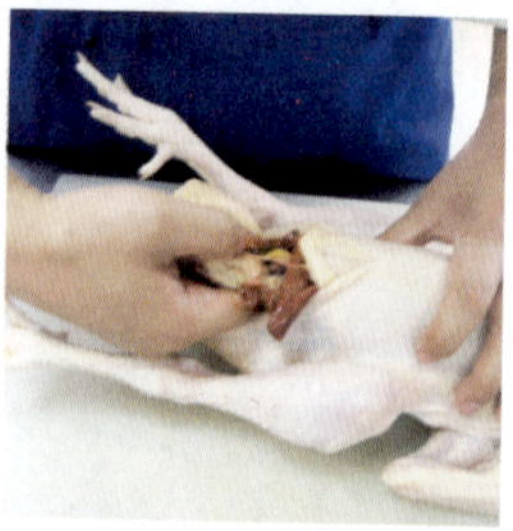
图⑥

注意

不要将拽出的内脏放在案板上（避免内脏带有的细菌间接污染鸡肉），应直接放在不锈钢盘里。检查内脏的质量是否新鲜。

鸡内脏加工处理

①先将整鸡放在不锈钢盘中冷藏，所有内脏放在案板上铺开。

②将心脏、肝脏和胗分别切下来保留，其余的内脏不用于烹制食用。

③剔除包裹在心脏周围的薄膜、脂肪和凝血块，切除顶端的血管（图⑦和图⑧）。

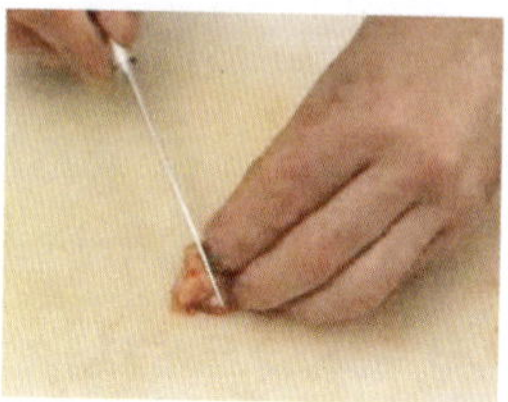
图⑦

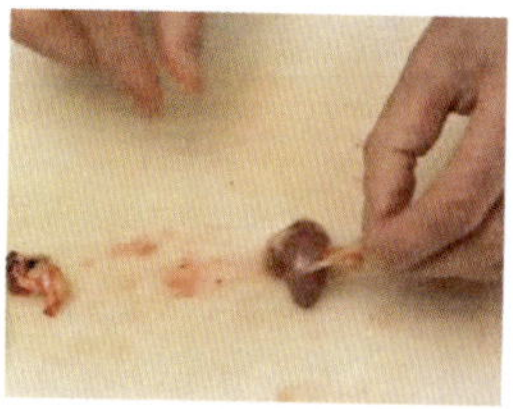
图⑧

④把肝脏铺开，切除胆总管。拿起胆囊，从根部将其切掉并去除其他一些带有绿色的物质，小心不要把胆囊切破（图⑨）。

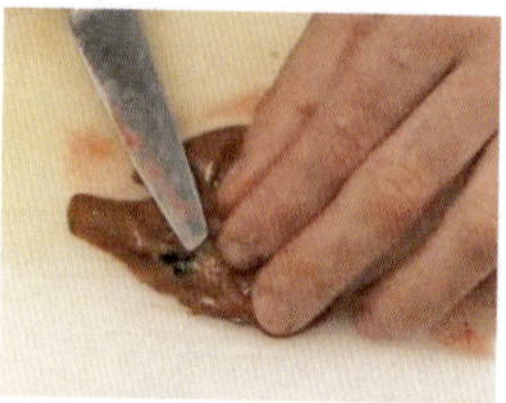
图⑨

⑤把鸡胗周围的脂肪刮除，用刀在其侧面平向划开，一直切到其内部保护层（图⑩）。

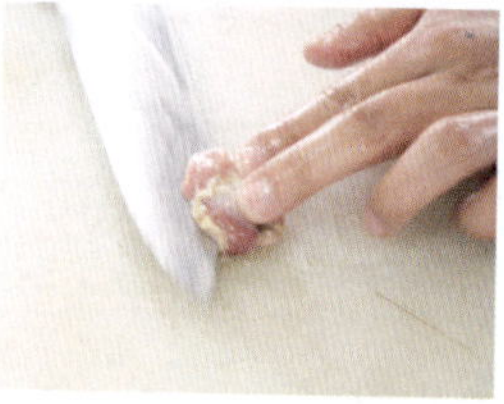
图⑩

⑥把内膜及其内部包裹的杂质从鸡胗的内壁上撕下去除，清洗鸡胗（图⑪）。

图⑪

注意：加工完毕后，将所有的工具进行浸泡消毒、冲洗干净。

（2）整鸡（禽类）捆绑　在捆绑之前先要对加工处理过的整鸡进行规整，使其四肢紧贴身体，便于捆绑。捆绑的目的是使其在烹制过程中或烹制结束后仍保持完整的形态（避免散架），改善外观。捆绑前的整鸡修整步骤如下。

- 在整鸡加工处理后，把鸡身胸前留下的脖子皮拉紧，挡住洞口（剔除脖子在脊柱顶端边缘留下的洞），翻盖在脊背上。
- 胸脯朝上，把两边的鸡翅膀折叠好，紧靠在胸底的两侧（鸡在平放时保持平稳，便于分割）。
- 鸡爪靠近关节处（与小腿连接处）的筋用刀割断，避免在烹制过程中收缩变形。
- 在胸骨（靠近肛门）两边的底部（与大腿根之间），用刀尖在皮上划开一道口。鸡爪向下弯曲紧贴小腿，把其关节塞入胸骨下的口中（内腔）。

①焖和煮制前的捆绑方法：

整鸡上半身捆绑

- 在鸡内腔内涂抹少许的盐和白胡椒粉。
- 准备70～80cm的线绳，穿在穿针中（图⑫）。
- 整鸡胸部朝上，尾部朝向自己，用手轻轻压住鸡身。
- 用穿针在鸡腿关节处穿入，水平横穿从另外一只鸡腿根部穿出（图⑬）。
- 外端保留10cm左右的线绳（用于扎结）。
- 将鸡翻转过来，鸡背部朝上，脖子上的皮覆盖住脊背。
- 在翅中的中间部位（在桡骨和尺骨之间）穿入针线，再穿入翅尖（翅尖折叠放入内侧，图⑭）。
- 在脖子皮覆盖的脊骨下侧水平横向穿入（图⑮）。
- 从另外一头的脖子皮覆盖的脊骨下侧穿出，刺入翅尖，在翅中的中间部位穿出（图⑯）。
- 用这一头的线绳与鸡腿部保留的另一端线绳紧系在一起（图⑰）。
- 剪掉多余的线绳。

整鸡下半身捆绑

- 整鸡胸部朝上，尾部朝向自己。
- 在髋骨孔（坐骨的凹陷处）处水平横向穿入针线，在另外一边穿出。
- 调转鸡尾部，方向朝外，用穿针在胸骨底部（靠近尾部，在折叠鸡爪关节上几厘米处）穿入，水平横向从另一面穿出。
- 把线的两头勒紧，打成双结，剪掉多余的线头。

②烤制前的捆绑方法：

整鸡上半身捆绑

- 在鸡内腔内涂抹少许的盐和白胡椒粉。
- 割断鸡爪关节，翅尖向内折叠。
- 抓住两只鸡爪一起向上抬起，再向鸡胸前部方向下压，使大腿紧贴鸡胸。
- 用穿针在鸡腿关节处穿入，水平横穿从另外一只鸡腿根部穿出。
- 在外端保留10cm左右的线绳（用于扎结）。
- 把鸡翻转过来，鸡背部朝上，把脖子皮覆盖在脊背上（图⑱）
- 在翅中的中间部位（在桡骨和尺骨之间）穿入针线，再穿入翅尖（翅尖折叠放入内侧）。
- 在脖子皮覆盖的脊骨下侧水平横向穿入。
- 从另外一头的脖子皮覆盖的脊骨下侧穿出，刺入翅尖，在翅中的中间部位穿出。

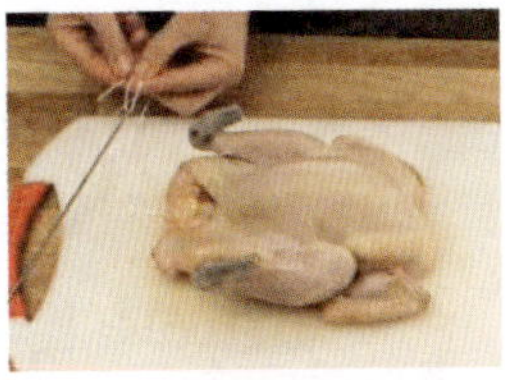

图⑫

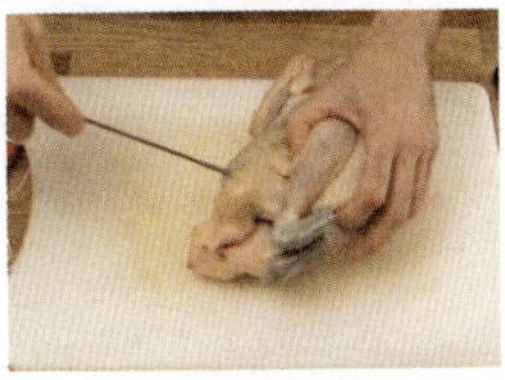

图⑬

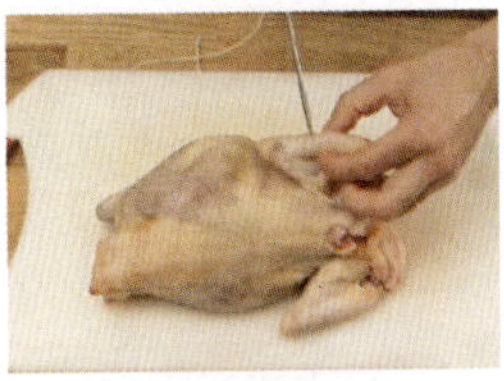

图⑭

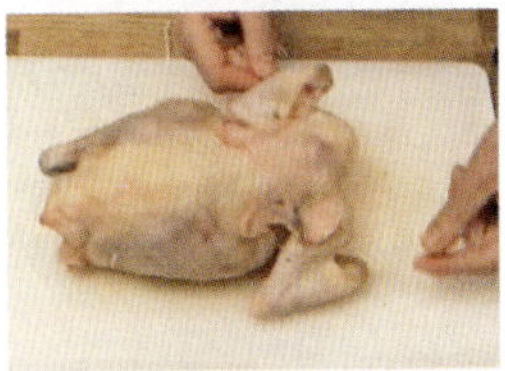

图⑮

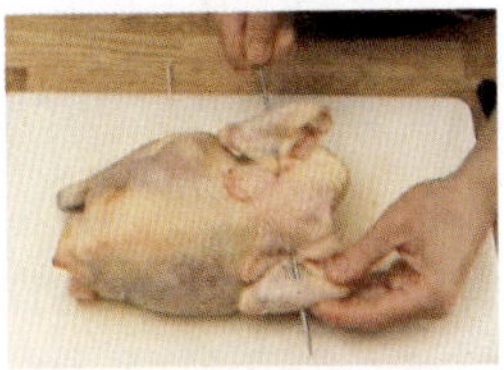

图⑯

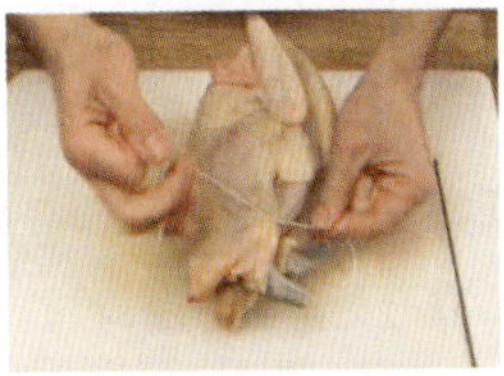

图⑰

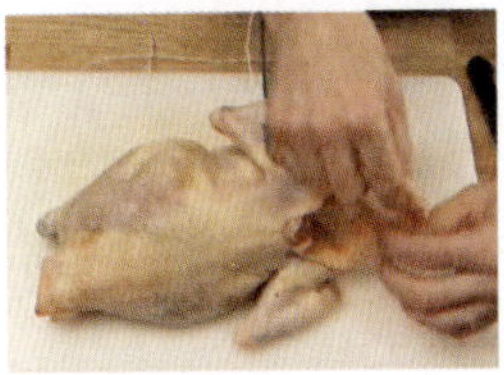

图⑱

- 用这一头的线绳与鸡腿部保留的另一端线绳紧系在一起。
- 剪掉多余的线绳。

整鸡下半身捆绑

- 整鸡胸部朝上，尾部朝向自己。
- 在髋骨孔（坐骨的凹陷处）处水平横向穿入针线，在另外一边穿出。
- 把鸡爪打开伸直，线绳绕过关节上部，放在胸骨尖（靠近尾部）底部。
- 线绳绕鸡爪关节处（与小腿连接处）1～2圈，勒紧。
- 与另一端的线绳打成结，剪掉多余的线绳。
- 用锡纸把鸡爪包裹住（在烹制过程中起到保护的作用）。

③整鸡（禽类）其他捆绑方法：

这两种捆绑方法特别适用于烹制后的整鸡在厨房进行分割。

方法一：

- 在鸡爪关节以下5cm处下刀，把鸡爪切掉。
- 割断鸡爪关节（与小腿连接处）的筋腱，避免跗骨在烹制过程中缩回原状。
- 在鸡内腔里涂抹少许的盐和白胡椒粉。
- 在胸骨（靠近肛门）两边的底部（与大腿根之间），用刀尖在皮上划开一道口。鸡爪关节向下弯曲紧贴小腿，把鸡爪关节（与小腿连接处）塞入胸骨下的口中（内腔）。
- 按照之前的捆绑步骤（禽类烤制前的捆绑方法）将整鸡捆绑紧实。在捆绑鸡翅时，要注意与脊骨在同一水平面上。

方法二（主要用于整鸡煮制）：

- 在鸡爪关节以下4cm处下刀，把鸡爪切掉。
- 割断鸡爪关节的筋腱，避免在烹制过程中跗骨缩回原状。
- 在鸡内腔里涂抹少许的盐和白胡椒粉。
- 在胸骨（靠近肛门）两边的底部（与大腿根之间），用刀尖在皮上划开一道口。鸡爪关节向下弯曲紧贴小腿，把鸡爪关节（与小腿连接处）及骨头完全塞入胸骨下的口中（内腔）。
- 按照之前的捆绑步骤（禽类焖和煮制前的捆绑方法）对整鸡进行捆绑。但注意，捆绑下半身时，在髋骨孔（坐骨的凹陷处）处水平横向穿入针线，在另外一边穿出，线绳绕过小腿，在胸骨尖（靠近尾部）底部穿过，不要固定跗骨，跗骨在烹制过程中慢慢回收，使胸部皮肤绷紧。

注意

在捆绑雏鸡、珍珠鸡、鸽子和鹌鹑等体形较小的禽类时，应在其胸部覆盖一层脂肪（猪皮下脂肪），将脂肪与整鸡一起捆绑，在烹制过程中起到保护的作用。

（3）整鸡分割。

方法一：

这种方法主要用于剔取胸脯肉，而且同样适用于鸭子或火鸡。

①在鸡爪关节（与小腿连接处）以上1cm处，用分刀刀根或砍刀将其砍断。

②在骨头断裂处挑拣出骨头碎片。

③在翅中与翅根连接的关节上方（靠近翅根）1cm处将肱骨斩断。

④在骨头断裂处挑拣出骨头碎片。

剔取鸡腿

①把整鸡背部朝上，尾部朝向自己。

②用小刀的刀尖在脊背后半部两侧（髋部）紧贴髋骨下刀，把凹进髋部的两块肉（栗子肉和黄金肉）与髋骨分离，这两块肉（经常被忽略）是鸡腿的一部分。

③整鸡侧倒放置，轻轻地拉紧铺平鸡身上的皮。

④左手把小腿抬起，右手用刀把大腿与胸脯间的皮呈弧形划开。

⑤刀刃在髋部的“栗子肉”底下划过，同时把大腿向上抬起，直到露出大腿骨根部与髋骨的关节（图⑲）。

⑥用刀割断关节处的筋腱，把鸡腿从鸡身上剔下。

⑦使用同样的方法处理另一只鸡腿。

⑧用剔骨刀紧贴大腿骨，把大腿骨上的肉剔下，一直剔到与小腿骨连接的关节处，把筋腱割断，并剔下髌骨，剔下的大腿骨上不要留肉。

⑨用剪刀剪去包裹在小腿骨末端（胫骨，之前用砍刀砍断的部位）以上1～2cm的肉、筋，使胫骨暴露出来。

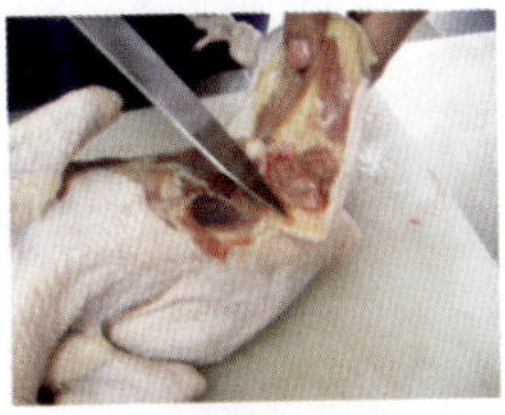
图⑲

剔取鸡胸脯肉

①胸部朝上，头部朝向自己，用小刀把胸脯肉与叉骨（呈V字形，在胸脯的前端）分离。要注意用刀，紧贴叉骨，避免损坏整条胸脯肉。

②用手把胸部的皮铺平拉紧。

③分别紧贴胸骨的两侧纵向走刀（图⑳），小心地把鸡胸从胸骨上剔下。注意不要把胸部内侧的小肉条与胸脯肉分离。

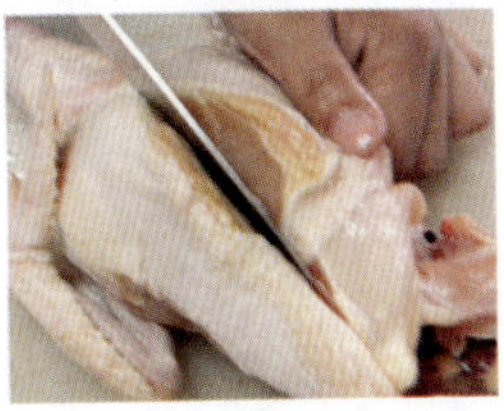
图⑳

④在靠近翅根根部的关节处，把肱骨关节拆分，切断连接的筋腱，使鸡胸肉与翅根连在一起。

⑤用同样的方法剔取另外一侧的胸脯肉。

⑥用小刀切去包裹在翅根骨末端（之前用砍刀砍断的部位）以上1.5cm的肉，使骨头暴露出来（图㉑）。

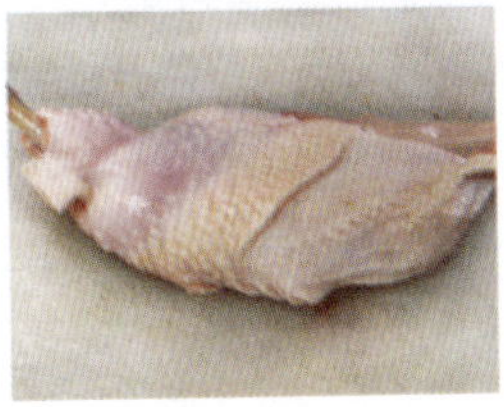
图㉑

方法二：

①剔取鸡腿：与“方法一”剔取鸡腿的方法相同。

②用小刀把胸脯肉与叉骨（呈V字形，在胸脯的前端）分离。

③鸡胸部朝上，左手掀起两个鸡翅同时抓住鸡身前部。

④从尾部入刀，在胸廓下方（可沿着胸脯肉边缘的脂肪条为参考线）向斜下方片，一直片到胸前部，斩断与脊背连接的骨头。

⑤与脊背分离后，胸部内腔朝上，用砍刀把前胸骨劈开，使胸脯能够完全展开。

注意

通常情况下不会剔除胸脯上的骨头，因为在烹制过程中，骨头会使肉质快速成熟并保持肉质湿润，胸部的骨头可在烹制完成后再剔除。

⑥用小刀紧贴胸脯后部把胸骨从胸脯肉中剔出（也可小心地用手把胸骨从胸脯肉中拉出）。

⑦把胸脯的皮肤拉紧铺平，胸内腔朝上，纵向摆放，在中间下刀，把带翅根的鸡胸均分两半。

⑧用小刀将每块鸡胸上的骨头、肋骨剔除，一直剔到翅根的关节处（肩胛骨）。

⑨用小刀切去包裹在翅根骨末端（之前用砍刀砍断的部位）以上1.5cm的肉，使骨头暴露出来。

（4）整鸡（禽类）烧烤前加工处理。

①在鸡爪关节（与小腿连接处）以上4～5cm处，用分刀刀根或砍刀将鸡爪砍掉。

②在骨头断裂处挑拣出骨头碎片。

③整鸡背部朝上，用分刀沿着脊柱左右两侧纵向分别把脊背从头到尾完全剖开，取下脊背骨。

④顺着脊柱的方向，用刀尖把前胸骨劈开，使内腔完全展开。

注意

鸡爪经过火燎、去皮及鳞片、切除指甲，中间的部分可以保留（用于制汤）。

⑤用小刀将内腔侧面的肋骨剔除（也可在烹制完成后再把肋骨剔除，在烧烤过程中肋骨可以对鸡肉起到保护的作用）。

⑥割开大腿的关节，割断鸡爪关节（与小腿连接处）的筋腱。

⑦在胸骨（靠近肛门）两边的底部（与大腿根之间），用刀尖在皮上划开一道口。鸡爪关节向下弯曲紧贴小腿，把鸡爪关节（与小腿连接处）及骨头完全塞入胸骨下的口中（内腔）。

⑧翅尖向内折叠压在翅中下面。

（5）“烤仔鸡”（扁平青蛙状）加工处理　这种加工方法特别适用于小型禽类，如仔鸡、幼鸽等。

①将鸡爪放在火上面，使其表面的鳞片浮肿脱落。

②迅速（不要让鸡爪放凉）用布裹住鸡爪将其表面的皮及所有鳞片搓掉。脚趾之间和脚底可用小刀将表皮刮掉。

③用刀将鸡爪趾尖（指甲）切掉。

④切掉翅尖（大约1cm）。

⑤从尾部入刀，在胸廓下方（可沿着胸脯肉边缘的脂肪条为参考线）向斜下方片，一直片到胸前部。

⑥将胸部翻开，内腔朝下，胸部和背部朝上，脖子皮放入胸腔孔内。

⑦剔除内腔里小块的肋骨。

⑧用拍刀把整鸡拍平。

2. 注意事项

（1）不要将拽出的内脏放在案板上（避免内脏带有的细菌间接污染鸡肉），应直接放在不锈钢盘里。检查内脏的质量是否新鲜。

（2）在处理肝脏时要小心，避免将胆囊弄破。

（3）内脏加工处理所接触的工具必须清洗消毒。

（4）整鸡剔除鸡腿和鸡胸后，剩余的骨头可以利用，制作基础汤。

3. 实训总结

鸡在烹饪过程中独立成菜（主菜），通常可以整只（烧烤）使用，也可以根据需要将其分割成鸡腿和鸡胸。

作为一项基本技能，在整鸡加工过程中涉及整鸡加工处理，如去内脏及内脏处理、整鸡捆绑、整鸡分割、剔骨等技术要点，需要熟练掌握。

实训项目2 鸭（Duck）基本加工

相关知识

知识点1 鸭是雁形目鸭科（Anatidae）鸭亚科（Anatinae）水禽的统称，或称真鸭。在中国有2000年的家养史，在法国主要的两种鸭是南特鸭（Nantais）和巴巴里鸭（Barbarie）。鸭子在宰杀三天后，肉质较为鲜美。

知识点2 鸭子适合烤制，肉质细嫩；炖制（配有洋葱、橄榄、萝卜或酸性水果等）或瓤馅烤制，肉质较嫩，如橙汁炖鸭；大型的鸭适合片成肉卷、肉批或做什锦砂锅（白扁豆与鹅、鸭、猪肉、羊肉炖制）。当然，幼鸭肉质更加软嫩，胸骨尚未骨化，适合瓤馅烤制，如菠萝鸭、鲁昂瓤馅鸭、芒果鸭等。

实训准备

实训场地准备：西餐实训厨房加工间（禽肉加工区域——肉房）。

实训用品准备：小刀，分刀，剪刀，钢针，线绳，菜板，不锈钢盘，不锈钢盆。

仪容仪表准备：穿厨师工作服、工作鞋、工作帽、围裙，不佩戴任何饰物，不留长指甲，洗净双手。

实训内容

1. 鸭子基本加工

原料准备

原料	单位	重（数）量
鲜整鸭	只	1
猪网油	kg	0.25
盐	kg	适量
白胡椒粉	kg	适量
平均准备时间	min	5
平均加工处理时间	min	30

操作过程

（1）鲜整鸭初加工处理及捆绑。

伸展四肢，火燎整鸭

①一只手抓紧头部和两个翅膀，另一只手抓紧两个爪子。用力向两侧拉长四肢使其充分伸展。

注意

鸭掌去皮的专业方法是将鸭掌放到开水中，然后捞出，这样很容易去除鸭掌上的表皮。

②将其放在火上面，用火燎鸭身上（包括颈部、翅膀和腿）未拔除干净的绒毛、羽毛。受热的皮肤慢慢地肿起，与肉分离，但注意不要把表皮烧煳（控制好与火的距离）。

③用手托住鸭身，把鸭爪放在火上面（不要燎鸭蹼），使其表面的鳞片浮肿脱落。

④迅速（不要让鸭爪变凉）用布或吸油纸裹住鸭爪上半部（禽距）将其表面的皮及所有鳞片搓掉，鸭蹼不用清理，切掉整个鸭掌。

⑤检查整个鸭身上是否还带有未剔除干净的羽毛和绒毛。如果有，可手持小刀，用刀刃与拇指夹住羽毛或绒毛将其拔除。

⑥用干净的布将整个鸭身表面擦拭干净。

整鸭修整

①用刀根部在鸭爪关节（与小腿连接处）以下4～5cm处（直到鸭爪后面的最小的脚趾）将整个鸭掌砍掉，放在不锈钢盘中保留。

②在翅中和翅根的关节处下刀，切掉翅尖、翅中，放在不锈钢盘中保留。

③将整鸭背部朝上，鸭头朝向自己。

④用手抓紧脖子下的皮，使脖子上面的皮紧绷，用刀纵向把整个脖子的表皮划开（从脖子根部划开一直划到头根部）。

⑤用手将皮内的脖子拽出来，使脖子与表皮分离。

⑥用刀在脖子根部（与脊椎骨平齐）将脖子切断。

⑦在脖子皮中间的位置将其切断，鸭头和脖子与鸭身分离（在整鸡捆绑时，在鸭身上的脖子皮用于封闭剔除脖子时脊柱前留下的洞口），切成大块放在不锈钢盘中保留。

⑧用手抓住肛门口向外拽，用刀横向将其切掉（不要切得过多而导致肛门口过于宽大，一个手

指的宽窄较为合适，用于食指伸入腹腔清理内脏），放入垃圾盘中。

清空整鸭内脏

参考之前整鸡清空内脏的操作步骤。

去除鸭锁骨（叉骨）

鸭胸部朝上，把脖子皮掀起来，把锁骨从胸前小心地拽出，避免破坏胸脯肉。

去除鸭皮脂腺（尾脂腺）

鸭背部朝上，用小刀划开尾部（屁股）两侧的皮，用刀尖分别拔出两侧皮下的尾脂腺。

折叠尾部

鸭胸部朝上，把尾部向上，然后向内折叠，压入腹腔中（之后用穿针线绳捆绑，避免在烹制过程中从腹腔中出来）。

①把鸭爪关节（与小腿连接处）折叠，用刀把关节外侧的筋腱割断。

②在胸骨（靠近肛门）两边的底部（与大腿根之间），用刀尖在皮上划开一道口。鸭爪关节向下弯曲紧贴小腿，把鸭爪关节（与小腿连接处）完全塞入胸骨下的口中。

捆绑

①鸭身上半部捆绑与整鸡捆绑的步骤相同。

②鸭身下半部捆绑时，注意在穿针穿过髋骨后，同时穿过鸭尾部（折叠在腹腔中），然后水平横向从另外一端的髋骨穿出，线绳与另外一端的线头扎结，捆绑紧实。

（2）鸭胸脯肉加工处理　鸭、鹅的胸脯肉通常与肥肝（鸭、鹅）产品配合食用。

①根据需要（皮上带有羽毛或绒毛），用火燎鸭胸皮。

②如果皮上还带有羽毛，可手持小刀，用刀刃与拇指夹住羽毛或绒毛将其拔除。

③用小刀剔除鸭胸肌肉上覆盖的筋膜（微蓝色）。

④去除鸭胸上的血管和凝血块。

⑤把鸭胸肌肉边缘过多的脂肪切除。

⑥在鸭胸皮上用刀划成规则的网格状（菱形），不要划得过深而碰到肌肉。

（3）鸭腿剔骨瓤馅　鸡腿剔骨瓤馅的方法与鸭腿剔骨瓤馅的方法一致。

①把鸭腿从鸭身上剔下。

②用剔骨刀纵向划开大腿肉，紧贴大腿骨，把大腿骨上的肉剔下，一直剔到与小腿骨连接的关节处，整个关节暴露出来后，在关节下方1cm处（小腿胫骨），把小腿胫骨斩断，大腿骨及关节上不要留肉。

③用剪刀剪去包裹在小腿骨末端（与鸭爪关节连接处）以上1～2cm的肉、筋，使胫骨暴露出来。

④留取少许的鸭肉，用于制作馅料（制成肉泥，加入开心果碎末或鲜蘑碎末等）。

⑤用少许的盐和白胡椒粉涂抹在鸭腿肉上。

⑥平铺展开鸭腿肉，皮朝下。把适量的馅料放在鸭腿内部（剔除腿骨的位置）。

⑦将大腿肉向内折叠，并包裹好馅料，使其形状像梨形。

⑧用手提起接缝处的皮，同时用穿针把接缝处的皮缝合。

⑨把鸭腿捆绑紧实。

⑩用猪网油把整个鸭腿均匀地包裹好，露出小腿骨。

2. 注意事项

（1）鸭身上剔下的下水加工方法与鸡一样。

①翅膀、脖子斩成大块。

②去除心脏外膜和凝血块。

③去除肝脏的胆囊。

④去除鸭胗包裹的脂肪，剖开去除内膜及杂质。

（2）不要将拽出的内脏放在案板上（避免内脏带有的细菌间接污染鸭肉），应直接放在不锈钢盘里。检查内脏的质量是否新鲜。

（3）内脏加工处理所接触的工具必须清洗消毒。

（4）鸭身上剔下的骨头，可以用于制作鸭基础汤。

3. 实训总结

鸭在烹饪过程中独立成菜（主菜），通常可以整只（烧烤）使用，也可以根据需要将其分割成鸭腿和鸭胸。

作为一项基本技能，在整鸭加工过程中涉及整鸭加工处理，如去内脏及内脏处理、整鸭捆绑、整鸭分割、鸭腿脱骨、鸭胸处理等技术要点，需要熟练掌握。

实训项目3 家兔（Rabbit）基本加工

相关知识

知识点1 家兔是兔形目兔科动物，兔的种类很多，有食用兔、毛用兔、实验兔和宠物兔。在餐饮业通常把家兔（食用兔）也归类到了禽类，一般家兔（年轻）大约养到3~4个月（最多）就可以用于食用，毛重1.4~1.8kg。胸部肉很少单独使用，通常和后半身（脊背、大腿）一起烹制。

知识点2 幼龄家兔的品质特征为外表新鲜，全身的皮完全被剥掉，脊背宽、肉厚实，肾脏（腰子）应当被白色脂肪包裹而紧实，肉色呈淡粉色，细腻、紧实、有韧性、弹性，大腿短而结实，圆润饱满。肝脏体积庞大，光亮、无杂痕。

实训准备

实训场地准备：西餐实训厨房加工间（禽肉加工区域——肉房）。

实训用品准备：小刀，分刀，菜板，不锈钢盘，不锈钢盆。

仪容仪表准备：穿厨师工作服、工作鞋、工作帽、围裙，不佩戴任何饰物，不留长指甲，洗净双手。

实训内容

1. 家兔基本加工

原料准备

原料	单位	重（数）量
家兔	只	1
平均准备时间	min	5
平均加工处理时间	min	25

操作过程

整兔分割加工处理如下。

购买的家兔通常已经去皮、去内脏（只留有肝脏），体形较大的家兔，可以分割成8~10块，适合4~5人食用。

①把肝脏取出，保存另作他用。

②整兔横向摆放，切去兔头，在脊背部与腰部的连接处下刀，把整兔分割成两部分。

③上半身纵向摆放，掀起前腿，在前腿与胸廓肋骨（无关节）之间入刀，分别把两只前腿卸下（图①）。

④下半身纵向摆放，掀起后腿，在大腿根部入刀（腰部下方），沿着脊骨一直剔到骶骨，分别把两只大腿卸下（图②）。

⑤把整条大腿横向分割成两部分：在小腿关节上方2cm左右用分刀的刀根部将其骨头和肉砍断。

⑥在砍断的骨头处，查找碎骨头并将其挑出。

⑦把腰部横向摆放（图③），切掉尾骨，腰部平均切成2~3份。

⑧切好的成品。

用处：

①下半身和腰部：适用于烤和焖，配以奶油、芥末、普罗旺斯香草，或瓤馅等方法制作。

②兔块：适合炖、烩（白葡萄酒烩兔肉）、煎炒（配汁）等方法制作。

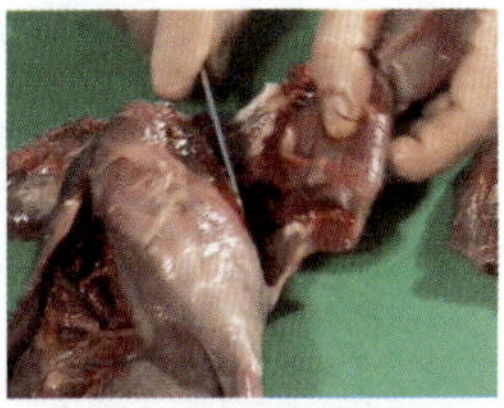

图①

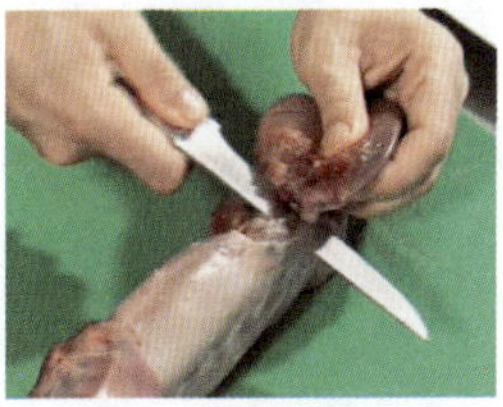

图②

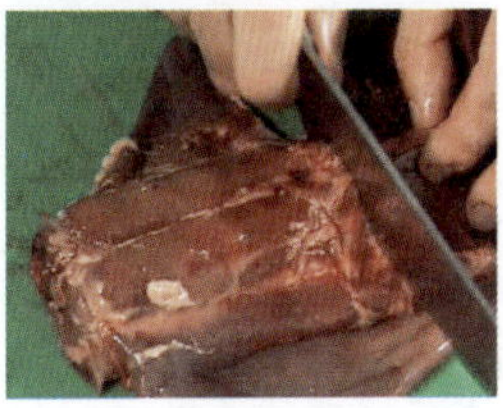

图③

2. 注意事项

（1）在剔取兔腿时，注意大腿根部的栗子肉要连同大腿一起剔下。

（2）兔腰部可以剔去骨头（剔骨同羊鞍剔骨方法），进行瓤馅。

（3）剩余的骨头可以用于制作基础汤。

3. 实训总结

家兔在烹饪过程中独立成菜（主菜），通常根据需要加工成大块使用或腰部剔骨瓤馅使用。

作为一项基本技能，在家兔加工过程中涉及砍的技法和整兔分割、脊背剔骨等技术要点，需要熟练掌握。

第五节 水产类原料加工工艺

一、水产品原料的初步处理

目前使用的水产品大都是未经加工的原料，进货后应及时加工，去除内脏，洗涤干净，因内脏中含有较多的细菌，容易腐败。加工后，再冷冻贮存。冷冻的水产品，解冻时仍要采取缓慢解冻的方法。

二、水产品原料的加工工艺

西餐中常用的水产品主要有鱼类、贝类和虾蟹类等，其加工方法各不相同。

1. 鱼类原料

（1）鱼各部位划分（图3-25）。

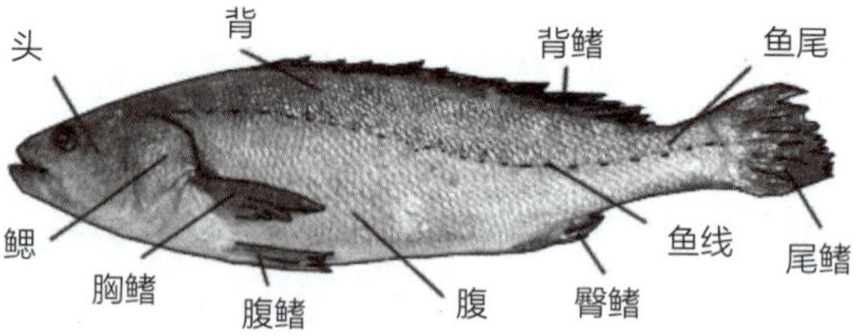

图3-25 鱼各部位划分

（2）鱼类原料初步加工准备。

①鱼类在初步处理过程中需要不同的工序来完成：剪鳍、刮鳞（根据鱼的种类）、清除内脏和清洗。

②鱼类在加工过程中应远离其他的加工区域（防止污染其他区域），最好是有其固定的加工区，能够便于清洗和消毒。

（3）鱼类体形分类。

①纺锤形鱼类　鲷鱼、鲈鱼、牙鳕、红鱼、鳕鱼、三文鱼等。

②平鱼类　鲽鱼、鲆鱼、舌鳎鱼、多宝鱼等。

2. 虾蟹类原料

虾蟹类原料有大虾、龙虾、螯虾、蟹等。

3. 贝类原料

贝类原料有牡蛎、贻贝、蛤等。

实训项目1 小型鱼类基本加工

相关知识

知识点1　鲷鱼又名加吉鱼、班加吉，硬骨鱼纲鲈形目，鲷科，主要分布于印度洋和太平洋西部海域，为海洋底层结群。食肉暖水性，随海洄游鱼类，一般体长30～50cm，肉多刺少，肉质洁白，鲜美，体长30～40cm的鲷鱼味道最佳。挑选时应该注意鱼眼上方的腊青色光泽，该处光泽越明显的鲷鱼越新鲜。体形较小的鲷鱼可整条烹制，如清煎、填馅、烧烤等；体形较大的鲷鱼可剔取净肉，用于煎、炸、烩等，另外其骨架可用于煮汤。

知识点2　牙鳕产于欧洲，是东北大西洋、北地中海、西波罗的海及黑海重要的鱼类食材。肉食性，以无脊椎动物和小鱼为食。具三背鳍、二臀鳍。颏须小或无。体长最大约70cm。银白色，胸鳍根部附近有一明显黑斑。适用于蒸制和煮制，可以瓤馅烹制。

知识点3　红鱼产自地中海、非洲和亚洲地区，头较大，侧线完全与背缘平行，眼间隔宽而突起，全身鲜红色。主要掠食小型鱼类，体健身壮，一般可活四五年，长寿者可达7年以上。其个体较大，肉厚刺少，肉质鲜美，蛋白质含量高，营养丰富，因而被列为优质海产鱼类，是著名的海鲜美食。适合蒸制、水煮、瓤馅、煎、烤等烹饪方法。

实训准备

实训场地准备：西餐实训厨房加工间（水产品加工区域）。

实训用品准备：剪刀，刮鳞刀，小刀，餐勺，剔鱼刀，镊子，菜板，不锈钢盘，不锈钢盆。

仪容仪表准备：穿厨师工作服、工作鞋、工作帽、连身胶皮围裙，不佩戴任何饰物，不留长指甲，洗净双手。

实训内容

1. 小型鱼类基本加工

原料准备

原料	单位	重（数）量
牙鳕	条	3
或 红鱼	条	3
或 鲷鱼	条	3
平均准备时间	min	15
平均加工处理时间	min	30

操作过程

（1）小型鱼类初加工（牙鳕、鲷鱼、红鱼等）。

剪鳍

①用剪刀把鱼鳍（背鳍、腹鳍、胸鳍、臀鳍）和鱼口须（如果有）剪掉，但是要小心谨慎一些，鱼鳍非常坚硬，并带有尖刺和毒（图①）。

②修整尾鳍，剪去多余的部分使其形状规整（图②）。

去鳞（有鳞的鱼）

①紧紧地抓住鱼尾，用刮鳞刀小心地把鱼身上的鳞片全部刮掉。

②用水清洗干净。

去鳃及内脏

①把鱼鳃盖骨掀起，用小刀的刀尖把鳃两端的连接处割断，并把鳃扯下。也可以用手小心地把鳃直接拔出，或用剪刀把鳃剪下（图③）。

②在清除鳃的同时，也要把鳃盖骨内的其他物质清空，但是要注意不要损坏其脑部的整体结构。

③用小刀从肛门孔插入往头的方向纵向在鱼的腹部割开2～3cm长的口。

④清除腹腔内的所有内脏（肠、肝、鳔等）。

⑤如果从鳃的部位取出了内脏，这时也要再次确定是否有遗留（凝血块、腹腔内膜等），确保要清理干净腹腔内脏（如牙鳕、鲱鱼等其腹部非常软嫩，容易破裂，在加工时要额外小心）。清理时可借助勺柄，一边用水冲洗腹腔，一边用勺柄刮其腹腔内壁。

⑥小心地把鱼内外清洗干净后，放到冰水盆中浸泡数分钟，使其排出体内残留的物质（如血液等）。

⑦从水中捞出后，用吸水纸吸干表皮水分。

⑧最后，再次检查腹腔内膜（黏附在腹腔内壁的黑色薄膜）是否剔除干净。

图①

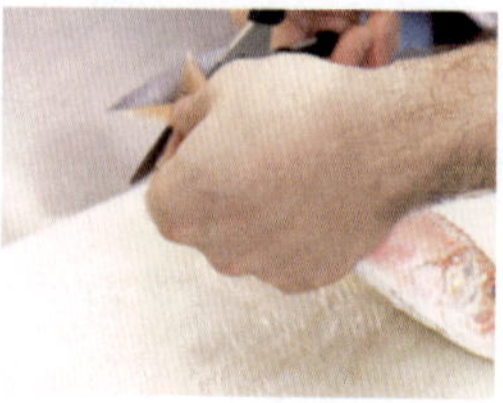

图②

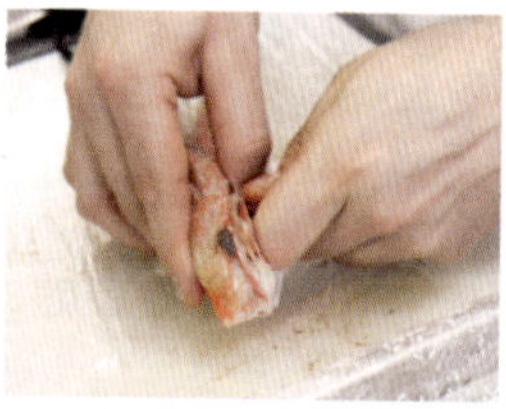

图③

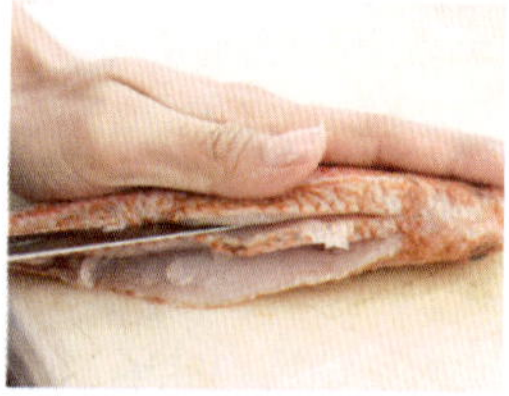

图④

图⑤

（2）小型鱼类净肉提取（牙鳕、鲷鱼、红鱼等，右手持刀的加工方法）。

方法一：

①用吸水纸把初加工处理过的鱼表皮的水分吸干。

②将鱼放在案板上，尾部朝向自己，鱼背朝向右侧。

③左手张开平压在鱼背上面。

④用剔鱼刀在鱼脊背骨上面1～2mm处下刀，从头到尾紧贴鱼骨，把鱼肉与鱼骨分离（图④）。

⑤绕过头部紧贴鱼骨小心地把鱼肉剔下。

⑥剔下鱼肉后，把鱼反过来，鱼头朝向自己（图⑤）。

⑦在鱼脊骨上面1～2mm处下刀，从头到尾紧贴鱼骨，把鱼肉剔下。

⑧绕过头部紧贴鱼骨把鱼肉剔下，避免在鱼骨上留下鱼肉，保持净鱼肉片的厚度。

方法二：

这种加工方法也特别适用于大体形（圆柱形）的鱼类（鲑鱼、鳕鱼、鲈鱼等）。

①首先把鱼平放在案板上，鱼尾朝向自己，鱼脊背朝向右侧。

②左手手掌平压在鱼身上。

③用鱼刀在鱼脊背骨的两侧1～2mm处紧贴脊骨分别把鱼肉划开。

④鱼刀在鱼骨上轻轻划动，逐渐把脊骨上面的鱼肉剔下，绕过头部与鱼骨分离。

⑤这时不要移动鱼的位置。

⑥鱼刀轻轻划进鱼脊骨下面的肉中，紧贴鱼骨，把脊骨下面的鱼肉剔下，抬起整条鱼骨绕过头部与鱼骨分离。

去皮

①剔下的两片鱼肉，鱼皮朝下紧贴案板。鱼尾朝向自己。

②左手手指捏住鱼尾部的鱼皮，右手持刀，让刀刃从鱼尾部的鱼皮与鱼肉间呈30°角切入。

③慢慢地向前左右走刀，同时左手朝自己的方向紧拉鱼皮，直到把鱼皮剔下。

（3）小体形鱼类整鱼剔骨（右手持刀的加工方法） 初步加工时采取从鳃取出内脏的方法，不要打开腹部取出内脏。

①把鱼平放在案板上，鱼尾朝向自己，鱼脊背朝向右侧。

②左手手掌轻轻地压在鱼身上（图⑥）。

③用鱼刀在鱼脊背骨的上侧1～2mm处紧贴脊骨，从鱼头至距离鱼尾1cm处把鱼肉与鱼骨划开，鱼肉不要与头部分离，注意不要刺破鱼肚。

④把整条鱼掉转方向，鱼头朝向自己。

⑤剔另外一面的鱼肉，用鱼刀在鱼脊背骨的上侧1～2mm处紧贴脊骨，从鱼头至距离鱼尾1cm处把鱼肉与鱼骨划开，鱼肉不要与头部分离，注意不要刺破鱼肚。

⑥把两片鱼肉打开（图⑦），用带齿的剪刀把鱼头部位和鱼尾的脊骨剪断（图⑧）。

⑦小心地把脊骨从鱼体内取出（图⑨），并使用镊子夹出肉中的小刺（图⑩）。

⑧确保体内的内脏和凝血块全部排空，把黏附在腹部的黑色薄膜撕去（图⑪）。

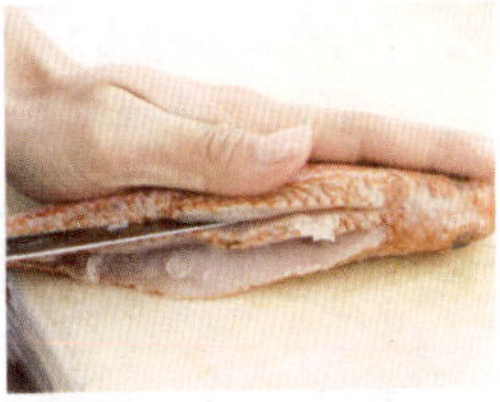

图⑥

图⑦

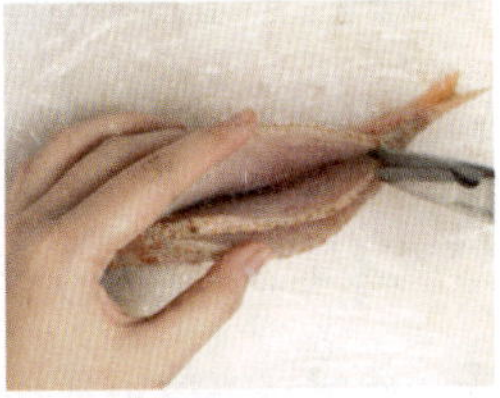

图⑧

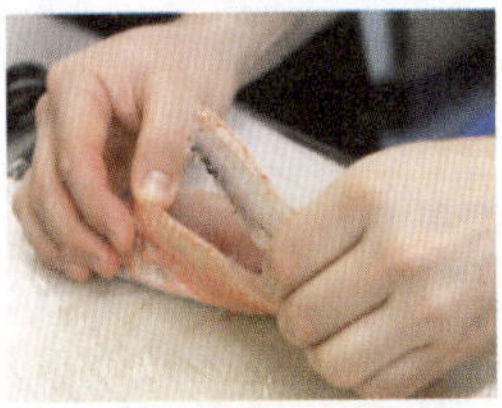

图⑨

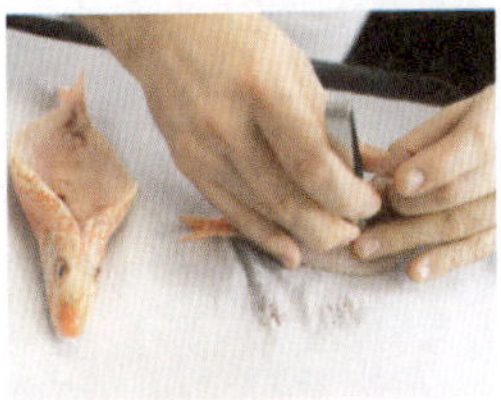

图⑩

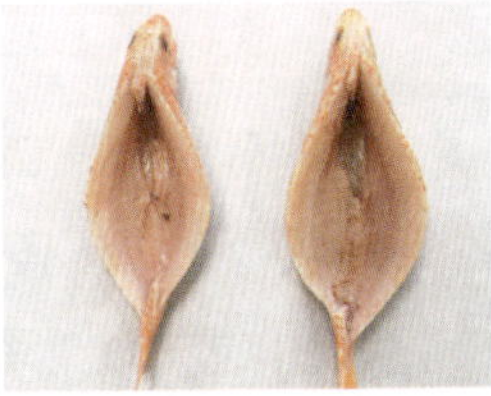

图⑪

⑨用清水冲洗干净，再用吸水纸吸干表皮水分。

用处：适用于蒸和煮烹制法；瓤馅鳟鱼或苏芙莱菜品。这种去骨的整鱼可按英式烹制法裹面包屑炸，烤制，也可以在鱼体内瓤鱼类肉馅或甲壳类肉馅（鳟鱼馅或蛋奶酥）。

2. 注意事项

（1）鱼类在加工过程中应远离其他的加工区域（防止污染其他区域），最好是有其固定的加工区，能够便于清洗和消毒。

（2）在处理鱼鳍时要额外小心，避免有毒的鱼鳍将手刺破而感染。

（3）一些在鱼背部开口瓤馅的菜肴，在加工时则不需要从腹部开口取出内脏，应从鳃部取出内脏。

（4）加工处理过的整鱼，应放入冷水中浸泡，去除血液、黏膜等杂质。

（5）鱼肉如果不是立即使用，应密封冷藏短时间保存。

3. 实训总结

小型鱼类在烹饪过程中独立成菜，可根据需要整鱼使用或加工成净鱼柳、鱼条等。

作为一项基本技能，在小型鱼类加工过程中涉及去鳃、剪鳍、去内脏、去鳞、去皮、剔骨、拔刺等技法，需要熟练掌握。

实训项目2 鳕鱼（Cod）基本加工

相关知识

知识点1　鳕鱼又名繁鱼，硬骨鱼纲，鲈形目鳕鱼科，为海洋底层结群，食肉洄游鱼类。我国北部沿海，产黑线鳕，个体较小，北欧沿海产的银线鳕，个体较大。鳕鱼肉紧实，洁白，近似蒜瓣肉，刺少，肉多，味美。鱼腹有弹性，表皮淡褐色，具有光泽。

知识点2　鳕鱼适用于煎、炸、煮、焖、铁扒、烟熏等多种烹饪方法。

实训准备

实训场地准备：西餐实训厨房加工间（水产品加工区域）。

实训用品准备：剪刀，刮鳞刀，剔鱼刀，分刀，菜板，不锈钢盘，不锈钢盆，线绳。

仪容仪表准备：穿厨师工作服、工作鞋、工作帽、连身胶皮围裙，不佩戴任何饰物，不留长指甲，洗净双手。

实训内容

1. 鳕鱼基本加工

原料准备

原料	单位	重（数）量
鳕鱼	条	2
平均准备时间	min	15
平均加工处理时间	min	40

操作过程

（1）鳕鱼初步加工准备（在市场上销售的整条鳕鱼通常是去除内脏的）。

①使用较大的剪刀把鱼鳍剪去。

②使用去鳞刀或者是用刀背把鱼鳞刮去。

③用水清洗干净。

切去鱼头

①切去鱼头时应选用较大的分刀，贴紧鱼鳃边缘下刀，同时向内倾斜约45°角，这样切去的鱼头不会带有过多的肉（去除眼睛和鳃的鱼头可用于制作鱼基础汤）。

②打开腹腔，把腹腔内壁的黑色薄膜用手或者借助吸水纸（比较新鲜的鱼，腹腔内壁膜紧附内壁较滑不易撕下）撕下。

③用小刀切除鱼鳔等其他附着物，并刮除凝血块。

（2）鳕鱼净肉提取（右手持刀的加工方法）。

剔除胸腹腔骨

用手指沿着鱼脊柱突出的部位从头到尾慢慢地把鱼肉推离出脊柱，取出胸腹腔骨。

剔取上片鱼肉

①把鱼平放在案板上，鱼尾朝向自己，鱼脊背朝向右侧。

②左手手掌轻轻压在鱼身上。

③用鱼刀在鱼脊背骨的两侧2～3mm处紧贴脊骨分别把鱼肉划开。

④鱼刀沿着鱼脊骨向内侧轻轻划动，逐渐把脊骨上面的鱼肉剔下。

剔取下片鱼肉

①这时不要移动鱼的位置。

②鱼刀轻轻划进鱼脊骨下面的肉中，紧贴脊骨下面，慢慢把脊骨抬起剔下鱼肉。

③注意不要在鱼骨上留下鱼肉，也不要用刀划破鱼肉，因为鳕鱼的肉非常柔软且松散易碎。

④修整净鱼肉（使其规整形状好看）并确保净鱼肉上没有任何的小刺，胸腹腔内无任何黑色黏膜。

去皮

①使用较大的分刀去除鱼皮。

②剔下的两片鱼肉，鱼皮朝下紧贴案板。鱼尾朝向自己。

③左手手指捏住鱼尾部的鱼皮，右手持刀，让刀刃从鱼尾部的鱼皮与鱼肉间呈30°角切入。

④慢慢地向前左右走刀，同时左手朝自己的方向紧拉鱼皮，直到把鱼皮剔下。

（3）鳕鱼净肉切片。

①把净鱼肉横向码放在案板上。

②刀面倾斜30°～45°片入鱼肉，根据整条净鱼肉的宽窄薄厚自行调节鱼片大小，但每片鱼片要规则，重量在120～150g。

（4）整条鳕鱼捆绑。

①将初加工后的鳕鱼切除鱼头鱼尾，最好使用其中段部位。

②将腹部的两片肉相互包裹起来。

③鳕鱼纵向码放在案板上，用线绳在鱼身上每隔一段的距离（3～4cm）进行一次捆绑（图①）。

④每份的重量在180～200g。

（5）鳕鱼带骨切块。

参考三文鱼带骨切块的加工方法。

图①

2. 注意事项

（1）鳕鱼的新鲜度下降很快，挑选时应注意其新鲜度。

（2）鱼鳍上有较大的尖刺非常危险，加工时应小心。

（3）剔取净鱼肉时，刀刃要紧贴住鱼骨，避免鱼骨上留有过多的鱼肉。

（4）剔下的净鱼肉要确保上面没有任何刺。

3. 实训总结

鳕鱼在烹饪过程中独立成菜，可根据需要将整鱼加工成净鱼柳、鱼条、鱼块等。

作为一项基本技能，在鳕鱼加工过程中涉及去鳃、剪鳍、去内脏、去鳞、去皮、剔骨、拔刺、捆绑等技法，需要熟练掌握。

实训项目3 三文鱼（Salmon）基本加工

相关知识

知识点1　三文鱼通常称为大西洋鲑，学名为Salmo Salar，主要分布在大西洋北部、太平洋北部的冷水水域。但后来泛指一切鲑科鱼类，尤指构成大麻哈鱼属（Oncorhynchus）的太平洋鲑。三文鱼属洄游性鱼类，在淡水中产卵，在海洋中长大，主要产于美国、加拿大、挪威及英国的河口处等寒冷水域，是西方国家普遍喜欢食用的鱼种，故在西餐制作中较为常用。

知识点2 鲑鱼平时生活在冷水海洋中，生殖季节长距离洄游，进入淡水河流中产卵。鲑鱼在产卵期之前，一般肉质柔软细嫩，味道浓厚。鲑鱼在产卵期内，肉质会变得较粗，味道也淡，此时的品质较差。鲑鱼肉含有高蛋白质及ω–3脂肪酸，但脂肪含量却较低。鲑鱼肉因为含有虾青素所以呈橙色，是红肉鱼类，但有少量白肉野生品种。

知识点3 三文鱼主要适用于烧烤、煎炒或制作开胃菜中的冷盘，真空机的出现也带动了真空烹制方法，更适用于三文鱼的肉质，保持其软嫩的口感，有些国家也普遍采用烟熏等干制方法。

实训准备

实训场地准备：西餐实训厨房加工间（水产品加工区域）。

实训用品准备：剪刀，刮鳞刀，剔鱼刀，分刀，镊子，菜板，大汤勺，不锈钢盘，不锈钢盆，线绳。

仪容仪表准备：穿厨师工作服、工作鞋、工作帽、连身胶皮围裙，不佩戴任何饰物，不留长指甲，洗净双手。

实训内容

1. 三文鱼基本加工

原料准备

原料	单位	重（数）量
三文鱼	条	2
平均准备时间	min	15
平均加工处理时间	min	40

操作过程

（1）三文鱼初加工准备。

修剪鱼鳍

①用带齿的剪刀从尾鳍（可修剪多余的部分）开始向脑部把所有的鱼鳍剪掉。

②使用刮鳞刀或者坚硬的刀背把鱼鳞刮去。

③小心地把表皮清洗干净。

去鳃

①把鱼鳃盖掀起，用剪刀把鱼鳃的两头剪断（图①）。

②但是要非常小心，不要把腹部连接头部的部分剪断。

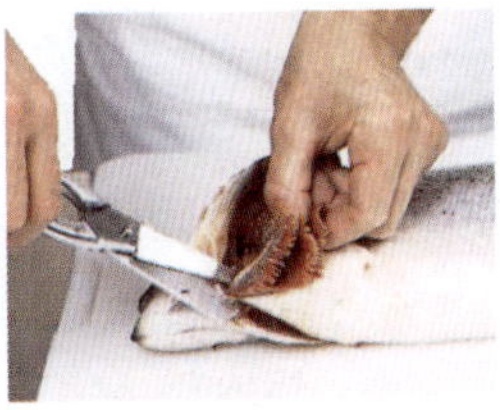
图①

去内脏

方法一：

①用分刀从腹部至肛门一字剖开。

②清除腹部内脏和凝血块。

方法二：

①从肛门口轻轻划开一刀，切断肠子。

②手从鳃部伸入鱼体内拽出所有内脏，注意动作要轻缓不能破坏胆囊。

③借用汤勺把上的挂钩，伸入鱼体内，紧贴内侧鱼骨把上面的凝血块刮掉。

④用水把鱼内外冲洗干净，放入冰水盆中浸泡数分钟，捞出。

⑤用吸水纸吸干其表皮水分。

（2）三文鱼带骨切块。

①把初加工后的整条三文鱼横向码放在案板上，去除头部和尾部，并保留起来（其中的鱼肉用于制作肉酱）。

②用较大的分刀把三文鱼横切成3～5cm厚的鱼块（根据需要而定），每块重量应保持在180～200g（图②）。

图②

③切到尾部时，应适量增加其厚度。

④小心修整其腹部，检查并确保上面无杂物（如凝血块等）。

⑤用线绳围绕鱼皮，把每块捆绑结实（注意线绳不要系的过紧，图③）。

图③

用处：三文鱼块通常用于制作烧烤菜肴。

（3）三文鱼净肉剔取（右手持刀的加工方法）。

①整条三文鱼浸泡清洗干净后，沥干水分。

②把鱼平放在案板上，鱼尾朝向自己，鱼脊背朝向右侧。

③左手手掌轻轻地压在鱼身上。

④用鱼刀在鱼脊背骨的两侧2～3mm处紧贴脊骨，分别把鱼肉划开（从头到尾）。

剔取上片鱼肉

鱼刀沿着鱼脊骨向内侧轻轻划动（图④），慢慢掀起鱼肉，逐渐把脊骨上面的鱼肉剔下。注意不要在脊骨上留下鱼肉。

图④

剔取下片鱼肉

①这时不要移动鱼的位置。

②鱼刀轻轻划进鱼脊骨下面的肉中，紧贴脊骨下面，慢慢把脊骨抬起剔下鱼肉。

③注意同样不要在鱼骨下面留下鱼肉，不要用刀划破鱼肉或鱼皮。

修整鱼肉（使其规整形状好看）

①纵向切去鱼肉腹部和脊背处较肥部分（图⑤）。

②用平头镊子顺着鱼刺的方向，把小刺拔出（图⑥）。

这时带皮的净鱼肉可用于制作烟熏三文鱼、腌制生食或切成块烧烤。

去皮

①使用较大的鱼刀去除鱼皮。

②剔下的两片鱼肉，鱼皮朝下紧贴案板。鱼尾朝向自己。

③用刀刃轻轻滑入鱼皮与鱼肉间，然后左手手指捏住鱼尾部的鱼皮，右手持刀，让刀刃从鱼尾部的鱼皮与鱼肉间呈30°角切入。

④慢慢地向前左右走刀，同时左手朝自己的方向紧拉鱼皮，直到把鱼皮剔下（图⑦）。

去除油脂

在鱼肉主轴的部位（靠近鱼皮的一面）有一层淡灰色的油脂覆盖了最好的肉质，在其两侧纵向分别倾斜一定的角度，呈V字形把其剔除掉（图⑧）。

（4）三文鱼净肉切片。

①把净鱼肉横向码放在案板上（图⑨）。

②刀面倾斜30°～45°片入鱼肉，根据整条净鱼肉的宽窄薄厚自行调节鱼片大小，但每片鱼片形状要规则，重量在120～150g（图⑩）。

③根据需要可以用拍刀把较厚的鱼片拍扁，使所有的鱼片薄厚保持一致，便于烹制。

④在拍鱼肉之前，应把鱼片放在两片沾湿的保鲜膜（或食品用的塑料片）之间，背面（靠鱼皮）朝下。

图⑤

图⑥

图⑦

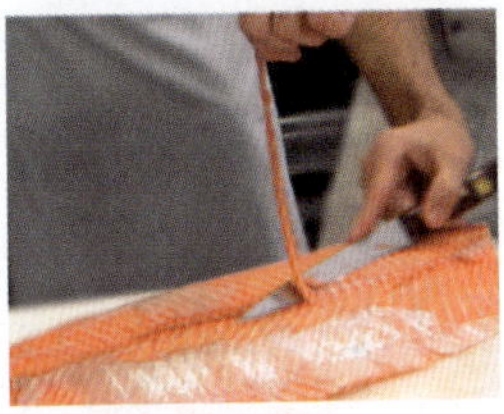

图⑧

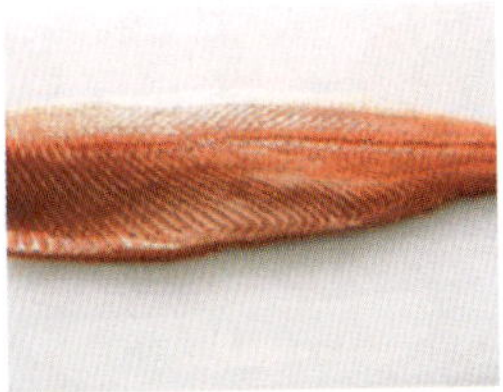

图⑨

图⑩

2. 注意事项

（1）如果初加工的整鱼是用于剔取净鱼肉的，则不需要在冰水中浸泡，只进行冲洗并沥干水分即可。

（2）整鱼刮鳞、去鳃、去内脏后要进行台面、刀具、工具等清理消毒。

（3）在剔取鱼片时，刀刃紧贴鱼骨，不要在脊骨上留下鱼肉。

（4）制作腌制、烧烤或煎制三文鱼时，不必将鱼皮剔除。

3. 实训总结

三文鱼在烹饪过程中独立成菜，既可熟食也可生食。可根据需要将整鱼加工成净鱼柳、鱼条、鱼块、鱼丁等。

作为一项基本技能，在三文鱼加工过程中涉及去鳃、剪鳍、去内脏、去鳞、去皮、剔骨、拔刺、捆绑等技法，需要熟练掌握。

实训项目4 舌鳎鱼（Sole）基本加工

相关知识

知识点1 舌鳎鱼又称鳎目，牛舌鳎，龙力。舌鳎鱼属硬骨鱼纲鲽形目鳎科舌鳎属，体呈扁平形，身长2～65cm，体重500～1500g，头部很短，眼小不对称，两眼均在左侧，鳞较大。有眼一侧，被栉鳞，淡褐色，有两条侧线；无眼侧，被圆鳞，呈白色，无侧线。有眼侧的后鼻孔位于两眼间。背鳍、臀鳍完全与尾鳍相连；无胸鳍；尾鳍尖形。

知识点2 舌鳎鱼肉质白色，味美，不易破碎。应选择肉质厚实，有弹性，体表新鲜，而有弹性的舌鳎鱼。舌鳎鱼适宜做鱼卷，也适宜煎、炸、焖等烹调方法。

实训准备

实训场地准备：西餐实训厨房加工间（水产品加工区域）。

实训用品准备：剪刀，刮鳞刀，剔鱼刀，拍刀，菜板，不锈钢盘，不锈钢盆，线绳。

仪容仪表准备：穿厨师工作服、工作鞋、工作帽、连身胶皮围裙，不佩戴任何饰物，不留长指甲，洗净双手。

实训内容

1．舌鳎鱼基本加工

原料准备

原料	单位	重（数）量
舌鳎鱼	条	2
平均准备时间	min	5
平均加工处理时间	min	20

操作过程

（1）舌鳎鱼初加工准备。

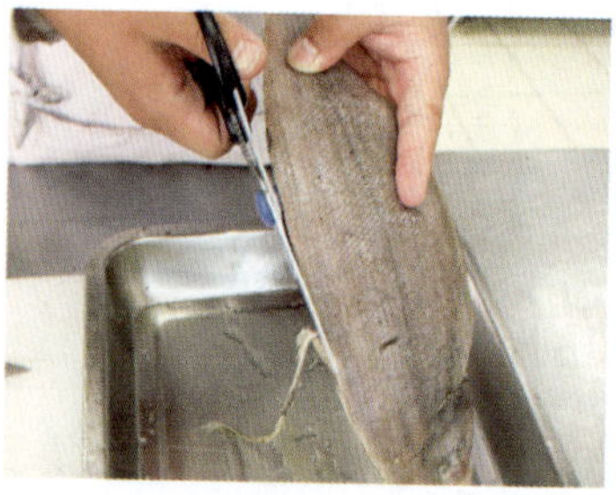

图①

剪鳍

①用手把舌鳎鱼周围的鳍展开。

②用剪刀把舌鳎鱼周围的背鳍、腹鳍及胸鳍等剪掉（图①）。

③剪短尾鳍并修整成“鱼尾”的形状。

去皮（只去颜色深的一面皮）

①把鱼放在案板上，鱼尾朝向自己。

②在鱼尾和肉连接的部位轻轻用刀横向划破表皮（图②）。

③用手从此破口处慢慢把鱼皮撕开（使用指甲）。新鲜的舌鳎鱼皮紧贴肉且黏滑，可借助布来撕

开表皮（图③）。

④当撕开表皮到鱼的中间部位时，用另外一只手压住撕开皮的鱼身，避免损坏鱼肉。

⑤撕开深色的表皮后，把鱼翻过来（白色表皮）。

⑥用刀刃从鱼尾到鱼头，把鱼鳞全部刮掉。

去内脏

①把鳃盖骨掀起，用小刀的刀尖把鳃拽出。

②在腹部纵向割开3～4cm的口。

③取出内脏、血块和鱼卵（如果有鱼卵需取出，图④）。

④用流动的清水把鱼内外清洗干净。

⑤放到冰水中浸泡数分钟。

⑥再次确保每条鱼的内脏清洗干净。

⑦从水中把鱼捞出，放到吸水纸上吸干表皮水分。

（2）舌鳎鱼净肉提取。

①剪去鱼鳍后，把鱼上下侧的皮分别撕下来（不需要去鳞，图⑤）。

②去除内脏，清洗干净后浸泡，最后沥干水分。

③舌鳎鱼正面朝上平放在案板上，尾部朝向自己（图⑥）。

④用剔鱼刀的刀尖贴近鱼脊柱两侧，从头到尾分别把两片净鱼肉划开（图⑦）。

⑤在靠近头的部位围绕鱼鳃把鱼肉与鱼头划开，因为头部周围的肉比其他部位的肉厚实，所以尽量减少浪费。

⑥再用刀尖围绕整条鱼的外侧鳍骨与鱼肉之间划开，避免鱼肉边缘带有肉须（毛茬）。

⑦剔鱼刀从脊柱左边划开的缝隙中弯曲探入，贴在底部的鱼骨上轻轻从鱼头向鱼尾划动，同时左手掀起剔下的鱼肉部分，直到把左边的鱼肉完全剔下（图⑧）。

⑧注意不要在鱼骨上留下鱼肉，而且不要割破净鱼肉，保持鱼肉表面清洁光滑。

⑨掉转鱼的方向，使鱼头朝向自己（图⑨）。

⑩从尾部向头部剔取第二片净鱼肉（对于右手持刀者来说，剔取净鱼肉总是在左侧）。

⑪把舌鳎鱼正面的两片净鱼肉剔下后，掉转方向使鱼尾朝向自己，把鱼翻过来，背面朝上。

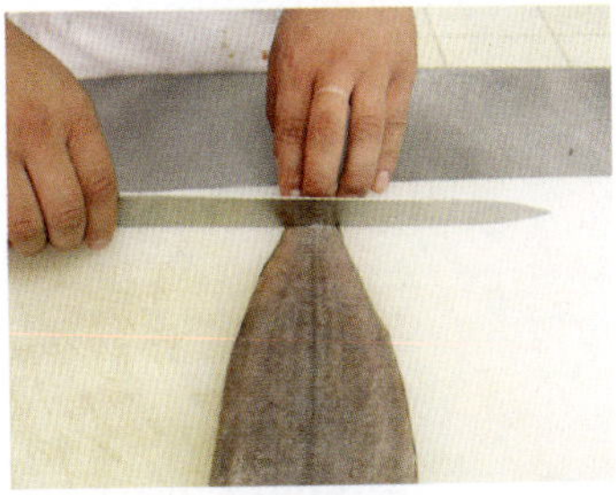

图②

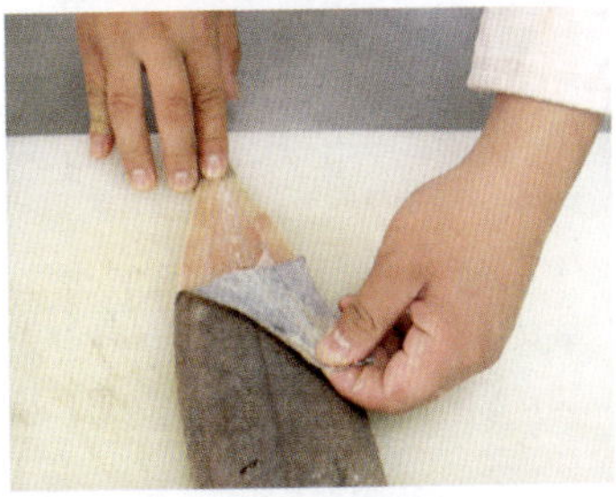

图③

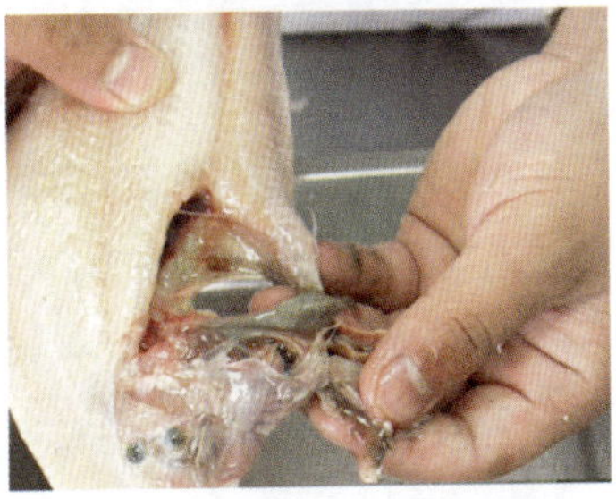

图④

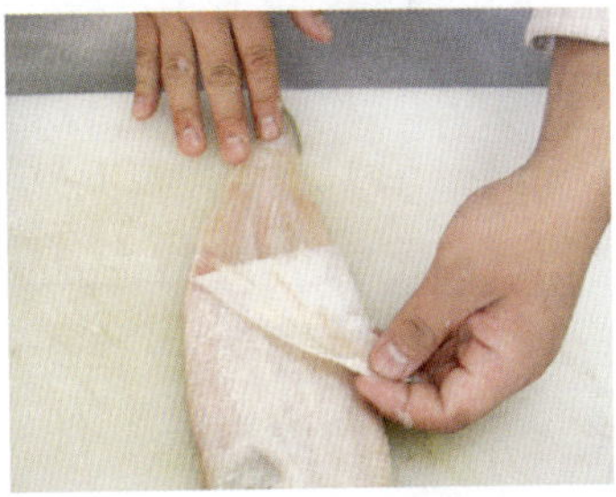

图⑤

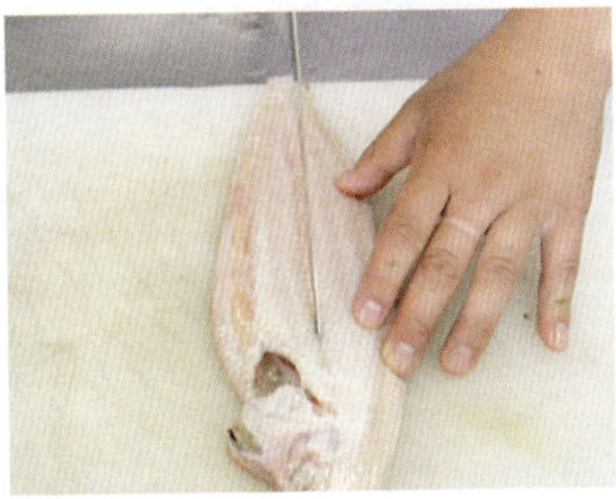

图⑥

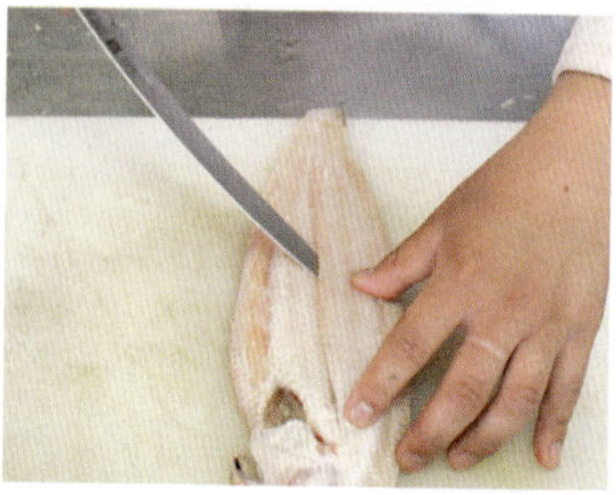

图⑦

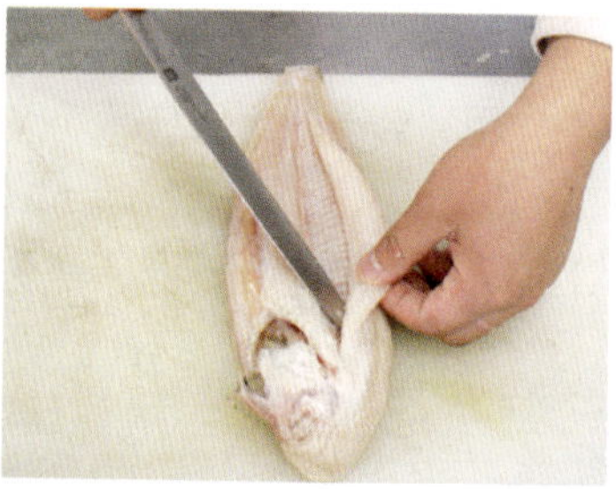

图⑧

图⑨

⑫用同样的方法把背面的两片净鱼肉剔下（图⑩）。

图⑩

修整净鱼肉

①如果鱼腹部发黑或发红应剔除。

②用手触摸整条净鱼肉，确保净鱼肉上无任何小刺。

③如果净鱼肉周围有肉须（毛茬），用刀切除使其规整。

④如果靠皮层的净鱼肉带有神经和筋膜组织应剔除（特别是较大的舌鳎鱼）。

⑤如果剔取的净鱼肉较大，用刀在其表面（靠鱼皮的一面）轻切数刀，但不要将其切断。目的是使其肉质松弛，在烹制的时候不易变形。

⑥把净鱼肉放入冰水中浸泡数分钟（不要浸泡时间过长）。

⑦净鱼肉沥水后，放在吸水纸上。

⑧用拍刀把较厚的净鱼肉片轻轻拍扁，使所有的鱼片薄厚保持一致，便于烹制。

⑨在拍鱼肉之前，应把鱼片放在两片沾湿的保鲜膜（或食品用的塑料片）之间，背面（靠鱼皮）朝下。

鱼骨处理

①用砍刀把整条鱼骨斩成大段。

②去除粘在鱼骨上的血块。

③再用水冲洗干净。

④把鱼骨放入冰水中浸泡数分钟（不要浸泡时间过长）。

⑤把鱼骨沥干水分冷藏，可用其制作鱼基础汤。

用处：舌鳎鱼可用于煎、炸、烤、煮、瓤馅等制作方法。

（3）舌鳎整鱼剔骨。

①把整条鱼的鱼鳍剪掉，去除正面灰色的鱼皮，把白色鱼皮的鱼鳞小心刮去。

②去除鳃和内脏后清洗干净，放入清水中浸泡数分钟后，沥干水分（具体操作步骤参考舌鳎鱼初加工）。

③纵向平放在案板上，尾部朝向自己，正面朝上。

④用剔鱼刀的刀尖贴近鱼脊柱两侧，从头到尾分别把两片净鱼肉划开。

⑤剔鱼刀从脊柱左边划开的缝隙中弯曲探入，紧贴底部的鱼骨，轻轻从鱼头向鱼尾划动，同时左手掀起剔下的鱼肉部分。

⑥在距离外围边缘1cm处停止，避免把鱼肉完全剔下。

⑦掉转鱼的方向，使鱼头朝向自己（图⑪）。

⑧从尾部向头部剔左侧的鱼肉（对于右手持刀者来说，剔净鱼肉总是在左侧）。

⑨同样在距离外围边缘1cm处停止，避免把鱼肉完全剔下（图⑫）。

⑩用剪刀把靠近头部和尾部的脊柱骨剪断［加工到这一步时的舌鳎鱼可用于制作克罗白舌鳎鱼（Sole Colbert），在煎制后容易剔除整条鱼骨，图⑬］。

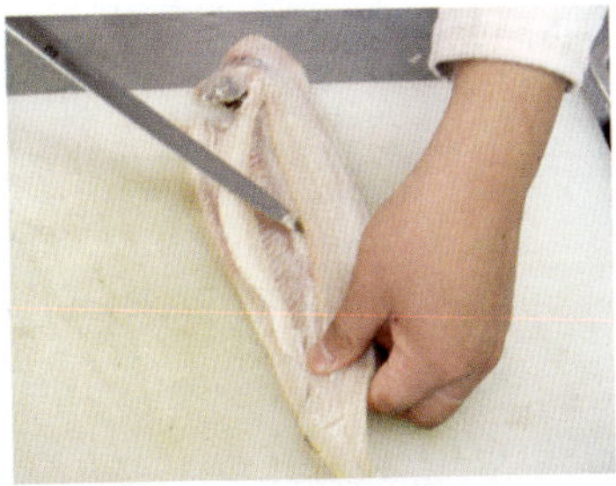

图⑪

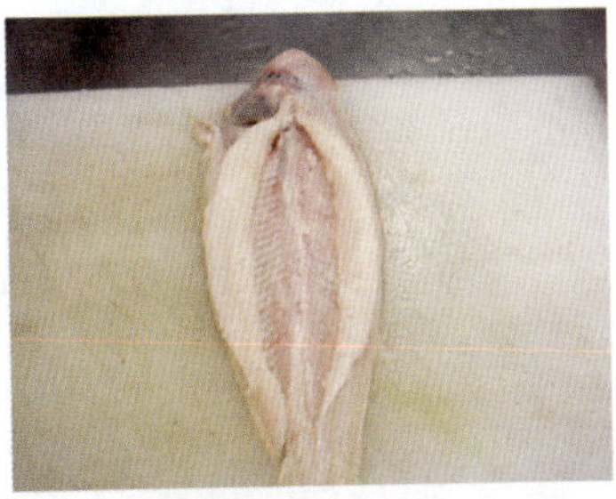

图⑫

图⑬

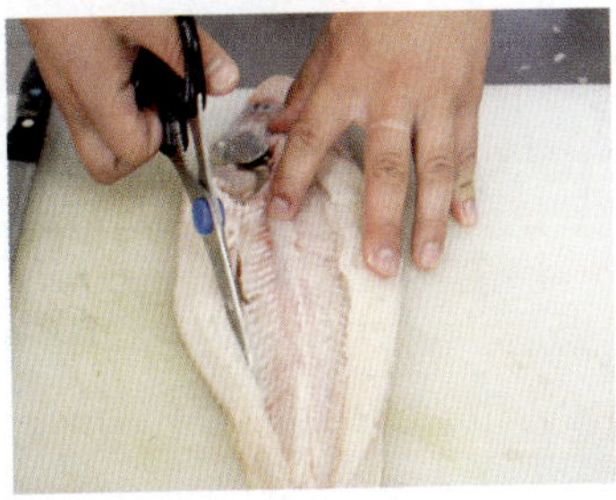

图⑭

图⑮

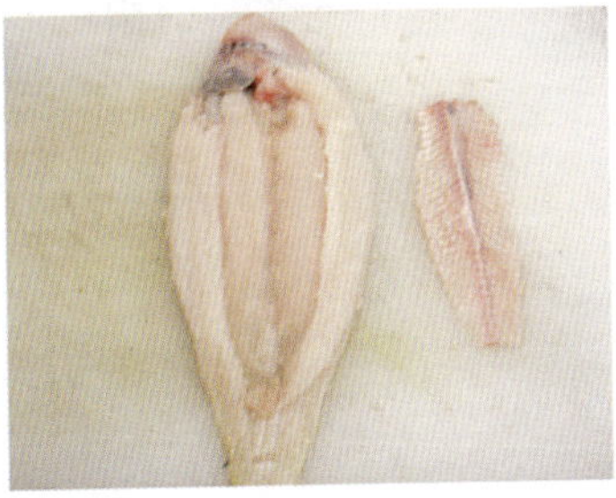

图⑯

⑪再围绕整条鱼骨外沿从尾部向头部将其周围连接处剪断（图⑭）。

⑫用剔鱼刀从鱼骨底部伸进去，紧贴上部鱼骨把鱼肉与鱼骨分开（图⑮）。

⑬把剔下鱼骨的整鱼在冰水中浸泡数分钟后，捞出沥干水分。

⑭切好的成品（图⑯）。

用处：剔除整骨的舌鳎鱼，可在里面瓤馅（如奶油、蘑菇鱼肉丁、甲壳肉或蔬菜等）。

2. 注意事项

（1）在整鱼剔骨时，注意不要在鱼骨上留下鱼肉，更不要刺穿底部白色的鱼皮（靠近尾部的鱼肉非常薄）。

（2）舌鳎鱼蛋奶酥（Sole Soufflée）菜装盘，把白色的鱼皮朝上。

（3）整个加工过程结束后应立即清洗消毒用具、容器和工作场地。

3. 实训总结

舌鳎鱼在烹饪过程中独立成菜，可整鱼使用，也可根据需要将整鱼加工成净鱼柳、鱼条、鱼块等。

作为一项基本技能，在舌鳎鱼加工过程中涉及去鳃、剪鳍、去内脏、去鳞、撕皮、整鱼剔骨、剔取净肉等技法，需要熟练掌握。

实训项目5 大菱鲆（Turbot）基本加工

相关知识

知识点1 大菱鲆属于鲽形目，鲆科，菱鲆属，一种生活在欧洲西海岸、黑海和地中海的比目鱼。欧洲著名的海水养殖良种，是世界市场共同认可的优质比目鱼类之一。大菱鲆体长27～40cm，体重可多达7kg。大菱鲆的体形从头到脚扁平，上部呈褐色，下部呈白色。大菱鲆没有鳞，头部及尾鳍均较小，鳍条为软骨；体内无小骨乱刺，内脏团小、出肉率高，肌肉丰厚白嫩。

知识点2 菱鲆（Barbue）和大菱鲆（Turbot）非常容易混淆，这两种比目鱼同属鲽科，它们的区别是颜色和形状不同。①菱鲆比大菱鲆的形状较为椭圆，菱鲆的皮深灰色而且光滑，肉质非常细腻柔软。②大菱鲆头前部带有颜色，身上皮为灰绿色，并分布许多棘突，肉质更为精细且紧密，带有较多的胶质。

知识点3 鱼肉煮熟后不老，无腥味和异味，口感爽滑甘美，尤其它的鳍边和皮下含有极为丰富的胶原，赛过甲鱼的裙边和海参。营养丰富，味道鲜美，具有很好的滋润皮肤和美容的作用，且能补肾健脑，助阳提神；经常食用，可以滋补健身，提高人的抗病能力。适用于蒸、烤、煮等烹饪方法。

实训准备

实训场地准备：西餐实训厨房加工间（水产品加工区域）。

实训用品准备：剪刀，刮鳞刀，剔鱼刀，分刀，菜板，不锈钢盘，不锈钢盆，线绳。

仪容仪表准备：穿厨师工作服、工作鞋、工作帽、连身胶皮围裙，不佩戴任何饰物，不留长指甲，洗净双手。

实训内容

1. 大菱鲆基本加工

原料准备

原料	单位	重（数）量
大菱鲆	条	2
平均准备时间	min	5
平均加工处理时间	min	30

操作过程

（1）大菱鲆初加工准备。

①左手（右手持刀）扣住大菱鲆的鱼鳃，如果鱼太重可以放在案板上面（图①）。

②用剪刀把鱼周围的鳍剪掉（图②）。

③如果大菱鲆用于整鱼烧烤或者水煮，需要把尾鳍剪断。否则，完整保留加工成鱼尾形（图③）。

④用刮鳞刀或者刀刃把背面白色鱼皮上的鱼鳞刮去。如果剔净鱼肉则不用刮鳞。

去鳃

将鳃盖骨掀起，用剪刀把连接鱼头内部的鱼鳃剪断（避免用手，容易引起轻微过敏反应）。

去内脏

①可以从剔除鱼鳃后的鳃部把手伸进去掏出所有内脏。

②也可以在鱼鳃的后面用刀划开一个5cm左右的口，掏出所有内脏，如果有鱼卵也应掏出。

③用小刀刀尖刮去骨缝间的血块。

清洗

①把鱼鳃打开对准水龙头，用水冲洗鳃内及内脏，把里面的血冲洗干净，再把表皮的黏液冲掉（图④）。

②放入冰水盆中浸泡10min左右。

（2）大菱鲆捆绑。

①如果要整条烹制大菱鲆，则需要把其头部和身体用线绳捆绑固定。

②用穿入线绳的钢针从鱼鳃的中间部位穿入，另外一头穿入腹部的中间部位，再把线绳两头打结系好（这种加工方法使整鱼在烹制过程中鱼头与身体始终保持一体）。

图①

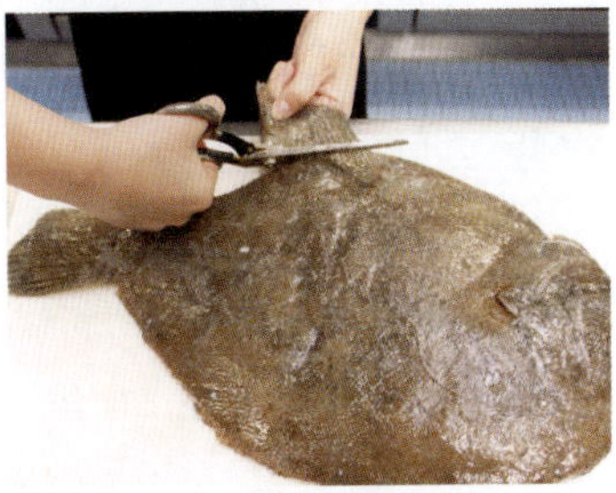

图②

图③

图④

（3）拆分大菱鲆。

切块

①切去鱼头：围绕鱼鳃外围下刀，用分刀切断连接鱼头的鱼骨，把鱼头取下。

②把鱼平放在案板上，背面白皮朝上，尾部朝向自己。

③用刀纵向在鱼中间（脊柱的位置）从头到尾把鱼皮划开。

④根据划开的位置下刀，先把尾部劈开两半。

纵向剁砍方法一：用于体形较小的大菱鲆。

把鱼放在案板上，用手握住一条劈开的鱼尾中部，用劈刀（砍刀）或分刀刀根部从劈开的鱼尾中间沿着脊柱（先前纵向在鱼皮上划开的位置）把鱼剁砍成两半（剁砍时不要犹豫，要准确砍中位置）。

纵向劈开方法二：用于中等体形的大菱鲆。

用手紧握劈开的一条鱼尾中部，把鱼提起。根据先前在鱼皮上纵向划开的位置，用劈刀（砍刀）或大分刀刀根部从劈开的鱼尾中间沿着脊柱纵向劈下去，把鱼劈成两半。

纵向劈开方法三：用于体形较大的大菱鲆（此方法需要另外一个人的帮助）。

两个人每只手分别紧握劈开的两条鱼尾中部，把鱼提起。用劈刀（砍刀）或分刀刀根部从劈开的鱼尾中间沿着脊柱（先前纵向在鱼皮上划开的位置）把鱼劈砍成两半。

图⑤

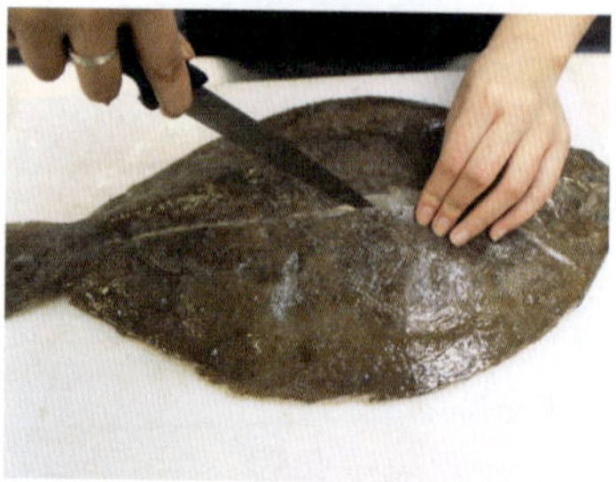

图⑥

图⑦

图⑧

切段（图⑤）

①首先确保劈开的鱼在鱼骨处无残留过多的血块。

②横向码放在案板上，切成每份毛重在320~400g的方形大块。

③在脊背靠近头部位的肉较厚实，切成块的体积应较小些。

④靠近尾部的肉较薄，切成块的体积应较大些。

⑤切好的块放入冰水中浸泡数分钟后，沥干水分。

（4）大菱鲆净鱼肉剔取（右手持刀的加工方法）。

①将大菱鲆平放在案板上，尾部朝向自己。

②用剔鱼刀的刀尖贴近鱼脊柱两侧，从头到尾分别把两片净鱼肉划开（图⑥）。

③在靠近头的部位围绕鱼鳃把鱼肉与鱼头划开，因为头部周围的肉比其他部位的肉厚实，所以尽量减少浪费。

④不需要用刀尖围绕整条鱼的外侧从鳍骨与鱼肉之间划开，可以直接先把鱼肉剔下后再修整周围的肉须（毛茬）。

⑤剔鱼刀从脊柱左边划开的缝隙中弯曲探入，贴在底部的鱼骨上轻轻从鱼头向鱼尾划动，同时左手掀起剔下的鱼肉部分，直到把左边的鱼肉完全剔下（图⑦）。

⑥注意不要在鱼骨上留下鱼肉，而且不要割破净鱼肉，保持鱼肉表面清洁光滑。

⑦掉转鱼的方向，使鱼头朝向自己。

⑧从尾部向头部剔取第二片净鱼肉（对于右手持刀者来说，剔取净鱼肉总是在左侧，图⑧）。

⑨把大菱鲆正面的两片净鱼肉剔下后，掉转方向，把鱼尾朝向自己，把鱼翻过来，背面朝上。

⑩用同样的方法把背面的两片鱼肉剔下。

去皮（剔下的鱼皮不再使用）

①把剔下鱼肉的尾部朝向自己，鱼皮朝下。

②用刀刃滑入尾部的鱼皮与鱼肉之间，然后左手手指捏住鱼尾部的鱼皮，右手持刀，让刀刃从鱼尾部的鱼皮与鱼肉间呈30°角切入。

③慢慢地向前左右走刀，同时左手朝自己的方向紧拉鱼皮，直到把鱼皮剔下（图⑨）。

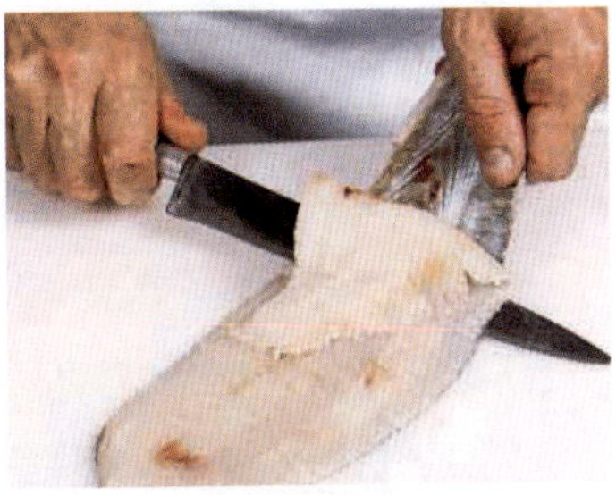
图⑨

修整净鱼肉

①如果鱼腹部发黑或发红应剔除。

②用手触摸整条净鱼肉，确保净鱼肉上无任何小刺。

③如果净鱼肉周围有肉须（毛茬），用刀切除使其规整。切下的肉不要丢弃，可用于他用（如鱼肉煎饼、混合沙拉）。

④用砍刀把整条鱼骨斩成大段，去除黏在鱼骨上的血块，用水冲洗干净。

图⑩

⑤把净鱼肉和鱼骨分开放入冰水中浸泡数分钟（不要浸泡时间过长，图⑩）。

⑥把鱼骨沥干水分冷藏，可用其制作鱼基础汤。

⑦净鱼肉沥水后，放在吸水纸上。

（5）大菱鲆净肉切片。

①净鱼肉横向平放在案板上，斜刀片，刀面倾斜30°～45°片入鱼肉，根据整条净鱼肉的宽窄厚薄自行调节鱼片大小，但每片鱼片形状要规则，重量在120～150g。

②根据需要可以用拍刀把较厚的鱼片拍扁。

③在拍鱼肉之前，应把鱼片放在两片沾湿的保鲜膜（或食品用的塑料片）之间。这种方法只用于较厚的鱼片，目的是使所有的鱼片薄厚保持一致，便于烹制。

（6）大菱鲆整鱼剔骨。

①去皮：只去除正面的深灰色鱼皮（制作大菱鲆苏弗蕾要把白色鱼皮朝上），在鱼尾和肉连接的部位轻轻用刀横向划破表皮。

②用手从此破口处慢慢把鱼皮撕开（使用指甲）。新鲜的大菱鲆皮紧贴肉且黏滑，可借助布来撕开表皮。

③靠皮层的鱼肉带有神经和筋膜组织应剔除。

④纵向平放在案板上，尾部朝向自己，正面朝上。

⑤用剔鱼刀的刀尖贴近鱼脊柱两侧，从头至尾分别把两片净鱼肉划开。

⑥剔鱼刀从脊柱左边划开的缝隙中弯曲探入，贴在底部的鱼骨上轻轻从鱼头向鱼尾划动，同时左手掀起剔下的鱼肉部分。

⑦在距离外围边缘2cm处停止，避免把鱼肉完全剔下。

⑧掉转鱼的方向，使鱼头朝向自己。

⑨从尾部向头部剔左侧的鱼肉（对于右手持刀者来说，剔净鱼肉总是在左侧）。

⑩同样在距离外围边缘2cm处停止，避免把鱼肉完全剔下。

⑪用剪刀把靠近头部和尾部的脊柱骨剪断，再围绕整条鱼骨外沿从尾部向头部将其周围连接处剪断。

⑫用剔鱼刀从鱼骨底部伸进去，紧贴上部鱼骨把鱼肉与鱼骨分开。

⑬把剔下鱼骨的整鱼放入冰水中浸泡数分钟后，捞出沥干水分。

用处：剔除整骨的大菱鲆鱼里，可以瓤鱼肉馅或者甲壳类肉馅。

2. 注意事项

（1）不要在鱼骨上留下鱼肉，更不要刺穿底部白色的鱼皮（靠近尾部的鱼肉非常薄）。

（2）鱼骨和鱼肉需用冷水短时间浸泡。

（3）整个加工过程结束后应立即清洗消毒用具、容器和工作场地。

3. 实训总结

大菱鲆在烹饪过程中独立成菜，可根据需要将整鱼加工成净鱼柳、鱼条、鱼块等。

作为一项基本技能，在大菱鲆加工过程中涉及去鳃、剪鳍、去内脏、去鳞、去皮、剔骨、拔刺、捆绑等技法，需要熟练掌握。

实训项目6 螯虾（Homard）基本加工

相关知识

知识点1 采购甲壳类的产品（如龙虾、螯虾、海蟹等）价格相对较高，其废料（外壳）相对其毛重比例较高（蟹：大约65%；虾：大约50%；螯虾：大约60%），所以在选择采购甲壳类原料时要考虑到这些因素。

知识点2 螯虾、龙虾和海蟹（通常使用活的或冰鲜）的新鲜度和质量评估如表3-3所示。

表3-3 螯虾、龙虾和海蟹的新鲜度和质量评估

新鲜及好品质的判断	不新鲜及变质的判断
具有活力、反应敏捷、精神旺盛	无任何反应，已经死去（爪子耷拉、肌肉松弛）*
仔细观察眼睛、触须及爪的反应灵敏度	无任何反应
体形大小相同的情况下选择重量沉的	体重轻，内部空
选择体形大的甲壳类动物，甲壳要坚硬厚实，表面有寄生动植物（如小型的帽贝）	在蜕壳期后，甲壳动物变得消瘦，甲壳柔软、干净
选择甲壳颜色深色（墨绿色）并带有花斑的螯虾	注意：甲壳清淡光亮的螯虾通常来自加拿大
把甲壳类动物翻转过来：它们的软骨关节处应该充实、透明、光亮	体节间的薄膜凹陷
海蟹上层的甲壳与下层的甲壳容易被断开	上下层甲壳紧紧闭合
带有卵的雌性甲壳类动物质量好	没有卵

* 在寒冷的情况下，其反应迟钝。

实训准备

实训场地准备：西餐实训厨房加工间（水产品加工区域）。

实训用品准备：分刀，菜板，不锈钢盘，不锈钢盆。

仪容仪表准备：穿厨师工作服、工作鞋、工作帽、连身胶皮围裙，不佩戴任何饰物，不留长指甲，洗净双手。

实训内容

1. 螯虾基本加工

原料准备

原料	单位	重（数）量
螯虾 小螯虾	只 只	2 2
平均加工处理时间	min	20

操作过程

（1）螯虾切段加工（美式加工处理）。

①把螯虾平放在案板上，把其头部朝向自己。

②用分刀（主刀）的刀尖深深插入螯虾头部的额剑（在两个触须间），使其失去知觉（图①）。

③把头和胸部纵向均分为两半，腹部与头部拆分开（图②）。

④把捆绑前螯的线绳或皮筋（保证安全的情况下）解开，用刀背轻轻砸裂。

⑤去除头部的沙袋，收取头部里的血和脑。

⑥在腹部体节间下刀，把腹部的每个环节切下来（图③）。

⑦切好的成品（图④）。

（2）螯虾拆分（两半）加工（炭火烧烤加工处理）。

①把螯虾平放在案板上，头部朝向自己。

②用分刀（主刀）的刀尖深深插入螯虾头部的额剑（在两个触须间），使其失去知觉。

图①

图②

图③

图④

③把头和胸部纵向均分为两半（图⑤）。

④掉转鳌虾的方向，把虾尾朝向自己。

⑤沿着头部切开的部位继续向腹部纵切，直到把尾部切开，整只鳌虾被均分为两半（图⑥）。

⑥去除头部的沙袋，收取头部里的血和脑。

⑦把捆绑前螯的线绳或皮筋（保证安全的情况下）解开，用刀背轻轻砸裂。

⑧切好的成品（图⑦）。

图⑤

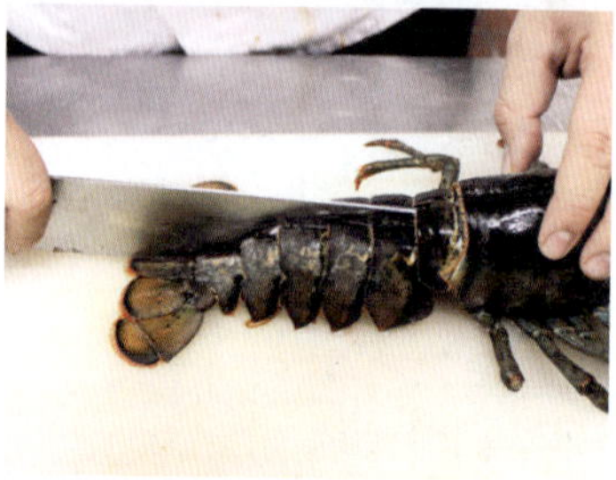

图⑥

图⑦

（3）去除小鳌虾线（肠） 小鳌虾线（肠：细小的黑色肠管）在烹制后会有苦味，所以在烹制前应从尾鳍把虾线拔出，但烹制前过早地拔除虾线，会导致小鳌虾死掉，并且在烹制过程中使得壳内变空。

①把小鳌虾清洗干净。

②用一只手纵向紧紧持住，只让尾部露出来并朝向另外一只手。

③用另外一只手捏住中间的一个尾鳍，慢慢地向外拽，同时持小鳌虾的手左右转动。

④将整条虾线拽出，小心不要把虾线拽断。

⑤立即烹制。

2. 注意事项

（1）对于大只的鳌虾在烧烤前，应焯水进行初步热加工处理。

（2）鳌虾可直接放入热水中煮熟，然后纵向劈开，去除肠线、沙袋。

（3）宰杀前确保鳌虾的螯捆绑结实。

3. 实训总结

鳌虾在烹饪过程中独立成菜，小鳌虾可用于配菜，通常一份为半只，也可经过加工成段或块。

作为一项基本技能，在鳌虾加工过程中涉及直刀切的技法和扎刺、拽等技术要点，需要熟练掌握。

实训项目7 贝壳类原料基本加工

相关知识

知识点1　西餐中常用的贝壳类原料通常包括：具有1个呈螺旋形的贝壳（如蜗牛、螺、鲍等）；具有2片瓣状壳（如牡蛎、贻贝、文蛤等）；具有1块贝壳被包入体内（如乌贼、枪乌贼等）。

知识点2 贝壳新鲜度及品质评估如表3-4所示。

表3-4 贝壳新鲜度及品质评估

新鲜及好品质的判断	不新鲜及变质的判断
双贝壳（瓣鳃类） 贝壳应紧闭或受到碰击或触摸时会立即闭合（注意：有一定数量的内空贝壳或内腐烂贝壳也是紧闭的，鲜贝在贝壳张开的情况下还可以存活数天）	贝壳微开、全开或者闭合不上，禁止使用，应立即将其仍除
新鲜的贝壳原料应该较重，将其相互揉捏有沉闷的声音	贝壳原料较轻，放入水中会浮起到水面上，相互揉捏时会发出响亮的声音
贝壳内部含有大量清澈透明的液体	贝壳内部液体浑浊或无液体
具有原料本身特有的清淡气味	具有腐败、柴油、淤泥等不良的气味
用刀尖接触贝壳外套膜边缘时会自动收缩回去	无任何反应
单贝壳（腹足类） 贝壳显得沉重	贝壳显得很轻
贝壳中的腹足可显，并且移动	贝壳中的腹足可显，但无活力（或不动）
令人愉悦的气味	难闻的腥腐味

实训准备

实训场地准备：西餐实训厨房加工间（水产品加工区域）。

实训用品准备：牡蛎刀，文蛤刀，小刀，胶皮（或钢丝）防护手套，餐勺，不锈钢盘，不锈钢盆。

仪容仪表准备：穿厨师工作服、工作鞋、工作帽、围裙，不佩戴任何饰物，不留长指甲，洗净双手。

实训内容

1. 贝壳基本加工

原料准备

原料	单位	重（数）量
牡蛎（或扁牡蛎） 文蛤 鲜贝 贻贝 碎冰 盐	kg kg kg kg kg kg	2 1 2 1 适量 适量
牡蛎平均加工处理时间	min	10
文蛤平均加工处理时间	min	20
鲜贝平均加工处理时间	min	10
贻贝平均加工处理时间	min	20

操作过程

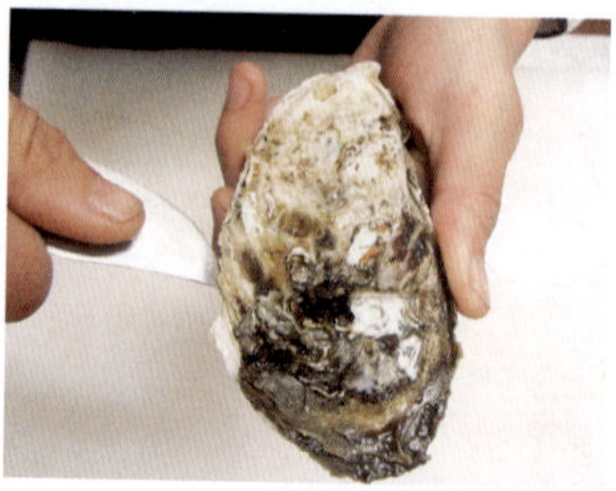

图①

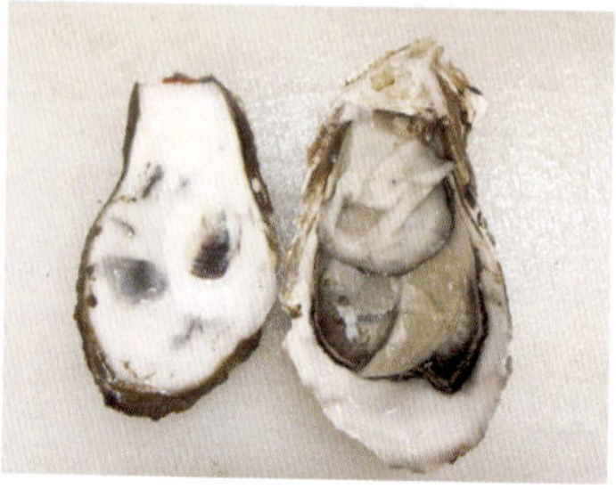

图②

（1）牡蛎初步加工处理（开启牡蛎贝壳）。

①牡蛎的两片贝壳分为凸面和平面，用左手拿住牡蛎，凸面朝下，底部连接处朝向自己。

②由于牡蛎贝壳坚硬粗糙，在开启时应戴上胶皮防护手套或用带手布（折叠）垫在凸面贝壳下方，保护手不被贝壳划破。

③用牡蛎刀的刀尖对准牡蛎右侧两个贝壳间边缘缝隙处，也就是在整个贝壳上1/3处，将刀推入贝壳内1cm左右的位置（正对贝壳内闭壳肌的位置，图①）。

④左手紧紧持住牡蛎，右手用力将刀插入距离贝壳边缘约3cm处，刀贴紧贝壳上壁并前后动刀，把闭壳肌切断。

⑤刀刃继续向牡蛎根部走动。

⑥用刀把平面贝壳掀起并拆卸下扔掉（图②）。

⑦确保凸面贝壳里面无任何的贝壳碎鳞片并去除部分带有的贝壳碎渣的汁液。

⑧在凸面贝壳里的牡蛎肉要保持其新鲜度，放在铺满碎冰的盘子上。

（2）扁牡蛎初步加工处理（开启扁牡蛎贝壳）。

①左手戴上胶皮防护手套或用带手布（折叠）垫在贝壳下，紧紧持住贝壳，底部连接处朝外（朝向自己的反方向）。

②右手持牡蛎刀，刀刃从根部两片贝壳间进入。

③用拇指按住刀膛，向下压的同时上下转动，把两片贝壳撬开。

④继续朝自己的方向走刀，直到把闭壳肌割断。

⑤掀起贝壳，确保内部无贝壳碎鳞片或碎渣。

⑥保持新鲜，放在铺满碎冰的盘子上。

（3）文蛤初步加工处理（开启文蛤贝壳）。

①用胶皮防护手套或用带手布垫在贝壳下方，底部连接处朝外（朝向自己的反方向）。

②刀尖在根部右侧（也就是贝壳内部第一个闭壳肌的位置）两片贝壳间进入，将第一个闭壳肌割断。

③刀尖完全进入贝壳内，刀刃紧贴上面贝壳内壁，轻轻划动把连在内壁的肉剔下。

④同时转动贝壳，使其根部朝向自己，刀刃始终保持紧贴贝壳内壁，直到将第二个闭壳肌割断。

⑤掀起上面的贝壳并拆卸下来扔掉。

（4）鲜贝初步加工处理（开启鲜贝贝壳）。

①用胶皮防护手套或用带手布垫在贝壳下方，底部连接处朝外（朝向自己的反方向）。

②平面贝壳在上面，凸面贝壳在下面。

③让刀尖对准闭壳肌的位置，即根部右侧的凹槽处，从此处的贝壳间进入（图③）。

④贴紧上面贝壳的内壁，把闭壳肌轻轻地割断，不要把肉留在上面。

⑤把上面的贝壳掀开去掉（图④）。

⑥用勺子把闭壳肌（白色）和腹足（橙红色）取下（图⑤）。

⑦去除内脏、鳃、裙带、沙袋（图⑥）。

⑧用清水冲洗干净后（图⑦），放入冰水中浸泡数分钟。

⑨把腹足带有黑色的部分和闭壳肌上带有的硬筋切除。

注意：根据烹制的需要，有时不需要把腹足和闭壳肌分开。

（5）贻贝初步加工处理（开启贻贝贝壳，贻贝又称淡菜或海虹）。

清洗处理

①用刀背把贻贝外壳的寄生物、足丝（长纤维）刮掉。

②放在清水盆搓洗，挑出空壳和死去的贻贝（空壳的贻贝会浮在水面）。

③在清水盆中反复进行清洗，直到清洗干净。

④沥干水分。

开启贝壳

①用胶皮防护手套或用带手布垫在贝壳下方，底部连接处朝外（朝向自己的反方向），贝壳两侧边缘较直的一侧朝向右侧。

②从两片贝壳间上边1/3处（正对闭壳肌）的位置用小刀刀尖插入。

③紧贴上边贝壳内壁，把第一处闭壳肌割断。

④掉转贝壳方向，底部连接处朝向自己。

⑤用刀尖紧贴上边贝壳内壁，将底部第二处闭壳肌割断。

⑥用刀背将黏贴在上边贝壳内壁的肉轻轻刮下。

⑦掀起并取下上边的贝壳。

2. 注意事项

（1）确定贝壳类原料的原产地，因为这种软体动物生活在水中，水的质量是要必须考虑的。如水被污染或者带有大量的致病菌（伤寒杆菌、副伤寒杆菌、沙门菌、肝炎病毒等）则会对食用者健康构成威胁，是在食用贝壳类原料值得重视的一点。

（2）所有的贝壳类原料在购买时都应有卫生标签，证明其产

图③

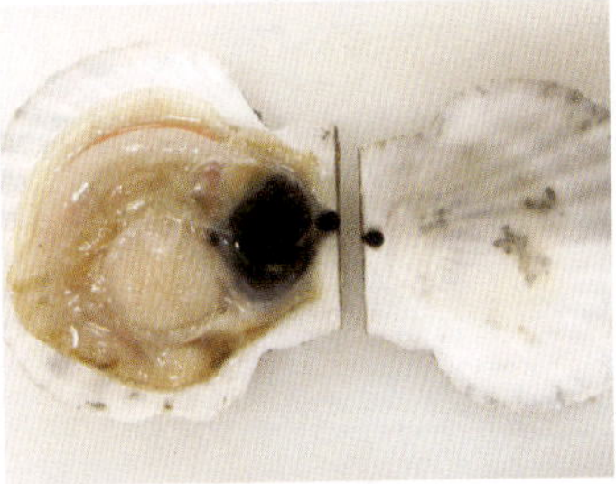

图④

图⑤

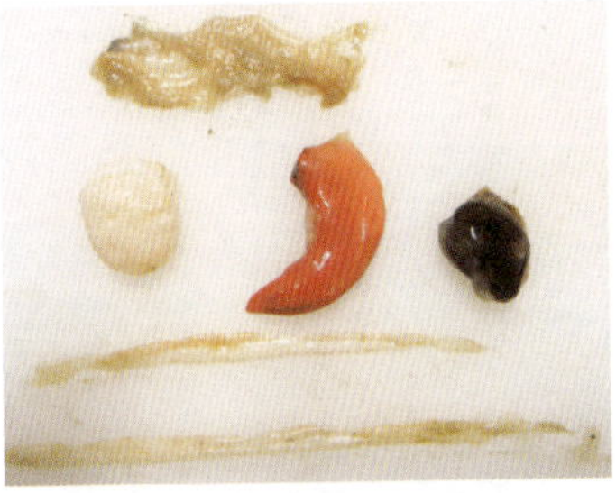

图⑥

图⑦

自合格水域。

（3）瓣鳃类（双贝壳）原料可放在冰箱中盖好盖子冷藏贮存数天。

（4）用于生食的贝壳类原料在上桌前才打开贝壳，放在铺满海藻碎冰的盘子上（保持其风味并起到固定的作用）。

（5）注意，如果贻贝是生长在沙床上，贝壳里面会有沙子，在清洗前应放入盐水（20g粗盐放入1L的水中）中浸泡（让其吐沙），经常换水，直到水中没有沙子。

3. 实训总结

贝壳类原料在烹饪过程中可独立成菜，像牡蛎可生食，也可熟食。通常可以带壳使用，也可经过加工去除贝壳单独使用其肉质。

作为一项基本技能，在贝壳加工处理过程中，针对不同贝壳的种类，运用不同的开壳技术，因此必须熟练掌握知识要点和清洗浸泡等处理方法。

下篇

西式烹调工艺

第四章　基础烹调准备工艺

第一节　基础汤制作工艺

少司制作的好坏是评价一个厨师技术水平高低的一个标准。制作好的少司取决于高质量的基础汤，优质的工具、灶具，烹饪艺术，合理的原料选择等因素。

在传统的厨房中，团队中制作少司的厨师需要有足够的工作经验，同时可以胜任厨师长助理或二厨的职位，所以少司厨师这个职位通常是非常吸引人的工作，制作令人羡慕的、吸引人的美味少司，被厨师们认为是提升并挑战自己的烹饪水准。

人们在心理上通常会对传统少司产生抑制或抵抗情绪，因为其味道厚重、丰富，质感浓稠，油脂丰富，不易被消化等因素，都是现代饮食营养卫生中所关注的问题。现代的消费者对饮食生理上的需求（填饱肚子）不像以前那样的强烈了，他们更注重少食，口味清淡，原料的新鲜度，原料产品的质量，尊重原料的原始味道。所以，烹饪也要根据这种情况发生改变。但是作为一个真正的西餐厨师，还是需要懂得传统的烹饪技法。

基础汤，在西方传统菜肴的制作中起着决定性的作用，因为汤菜、少司、肉汁等大部分的汤汁，都是以它为基础进一步烹制而成的，所以这种汤被称为基础汤。基础汤是借助水烹饪出的一种清澈、不黏稠、带有各种肉香和淡淡菜香，含有丰富的营养成分，浓缩程度不一，从多种新鲜原料中提取的原汤。

制作基础汤的原料需要新鲜自然，制作好的基础汤要尊重其原料的本味。在厨房里，通常是由少司厨师来制作禽类、畜类基础汤，鱼肉厨师制作鱼基础汤和甲壳类基础汤。品质好的少司无可非议是来自优质的基础汤，优质的基础汤取决于以下几点。

①起决定性的原材料（牛、小牛、禽类、鱼类）的质量。

②具有芳香物质的香草料和蔬菜的质量。

③液体原料（葡萄酒、马德拉酒、诺瓦丽酒）的质量。

随着时代的变化，工作的需要，在如今的厨房中，组织工作一直在不断地改变，特殊团队分工的概念逐渐消失，少司厨师不再是只做少司了。

基础汤是没有经过勾芡的清汤，根据浓缩的程度可分为以下三种类型。

①基础汤汁：含有较多的水分，汤汁稀。

②浓汁：含有部分水分，汤汁浓稠。

③烧汁：含有少量的水分，汤汁非常黏稠。

由于汤汁中含有一定量的胶质原料，通过收汁或加入一种或多种的增稠剂（淀粉、蛋黄、黄油面粉糊、蔬菜泥、葛粉）可获得基础少司。基础少司中再通过加入各种原料（香草料、葡萄酒、奶油、奶酪、烈酒等）可演变出各种少司（表4-1）。

表4-1　以基础汤为基础制作的少司及其演变的其他少司

基础汤	+增稠剂	=基础少司	+配料、香料、调料	=各种少司
小牛棕色基础汤	● 棕色黄油面糊 ● 淀粉稀释（用马德拉酒、波尔图酒、白葡萄酒或红葡萄酒等）	● 西班牙少司 ● 小牛棕色基础浓汤	分葱碎末，百里香，月桂叶碎，浓缩红葡萄酒，小牛棕色基础浓汤，烧汁（禽畜随意），处理过（水煮去除杂质）的骨髓，番芫荽末	波尔多少司或骨髓少司
			分葱碎末，浓缩白葡萄酒，小牛棕色基础浓汤，烧汁（禽畜随意），番芫荽末	贝西少司（Bercy Sauce）
			胡萝卜丁、洋葱丁和分葱丁与黄油炒香，加入马德拉酒浓缩，加小牛棕色基础汤收汁，过滤，放黄油片，在上菜前少司中再加入少量马德拉酒	马德拉少司（Madere Sauce）
			制作同马德拉少司，把马德拉酒换为波尔图酒	波尔图少司（Porto Sauce）
			制作同马德拉少司，但是加入黑菌丁和少量的黑菌汁	佩里格少司（Périgueux Sauce）
			制作同佩里格少司，但是加入肥鹅/鸭肝丁或泥	佩里戈尔少司（Périgourdine Sauce）
			洋葱碎末与黄油炒香，加入白葡萄酒浓缩，加小牛棕色基础浓汤，黄芥末，黄油，酸黄瓜丝	肉铺少司（Charcutière Sauce）
禽类棕色基础汤	稀释淀粉或竹芋粉	禽类棕色基础浓汤	口蘑片，分葱碎末与黄油炒香，加入白兰地和白葡萄酒收汁，加禽类棕色基础浓汤，番茄、黄油、蛇蒿和香芹末	猎户少司（Chasseur Sauce）
			波尔多少司（无脊髓）与生鸭肝泥混合	鲁昂少司（Rouennaise Sauce）
			金色嘎斯垂克汁（Gastrique），橙汁，柠檬汁，竹芋粉勾芡的鸭棕色基础浓汤，柠檬皮丝和橙皮丝	酸橙少司（Bigarade Sauce）
白色小牛基础汁	白色黄油面糊	白色小牛浓稠肉汤	蛋黄增稠的口蘑浓汁、胡椒碎、黄芥末、柠檬汁、黄油	德国少司或巴黎少司
			德国少司加番芫荽末	布莱特少司（Poulette Sauce）
			布莱特少司加黑菌浓缩汁，也可加入苏比斯调味汁（Soubise，洋葱、奶油、黄油制成）或番茄汁	威乐华少司（Villeroy Sauce）
白色禽类基础汁	白色黄油面粉糊	白色禽类浓稠肉汤	白色禽类浓稠肉汤进行浓缩，加入奶油和黄油	奶油汁（Supreme Sauce）
			奶油汁内加入黄色肉烧汁	乳白少司（Ivoire Sauce）
			乳白少司内加入辣椒黄油	爱布费拉少司（Albufera Sauce）
			洋葱碎末与黄油炒香，加入白葡萄酒收汁，奶油白色禽类浓稠肉汤，红椒粉（Paprika）	匈牙利少司（Hongroise Sauce）
			白色禽类浓稠肉汤进行收汁，加入奶油和禽类肉冻	禽类冷热少司
			白色禽类浓稠肉汤进行收汁，加入奶油、番茄、禽类肉冻	曙光冷热少司（Chaud-froid Aurore Sauce）

续表

基础汤	+增稠剂	=基础少司	+配料、香料、调料	=各种少司
鱼类基础汤	白色黄油面粉糊	白色鱼类浓稠肉汤	分葱碎末与黄油一起炒香，加入白葡萄酒和鱼浓缩基础汤、白色鱼类浓缩汁、鱼烧汁（非必须）、黄油、番芫荽末	贝西少司（Bercy Sauce）
			贝西少司加淡菜浓汁，配淡菜	玛尼艾少司（Marnière Sauce）
	打起的奶油黄油酱		白色舌鱼浓稠肉汤，口蘑浓汁、牡蛎汁和淡菜汁、蛋黄、奶油、黄油	诺曼底少司（Normande Sauce）
			白色鱼类浓稠肉汤进行收汁，加入奶油、黄油虾酱（Beurre de Crevette）、红黄油、虾仁	虾少司
			白色鱼类浓稠肉汤进行收汁，加入奶油，黄油和番茄	曙光少司（Aurore Sauce）
奶（可以被看作为天然基础汤）	白色黄油面粉糊	贝夏梅尔少司（Béchamel Sauce）	贝夏梅尔少司加奶油和黄油	奶油少司（Cream Sauce）
			贝夏梅尔少司加蛋黄、瑞士格鲁耶尔（Gruyère）干酪粉、黄油	莫纳少司（Mornay Sauce）
			洋葱切丝焯水后与黄油焖，加入贝夏梅尔少司，过滤	苏比斯少司（Soubise Sauce）

实训项目1 棕色基础汤制作训练

相关知识

知识点1 基础汤的原料（基础汤是由动植物原料构成）：

（1）动物原料 通常，一种基础汤的命名是由它当中的主要原料决定的。其中制作基础汤的肉类材料比较多，几乎大部分家禽、牲畜、海鲜都能作为烹饪的主要原料。制作基础汤的时候，对所选的动物部位、肉质成分等有严格的要求：①家畜类：棒骨、膝骨、腿骨、蹄、软骨和腩肉。②家禽类：骨架、头、颈、翅、爪、内脏（肝脏除外）。③鱼类：鱼骨架（常用的有比目鱼类、鳕鱼、鲆鱼、鲷鱼等）。

（2）植物原料 ①根据基础汤的类型，加入胡萝卜、洋葱、芹菜、大蒜、葱。②各种香草，如番芫荽、百里香、香叶、丁香等。③番茄或番茄酱，主要用于棕色基础汤的调色。

知识点2 常用的棕色基础汤（Brown Stock）有：牛棕色基础汤、羊棕色基础汤、猪棕色基础汤、鸡棕色基础汤、鸭棕色基础汤、鸽子棕色基础汤等。

知识点3 无论棕色还是白色的基础汤，都是伴随着最初的原料即主菜而使用的。例如：鸭的基础汤，就要配合着鸭肉菜肴来使用；鱼的基础汤，就要配合着鱼肉菜肴来使用。

知识点4 有时根据基础汤自身不同的味道、颜色以及用途需要，适当地加以厨房使用的红葡萄酒或白葡萄酒，胡椒和各种香草，如龙蒿、欧芹等，这些辅料可以使汤汁散发出更加独特的芳香。

在不清楚基础汤的用途之前，就不应该加盐，或者尽量少加（粗盐粒3～5g/L）。目前大部分法国菜的调料汁都是以浓缩的方法制作出来的，一般不好掌握盐的分量。

所以大部分的基础汤都是在无盐的情况下制作的。

知识点5　棕色基础汤除了制作传统的基础少司（西班牙少司、小牛棕汁等）及其衍生出的少司［如马德拉少司（Madere）、波尔多少司（Bordelaise）、佩里格少司（Perigueux）］以外，棕色基础汤可以通过浓缩实现制作所有的棕色少司（贝西少司、胡椒少司、红酒少司），并且也制作成烧汁或制作烩肉、焖肉的汤汁。

实训准备

实训场地准备：西餐实训厨房加工间、热菜间。

实训用品准备：砍刀，分刀，去皮刀，菜板，不锈钢盘，小不锈钢桶，帽形滤器，撇沫铲，汤桶，汤锅，汤勺，烤盘，线绳。

仪容仪表准备：穿厨师工作服、工作鞋、工作帽、围裙，不佩戴任何饰物，不留长指甲，洗净双手。

实训内容

1. 棕色基础汤制作

实训1：小牛棕色基础汤（Brown Veal Stock）

原料准备

原料	1L小牛棕色基础汤 单位	重（数）量
基础原料：		
小牛蹄	kg	1
棒骨	kg	1
小腿骨	kg	1
膝骨	kg	1
其他瘦肉边角料	kg	1
小牛其他部位（非必须添加）：		
颈肉	kg	适量
腩肉	kg	适量
软骨	kg	适量
筋腱	kg	适量
香料：		
胡萝卜	kg	0.1
洋葱	kg	0.1
大蒜	kg	0.01
番茄或番茄酱	kg	0.2
香料束*	束	1
水或白色基础汤	L	1.5
平均准备时间	min	30
平均制作时间	h	3～4

* 参考257页香料束制作。

操作过程

①将准备好的牛骨等原料，剁成块，放入烤盘中，烤箱温度240℃烤至上色后取出。

②加入切成丁的胡萝卜和洋葱，继续烤制5min左右。

③滤出油脂，将烤盘里的原料全部放入汤锅中，并加入烤盘底下剩的焦糖类物质，这种物质有助于改善汤的口味、色泽，最后锅中加入冷水或白色基础汤。

④放入番茄丁、大蒜、香料束。

⑤待水烧开后，改小火，根据情况及时撇去浮沫和油脂。小火煮制3～4h，其间根据水蒸发的不同程度，可加入适当的开水。

⑥汤煮好后，用细纱滤网过滤，但不要挤压，否则会影响汤的清澈程度。

⑦过滤好的基础汤要迅速放到冰水盆中降温，以便保存。

实训2：禽类棕色基础汤（Brown Poultry Stock）

原料准备

1L禽类棕色基础汤		
原料	单位	重（数）量
基础原料：		
鸡（禽类）内脏（肝脏除外）	kg	1
鸡（禽类）架	kg	1
老鸡（禽类）	kg	1
香料：		
胡萝卜	kg	0.1
洋葱	kg	0.1
大蒜	kg	0.01
番茄或番茄酱	kg	0.2
香料束	束	1
水或禽类基础汤	L	1.5
平均准备时间	min	20～25
平均烹制时间	h	1.5～2

操作过程

①工位准备。

②把准备好的鸡（禽类）原料，剁成大块，放入烤盘中，烤箱温度240℃。

③制作香料束。

④鸡（禽类）烤至上色后取出，加入切成丁的胡萝卜和洋葱，继续烤制10min左右。

⑤滤出油脂，将烤盘里的原料全部放入汤锅中，并加入烤盘底下剩的焦糖类物质，这种物质有助于改善汤的口味、色泽，最后锅中加入冷水或禽类基础汤。

⑥放入番茄丁、大蒜、香料束。

⑦等水开后，改小火，根据情况及时撇去浮沫和油脂。小火煮制1.5～2h。

⑧汤煮好后，用细纱滤网过滤，但不要挤压，否则会影响汤的清澈程度。

⑨过滤好的基础汤要迅速放到冰水盆中降温，以便保存，密封冷藏温度不要超过3℃。

实训3：快速制作禽类棕色基础汤（Instant Brown Poultry Stock）

原料准备

1L禽类棕色基础汤		
原料	单位	重（数）量
基础原料：		
鸡（禽类）内脏（肝脏除外）	kg	1
鸡（禽类）架子	kg	1
老鸡（禽类）	kg	1
香料：		
胡萝卜	kg	0.1
洋葱	kg	0.1
大蒜	kg	0.01
番茄或番茄酱	kg	0.2
香料束	束	1
水	L	1.5
禽（鸡）棕色基础汤浓缩粉或小牛棕色基础汤浓缩粉	kg	0.07
平均准备时间	min	20～25
平均烹制时间	min	35～40

操作过程

①工位准备。

②把准备好的鸡（禽类）原料，剁成大块，放入烤盘中，烤箱温度240℃。

③制作香料束。

④鸡（禽类）烤至上色后取出，加入切成丁的胡萝卜和洋葱，继续烤制10min左右。

⑤滤出油脂，将烤盘里的原料全部放入汤锅中，并加入烤盘底下剩的焦糖类物质，这种物质有助于改善汤的口味、色泽，最后锅中加入冷水（或加入禽类基础汤）。

⑥放入番茄丁、大蒜、香料束。

⑦等水开后，改小火，根据情况及时撇去浮沫和油脂。小火煮制30min左右。

⑧将禽（鸡）棕色基础汤浓缩粉或小牛棕色基础汤浓缩粉与少量的水混合，搅拌均匀倒入沸腾的基础汤中，轻轻搅拌避免其结块。继续煮制10min左右，不时地撇去浮沫和油脂。

⑨汤煮好后，用细纱滤网过滤，但不要挤压，否则会影响汤的清澈程度。

⑩过滤好的基础汤要迅速放到冰水盆中降温，以便保存，密封冷藏温度不要超过3℃或者立即使用。

备注

（1）这种方法制作出的禽类棕色基础汤浓稠速度快，适合少量制作。
（2）小牛基础汤浓缩粉可用传统方法制作的小牛棕色基础汤或西班牙少司代替。
（3）制作鸽子等棕色基础汤通常使用此方法。

2. 注意事项

（1）选用新鲜、品质好的原料，而且要注意卫生。

①骨头和边角料应来自同一动物的胴体。

②蔬菜应该新鲜，小心去皮，去虫、农药清洗干净。

（2）汤煮开后，改小火，要经常去除浮沫和油脂，以免影响汤的品质。

（3）如果使用棕色基础汤经过浓缩用于制作棕色少司，那么在制作棕色基础汤时不能加盐。

（4）用细纱网帽形滤器过滤，但不要挤压、搅拌和抖动，否则会把煮熟的肉和菜等杂质挤出来混入汤中，在保存过程中易酸败发酵。

（5）过滤出来的基础汤放在不锈钢盆中，然后立即放入冰水盆中降温，不时地轻轻搅拌基础汤。

（6）注意保存：在冷水降温后，盖上盖子并贴好标签，在3℃以下冷藏，最多保存24h；在速冻冷却后3℃以下冷藏，最多保存3天（厨房冷藏设备的生产厂家必须具有国家授予的生产厨房储藏设备许可）。

（7）在使用前，将储存的基础汤煮开几分钟。

（8）解冻后不再使用或再加热后的剩余基础汤应该倒掉，在对保存基础汤的质量产生怀疑的情况下也不要再继续使用。

3. 实训总结

棕色基础汤，在西方（法国）传统菜肴的制作中起着决定性的作用，因为汤菜、少司、肉汁等大部分的汤汁，都是以它为基础进一步烹制而成的。

棕色基础汤在制作过程中，涉及砍、切、捆绑、烤、煮、过滤、保存等技术要点，需要熟练掌握。特别是动物原料需要烤制成棕红色，香配料（在制作过程中起到对基础汤增香的作用）要符合用量标准，煮制时间也必须达到要求。

实训项目2 白色基础汤制作训练

相关知识

知识点1　基础汤是借助水烹饪出的一种清澈、不黏稠、带有各种肉香和淡淡菜香，含有丰富的营养成分，浓缩程度不一，从一种或多种原料中提取的原汤。

知识点2　常用的白色基础汤（White Stock）主要有小牛白色基础汤、禽类白色基础汤、牛白色基础汤、鱼白色基础汤、甲壳类白色基础汤、蔬菜白色基础汤。

知识点3 制作白色基础汤的方法是相同的，只是使用主要原料不同。

知识点4 白色基础汤除了用于制作传统少司（小牛肉汁、禽肉汁）以及由传统少司演变出的少司（德国少司、小鸡少司、顶级少司、曙光少司、匈牙利少司、象牙白少司等）之外，还可以用于制作浓汤，可以与蔬菜（生菜、芹菜、卷心菜）一起炖，和肉类（小母鸡、小羊肉、小牛肉）一起煮，与米饭一起制作杂烩饭（Riz Pilaf）。

知识点5 鱼基础汤除了用于制作鱼少司（Veloute）及由鱼少司衍生出的各种少司（柏荷西少司、虾少司、诺曼底少司、南图少司、白葡萄酒少司等）之外，鱼基础汤还可以与整鱼或净鱼肉一起短时间煮或炖，制作成鱼汤或鱼浓汤等菜品。鱼基础汤也用于制作美国少司。

红葡萄酒鱼基础汤：一些鱼菜在制作过程中会使用红葡萄酒鱼基础汤，如制作水手鱼（Matelot，加酒和洋葱烹调的鱼）、波尔多鱼、勃艮第鱼、马孔鱼、第戎鱼等。通常这种特殊的制作方法是根据当地实际情况（鱼的处理和红葡萄酒的使用）构成的。

实训准备

实训场地准备：西餐实训厨房加工间、热菜间。

实训用品准备：砍刀，分刀，去皮刀，菜板，不锈钢盘，小不锈钢桶，帽形滤器，撇沫铲，汤桶，汤锅，汤勺，线绳。

仪容仪表准备：穿厨师工作服、工作鞋、工作帽、围裙，不佩戴任何饰物，不留长指甲，洗净双手。

实训内容

1. 白色基础汤制作

实训1：小牛或禽类白色基础汤（White Veal/Poultry Stock）

原料准备

1L小牛或禽类白色基础汤		
原料	单位	重（数）量
小牛基础原料： 小牛蹄 棒骨 小腿骨 膝骨 其他瘦肉边角料 小牛其他部位（非必须添加）： 颈肉 腩肉 软骨 筋腱	kg	1

续表

1L小牛或禽类白色基础汤		
原料	单位	重（数）量
或禽类基础原料： 禽骨架 禽内脏 禽翅膀、爪	kg	1
香料： 胡萝卜 洋葱 韭葱 芹菜茎 香料束	 kg kg kg kg 束	 0.1 0.1 0.2 0.08 1
水或白色基础汤	L	1.5
调味品： 粗盐 白胡椒粒 丁香	 kg kg kg	 0.003～0.005 适量 适量
平均准备时间	min	20～30
小牛白色基础汤平均烹制时间	h	2.5～3
禽类白色基础汤平均烹制时间	min	45～60

操作过程

①准备工作：准备所需原料、工具，检验原料新鲜度。

②将小牛骨类、肉或禽类骨架、内脏、翅膀等洗净后剁成小块。

③放入冷水锅中烧开，改小火，煮制数分钟，不时地撇去浮沫。

④把原料捞出，沥干水分，放入盆中用清水冲洗干净。

⑤将洗净的原料放入锅中，加入冷水煮开，改小火，根据情况及时撇去浮沫和油脂。

⑥准备香配料：将蔬菜清洗干净，胡萝卜去皮切成小段，用韭葱、芹菜与香料束捆在一起，把丁香插在洋葱上。

⑦将准备好的香料放入汤锅中。

⑧小火煮制，小牛白色基础汤煮制2.5～3h；禽类白色基础汤煮制45～60min，撇去浮沫。根据水分蒸发的情况，可适当加入部分开水。

⑨汤煮好后，用细纱网帽形滤器将其过滤，但不要挤压，否则会影响汤的清澈程度。

- 过滤好的基础汤应该清澈，不污浊。
- 根据需要，可撇除基础汤表面油脂。

⑩过滤好的基础汤即可使用。

- 如果白色基础汤不是立即使用，应该迅速放到冰水盆中降温放凉，然后密封好，3℃冷藏保存。

实训2：鱼基础汤（Fish Stock）

原料准备

1L鱼基础汤		
原料	单位	重（数）量
基础原料： 鱼骨（舌鱼、多宝鱼、牙鳕、鳕鱼等） 其他鱼瘦肉边角料	kg kg	0.6 0.04
香料： 胡萝卜（非必须添加） 洋葱 分葱 口蘑柄或口蘑边角料 香料束	kg kg kg kg 束	0.05 0.08 0.03 适量 1
冷水 白葡萄酒或根据需要选择红葡萄酒 必要时可加入诺瓦丽酒（Noilly）	L L L	1 0.1 适量
调味品： 粗盐 白胡椒粉	kg kg	0.003～0.005 适量
黄油	kg	0.02
平均准备时间	min	15～20
平均制作时间	min	20～25

操作过程

方法一：

①准备工作：准备所需原料、工具，检验原料新鲜度。

②将鱼骨剁成段（如用鱼头应去除鳃、血和鱼眼），浸泡、冲洗干净，沥干水分。

③准备香料：将蔬菜洗净，胡萝卜去皮切成细丝（碎），洋葱、分葱切丝。制作香料束。

④锅中放入黄油，熔化后与切好的蔬菜一起炒，避免炒上颜色。

⑤蔬菜炒香后加入鱼骨，炒制数分钟。

⑥加入冷水，没过鱼骨，再加入少量的白葡萄酒或红葡萄酒（根据需要而定）。

⑦最后放入香料束和口蘑柄（边角料）。

⑧煮开后，改小火煮20～25min。

⑨及时撇去浮沫和油脂。

⑩在烹制结束后加入少许的盐和白胡椒粉。

⑪汤煮好后，用细纱滤网过滤，但不要挤压，否则会影响汤的清澈程度。

⑫根据需要，可撇除基础汤表面油脂。过滤好的基础汤即可使用。

⑬如果鱼基础汤不是立即使用，应该迅速放到冰水盆中降温放凉，然后密封好，3℃冷藏保存最长24h。

方法二：

①将所有的原料放入汤锅中，加入液体原料，没过基础原料，不放任何的油脂。

②小火煮制20～25min，不时撇去浮沫。

③用细纱滤网过滤，避免用勺挤压原料。

④迅速将基础汤冷凉（放入速冻机中冷凉，或放在冰水盆上冷却）。

⑤放入冰箱3℃冷藏。

用处：这种方法制作的鱼基础汤没有任何油脂，而且汤质清澈，通常经过澄清后用于制作鱼清汤或鱼冻。

备注

（1）鱼基础汤通常浓缩后用于制作各种少司。煮制或浓缩鱼基础汤时，如果时间过长会出现不好的味道（味苦）。

（2）鱼基础汤应该清澈，如果煮制过程中时间过长或火力过大都会影响其清澈程度。

2. 注意事项

（1）白色基础汤没有明确的使用目的之前，不要加入盐来调味。

（2）在白色基础汤煮制完成前几分钟加入盐3～5g/L和适量的白胡椒粉。

（3）制作优质的基础汤，还可使用另外一种制作方法：只用骨头为主要原料，用之前的制作方法制作基础汤，放冷后与小牛肉或禽肉一起煮制。

（4）这种方法能够最大限度得到骨头中的香味和胶质，然后从汤中取出小牛肉或禽肉，用于他用。

3. 实训总结

白色基础汤在西方（法国）传统菜肴的制作中起着决定性的作用，因为汤菜、少司、肉汁等大部分的汤汁，都是以它为基础进一步烹制而成的。

白色基础汤在制作过程中，涉及砍、切、捆绑、烤、煮、过滤、保存等技术要点，需要熟练掌握。特别是动物原料在制作前需要热处理来去除不良气味（煮或炒），香配料（在制作过程中起到对基础汤增香的作用）必须符合用量标准，煮制时间达到要求，避免时间过长或过短，影响基础汤质量。

实训项目3 基础清汤制作训练

相关知识

知识点1 “Consommé”是指完全的、浓缩的。换句话说，肉清汤是一种浓缩的高汤。肉清汤基本上有两种：基础清汤（未澄清的高汤）和澄清汤。

知识点2 澄清汤是利用了蛋白质受热变性（凝固）的原理。蛋白质在冷水中会分解，当汤体受热时，这些蛋白质会逐渐固化或呈现凝胶状，最终浮在汤体表面，蛋清中的蛋白质与肉中的血红蛋白凝结在一起。如果能够小心控制这一过程，就可以利用这些蛋白质把浑浊汤中的细小颗粒吸附起来并带到汤体表层，使汤体变得清澈透明。但是，如果没有控制好这个过程，这些蛋白质就会在它们胶化的时候分解，使汤体变得很浑浊。

加入牛肉清汤或鸡肉清汤的番茄制品，加入鱼肉清汤的白葡萄酒或柠檬汁，由于这些原料含有的酸性物质有助于蛋白质的胶化，也被作为澄清剂。加热时，热量本身会使蛋白质胶化，因此含有酸味成分的物质并不是必须加入的。

植物性调味香料有助于增加肉清汤的香味，澄清剂也来自植物性香料，虽然这些原料并未起到真正的澄清作用，但却为汤体表层形成的结膜提供了固体状物质。

牛肉、鸡肉和鱼肉等瘦肉中含有丰富的蛋白质，可直接作为汤的澄清剂使用。但在制作鱼基础澄清汤时不能使用其他肉质，必须使用鱼肉泥，或直接使用蛋清作为澄清剂。

实训准备

实训场地准备：西餐实训厨房加工间、热菜间。

实训用品准备：砍刀，分刀，去皮刀，菜板，不锈钢盘，小不锈钢桶，帽形滤器，撇沫铲，汤桶，汤锅，汤勺，肉叉，线绳。

仪容仪表准备：穿厨师工作服、工作鞋、工作帽、围裙，不佩戴任何饰物，不留长指甲，洗净双手。

实训内容

1．基础清汤制作

实训1：简单牛基础清汤的制法（Consommé Blanc Simple/Marmite）

原料准备

1L牛白色基础清汤		
原料	单位	重（数）量
牛基础汤原料：		
棒骨	kg	1
小腿骨	kg	1
牛腿肉	kg	1
牛肩肉	kg	1
香料：		
胡萝卜	kg	0.15
洋葱	kg	0.15
大蒜	kg	0.005
韭葱	kg	0.15
芹菜	kg	0.08
欧防风（非必须添加）	kg	适量
芜菁甘蓝（非必须添加）	kg	适量
白萝卜（非必须添加）	kg	适量
香料束	束	1
冷水	L	1.5~2

续表

1L牛白色基础清汤		
原料	单位	重（数）量
调味品： 粗盐 白胡椒粒 丁香	kg 粒 粒	适量 适量 适量
平均准备时间	min	20～25
平均制作时间	h	3～4

操作过程

①准备工作：准备所需原料、工具，检验原料新鲜度。

②剔除牛肉上的油脂，大块牛肉用线绳捆绑。

③将棒骨和小腿骨斩成小块，如果骨髓有他用，取出骨髓后放置冰水盆中保存。

④牛肉和牛骨焯煮3～4min：将牛肉和牛骨放入汤锅中。再加入冷水煮开。煮制数分钟，不时地撇去浮沫。将原料捞出，放入盆中用清水冲洗干净，沥干水分。

⑤煮制：把洗净的肉类原料放入锅中。用充足的冷水没过原料，撒少许盐和白胡椒粒。水开后改小火，使汤稍微沸腾即可（大火烧开会使汤变浑浊），根据情况及时撇去浮沫和油脂。

⑥准备蔬菜及香料：将蔬菜去皮洗净。胡萝卜切成大段。用韭葱或芹菜把香料束（番芫荽梗、百里香、月桂叶）捆在一起。把2～3个丁香插在1～2个整洋葱上，其他洋葱横切一半，使洋葱断面贴在锅中或扒板上加热烧出煳色（焦糖色），烧过的洋葱会给汤中带来特别的香味。

⑦撇去浮沫，把准备好的蔬菜、香料放入汤锅中。

⑧不盖盖子，小火煮制2.5～3h。

- 不时地撇去浮沫和油脂，根据水分蒸发的情况，可不断地加入适量的冷水。
- 确保浮沫和油脂不与肉和蔬菜香料黏连在一起。

⑨汤煮好后，用细纱滤网过滤到不锈钢容器中，过滤时不要挤压纱网中的原料，否则会影响汤的清澈程度。

- 过滤好的基础汤应该清澈，不污浊。
- 将汤放置一会后，可撇除基础汤表面油脂或用吸油纸吸取表面的油脂。

⑩过滤好的牛基础清汤即可使用。

- 如果牛基础清汤不是立即使用，应该迅速放到冰水盆中降温放凉，然后密封好，3℃冷藏保存。

备注

（1）为获得更香浓的牛基础清汤，在制作前可使用牛骨汤作为汤底代替冷水。

（2）制作牛基础清汤的快速方法，可以将肉剁成馅，蔬菜切成细末，这种澄清的方法在以下的实训项目中会有介绍（牛基础澄清汤）。

（3）牛基础清汤中的牛肉可用于制作其他菜肴（混合沙拉、炖锅等）。

实训2：牛基础汤澄清方法

原料准备

1L牛白色基础澄清汤		
原料	单位	重（数）量
基础原料： 瘦牛肉（牛肩胛肉） 蛋清	 kg 个	 0.2 1
香料： 胡萝卜 番茄 韭葱叶 芹菜梗 番茄酱 细香芹	 kg kg kg kg kg kg	 0.05 0.08 0.05 0.02 0.01 适量
冷水或冰块 牛白色基础清汤	L L	适量 1.2
调味品： 粗盐 白胡椒粒	 kg 粒	 适量 适量
平均准备时间	min	15～20
平均制作时间	min	45～60

操作过程

①准备工作：准备所需原料、工具。检验原料新鲜度。

②剔除牛肉上的油脂、筋膜。

③把牛肉剁成细末。

④准备蔬菜及香料：将蔬菜清洗干净。把胡萝卜去皮与韭葱、芹菜一起切成碎末或碎丁。番茄切成碎粒。

⑤牛基础澄清汤制作：根据原料的多少选用汤锅或炖锅。将原料（牛肉馅、香料碎末、蛋清和番茄酱）放入锅中，加入适量的冷水（如果牛基础清汤还较热可加入适量的冰块），搅拌均匀。然后将牛白色基础清汤倒入锅中，没过原料，轻轻地搅拌。放在火上烧开，改小火，让汤微微沸腾，停止搅拌，使肉馅蔬菜凝结。煮制45min至1h（如果原料用量少，煮的时间适当缩短）。

⑥汤煮好后，在细纱网帽形滤器上覆盖一层纱布，在纱布里放入细香芹碎和白胡椒碎。

⑦小心地将汤从纱网中过滤到不锈钢干净的容器中，不要用力搅拌震动，否则会使清汤变浑。

⑧加入盐调味，用吸油纸将汤表面的油脂吸掉。

⑨过滤好的牛基础澄清汤即可使用。

备注

要获得美味的牛白色基础澄清汤，应当加入适量的盐。

⑩如果牛白色基础澄清汤不是立即使用，应该迅速放到冰水盆中降温放凉，然后密封好，3℃冷藏保存。

2. 注意事项

（1）牛基础清汤可以不经过焯煮，但是必须将牛骨、牛肉清洗干净，在煮时要经常撇去浮沫及杂质。

（2）牛基础汤煮制完成后，千万不要将牛肉、牛骨、蔬菜和香料放在汤中放凉（有发酵变质的危险）。

（3）在原料中加入牛基础清汤时，如果汤太热会让蛋清与牛肉过早地凝固，为了避免发生这种情况，在加入热汤前可在原料中加入适量的冰块。

（4）不要加入过量的蛋清，这样会破坏汤的风味。

（5）如果汤不是立即使用，应迅速降温放凉后放入冰箱冷藏。

3. 实训总结

基础清汤在传统汤菜的制作中起着决定性的作用，因为以基础清汤或澄清的基础清汤作为汤底可以制作出牛清汤、鸡清汤、鱼清汤或蔬菜清汤等汤菜，也可以加入肉类、蔬菜、鱼胶等原料制作各种冻类菜品等。

基础清汤在制作过程中，涉及砍、切、捆绑、烤、煮、撇沫、澄清、过滤、吸油、保存等技术要点，需要熟练掌握。特别是动物原料在制作前需要热处理来去除不良气味（煮或炒），香配料（在制作过程中起到对基础汤增香的作用）符合用量标准，煮制时间达到要求，过滤时避免搅拌震动，注意使用干净的容器，否则会影响基础清汤质量。

第二节　传统基础少司制作工艺

传统的基础少司制作需要以基础汤或其他液体为基础加入各种蔬菜、肉类、调味品、增稠剂等原料制作而成。另外，基础汤在锅中经过撇去油脂、浮沫、收汁等工序制成浓汁或烧汁也可以加入其他相关的原料直接制成少司。

一、浓汁

浓汁是具有醇厚香味，滋味好的基础汤，它可通过两种方法来获得：第一种在基础汤中加大基础原料和香料的用量。第二种通过长时间加热蒸发汤中的水分。

二、烧汁

烧汁是通过小火不断的收汁（蒸发水分），浓缩清澈的畜类基础汤、禽类基础汤、鱼类基础汤，未经调味（加盐），香味浓厚，质地黏稠光亮，呈半流状液体（糖浆状）的汁。

三、少司增稠

新鲜原料制作的基础汤经过浓缩到一定的黏稠度会产生很好的味道，浓缩汤汁溶解焦糖类物质并具有特殊香味。通过加入少许打发的奶油或者黄油进行勾芡制成少司，如烤里脊牛排少司（Chateaubriand Sauce）、贝西少司（Bercy Sauce）、克勒贝尔少司（Colbert Sauce）、索尔费里诺少司（Solferino Sauce）等。

增稠的原料除了奶油或黄油还有其他的种类，如鸡蛋、蔬菜泥、血、龙虾卵，制作红鱼（鲂鮄）菜肴可以使用其磨碎的肝脏作为增稠剂。这样的少司在最后上菜的时候可附在菜品表面使其入味、增色、增香。

通过对具有增稠、乳化、凝胶等功能食物原料进行简单或复杂的烹制加工，在其加入液体原料后使液体原料的性质发生改变（浓稠）的一类物质，被称作增稠剂。

在烹饪过程中，增稠剂的使用通常有两个目的：一是对液体原料（禽畜类基础汤、鱼类基础汤、蔬菜汤、奶油、白色浓稠汁等）进行增稠，制作成少司。二是改变菜品的外观、形态、颜色或口味。

（一）增稠剂的分类

1. 淀粉增稠剂

（1）谷物及其制品 ①米：米粉糊。②小麦：面粉、粗面粉、面包、面包屑。③玉米：玉米粉糊、玉米淀粉、粗玉米碎粒。④大麦：大麦面粉糊。⑤荞麦：荞麦面粉、粗荞麦碎粒。⑥淀粉和改良淀粉。

（2）含有淀粉块根、块茎及其制品 ①马铃薯：马铃薯淀粉。②木薯：木薯淀粉、木薯粉。③竹芋淀粉。

（3）含有淀粉的蔬菜和水果 甘薯、山药、黄体芋、干豆类、荸荠、菱角、香蕉、栗子等。

淀粉不溶于冷水，但是在与水一起加热（各种来源的淀粉所需温度不同，一般50～95℃），则糊化成胶体溶液。勾芡就是利用淀粉在水中溶胀（吸收自己30倍的体积水）、分裂、形成均匀糊状溶液的糊化作用的这种特性。

将液体原料进行勾芡成胶体溶液需要注意以下条件。

①液体原料中加入淀粉的总量。

②温度范围。

③烹制条件：快速加热可以使胶体溶液变得更加紧实，烹制时间过长，浓稠的胶体溶液会逐渐变稀，液化。

④酸性物质的特殊性：浓稠的胶体溶液在长时间加热后可在结束烹制前加入少许的酸性物质（柠檬汁、浓缩葡萄酒、番茄、酸模、酸黄瓜、水瓜柳等）使其液体原料重新浓稠。

⑤不同种类的淀粉。浓缩程度一致的情况下玉米淀粉比小麦淀粉对液体原料更具有黏稠紧实性。

⑥溶解物质（糖、盐）在液体原料中经过浓缩的程度。液体原料中的矿物质少，其浓稠度大。如糖会使胶冻原料变得更稀。

⑦淀粉糊精含量（生淀粉溶液比糊精胶体溶液浓稠）：根据这种情况，在使用烘焙或炒制的

面粉（黄油面粉糊）时，可以提高面粉使用量（相对液体原料用量）。糊精可增加产品的稠度，提高乳化效果，稳定产品的结构。

所有通过淀粉进行勾芡的液体原料，都需要将液体煮开，经过冷凉后的液体原料会增稠。

2. 动物源蛋白增稠剂

动物源蛋白增稠剂有蛋和卵（虾、蟹、贝壳等），奶油和黄油，酪蛋白（奶），血浆、肝脏（鸭肝、鹅肝等），明胶（动物骨、皮、筋中提取。通常明胶在使用时先放入冷水中，待其溶解后放入热水中，与其他原料混合后再冷凉成冻）。

除了具有改变食物颜色和味道的特性，动物胶原蛋白具有很好的乳化性和持水性，但在牛奶中的酪蛋白和明胶是个例外。胶原蛋白受热并能确保使混合原料的黏稠度稳定一致。

增稠可通过整蛋、蛋黄、蛋清、血浆、卵的蛋白质来实现，但是要注意烹制温度。例如用于英式奶油，根据鸡蛋和糖的比例，在85 ~ 95℃时凝固会出现危险情况。

然而，原料中含有淀粉蛋白质（如制作克斯特酱、白色浓稠汤等）是毫无疑问可以进行煮沸的。这种情况是因为鸡蛋凝固前，淀粉糊自己已经形成。鸡蛋会包裹在蛋白分子周围，使其很难凝固形成网络结构。

凝固速冻过快或烹制温度过高或过久，馅料会变得硬实，凝固会使其渗出液体。

3. 植物蛋白增稠剂

含有丰富蛋白质的谷物通常有：①黄豆、葵花籽、蚕豆、油菜籽、小蚕豆。这些原料会用在面粉、玉米粉中，来调整蛋白质组织结构（蜂窝状或纤维状），如浓缩蛋白质（粉或颗粒状70%蛋白质）或分离蛋白质（95%的蛋白质）。②面筋和玉米蛋白质。

同样植物蛋白增稠剂通常用在工业化的厨房、西点房或肉房，其成品效果是根据优质蛋白的含有来判断。

（二）增稠剂的使用

增稠剂的使用如表4-2所示。

表4-2　增稠剂的使用

增稠剂	制作技法	用处
干质淀粉		
烘焙过的面粉	• 在烤盘中放入面粉烤制上色 • 或者烹制食物时与其直接烤制或上火熟制	炖烩菜： • 萝卜土豆烩羊肉 • 番茄蘑菇白酒炖牛肉等
油质淀粉		
黄油面粉	• 黄油化成膏状与生面粉等比例混合均匀 • 将其少量逐渐地加入煮开的液体中 • 用打蛋器用力搅拌，小火煮制数分钟	用于勾芡传统的红酒少司： • 勃艮第红酒水波蛋配红酒少司 • 波尔多鱼、马孔鱼、水手鱼 • 主要用于调整少司的口感润滑度

续表

增稠剂	制作技法	用处
黄油面粉糊（白色、金黄色、棕色）	• 黄油熔化后加入同等质量的面粉，小火炒制 • 根据时间长短来制作白色、金黄色或棕色黄油面粉糊 • 将黄油面粉糊放凉后，加入煮开的液体原料 • 如果需要可用打蛋器用力将其搅拌均匀直到其煮开	白色黄油面粉糊： • 贝夏梅尔少司及其衍生少司 • 小牛白色浓稠汤，禽白色浓稠汤，鱼白色浓稠汤 • 浓汤，奶油汤 金黄色黄油面粉糊： • 番茄沙司 • 美国少司 棕色黄油面粉糊： • 西班牙少司 • 浓缩少司
稀释淀粉（水、禽畜基础汤、鱼基础汤、酒等）		
马铃薯淀粉 玉米淀粉 竹芋淀粉	• 加入少量的凉液体原料搅拌均匀 • 倒入煮开的液体原料中 • 用打蛋器搅拌均匀	• 勾芡小牛棕色基础汤 • 勾芡汤汁 • 调整汤汁浓稠度 • 酸橙少司（Bigarade Sauce）
米粉糊 大麦面粉糊 玉米面粉糊	• 加入少量的凉液体原料搅拌均匀 • 倒入煮开的液体原料中 • 用打蛋器搅拌均匀	• 浓汤：奶油浓汤和白色（禽/畜/鱼）浓稠汤 • 婴儿食品（糊/粥）
大米 木薯粉 粗麦碎粒 粗玉米碎粒	• 撒入煮开的液体原料中 • 用木搅板搅拌	• 苏比斯少司（用洋葱、黄油、奶油制成的调味汁） • 比斯开甲壳汤 • 浓汤：克雷西米汤（Crecy Au Riz）、葡萄牙浓汤 • 玉米粥/栗子粥（Polenta） • 给浓汤增稠并增加润滑的口感 • 罗马丸子（Gnocchis，小麦粉或薯泥制成） • 餐后甜食（米饭布丁、木薯布丁、玉米布丁等）
白面包心 面包屑	• 将面包心（屑）浸泡在牛奶或奶油中 • 搅拌均匀	• 瓤禽类原料的馅料（美国馅） • 蟹馅 • 安德烈斯猪血肠、白血香肠、肉肠或鱼肠（Quenelles） • 肉批馅料
水果泥 蔬菜泥	• 自身含有丰富的增稠和黏稠物质的水果或蔬菜都可以用于制作准备过程中	• 新鲜蔬菜蓉汤：帕尔门蒂汤（Potage Parmantier，土豆汤）及其演变出来的汤 • 干蔬菜汤：圣日尔曼汤、芥末汤、孔德汤（Condé）、以扫汤（Esaü）、索瓦松纳（Soissonais）及其演变出来的汤 • 帕尔门蒂蔬菜泥汤，可雷西蔬菜泥汤、维希蔬菜泥汤、杜巴里蔬菜泥汤（菜花汤）等 • 蔬菜少司
动物源蛋白		
全蛋	• 将加入糖和香草的牛奶煮开，慢慢倒入蛋液中，同时不停地搅拌 • 然后撇沫过滤 • 加入所需增稠的液体原料中	• 甜食混合馅料：焦糖奶油馅料、维也纳馅料（Viennoise）、乡村馅料（Villageoise）及各种布丁馅料等 • 制作裹面肉批馅料、肉批馅料、肉冻馅料、肉肠和鱼肠馅料等
蛋黄或蛋黄与全蛋混合	• 将煮好的基础汤放凉后加入蛋黄或全蛋液中，不要进行抽打 • 然后撇沫过滤	• 炒肉馅料等（Appareil à Subrics）

续表

增稠剂	制作技法	用处
蛋黄加糖	• 将煮开的香草牛奶逐渐冲入蛋黄和糖搅拌均匀的液体中，撇去浮沫并过滤 • 也可将煮开的香草牛奶倒入蛋黄和糖混合均匀的液体中 • 用搅板轻轻搅拌 • 放在火上将混合液体煮开	• 咖啡、奶油、巧克力馅料 • 冰淇淋 • 奶冻（Bavarois） • 米饭布丁
蛋黄加奶油	• 将少量煮开的液体倒入混合好的原料（蛋黄加奶油）中，进行冲淡稀释 • 再将冲淡稀释的原料逐渐倒入剩下的液体原料中，同时不停地搅拌 • 小火加热或煮开撇沫过滤	• 清汤增稠 • 浓汤增稠（白色浓稠汤） • 增稠传统烩肉或炖肉的白色汤汁等
蛋黄或全蛋加入淀粉勾芡汁增稠	• 在对液体原料进行淀粉勾芡的基础上，再加入蛋黄或全蛋液进行增稠 • 在不影响汤汁质量的情况下，可小火煮开几分钟	• 克斯特酱（蛋黄酱） • 莫奈少司（Mornay Sauce） • 传统烩肉或炖肉的白色汤汁 • 浓汤增稠（白色浓稠汤） • 舒夫蕾（Soufflé） • 伯爵夫人土豆
蛋黄直接生用	制法参考冷乳化少司	• 马乃司少司及其演变的各种少司
蛋黄加温（低温）	制法参考热乳化少司（半凝固）	• 荷兰少司及其演变的各种少司 • 贝纳少司及其演变的各种少司 • 意大利蛋黄酱（Sabayons）及其演变的各种咸、甜少司
血浆或卵 • 猪血和禽类血浆 • 甲壳类动物卵或海胆黄	使用蛋（卵）黄对液体原料进行增稠不同于其他增稠剂，使用温度应该在液体原料煮开（100℃）以下 • 将少量的液体原料冲入血浆或蛋（卵）液中，稀释后倒入剩余液体原料中 • 避免将勾芡后的液体原料煮开，如果液体原料先前有用淀粉勾芡过，可小火将加入血浆或蛋（卵）液的液体原料煮开数分钟	• 红酒洋葱烩兔肉等 • 红酒烩鸡 • 法式榨鸭（Canard au Sang ou à la Presse） • 血肠 • 鲁昂少司（Rouennaise Sauce） • 美国少司（American Sauce） •（扇贝或龙虾）卵少司 • 海胆白酒少司等
基础汤浓缩汁	通过长时间对基础汤进行加热，大量水分蒸发，浓缩出汤汁中的胶化物质。汤汁质地黏稠、光亮、香味十足（通常用于制作肉类或鱼类烧汁）。可加入奶油或黄油	• 畜类烧汁、禽类烧汁、鱼类烧汁等 • 烤里脊牛排少司（Chateaubriand Sauce）、贝西少司（Bercy Sauce）、克勒贝尔少司（Colbert Sauce）、索尔费里诺少司（Solferino Sauce）等 • 用鱼基础汤或煮烩鱼汤制作的白葡萄酒少司或红葡萄酒少司
奶油	浓缩奶油与其他增稠液体原料或浓缩的基础汤或乳化的黄油结合，增加其润滑的口感	• 所有的奶油少司（奶油小牛肉片/排/腰等） • 用于水煮鱼或烩鱼的白葡萄酒少司
动物脂肪	将小块或乳化的黄油或其他脂肪放入液体原料中，或者抽打或者转动容器使其给汤汁带来润滑的口感和光亮的色泽 注意：加入脂肪的汤汁不能再继续煮开	• 制作熔化的黄油 • 制作白黄油或南特黄油（Nantais） • 制作乳化黄油 • 最后加入少司或汤中

四、少司调味

鲜香草和香料的使用在烹制汤汁中同样起了非常重要的作用，鲜香草如细香葱、番芫荽、莳萝、薄荷、罗勒、蛇蒿、鼠尾草等，常用香料如白胡椒、绿胡椒、黑胡椒、八角、咖喱等，但是要注意香草料与汤汁的搭配与融合，使其能够均匀分布汤汁中，来增加汤汁中细微的香味。避免使用过量的香草料，汤汁应给人以短暂香味的印象。在调味方面时常会用到大量的酒和调味品，如波尔图酒、马德拉酒、红葡萄酒、白葡萄酒、诺瓦丽酒、雪利酒、苹果醋、黑菌汁等。

制作好的少司应该口味清淡，不要过于浓稠，便于消化，品质结构好，当然最主要还是要尊重主菜与其合理搭配，融为一体。

少司在使用时不能够遮盖或统治主菜的味道，而是应该起到陪衬或突出主菜味道的作用，专业烹调少司时通常遵循三个原则：①口味清淡。②原料之间的细微融合。③尊重原料的味道和香味。

传统餐馆会制作各种少司，特别会制作大量传统的少司。只是简单地从各种香味物质原料（香草料、葡萄酒、烈酒等）中获取。

对于少司来说，特别是在法餐中，各式各样的少司大多来源于基础汤。尤其是专业的厨师，更会注重基础原料的质量，所以今天的法式基础汤特别与众不同，成为西餐汤汁的代表。但不可否认，大多基础汤不在厨房被制作，经常在厨房炉灶上制作的基础汤、烧汁等几乎消失了。但并不代表它不存在、不使用，先进的技术和高质量的产品（基础汤速溶粉等）出现，替代了传统的工艺，减少了制作基础汤的复杂过程。但在这里我们还是需要了解及掌握传统的制作工艺。

五、目前汤汁趋势

（1）无浮沫、无油脂，短时间的烹制加工，最后可以获得清澈的基础汤。

（2）禽畜海鲜等基础汤在使用上要尊重原料本质的味道（尤其各种原料自己的基础汤）。如牛基础汤用于牛肉菜肴、鱼基础汤用于鱼菜肴、鸡基础汤用于鸡菜肴等。

（3）经过收汁浓缩（避免使用增稠剂）后的基础汤含有丰富的胶原物质（来自蹄、小腿、关节），给汤汁中带来馥郁润滑的香浓口感。

（4）传统基础汤汁制作逐渐消失（西班牙少司、贝夏梅尔少司、番茄沙司等）。

备注

老式的烹饪方法在棕色基础汤和西班牙少司在制作上是没有区别的。在烹饪肉类菜品如禽类、畜类等，其风味主要来源于基础汤汁中。

实训项目1　黄油面糊及其少司（汁）制作训练

相关知识

知识点1　黄油面糊是烹饪过程中制作少司的基础，制作非常简单，是由同等质量的黄油（或澄清黄油、其他油脂等）和面粉制作而成的。

知识点2 黄油面糊所具有的黏稠特性可以用于增加少司（贝夏梅尔乳少司、各种肉类浓汁等）和汤的浓稠度（增加润滑、油性）。当加入黄油面糊时，不仅可以改变其原来的外观形态，而且可以改变汤汁的颜色和味道。

实训准备

实训场地准备：西餐实训厨房加工间、热菜间。

实训用品准备：少司锅，汤锅，细筛箩，细纱网帽形滤器，小刀，搅板，打蛋器，不锈钢盘，不锈钢桶，小汤勺，礤子或搅碎机。

仪容仪表准备：穿厨师工作服、工作鞋、工作帽、围裙，不佩戴任何饰物，不留长指甲，洗净双手。

实训内容

1. 黄油面糊及其少司制作

实训1：黄油面糊（Roux）

原料准备

用于1L液体原料的黄油面糊		
原料	单位	重（数）量
黄油（或根据需要选用其他油脂） 面粉*	kg kg	0.04 ~ 0.07 0.04 ~ 0.07
根据此数量平均制作时间： 白色黄油面糊 金色黄油面糊 棕色黄油面糊	 min min min	 3 ~ 4 4 ~ 6 6 ~ 8

* 制作1L成品所需要的黄油面糊重量，根据成品的不同种类而有差异（润滑度、油脂含量等）。
如：0.04kg的黄油和0.04kg的面粉适用于制作肉菜汤。0.07kg的黄油和0.07kg的面粉适用于制作贝夏梅尔乳少司。

操作过程

①准备工作：核查所需的原料并称重，挑选工具（根据要制作汤汁的多少选用大小合适的汤锅），面粉过筛，黄油切成小块。

②制作黄油面糊：汤锅或少司锅（汤锅的大小要可以装下之后所需加入的液体，如牛奶、基础汤、鱼基础汤等）中放入黄油加热熔化，加入面粉，用搅板将面粉和黄油向外搅拌均匀成为一体，注意粘在锅边的面粉。

③炒制黄油面糊（白色、金色、棕色）。

- 白色黄油面糊：炒制白色黄油面糊时要小火慢慢炒制，同时要不停地向外搅拌，直至变为白色并且产生气泡，通常被称作“开花”。然后马上离火，立即放凉（可以将锅放入冷水盆中）。

● 金色黄油面糊：在白色黄油面糊的基础上继续小火加热，不要停止搅拌，直到颜色变为金色。离火，立即放凉。

● 棕色黄油面糊：在金色黄油面糊的基础上再继续小火加热。继续搅拌，直到轻度糊化（淀粉水解和糖焦糖化），颜色开始变深，成为浅棕色。立即离火，迅速降温放凉。如果继续加热，颜色变为深棕色而且味道呈现煳焦，气味辛辣呛人。

实训2：白色浓稠汁（Veloute）

原料准备

制作1L白色浓稠汁		
原料	单位	重（数）量
基础原料： 小牛肉白色基础汤 或 白色禽类基础汤 或 鱼基础汤	 L L L	 1 1 1
白色黄油面糊* 黄油 面粉	 kg kg	 0.04～0.07 0.04～0.07
黄油（用于最后的少司表面覆盖）	kg	0.02
调味料： 精盐 白胡椒粉 或 圭亚那辣椒粉	 kg kg kg	 适量 适量 适量
平均制作时间	min	20～30
制作量大的白色浓稠汁的时间	min	45～60

* 根据实践研究，1L的基础汤通常需要大约0.1kg（包括锅边等损耗）的黄油面糊。

操作过程

①准备工作：核查所需原料并称重，挑选工具（根据要制作汤汁的多少选用大小合适的2只汤锅、1个搅板、1个打蛋器、1个细纱帽形滤斗、1只小汤桶）。

②制作白色黄油面糊：汤锅的大小要可以装下之后所需加入的液体，如小牛基础汤、禽类基础汤、鱼基础汤等。白色黄油面糊变白并开始冒泡后立即离火，立即放凉。

③将白色的基础汤（牛、禽或鱼）放入汤锅煮开。

④制作白色浓稠汁：将一半的白色基础汤倒入凉的白色黄油面糊中。离火，用打蛋器将其搅拌均匀。再倒入剩余的基础汤，不停地搅拌，直到整个汤汁变得润滑、细腻、无凝块。撒入适量的精盐、白胡椒粉或圭亚那辣椒粉。将白色浓稠汁煮开，不要停止搅拌。小火，让其慢慢地收汁，量小的情况下大约收汁15min。量大的情况下收汁要蒸发其三分之一的量。不时地搅拌，防止白色浓稠汁黏在锅边上缘。

⑤检查白色浓稠汁的口感和口味。

⑥根据白色浓稠汁的量，把其过滤到大小合适的不锈钢汤桶中。

⑦如果需要，可以将小块的黄油放入汁中，起到保护其表面的作用。

⑧如果不是立即使用，可盖好盖子放在63℃的暖汤池中保存，也可立即放凉，冷藏保存。

实训3：奶油蛋黄白色浓稠汁（Cream Egg Yolk Veloute）

此汁需要在菜肴上菜之前将其勾芡（浓稠）。

原料准备

制作1L的奶油蛋黄白色浓稠汁		
原料	单位	重（数）量
基础原料： 白色浓稠汁	L	1
增香增稠原料： 鸡蛋 奶油	 个 L	 4 0.25
黄油（用于最后的少司表面覆盖）	kg	0.02
平均准备时间	min	3
平均烹制时间	min	5

操作过程

①将蛋清与蛋黄分离。

②将蛋黄和奶油放在不锈钢盆中，用打蛋器搅拌均匀。

③用一至两勺煮开的白色浓稠汁冲入其中并搅拌均匀，同时继续加热白色浓稠汁。

④然后白色浓稠汁离火，再将稀释的奶油蛋黄液逐渐地倒回煮开的白色浓稠汁中。

⑤再次上火煮开。

⑥煮开后持续数秒离火，同时不停地搅拌。

⑦把煮好的奶油蛋黄白色浓稠汁过滤，同时可用小汤勺在细纱滤斗中向下杵，来挤压汤中原料，滤出酱汁。

⑧在少司上撒上几块小黄油。

⑨盖上盖子放在暖汤池中保存，温度最好在63℃左右。

备注

（1）用蛋黄奶油增稠的少司应该最后制作，延迟到临上菜前。从细菌学来说，少司和肉质中有丰富蛋白质，这些蛋白质很容易被细菌腐蚀变坏。

（2）当浓稠汁双倍增稠后可以加入一些柠檬汁。

（3）鸡蛋、动物血、扇贝或龙虾的卵作为无淀粉的增稠剂，尽量不要将其煮开，因为它们在85～95℃时会凝固成形。

（4）相反，双倍增稠用量会紧固蛋黄和淀粉液体，在这种情况下应该持续煮开几秒钟。淀粉液体会比蛋黄先成形，因为淀粉会包裹蛋白分子，致使蛋黄很难凝结成形。

（5）制作时，煮开不能超过1min：蛋黄的使用和淀粉的用量要成正比。

实训4：贝夏梅尔乳少司（Béchamel Sauce）

原料准备

制作1L贝夏梅尔乳少司		
原料	单位	重（数）量
基础原料： 牛奶	L	1
白色黄油面糊* 黄油 面粉	kg kg	0.05～0.07 0.05～0.07
黄油（用于最后的少司表面覆盖）	kg	0.02
调味料： 精盐 肉豆蔻 圭亚那辣椒粉	kg kg kg	适量 适量 适量
平均制作时间	min	12～15

* 根据实践研究，1L的基础汤通常需要0.1～0.14kg（包括锅边等损耗）的黄油面糊。

操作过程

①准备工作：核查所需原料并称重，挑选工具（根据要制作汤汁的多少选用大小合适的2个汤锅、1个搅板、1个打蛋器、1个细纱帽形滤斗、1个小汤桶）。

②制作白色黄油面糊。

- 汤锅的大小要可以装下所需加入的液体，如小牛基础汤、禽类基础汤、鱼基础汤等。
- 白色黄油面糊变白并开始冒泡后立即离火，立即放凉。

③把牛奶倒入汤锅中煮开。

④制作贝夏梅尔乳少司：将一半的牛奶倒入凉的白色黄油面糊中。离火，用打蛋器将其搅拌均匀。再倒入剩余的牛奶，不停地搅拌，直到整个汤汁变得润滑、细腻、无凝块。撒入适量的精盐、磨碎的肉豆蔻和圭亚那辣椒粉。将少司煮开，不要停止搅拌。小火，让其慢慢煮5～6min。不时地用搅板搅拌，防止白色浓稠汁黏在锅边上缘。

⑤检查贝夏梅尔乳少司的口感和口味。

⑥将少司过滤到不锈钢汤桶中，同时可用小汤勺在细纱帽形滤斗中向下杵。

⑦如果需要，可以将小块的黄油放入汁中，起到保护其表面的作用。

⑧如果不是立即使用，可盖好盖子放在63℃的暖汤池中保存。

实训5：莫奈少司（Mornay Sauce）

莫奈少司是以贝夏梅尔乳少司为基础制作的少司。

原料准备

制作1L莫奈少司		
原料	单位	重（数）量
基础少司： 贝夏梅尔乳少司	L	1
配料： 鸡蛋（蛋黄） 格鲁耶尔干酪	个 kg	4 0.08
最后加入原料： 黄油（用于最后的少司表面覆盖）	kg	0.02
平均制作时间	min	15～20

操作过程

①准备工作：核查所需原料并称重，挑选工具（根据要制作汤汁的多少选用大小合适的2个汤锅、1个搅板、1个打蛋器、1个细纱帽形滤斗、1个小汤桶、1个不锈钢盆、1个礤子或搅碎机）。

②用礤子将格鲁耶尔干酪擦碎，或用搅碎机将其打碎。

③打碎鸡蛋，把蛋清蛋黄分离出来。蛋黄备用，蛋清保存可用于他用。

④制作贝夏梅尔乳少司（参考之前的制作方法）。

⑤把制作好的贝夏梅尔乳少司离火，向里边加入蛋黄，搅拌均匀。

⑥放到火上煮开后离火。

⑦用细纱帽形滤斗将其过滤。

⑧加入格鲁耶尔干酪碎末，同时不停地搅拌，直到奶酪完全与贝夏梅尔乳少司融合。

⑨可以将小块的黄油放入汁中，起到保护其表面的作用。

⑩如果不是立即使用，盖上盖子放到暖汤池中保存。

> **注意**
>
> 加入格鲁耶尔干酪碎末后需要立即使用。

实训6：奶油少司（Cream Sauce）

奶油少司是以贝夏梅尔乳少司为基础制作的少司。

原料准备

制作1L奶油少司		
原料	单位	重（数）量
贝夏梅尔乳少司基础原料： 白色黄油面糊： 黄油 面粉	 kg kg	 0.07 0.07
液体： 牛奶 奶油	 L L	 0.8 0.2

续表

制作1L奶油少司		
原料	单位	重（数）量
最后加入原料： 奶油 柠檬（用汁） 黄油	 L L kg	 0.2 适量 0.02
调味料： 精盐 肉豆蔻 圭亚那辣椒粉	 kg kg kg	 适量 适量 适量
平均制作时间	min	12～15

操作过程

①准备工作：核查所需原料并称重，挑选工具（根据要制作汤汁的多少选用大小合适的2个汤锅、1个搅板、1个打蛋器、1个细纱帽形滤斗、1个小汤桶）。

②制作贝夏梅尔乳少司：先制作白色黄油面糊。将0.8L的牛奶和0.2L的奶油混合煮开。冲入白色黄油面糊中，制作成贝夏梅尔乳少司。放在小火上收汁6～8min，同时要不停地用打蛋器或搅板搅拌。

③加入剩余的0.2L奶油，煮开后保持几分钟，离火。

④调味：加入几滴柠檬汁、精盐、肉豆蔻磨成粉和圭亚那辣椒粉。

⑤用细纱帽形滤斗过滤到大小合适的汤桶中。

⑥最后在表面抹上小块黄油覆盖。

2. 注意事项

（1）汤汁产品的黏稠质地（浓稠度），取决于以下几个方面。

①加入液体中的黄油面糊的总量，量越多汤汁越浓稠，量越少则反之。

②液体冲入温度：制作所有以黄油面糊为基础的汤汁时，液体原料冲入黄油面糊时必须是烧开的、滚烫的。

③烹制条件：快速加热使得汤汁变得更加紧实、稳定（制作完成的黄油面糊迅速降温，再用煮开的液体冲入，放到火上迅速加热煮开，使得汤汁中的凝块可以大大减少）。加入液体后要用力地抽打面糊使其变为浓稠液体来制作少司或汤，过分煮制会导致浆液松懈。

④酸味物质呈现：酸性物质会促进淀粉水解，使淀粉浆液化。加热时间过长同样会使其液化，所以应该在煮制结束后加入酸性原料（柠檬汁、浓缩葡萄酒、番茄、酸模、酸黄瓜、水瓜柳等）。

⑤淀粉使用：浓缩程度同等情况下，玉米淀粉比麦淀粉更稳固。

⑥浓缩液体中的溶解物质（盐、糖）：少量矿化溶液中需要加入大量的增稠物，例如糖会使胶冻变为流体。

⑦淀粉糊化程度：同等重量淀粉浆液，以生淀粉为基础加工制成的浆液比经过淀粉糊化过的浆液更为浓稠。在这种情况下使用烘焙过的面粉或金色黄油面糊或棕色黄油面糊就应该增加其用量（相对于同等用量的液体）。

⑧淀粉浆液会因变冷而更加黏稠成为成形的胶冻。

（2）准备蛋黄增稠的少司和浓稠汁特别容易腐败变质，一定要在上菜前增稠，不要提前太早做好。用剩的少司不应保留。

（3）如果贝夏梅尔乳少司不是立即使用，可盖好盖子放在63℃的暖汤池中保存。

3. 实训总结

根据所需要少司的颜色，可将黄油面糊炒制成白色、金色和棕色，这个烹制过程需要熟练掌握，避免将黄油面糊炒煳，也避免由于炒制时间不够而使得黄油面糊及其少司具有生面的味道。

以黄油面糊为基础制作出的各种少司，味道香浓，质地润滑细腻。掌握每种少司的制作方法，但根据不同少司所使用的原料不同，在保存时要额外注意。

实训项目2 基础汤少司（汁）制作训练

相关知识

知识点1 在基础汤中使用淀粉进行勾芡，相对于烧汁来说避免了烦琐的工序，节省了大量的时间。但是其色泽、香味、口感等因素却因此略显不足。

知识点2 畜肉烧汁、禽肉烧汁、鱼烧汁都是经过长时间的浓缩（水分蒸发），不添加任何黏稠剂（淀粉、面粉等），不添加任何调味料，制作而成的汤汁精华。根据所需要的颜色可分为白色烧汁和棕色烧汁。

烧汁的使用：①用在无味道的基础汤或少司中，使其味道丰富浓郁。②用于强化少司的颜色和形状。③用于包裹一些菜品，使其表面光亮（黑菌片等）。④直接与黄油、奶油、香草等混合制成少司，如烤里脊牛排少司（Chateaubriand）、柏荷西少司（Bercy）、科贝尔少司（Colbert）、索菲力诺少司（Solferino）等。

实训准备

实训场地准备：西餐实训厨房加工间、热菜间。

实训用品准备：分刀，小刀，去皮刀，铲子，汤勺，搅板，撇沫铲，帽形滤斗，菜板，不锈钢盘，小不锈钢桶，少司锅，炒锅，线绳，汤勺，量杯。

仪容仪表准备：穿厨师工作服、工作鞋、工作帽、围裙，不佩戴任何饰物，不留长指甲，洗净双手。

实训内容

1. 基础芡汁、烧汁及少司制作

实训1：小牛肉棕色基础汤淀粉勾芡

原料准备

勾芡1L小牛肉棕色基础汤		
原料	单位	重（数）量
基础原料： 小牛棕色基础汤 淀粉 白葡萄酒或红葡萄酒	 L kg L	 1 0.01 0.1
香料： 胡萝卜 洋葱 芹菜 大蒜 香料束	 kg kg kg kg 束	 0.08 0.08 0.08 0.01 1
调味品： 黄油	 kg	 0.02
平均准备时间	min	10
平均制作时间	min	20

操作过程

①蔬菜原料加工（Mirepoix）：将胡萝卜、洋葱去皮、洗净，切成小方丁。芹菜去叶，清洗干净，切成小方丁。蒜去皮、洗净，劈开去除中间的蒜芽，切成细末。把香料（百里香、番芫荽梗、月桂叶）捆在一起，做成香料束。

②锅中放入黄油，加热熔化后，放入所有的香料和蔬菜，炒香。

③加入小牛肉棕色基础汤，煮开后改小火，不时地撇去油脂和浮沫。

④根据小牛肉棕色基础汤的用量，调制淀粉汁：在不锈钢盆中放入淀粉，加入白葡萄酒或红葡萄酒，也可使用马德拉酒或波尔图酒来稀释淀粉。

⑤当小牛肉棕色基础汤煮至所需的浓稠度时，加入稀释的淀粉（加入前搅拌均匀，淀粉容易沉淀），同时用搅板在锅中轻轻搅拌基础汤。

⑥用汤匙检测汤汁浓度，如果浓度不够稠，可适量再加入稀释的淀粉。

⑦加入淀粉勾芡后，汤汁浓稠度在煮开后方呈现出来。

⑧汤汁浓稠度调好后离火，用细纱网帽形滤器过滤到不锈钢汤汁桶中。

⑨放入少量的小块黄油。

⑩制成的勾芡小牛肉棕色基础汤汁如果不是立即使用，可放入暖汤池中（温度最好在63℃）保存，或者立即放凉，密封3℃冷藏保存。

实训2：牛肉（畜肉）烧汁（Gravy）

操作过程（图4-1）

①把牛肉棕色基础汤放入汤锅中煮开。

②不时地撇去浮沫。

③逐渐收浓稠后，把汤汁用细纱滤网过滤到另外一个较小的汤锅中。

④用小火继续收汁，如果有浮沫立即撇去。

⑤汤汁变得更浓后，过滤到更小的汤锅中。

⑥放到火上，检查烧汁的浓稠度，烧汁的浓稠度像糖浆，用汤匙舀起后缓慢流下，附着在汤匙背部的烧汁黏稠光亮。

⑦锅离火，把烧汁过滤到不锈钢容器中。如果不是立即使用，迅速降温，密封冷藏。

图4-1　烧汁操作过程

实训3：西班牙少司（Spanish Sauce）

原料准备

制作1L西班牙少司		
原料	单位	重（数）量
基础原料： 小牛肉棕色基础汤	kg	1.5
香料： 猪胸脯瘦肉 番茄 胡萝卜 洋葱 番茄酱 蒜 香料束	 kg kg kg kg kg kg 束	 0.05 0.3 0.05 0.05 0.04 0.01 1
增稠原料（棕色糊Brown Roux）： 黄油 面粉	 kg kg	 0.06 0.06
调味品： 精盐 白胡椒粉	 kg kg	 适量 适量
平均准备时间	min	15～20
平均制作时间	h	1～1.5

操作过程

①原料工具准备工作：检查并核对所有需要使用的原料（包括原料新鲜度、数量、重量等）。使用工具：分刀、菜板、木铲子、炒锅、细纱网帽形滤器、汤汁桶、汤勺、撇沫铲。

②蔬菜及香配料初加工：将猪肉切成小方丁，放入开水中焯熟。将胡萝卜、洋葱去皮、洗净，切成小方丁。蒜去皮、洗净，去除中间的蒜芽，切成细末。将香料（百里香、番芫荽梗、月桂叶）捆在一起，制成香料束。番茄切成小丁。

③把小牛肉棕色基础汤煮开。

④制作西班牙少司：炒锅中放入黄油，开火，黄油熔化后放入猪肉丁炒香。加入胡萝卜丁和洋葱丁，炒出香味。再加入面粉，一起炒制，直到把面粉炒熟（面粉可以事先放在锅中焙熟或放入烤箱内烤上颜色），颜色变深（淡褐色）。放入番茄酱，炒制数秒钟，让番茄酱内的酸味减淡。离火，放凉。将煮开的小牛肉棕色基础汤倒入锅中，边倒边搅拌。再将锅放在火上不要停止搅拌直到汤汁烧开。加入番茄丁、蒜末和香料束。盖盖子煮制（也可放入烤箱中）1.5h左右（根据水分蒸发情况而定）。煮制过程中撇去浮沫。

⑤汤汁煮浓稠后捞出香料束，用细纱网帽形滤器将其轻轻过滤到汤汁桶中。

⑥检查口感和口味，撒盐、胡椒粉调味。最后在少司表面撒上小块黄油。

⑦制成的西班牙少司如果不是立即使用，表面封上保鲜膜，放入暖汤池中（温度最好在63℃）保存。或者立即放凉，密封3℃冷藏保存。

实训4：番茄沙司（Tomato Sauce）

原料准备

制作1L番茄沙司		
原料	单位	重（数）量
基础原料：		
黄油	kg	0.06
咸猪胸肉（五花肉）	kg	0.1
胡萝卜	kg	0.1
洋葱	kg	0.1
面粉	kg	0.05
番茄酱	kg	0.2
或		
番茄酱	kg	0.1
与		
新鲜番茄	kg	1
小牛肉白色基础汤	L	1
或		
水	L	1
蒜	kg	0.02
香料束（百里香稍多些）	束	1
最后加入原料：		
黄油（用于最后的少司表面覆盖）	kg	0.02
调料：		
精盐	kg	适量
白胡椒粉	kg	适量
白糖	kg	适量

续表

制作1L番茄沙司		
原料	单位	重（数）量
平均准备时间	min	20～25
平均制作时间	h	1～1.5（根据少司量而定）

操作过程

①准备工作：核查所需原料并称重，挑选工具（根据要制作汤汁的多少选用大小合适的2个汤锅、1个搅板、1个打蛋器、1个撇沫铲、1个细纱网帽形滤器、2个小汤桶）。

②准备咸猪胸肉：去除猪肉皮（如果有软骨也要剔除）。切成小丁，用开水熟。冷水下锅，水开后煮1～2min。

③准备香料：将胡萝卜、洋葱、蒜去皮，番芫荽清洗干净。洋葱和胡萝卜切成5mm宽的方丁。蒜去除芽，拍碎。将香草（番芫荽梗、月桂叶、百里香）捆绑在一起制成香料束。如果用新鲜的番茄，清洗干净，去掉肉柄，切成小丁。

④制作番茄沙司：黄油切成小块，放到汤锅中加热。黄油熔化后加入猪肉丁，小火把猪油煸出，避免上色。再加入洋葱、胡萝卜丁，慢慢炒制变软，避免上色。加入面粉，用搅板向外搅拌面糊，小火直到面糊有些上色。加入番茄酱，与面糊搅拌均匀，炒制数分钟（也可放入烤箱）。离火，放凉，制成“番茄黄油面粉糊”。把小牛肉白色基础汤或水煮开，把一半基础汤倒入番茄黄油面粉糊中。用搅板将其搅拌均匀（离火）。再将剩余的小牛肉白色基础汤或水倒入，同时不停地搅拌。放到火上加热，同时放入番茄（如果有）、蒜碎、香料束、盐、胡椒粉和一撮糖（避免过酸）。用吸水纸将黏在锅内侧边缘上的汤汁擦去。盖上盖子，放在热板炉上，或烤箱（160℃）中保持汤汁微沸，加热1h至1.5h（根据汤汁量而定）。

⑤将香料束从煮好的少司中取出，用细纱网帽形滤器将少司过滤到汤桶中。

⑥避免用汤勺向下杵原料，让其自然流出。如果香料被煮烂，其细渣很容易从细纱网帽形滤器中漏出。

⑦检查少司的口感和味道。

⑧将少量黄油块放入少司中，保护少司表层。

⑨如果不是立即使用，可盖好盖子后放在63℃的暖汤池中保存，也可立即放凉，冷藏保存。

用处：番茄沙司通常与意大利面（空心粉、饺子等）、意大利丸子（用小麦粉或薯泥捏成）、芸豆、小扁豆、炸制品配合使用。

备注

（1）如果只制作少量的番茄沙司，可不必长时间加热煮制。
（2）根据需要，可在番茄沙司的香配料中加入适量的芹菜梗、柿子椒、茴香根和罗勒叶。

番茄沙司及其演变的各种少司如表4-3所示。

表4-3　番茄沙司及其演变的各种少司

基础汤	+增稠剂	=基础少司	+配料、香料、调料	=各种少司
白色基础汤或水	白色黄油面糊加洋葱丁、胡萝卜丁和芹菜丁、番茄酱、番茄、蒜、香料束、盐、糖、胡椒	番茄沙司	分葱碎末、胡椒碎、白葡萄酒和葡萄醋收汁，小牛肉棕色基础汤或禽类浓汤、番茄沙司、黄油、番芫荽末	魔鬼少司（Diable Sauce）
			洋葱碎末与植物油一起炒香，放番茄碎、番茄沙司、烧汁、蒜、番芫荽末	葡萄牙少司（Portugaise Sauce）
			（猪/牛）舌切丝、口蘑、黑菌、火腿、小牛肉棕色基础浓汤、番茄沙司、黄油	米兰少司（Milanaise Sauce）、吉普赛少司（Zingara Sauce）

实训5：美国少司（American Sauce）

原料准备

原料	制作1L美国少司 单位	重（数）量
基础原料：		
小海螃蟹	kg	1
或		
其他甲壳类动物	kg	1
（虾、蟹）甲壳	kg	1
鱼骨（非必须添加）	kg	0.5
植物油	L	0.5
黄油	kg	0.02
香料：		
胡萝卜	kg	0.1
洋葱	kg	0.1
分葱	kg	0.04
番茄	kg	0.4
番茄酱	kg	0.04
蒜	kg	0.02
香料束	束	1
细香芹	kg	适量
蛇蒿	kg	适量
白兰地	L	0.05
白葡萄酒	L	0.2
液体原料：		
鱼基础汤	L	1.5
增稠剂：		
黄油面团原料		
黄油	kg	0.05
面粉	kg	0.05
最后加入原料：		
蛇蒿叶	kg	适量
细香芹叶	kg	适量
黄油	kg	0.05
调料：		
精盐	kg	适量
圭亚那辣椒粉	kg	适量
平均准备时间	min	40~45
平均制作时间	min	25~30

操作过程

①准备工作：核查所需原料并称重，挑选工具（根据要制作汤汁的多少选用大小合适的1个大汤锅、1个少司锅、1个搅板、1个撇沫铲、1个细孔帽形滤器、1个细纱网帽形滤器、1个小汤桶、1个不锈钢盆）。

②刷洗小海蟹或清洗其他甲壳类动物原料（原料应该鲜活，洗净后沥干水分）。

③准备香料：将胡萝卜、洋葱、分葱、蒜去皮，各种香草、番茄清洗干净。洋葱和胡萝卜切成5mm宽的方丁。分葱切成碎末。蒜去除芽，拍碎。将香草（番芫荽、月桂叶、百里香）捆绑在一起。如果用新鲜的番茄，清洗干净，去掉肉柄，切成小丁。

④制作美国少司：将大汤锅放到火上，加入植物油和黄油烧热。放入小海蟹或甲壳类原料，旺火快速煸炒，直到颜色变为红色。去除锅中的油脂。加入胡萝卜、洋葱和分葱碎。炒制数分钟后，蔬菜香料变软，但不要上色（也可以用其他锅事先炒制）。加入白兰地（由于酒精度数较高所以锅中会着火，但一会儿就会自动熄灭）。加入白葡萄酒，待其蒸发掉三分之二酒后，倒入鱼基础汤或者加入鱼骨，最后加入冷水。将番茄丁、番茄酱、蒜碎、香料束和少量的细香芹、蛇蒿放入其中。用盐、圭亚那辣椒粉调味。煮开后改小火煮15min左右，不用盖盖子。不时地撇去浮沫。

⑤用木槌将小海蟹砸碎，压榨出汤汁，再继续煮15min左右（小海蟹也可在加入白兰地前将其壳砸碎）。

⑥将煮好的汤汁放入细孔帽形滤器中过滤出来，可借助汤勺向下杵。

⑦制作黄油面团：黄油放在室温下变软成膏状，将黄油和面粉放在不锈钢盆中搅拌均匀。

⑧美国少司勾芡：过滤出来的少司放入汤锅中，加热烧开同时撇去浮沫，收汁使少司味道变得醇厚。加入制作好的黄油面团（也可以使用棕色黄油面粉糊，或直接浓收汁）。小火煮制数分钟，避免少司黏住锅底，用搅板要不停搅拌。

⑨将收浓的少司用细纱网帽形滤器过滤。

⑩检查少司的口感和味道。

- 如果需要可以适量加入一捏圭亚那辣椒粉和一点白兰地。
- 将细香芹叶和蛇蒿叶切成碎末，放入少司中。

⑪将少量黄油块放入少司中，保护表层少司。

⑫如果不是立即使用，可盖好盖子放在63℃的暖汤池中保存，也可立即放凉，冷藏保存。

备注

通常，美国少司的专业制法中还会加入一些烧汁来增加和改善其口味与颜色。由于美国少司经常用于佐水煮鱼类菜肴，为了使菜肴可口，有时也会和白葡萄酒少司、奶油一起配合使用。

美国少司及其演变的各种少司如表4-4所示。

表4-4　美国少司及其演变的各种少司

基础汤	+增稠剂	=基础少司	+配料、香料、调料	=各种少司
鱼类基础汤加美国（小海蟹）基础汤	• 金色黄油面粉糊 • 黄油面粉膏（黄油和面粉的比例为1：1）及部分甲壳卵和打起的奶油	美国少司	美国少司，奶油黑菌汁白色鱼类浓稠汤，龙虾酱	卡迪纳尔少司（Cardinal Sauce）
			奶油，美国少司	纽堡少司（Newburg Sauce）
			美国少司、诺曼底少司、黑菌丁和龙虾肉丁	迪普罗马特少司（Diplomate Sauce）
			螯虾制作的美国少司、白色鱼类浓稠肉汤、螯虾酱、螯虾肉	南图少司（Nantua Sauce）
			美国少司加奶油和咖喱	东方少司（Oriental Sauce）

注：为了使美国少司更加可口，通常会加入奶油或者白葡萄酒奶油少司。

实训6：南图少司（Nantua Sauce）

原料准备

制作1L南图少司		
原料	单位	重（数）量
基础原料：		
螯虾	kg	1
黄油	kg	0.05
香料：		
胡萝卜	kg	0.1
洋葱	kg	0.1
分葱	kg	0.04
番茄	kg	0.4
番茄酱	kg	0.04
香料束	束	1
白兰地	L	0.05
白葡萄酒	L	0.2
液体原料：		
鱼基础汤	L	0.8
增稠原料：		
白色浓稠鱼汁	L	0.05
或		
奶油少司	L	0.05
最后加入原料：		
奶油	L	0.2
黄油	kg	0.05
调料：		
精盐	kg	适量
圭亚那辣椒粉	kg	适量
平均准备时间	min	40～45
平均制作时间	min	20～25

操作过程

①准备工作：核查所需原料并称重，挑选工具（根据要制作汤汁的多少选用大小合适的1个大汤锅、1个少司锅、1个搅板、1个撇沫铲、1个细孔帽形滤斗、1个细纱网帽形滤器、1个小汤桶、1个不锈钢盆）。

②刷洗螯虾，取出螯虾线，洗净后沥干水分。

③准备香料（参考美国少司）。

> **备注**
>
> 南图少司通常在收汁后再进行增稠，与白葡萄酒少司佐鱼肉类菜肴（水煮鱼、煎鱼柳等）。

④制作南图少司：将大汤锅放到火上，加入黄油烧热。放入螯虾，旺火快速煸炒，直到颜色变为红色。加入胡萝卜碎、洋葱碎和分葱碎。炒制数分钟后，蔬菜香料变软，但不要上色（也可以用其他锅事先炒制）。加入白兰地（由于酒精度数较高所以锅中会着火，一会儿会自动熄灭）。再加入白葡萄酒，蒸发掉2/3酒后倒入鱼基础汤。把番茄丁、番茄酱、香料束放入其中。用盐、圭亚那辣椒粉调味。煮开后改小火煮15min左右（根据螯虾体形大小而定），不用盖盖子。不时地撇去浮沫。

⑤螯虾取出沥干，去掉外壳。去壳后尾部的肉保存，留为他用。

⑥用木槌将螯虾壳砸碎，压榨出汤汁，再继续煮制15min左右。

⑦将煮好的汤汁倒入细孔帽形滤斗中过滤，同时借助汤勺向下杵。

⑧增稠南图少司：过滤后的少司放入汤锅中，加热烧开同时撇去浮沫，收汁使少司味道变得醇厚。加入白色浓稠鱼汁或奶油少司将其收浓。再加入奶油重新将其收浓。小火煮制时，避免少司黏住锅底，用搅板要不停搅拌。

⑨煮好的少司离火，加入黄油，使其融入少司中。

⑩检查少司的口感和味道，调味。

⑪将收浓稠的少司用细纱网帽形滤器过滤。

⑫如果不是立即使用，可盖好盖子放在63℃的暖汤池中保存，也可立即放凉，冷藏保存。

2. 注意事项

（1）基础汤在用淀粉勾芡后，要在汤汁煮开后才能体现出汤汁的浓稠度。所以根据需要逐渐的将稀释的淀粉加入基础汤中，避免一次倒入过多，导致汤汁过于浓稠。

（2）在制作烧汁时，根据汤汁的蒸发情况要及时过滤并更换适合的少司锅，如果锅大汤汁少，容易烧煳汤汁。

（3）芡汁与烧汁制作过程中切勿加盐等调味品调味。

（4）番茄沙司在烤箱中加热期间，要随时注意锅中少司水分蒸发的情况，根据情况，可加入适量煮开的白色基础汤或水。

（5）番茄沙司应该尽快使用，少司中的胡萝卜和洋葱容易使少司发酵变质。

（6）在搅拌少司的时候要小心，不断地用搅板把黏在锅边的少司刮下，如果锅边的出现焦煳物质，在搅拌时要注意不要把焦煳物质搅入少司中，否则会带来不好的味道。

3. 实训总结

基础汤经过进一步烹调加工，可以制作成芡汁与烧汁，用在各种少司中，起到增稠、增香、增色的作用。在制作过程中，涉及原料的切配、炒制、煮制、淀粉勾芡、撇沫、收汁、增稠、过滤、保存等技术要点，需要熟练掌握。

芡汁制作时，在原料的用量上没有严格的标准（根据经验），但切勿由于过多或过少，而影响芡汁的味道。芡汁达到要求后，过滤到干净容器中，否则会影响芡汁或烧汁的质量。

实训项目3 乳化少司（汁）制作训练（Emulsion Sauce）

相关知识

知识点1　乳化是将两种互不相溶的液体混合（常态下两种液体间不互溶）在一起：两种不互溶的液体，如水与油（乳化少司）或者液体与空气（抽打搅拌制作的少司），当两种物质放在容器中简单混合（充分搅打），这种乳浊液是不稳定的，静止后分成两层，密度小的在上层，密度大的在下层（图4-2）。

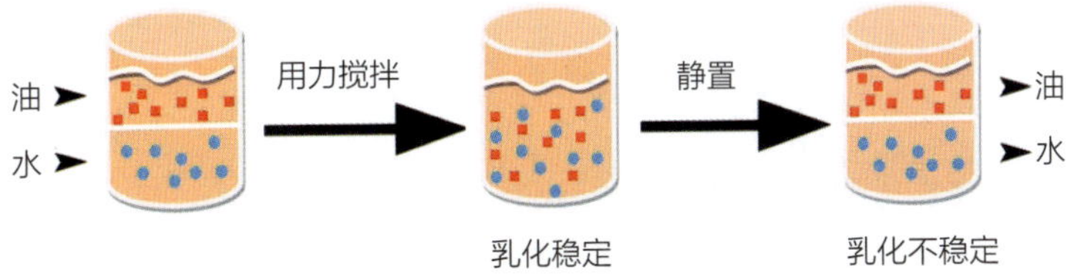

图4-2　油、水混合

为了使乳浊液稳定，在其中加入乳化剂，连接两种液相，在强烈的搅拌下使其不能分离（图4-3）。

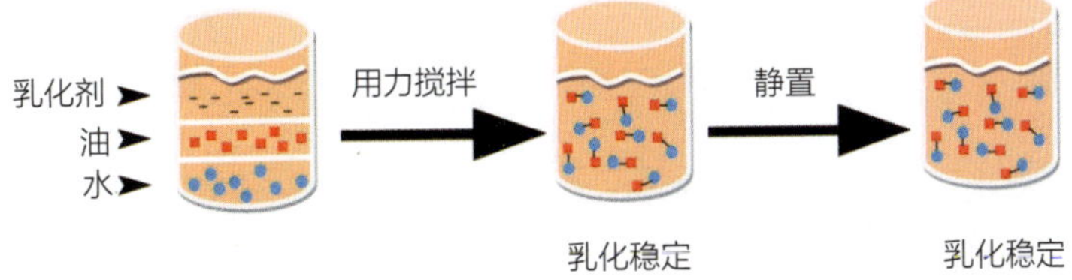

图4-3　加乳化剂的油、水混合

这种情况，如油与水混合，其化学分子结构表现为：水与油或脂肪不能融合相互抵触（通常被称作防脂）。油不亲水，相互抵触（通常被称作疏水）。乳化剂具有两个极端的分子，一端喜欢与水（亲水极）结合，另一端喜欢与油脂（亲脂极）结合（图4-4）。

这种油水混合强化了的乳化剂分子，使得油分子和水分子紧扣在一起。这种作用通常可以形象地描绘为一只手拿着水分子，另外一只手拿着油分子。

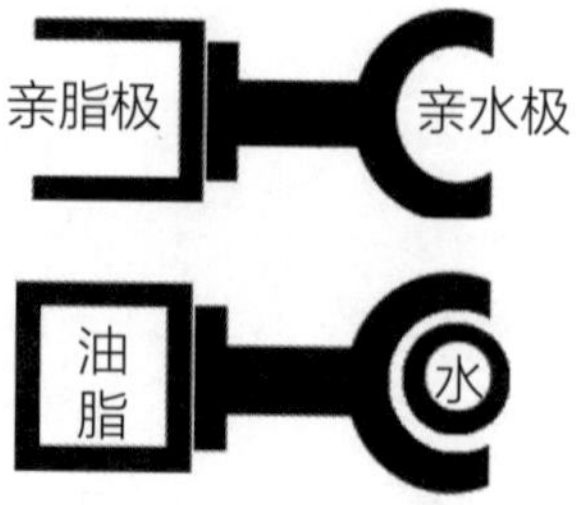

图4-4 油水混合分子结构

知识点2 不同种类的乳化少司：①不稳定乳化冷少司（油醋汁以及其演变而来的少司、番茄浓浆汁等）。②稳定乳化冷少司（马乃司以及其演变而来的少司）。③不稳定乳化热少司（黄油少司、白酒黄油少司、南特黄油少司以及演变而来的少司）。④半凝固乳化热少司（荷兰少司、贝纳恩少司以及其演变而来的少司）。

实训准备

实训场地准备：西餐实训厨房加工间、冷菜间、热菜间。

实训用品准备：分刀，小刀，菜板，不锈钢盘，小不锈钢桶/碗，量杯，搅碎机，汤勺，撇沫铲，少司锅，胶皮铲，打蛋器，细纱网帽形滤器。

仪容仪表准备：穿厨师工作服、工作鞋、工作帽、围裙，不佩戴任何饰物，不留长指甲，洗净双手。

实训内容

1．乳化少司基本制作

实训1：油醋少司（Vinegar Sauce）

原料准备

制作1L油醋少司		
原料	单位	重（数）量
基础原料： 植物油（橄榄油） 醋（红色葡萄醋）	 L L	 1 0.3
黄色芥末酱（非必须）	kg	0.04
调料： 精盐 白胡椒粉	 kg kg	 适量 适量
平均准备时间	min	2
平均制作时间	min	5

操作过程

①准备工作：称量原料，准备工具（1个不锈钢盆，1个打蛋器）。

②制作油醋少司：将黄色芥末酱放入不锈钢盆中（非必须添加）。加入盐和白胡椒粉。将葡萄醋倒入混合均匀（使盐溶化）。再冲入植物油，搅拌均匀成乳化状。检查口味，再次调味。

用处：①油醋少司主要用于沙拉、混合蔬菜沙拉、杂碎（鲜小牛头、蹄、猪脸、牛脸等）蔬菜沙拉的调味。油醋少司中可加入各种原料：各种香草、芥末、奶酪（羊乳干酪、格鲁耶尔干酪等），干果（榛子）、酸黄瓜、水瓜柳、洋葱、煮熟的鸡蛋碎、黑菌汁等。②油醋少司可用于温菜品的调味，如各种基础肉类或基础白煮杂碎。

备注

油醋少司中的油脂和醋酸只要换一种酸性原料或换一种油类，油醋少司的味道也就随之改变。这些酸性原料和油脂原料分别是：

①酸性原料：葡萄醋、醋精、苹果醋、水果醋、雪利酒醋、蒜香醋、分葱醋、龙蒿醋、白葡萄酒、柠檬汁等。

②油脂原料：植物油（橄榄油、榛子油等）、奶油、奶酪、酸奶、熏肉油脂等。

醋少司演变的各种少司如表4-5所示。

表4-5　醋少司演变的各种少司

基础少司	配料（香料、调料）	各种少司	使用方法
醋少司	白芥末或摩城（Meaux）芥末	芥末醋少司	芹菜根沙拉、韭葱、花椰菜、绿色的菜豆等
	番芫荽末、细香芹末、蛇蒿末、洋葱碎、水瓜柳	酸辣少司（Ravigote Sauce）可以温食	小牛头肉、牛脸、口、鼻肉、猪头肉
	各种香草末、黄芥末	鲜香草酸少司	混合沙拉
	肥猪肉丁、猪油、擦蒜的面包干	肥肉丁酸少司	卷叶生菜、蒲公英、肥肉丁配菠菜芽等
	洛克福奶酪（Roquefort）碎	洛克福少司（Roquefort Sauce）	混合拌菜

实训2：番茄浓浆汁（Grout Tomato）

原料准备

制作1kg番茄浓浆汁		
原料	单位	重（数）量
基础原料：		
熟透的番茄	kg	1
番茄酱	kg	0.05
番茄沙司	L	0.2
红葡萄醋	L	0.05
橄榄油	L	0.2
最后加入原料（非必须添加）：		
罗勒	kg	0.05
或		
细叶香芹	kg	0.05
或		
蛇蒿	kg	0.1
或		
细香葱	kg	0.1

续表

制作1kg番茄浓浆汁		
原料	单位	重（数）量
调料： 精盐 白胡椒粉	 kg kg	 适量 适量
平均准备时间	min	5
平均制作时间	min	15～20

操作过程

①准备工作：核查原料，称重，准备工具（1个汤锅、1个搅拌机、1个汤勺、1个不锈钢盘、1个不锈钢盆、1个细纱网帽形滤器、1个小汤桶）。

②番茄清洗、去皮、去籽。

③制作番茄浓浆汁：在搅拌机内加入番茄、番茄酱、番茄沙司、盐和胡椒粉。慢速将原料搅拌打碎，然后速度慢慢提升。加入红葡萄醋。把原料倒出，加入橄榄油搅拌均匀。

④检查口味、颜色和口感（润滑度）。

⑤将番茄浆汁用细纱网帽形滤器过滤（冷藏保存。如果番茄浓浆汁只是用生番茄制作而成的，应当立即使用）。

⑥在使用时加入新鲜的香草碎末。

用处：番茄浓浆汁像少司一样主要用于鱼肉批、蔬菜批、鱼肉蔬菜沙拉、贝壳类蔬菜沙拉、慕斯等。

注意，为了减少细菌对浆汁的危害，同时为了食用安全起见，使用番茄酱汤（煮制过的番茄）制作出来的番茄浓浆汁能够较好地保存，保证其优良的品质。

备注

一些专业的厨师在制作番茄浓浆汁时，只用生番茄（不用番茄酱、番茄沙司），他们通常只选用夏季优质的番茄，因而在使用和制作上受到了局限。

实训3：马乃司少司（Mayonnaise Sauce）

马乃司少司也称作蛋黄酱，这种乳化少司用于冷菜调味，应当在上菜之前根据需要用量制作。

原料准备

制作1L马乃司少司		
原料	单位	重（数）量
基础原料： 植物油 鸡蛋（蛋黄） 黄芥末酱 红色醋精	 L 个 kg L	 1 6 0.05 适量

续表

制作1L马乃司少司		
原料	单位	重（数）量
调料： 精盐 白胡椒粉 或 圭亚那辣椒粉	 kg kg kg	 适量 适量 适量
平均准备时间	min	2
平均制作时间	min	10～15

操作过程

①准备工作：核查原料，称重，准备工具（1个不锈钢碗、2个不锈钢盆、1个打蛋器、1个胶质刮板）。

②制作马乃司少司：将鸡蛋里的蛋清和蛋黄分离（蛋清保存起来留他用）。将蛋黄放入不锈钢盆中，蛋黄应能够盖住盆底，这样能使搅拌时达到最大化效果。加入黄芥末酱、盐、胡椒粉或圭亚那辣椒粉和一点红色醋精（图①）。冲入少量的植物油，用打蛋器同时进行搅拌（图②）。开始将少量的油逐渐与蛋黄混合，然后逐渐增加油量，直到把所有的油加入蛋黄中，混合均匀，打起马乃司少司（图③）。加入剩余的醋。打好的马乃司少司非常黏稠（图④），打蛋器能够立在少司中。

③检查味道，调味。

④如果不是立即使用，把制作好的马乃司少司倒入不锈钢盆中，用保鲜膜密封。如果使用葵花籽油应冷藏保存。

用处：马乃司少司主要用于制作冷菜，如配肉类、鱼类、甲壳类、鸡蛋和蔬菜，以马乃司少司为基础可以演变出许多其他种类的少司，如鸡尾少司、安达鲁斯少司、鞑靼少司等。

图①

图②

图③

图④

备注

使用葵花籽油制作的马乃司少司应冷藏储存，葵花籽油在0～2℃的环境中会凝固。

（1）用于搅拌的不锈钢盆最好是底小顶大的平底圆盆，能够使原料搅拌充分。

（2）充分的搅拌能够使马乃司少司变得紧实。

（3）盐要在制作初期放入，以便能够使蛋黄松懈不会留下白色痕迹（盐溶化在少司中）。在制作结束后加入盐调味，会留下白色盐颗粒，为了避免这种情况把盐加入少量的醋中溶化，同样也可使质地紧实的少司形成最初的稠度。

（4）开始加入植物油时应该少量慢慢地加入蛋黄，逐渐慢慢增多。

（5）制作马乃司少司的原料温度应为室温（不能使用凝固的植物油）。

马乃司少司是冷少司，属于乳化稳定少司，在冷菜间完成其制作。马乃司少司及其演变少司如表4-6所示。

表4-6 马乃司少司及其演变少司

基础少司	配料（香料、调料）	各种少司	使用方法
马乃司少司	番茄碎（酱）、彩椒末、洋葱末、柠檬汁	安达鲁斯少司（Andalouse Sauce）	• 炸薯条 • 鱼批 • 烤鱼或冷餐鱼 • 虾串烧等
	番茄沙司、白兰地、辣椒酱或圭亚那辣椒粉、辣酱油（伍斯特郡汁）	鸡尾少司（Cocktail Sauce）	• 甲壳类鸡尾小食（虾、蟹、龙虾等） • 甲壳类原料和鳄梨为基础的混合沙拉
	分葱碎末加入白葡萄酒收汁，细香葱碎末，圭亚那辣椒粉	穆斯柯戴少司（Mousquetaire Sauce）	• 裹糊炸白色动物内脏原料（小牛核等） • 温食的肉类和鱼类为基础的混合沙拉
	水瓜柳、酸黄瓜、洋葱（非必须）、番芫荽、细香叶芹和蛇蒿碎末	鞑靼少司（Tartare Sauce）	• 炸鱼或炸丸子 • 裹糊炸制食品 • 混合沙拉等
	榨取番芫荽、菠菜、水田芹、蛇蒿的叶绿素	绿少司	• 冷食水煮鱼 • 煮鸡蛋 • 鱼批 • 装饰
	煮熟的去皮粉质马铃薯与蒜一起捣碎，加蛋黄、柠檬汁和橄榄油	艾欧力少司（Aïoli Sauce）	• 鱼汤（普罗旺斯鱼汤，布列塔尼土豆鱼汤）

马乃司少司通常用于冷菜的肉类、鱼类、甲壳类、蛋类、蔬菜等基础准备过程中，还可以用于混合凉拌菜的调味，或制作其他一些演变少司。在制作过程中需要注意以下几点。

①使用容器的底部应尽量选用圆底，在每次抽打搅拌的时候可以产生最大的效率。如果使用直角平底容器，在抽打搅拌时死角的地方不容易被抽打到。

②每次抽打搅拌要使马乃司少司得到完全充分地搅拌，不要有遗留未抽打的部分。

③盐要在开始的时候加入，避免最后加入时盐不易溶解在少司中。

④在开始加入植物油时要慢慢地加入，在马乃司少司快要成形后可快速加入植物油。

⑤所有制作马乃司少司的原料的温度应保持一致（室温，不能使用凝固的植物油）。

⑥前一天的马乃司少司，不要再继续加入植物油或水使其继续增量使用。

⑦每次使用时都要注意容器的边缘不要留有马乃司少司。

⑧马乃司少司避免接触银质等容易氧化变色的容器。

⑨其他演变的少司应在上菜前制作，在马乃司少司中加入其他原料。否则会使少司发酵变质。

尽管注意了以上的各种因素，有时候还会出现制作失败的现象（水相和油相分离）。这种状况被称作“跑油”（过度饱和），补救办法如表4-7所示。

表4-7 马乃司少司制作失败及其补救办法

失败原因	补救办法
在开始加入过多的植物油	加入少量的水重新搅拌

续表

失败原因	补救办法
容器底部面积过小	重新将少司倒入较大的容器中并加入少量的水
	在开始加入过多油或使用底部较小的容器导致失败的情况下，也可以在少司中加入调味料，如少量的醋或黄芥末进行补救
使用原料温度非常低（鸡蛋和植物油刚从冰箱中取出）	加入少量的温水
对于植物油来说，蛋黄的数量较少	一点一点地加入缺少的蛋黄数量，同时搅拌少司

实训4：黄油少司（Butter Sauce）

原料准备

制作1L黄油少司		
原料	单位	重（数）量
基础原料： 优质黄油（A.O.C无盐）	kg	1
收汁原料： 水 柠檬汁	L L	0.1 0.1
调料： 精盐 圭亚那辣椒粉	kg kg	适量 适量
平均准备时间	min	2
平均制作时间	min	8～10

操作过程

①准备工作：核查原料并称重，准备工具（1个不锈钢碗、1个少司锅、1个打蛋器、1个小汤桶）。

②收汁：将水和柠檬汁倒入少司锅内，煮开。锅中的汁剩到0.05L即可。

③黄油乳化增稠：

第一种方法：利用小火或把锅放到热板炉上加热。加入切成小块的软黄油，用力充分地搅拌。

第二种方法：将锅放到旺火上。一次性放入所有小块的硬黄油（从冰箱中取出的黄油）。慢慢地转动少司锅（可以适当地用打蛋器搅拌）。

④适当调整黄油少司的酸度（根据不同的用处），加入精盐、圭亚那辣椒粉调味。

⑤把制作好的黄油少司倒入小汤桶内。

- 如果不是立即使用，把汤桶盖上盖子后放到暖和的地方保存（最高不要超过45～50℃）。
- 注意不要将黄油少司放在暖汤池内保存。

备注

（1）制作细腻润滑的黄油少司要选用优质的黄油（A.O.C无盐）。

（2）选用镀锡的少司锅或炒锅，锅大小正好能够盛装多半锅的少司。如果锅大，黄油会熔化得太快，打蛋器不能充分搅打少司。

（3）制作需要时熔化黄油，不要过早熔化黄油。

实训5：白色黄油少司（White Butter Sauce）

原料准备

制作1L白色黄油少司*		
原料	单位	重（数）量
基础原料： 优质黄油（A.O.C无盐）	kg	1
收汁原料： 分葱（灰色） 干白葡萄酒 白葡萄醋 奶油（非必须添加）	kg L L L	0.15～0.2 0.2 0.1 0.1～0.2
调料： 精盐 圭亚那辣椒粉	kg kg	适量 适量
平均准备时间	min	5
平均制作时间	min	12～15

* 制作1L白色黄油少司可以供32～40份菜品使用。

操作过程

①准备工作：核查原料并称重，准备工具（1个不锈钢碗、1个少司锅、1个打蛋器、1个小汤桶、1个细纱网帽形滤器）。

②分葱去皮、清洗，切成碎末。

③收汁：将分葱碎末、干白葡萄酒和白葡萄醋放入少司锅中（如果加入奶油，那么所选用的少司锅应该再稍微大点），煮开后改小火慢慢收汁，当锅中的汤汁只剩下0.05L时，即可停止加热。

④黄油乳化增稠：

第一种方法：利用小火或把锅放到热板炉上加热，加入切成小块的软黄油，充分用力地搅拌。

第二种方法：把锅放到旺火上，一次性放入所有小块的硬黄油（从冰箱中取出的黄油）。慢慢地转动少司锅（可以适当地用打蛋器搅拌）。

⑤将盐、圭亚那辣椒粉加入到白色黄油少司中进行调味。

⑥将白色黄油少司用细纱网帽形滤器过滤。

- 如果分葱末切得很细小的话，可以不用过滤。
- 通常可以使用搅碎机，把调制好的白色黄油少司放入搅碎机内搅拌。这种方法会使白色黄油少司产生很多沫子，但是，由于分葱被搅碎在少司中，所以分葱的用量要减一半。

⑦过滤好的少司放入小汤桶内。

- 如果不是立即使用，把汤桶盖上盖子后放到暖和的地方保存（最高不要超过45～50℃）。
- 注意不要将白色黄油少司放在暖汤池内保存。

备注

白色黄油少司与黄油少司的建议：

（1）制作质地细腻润滑的（白色）黄油少司取决于原材料质量。

（2）白色黄油少司里通常没有奶油，但有时加入奶油会使少司的口感更加细腻。奶油应该立即煮开，直接收汁或者与少司混合一起收汁。

（3）分葱在收汁前与黄油一起炒香，这样会使制作出的少司更具有味道。

（4）白色黄油少司通常配合鱼肉菜肴一起食用，可加入各种新鲜的香草（细香葱、细香芹、茴香等），各种蔬菜泥（柿子椒、番茄、茴香根、西蓝花等），各种香料（咖喱、番红花、红椒粉、茴香等），加入的原料可以改变少司的风味。另外，少司中还可以加入鱼基础汤（鱼烧汁）、诺瓦丽酒（Noilly）、黑菌汁等。

实训6：荷兰少司（Hollandaise Sauce）

荷兰少司是热少司，半凝固乳化状态，由鱼肉厨师或少司厨师制作。

制作热半凝固乳化少司是由蛋的物理化性质决定的：①蛋的蛋白质在强力被抽打的过程中会充满空气，从而使蛋液体积增大（蛋白泡沫）。②蛋的蛋白质在热或酸（柠檬汁、白葡萄酒等）的作用下会凝固。③蛋黄中的卵磷脂会保证乳化（水和油）的稳定。

原料准备

制作1L荷兰少司		
原料	单位	重（数）量
基础原料：		
鸡蛋（蛋黄）	个	16
冷水	L	0.1
黄油	kg	1
柠檬（1个）	kg	0.15
调料：		
精盐	kg	适量
圭亚那辣椒粉	kg	适量
平均准备时间	min	5
平均制作时间	min	15～20

操作过程

①准备工作：核查原料并称重，准备工具（1个不锈钢小碗、1个细纱网帽形滤器、1把小刀、1个少司锅、1个打蛋器、3个小汤桶）。

②澄清黄油：将黄油切成小块，放入小汤桶中加热（放在暖汤池中）熔化。静静放置，使黄油里的奶沉淀。撇去表面的浮沫，将中间的纯净黄油倒出到小汤桶中，注意不要把底部少量的奶倒进去。

③将蛋清和蛋黄分开，蛋清冷藏保存留作他用。蛋黄放到少司锅中。

④将冷水也倒入锅中。

⑤抽打蛋黄（同制作意大利式蛋黄酱“Sabayon”的方法一样）。

● 一种方法是将少司锅放在温度不太高的热板炉边角（以便始终保持锅内温暖的热度）。另外一种方法是将锅放在温水上，隔着热水盆加热。

● 用打蛋器（软钢条打蛋器）用力抽打。

● 直到将蛋黄抽打起来，充满小气泡并变得润滑，成为慕斯。

⑥当温度接近60℃时离火，每次抽打蛋黄时要注意锅底，如果抽打过稠（奶油状），需加入少量的冷水。

⑦制作荷兰少司：在打好的蛋黄中加入盐、柠檬汁（可以使用少司时加入）。把纯净澄清的黄油倒入其中，并同时用打蛋器搅拌（方法与制作马乃司少司相同）。如果少司过于浓稠，可加入少量温水。

⑧检查口味。

⑨加入一撮圭亚那辣椒粉，如果需要点几滴柠檬汁。

⑩搅拌荷兰少司的同时过滤。

⑪如果不是立即使用，密封好，保温（最高40～50℃）储存。

用处：

①荷兰少司通常与水煮或蒸制的鱼菜、蛋类和蔬菜配合热食。

②荷兰少司可用在鱼少司（白葡萄酒少司）中，以增加少司的色泽。但这种做法不值得推荐，因为这样会破坏原本少司的特点。

备注

（1）少司锅的大小要根据制作少司的容量进行选择，大小要适当，如果锅较大，鸡蛋放入后会立即凝固，而且达不到所需的体积。

（2）使用软质钢丝的抽子和复合地（镀锡的）炒锅，其大小应适合少司的容量：如果锅过大，蛋液凝固过快，体积不易膨胀。

（3）把少司始终放在温暖的地方，但不要放在暖汤池中（温度在63℃时或更高时分解少司里的物质）。

（4）荷兰少司在保存时，应在容器底部垫上盘子，隔断与热源直接接触。

（5）装入容器并要密封起来。

（6）不要使用隔夜的荷兰少司（由于荷兰少司不是经过完全加热成熟，所以长时间保存会滋生过多的细菌，影响食用卫生）。

（7）避免荷兰少司与银质（汤匙等）容器接触，少司会使容器氧化。

荷兰少司制作失败会出现蛋黄过度凝固（形成小的凝块）和水油乳化断裂（结合在一起的水相与油相分离）两种现象，补救方法如表4-8所示。

表4-8 荷兰少司制作失败的原因及其补救方法

失败原因	补救方法
蛋黄烹制过熟（过于凝固）：受热速度过快或温度过高；炒锅过大	用少量温水将其稀释
澄清的黄油温度过高（蛋白质凝固）	放凉，在少司中加入少量的冷水或冰块，再继续打起
贮藏温度过高（蛋白质凝固）	放凉，在少司中加入少量的冷水，再继续将其打起
贮藏温度过低（脂肪凝固）	加热，在少司中加入少量的温水，再继续将其打起
在开始加入过量的黄油（很难乳化）	在少司中加入少量的温水，同时慢慢地加入黄油，再继续将其打起
所有的方法都失败	将失败的荷兰少司加入少量抽打过的意大利蛋黄酱（Sabayon）中或者加入另外成功的荷兰少司中，再继续将其打起

荷兰少司演变的各种少司：荷兰少司及其演变的各种少司适用于水煮或蒸制鱼菜、蛋菜和蔬菜等热食（表4-9）。

表4-9 荷兰少司演变的各种少司

基础少司	配料	新品少司	用处
荷兰少司	白芥末酱或陶罐芥末籽酱（Moutarde de Meaux）	芥末少司	烤鱼、水煮杂碎等
	抽打起的奶油	穆斯林少司或纯洁少司	水煮蔬菜（芦笋、西蓝花、洋蓟、花椰菜等）
	血橙汁和橙皮丝（水焯）	马耳他少司	纸包鱼、蒸鱼、水煮鱼、水煮或蒸蔬菜等
	橘子皮丝和橘子汁	米卡多少司（Mikado Sauce）	
	可以用柚子代替橙子和橘子		
	甲壳类浓浆汁，番茄浓浆汁，柿子椒浓浆汁，茴香根浓浆汁	根据配料种类来命名少司	热鱼批、蔬菜批、甲壳批、水煮或蒸鱼或蔬菜、煮鸡蛋等

实训7：贝纳少司（Bearnaise Sauce）

贝纳少司是热少司，半凝固乳化状态，由烧烤厨师制作。

原料准备

制作1kg贝纳少司		
原料	单位	重（数）量
基础原料：		
鸡蛋	个	16
黄油	kg	1
收汁原料：		
白葡萄酒	L	0.15
醋精或蛇蒿醋	L	0.15
分葱	kg	0.15
白胡椒碎	kg	0.015
蛇蒿	kg	0.1
细香芹	kg	0.05
最后加入原料：		
蛇蒿	kg	0.1
细香芹	kg	0.05
调料：		
精盐	kg	适量
平均准备时间	min	5
平均制作时间	min	20～25

操作过程

①准备工作：核查原料并称重，准备工具（1个不锈钢小碗、1个细纱网帽形滤器、1把小刀、1个少司锅、1个打蛋器、3个小汤桶、1把大汤勺、1把分刀、1个菜板）。

②澄清纯化黄油：将黄油切成小块，放入小汤桶中加热（放在暖汤池中）熔化。静静放置，使黄油里的奶沉淀。撇去表面的浮沫，将中间的纯净黄油倒出到小汤桶中，注意不要把底部少量的奶倒进去。

③准备收汁原料：分葱去皮洗净，切成碎末。蛇蒿和细香芹洗净，切成碎末。

④收汁：把白葡萄酒、醋精或蛇蒿醋、分葱碎末、白胡椒碎、细香芹碎末和蛇蒿碎末全部放入少司锅中（图①）。小火收汁，使其失去3/4的容量后离火放凉，静置。

⑤抽打蛋黄（同制作意大利式蛋黄酱“Sabayon”的方法）。

● 把鸡蛋的蛋清和蛋黄分开，蛋清冷藏保存留作他用。蛋黄放到收汁的少司锅中（可以加入少量的冷水）。

● 一种方法是将少司锅放在温度不太高的热板炉边角（以便始终保持锅温暖的热度）。另外一种方法也可以将锅放在温水上，隔着热水盆加热。用打蛋器（软钢条打蛋器）用力抽打（图②）。直到将蛋黄抽打起来，充满小气泡并变得润滑，成为慕斯（图③）。

⑥当温度接近60℃时离火，每次抽打蛋黄时要注意锅底，如果抽打过稠（奶油状），或者能看见锅底就要加入少量的冷水。

⑦制作贝纳少司：在打好的蛋黄中加入盐。将纯净澄清的黄油倒入其中，并同时用打蛋器搅拌（方法与制作马乃司少司相同，图④）。如果少司过于浓稠，可加入少量温水。

⑧检查口味，加入盐调味后再检查口味。

⑨将贝纳少司边搅拌边过滤到小汤桶中。

⑩加入剩余的鲜蛇蒿碎末和细香芹碎末。

⑪如果不是立即使用，密封好，保温（最高40～50℃）储存。

用处：贝纳少司通常用于佐烧烤鱼菜（大菱鲆幼鱼）或肉菜（菲力牛排、牛排骨）、水煮蛋等。

贝纳少司演变出的各种少司如表4-10所示。

图①

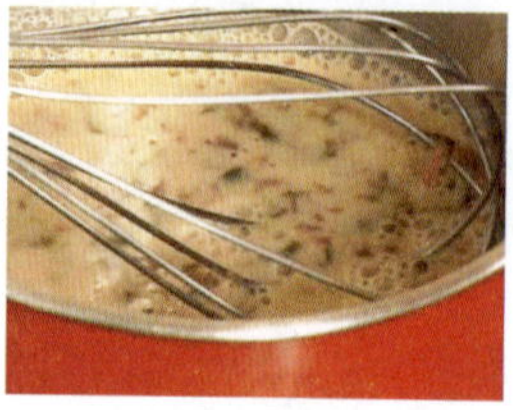

图②

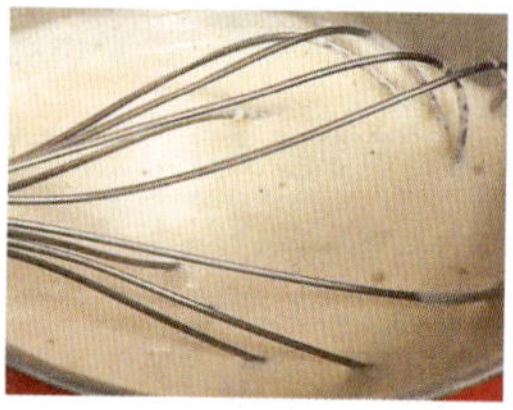

图③

图④

表4-10　贝纳少司演变出的各种少司

基础少司	配料	新品少司	用处
贝纳少司	番茄酱汤收汁，碾碎混入（最后不加入蛇蒿和细香芹）	修隆少司（Choron Sauce）	烧烤肉、烧烤鱼类菜品
	肉类烧汁	福尤特少司（Foyot Sauce）或瓦鲁瓦少司（Valois Sauce）	烧烤肉、烧烤鱼类菜品
	用植物油制作贝纳少司，加入番茄酱汤收汁，碾碎混入	蒂罗尔少司（Tyrolienne Sauce）	烧烤肉、烧烤鱼类菜品
	贝纳少司里的蛇蒿用薄荷代替	波城少司（Paloise Sauce）	海鲜甲壳烧烤菜品（螯虾、小龙虾等）
	贝纳少司里的蛋黄用龙虾或螯虾的卵代替	虾子少司（Corail sauce）	海鲜甲壳烧烤菜品（螯虾、小龙虾等）
	将辣根碎、百里香、月桂叶、胡椒碎、醋混合收汁，与蛋黄一起抽打起，再倒入螯虾黄油和螯虾浓汁，最后加入抽打起的奶油和蘑菇螯虾肉丁	巴伐利亚少司（Bavaroise Sauce）	烧烤或水煮鱼类或甲壳类菜品

2. 注意事项

（1）为了减少细菌对浆汁的危害，同时考虑到食用安全，使用番茄酱汤（煮制过的番茄）制作出来的番茄浓浆汁能够较好地被保存，并能保证浆汁的品质。

（2）不要使用隔夜的马乃司少司作为汤底制作马乃司少司。

（3）每次制作完成后，要倒入新容器内，或者把容器边缘的马乃司少司刮干净。

（4）避免马乃司少司接触银质容器（容器有被氧化的危险）。

（5）在制作完成的马乃司少司中加入其他原料后应立即使用（保存放置容易发酵变坏）。

（6）不要将黄油少司放在暖汤池内保存。

（7）贝纳少司与荷兰少司一样，属于利用鸡蛋，经过抽打增稠的少司。氧化、水、温度、时间等因素都会使细菌容易滋生，少司很容易被细菌污染（内部充足的空气、水、温暖、潮湿等因素）。关于此类少司的制作，需要注意以下几点。

①清洗干净双手，不要用手指或二次使用过的勺子品尝少司。

②此类少司不能过热烹制。

③特别要注意使用器皿（盆、碗等）及用具（打蛋器、勺等）的干净卫生（消毒）。

④使用的工具要特别干净并消毒，如不锈钢汤桶、打蛋器、汤勺等。

⑤不要使用银质容器制作或盛装少司，否则会氧化变色。

⑥只能使用特别新鲜的鸡蛋。

⑦制作前洗净双手，不要用手指接触少司，用小勺品尝少司只能使用一次，避免接触口的小勺再次放入少司中。

⑧根据需要量来制作少司，避免制作过多造成浪费（少司不能长时间储存和再打起）。

⑨不要大量的储存此类少司。

3. 实训总结

乳化少司作为西餐中常用的一种少司，其种类相当丰富，可用于冷菜和热菜的调味。每种少司都有其自己独特的制作方法，涉及原料的切配、混合、搅拌、调味、收汁、增稠、过滤、保存等技术要点，要熟练掌握。

乳化少司在制作过程中，原料的用量应按照标准使用，切勿过多或过少，而影响少司的风味与口感。制作及保存的相关注意事项（卫生安全）需要严格遵守。

第三节　辅助原料制作工艺

实训项目1　馅料制作工艺

相关知识

知识点1　西餐中菜肴的馅料通常由植物原料、动物原料或动植物原料混合组成，直接加工或制熟后加工成细小的颗粒、末、泥、酱汤等。馅料用于菜品制作的配料或将其调味后瓤到蔬菜、肉等原料中，经过烤、蒸等烹调方法制熟成菜（使菜肴产生不同口味与口感）。

知识点2 经过调味后的肉馅被瓤到禽类（鸡、鸽子等）体内的大腿或胸脯肉内，经过捆绑、卷、包裹成形。各种肉馅，如禽肉馅、鱼肉馅、畜肉馅配上黑菌、口蘑、板栗等植物原料制作各种香肠和肉批。

实训准备

实训场地准备：西餐实训厨房加工间、热菜间。

实训用品准备：分刀，小刀，菜板，不锈钢盘，不锈钢盆，搅碎机，纱布，温度计，搅板，炒锅，汤锅，汤桶，汤勺，撇沫铲，笊篱，细纱网帽形滤器，细筛网箩，刮板或宽头杵棒，保鲜膜，线绳，油纸。

仪容仪表准备：穿厨师工作服、工作鞋、工作帽、围裙，不佩戴任何饰物，不留长指甲，洗净双手。

实训内容

1. 馅料基本制作

实训1：干口蘑馅（Duxelles）

原料准备

制作1kg干口蘑馅		
原料	单位	重（数）量
基础原料：		
口蘑	kg	1
黄油	kg	0.1
分葱	kg	0.075
洋葱	kg	0.075
番芫荽	kg	0.02
柠檬汁（非必须添加）	L	适量
调料：		
精盐	kg	适量
白胡椒粉	kg	适量
平均准备时间	min	25～30
平均制作时间	min	20～25

操作过程

①准备工作：核查原料并称重，准备工具（1个不锈钢盆、1个搅碎机、1个少司锅、1个搅板、1把分刀、1个菜板）。

②原料加工处理：分葱、洋葱去皮洗净，切成细末。番芫荽去梗，洗净，沥干水分，切成细末。口蘑洗净，去根，快速切成细丁，或用搅碎机将其打成碎末。将口蘑碎末放入纱布内挤出水分。

③烹制干口蘑馅：锅中放入黄油，熔化后加入分葱碎末和洋葱碎末，炒香。放入挤干水分的口蘑碎末。加盐、胡椒粉调味。快速炒制，使其水分全部蒸发，同时用搅板不停地搅拌。最后加入切碎的番芫荽。

④将制作好的口蘑馅倒入不锈钢盆中，如果不是立即使用，需盖上油纸保存。

备注

（1）如果制作少量的干口蘑馅就不需要把水分挤出，只需使用大小合适的炒锅，使其水分蒸发即可。

（2）制作好的干口蘑馅在与其他菜肴配用时可以适量加入柠檬汁，避免其氧化变成黑色。

（3）制作干口蘑馅时，可以只使用分葱，不用洋葱。如果只用分葱，那么1kg的口蘑原料，分葱的用量就要增加到0.15kg。

（4）同样也可使用其他可食用的蘑菇。

（5）干口蘑馅可以加入鱼肉泥、肉泥中，瓤在水煮或烩蔬菜中，也可以与肉馅混合瓤在面中。

实训2：用于瓤蔬菜（蘑菇菌头、番茄）的口蘑馅

原料准备

制作1kg口蘑馅		
原料	单位	重（数）量
干口蘑馅基础原料：		
口蘑	kg	1
黄油	kg	0.1
分葱	kg	0.075
洋葱	kg	0.075
番芫荽	kg	0.02
配料：		
白葡萄酒	L	0.2
番茄烧汁	L	0.4
或		
小牛肉棕色番茄酱汤	L	0.4
蒜	kg	0.02
面包屑	kg	0.15～0.2
调料：		
精盐	kg	适量
白胡椒粉	kg	适量
平均准备时间	min	30～35
平均制作时间	min	30～35

操作过程

①准备工作：核查原料并称重，准备工具（1个不锈钢盆、1个搅碎机、1个少司锅、1个搅板、1把分刀、1个菜板）。

②制作干口蘑馅（参考实训1：干口蘑馅的操作步骤）。

③加入配料：向盛装干口蘑馅的锅中加入白葡萄酒，收汁，直至水分几乎全部蒸发掉。加入番茄烧汁或小牛肉棕色番茄酱汤和蒜碎末。小火收汁，加入面包屑。用搅板不停地搅拌，馅料达到所需浓稠度即可。

④加入盐、白胡椒粉调味。

⑤把制作好的口蘑馅倒入不锈钢盆中，如果不是立即使用，用油纸覆盖。

实训3：番茄酱汤（Tomato Melted）

原料准备

制作1L番茄酱汤		
原料	单位	重（数）量
基础原料：		
熟番茄	kg	1
洋葱或分葱	kg	0.1
蒜	kg	0.02
橄榄油	L	0.2
或		
黄油	kg	0.05
番茄酱（非必须添加）	kg	0.02
香料束（番芫荽、百里香、月桂叶）	束	1
调料：		
罗勒	kg	0.05
精盐	kg	适量
白胡椒粉	kg	适量
糖	kg	适量
平均准备时间	min	25～30
平均制作时间	min	30～45

操作过程

①准备工作：核查原料并称重，准备工具（1个汤锅、1个汤勺、1个不锈钢盘、1个不锈钢盆、1个细纱网帽形滤器、1个小汤桶、1个撇沫铲）。

②蔬菜准备：番茄洗净去皮，切成丁。洋葱或分葱、蒜去皮，切碎。将番芫荽梗、百里香、月桂叶捆成香料束。

③制作番茄酱汤：锅中放入橄榄油（通常情况下橄榄油用洋葱，黄油用分葱）加热，放入洋葱碎，炒香轻微上色后加入蒜碎炒香。把切好的番茄、香料束、罗勒倒入。用适量的盐和胡椒粉调味，根据需要加入糖和番茄酱。盖上油纸，小火煮30min左右，待水分几乎全部蒸发。检查口味。把香料束取出，倒入不锈钢容器中。如果不立即使用，表面盖上油纸。

备注

（1）如果要制作大量的番茄酱汤，可在烤箱内制作完成。

（2）根据番茄的水分含量，可快速烹制结束后，把油纸去掉。

实训4：薯泥（Mashed Potato）

原料准备

制作1kg薯泥		
原料	单位	重（数）量
基础原料：		
宾士马铃薯（粉质马铃薯）	kg	1
黄油	kg	0.1（左右）
鸡蛋（蛋黄）	个	6（左右）
调料：		
盐（粗盐/精盐）	kg	适量
白胡椒粉	kg	适量
肉豆蔻	kg	适量
最后加入原料：		
面粉	kg	适量
或		
植物油	L	适量
平均准备时间	min	20～25
平均制作时间	min	20～25

操作过程

①准备工作：核查原料并称重，准备工具（1个不锈钢盘、1个笊篱、1个细筛网箩或1个蔬菜制泥器、1个撇沫铲、1个汤锅、1个搅板、1把分刀、1个菜板、1个刮板或宽头杵棒、保鲜膜）。

②将马铃薯去皮清洗干净。

③将马铃薯切成大块（如果马铃薯较小而且比较均匀可以整个使用）。

④煮制马铃薯（英式方法）：将切好的马铃薯放入大小合适的锅中。加入冷水，没过马铃薯2～3cm。加入粗盐。水开后，改小火，盖盖煮20～25min。根据情况，如果需要可撇去浮沫。

⑤制作薯泥：马铃薯煮好后检查成熟度。用小刀插入马铃薯中，如果刀尖很容易插入马铃薯，而且拔出的刀子表面干净说明马铃薯已经煮熟。如果刀尖较困难才能插入马铃薯，说明马铃薯中间还没有煮熟。将马铃薯从锅中捞出，沥干水分，放入不锈钢盘中，放入烤箱使马铃薯变得干燥些，立即取出（不要让其放凉），放在筛子里用杵棒垂直向下杵马铃薯，把马铃薯挤成泥从细筛网箩中漏下来，或者直接使用蔬菜制泥器。将薯泥放入锅中小火加热，同时用搅板搅拌。加入小块的黄油，用力搅拌均匀。把鸡蛋的蛋黄分离出来，加入锅中，离火搅拌均匀。上火加热，搅拌数分钟即可。加入精盐、白胡椒粉、肉豆蔻进行调味。

⑥将薯泥放入不锈钢盘中：表面撒上薄面和植物油，借助刮板使其均匀覆盖。用油纸或保鲜膜密封住表面（避免表面干燥）。

⑦在薯泥完全变凉前使用。

用处：

①薯泥可制成各种形状，如球形、条形、饼形等。

②薯泥可装入挤袋中，挤成各种花边，用于菜品的装饰。

③薯泥可做成炸丸子（加入猪油、杏仁等）。

备注

（1）避免使用肉质硬实的马铃薯。

（2）马铃薯如果需要切成大块，应该大小均匀一致。如果有大有小，小块马铃薯煮时间较长后水分会渗入马铃薯内部，由于薯泥水分过多，干燥的时间会加长，制作也变得复杂。有几种制作薯泥的专业方法可供参考，如整个马铃薯带皮煮制或者在粗盐粒上烤制（根据马铃薯的种类选择烹制方法）。

（3）避免使用搅拌机和避免马铃薯在很烫的情况下过筛子，在过筛子的时候要垂直向下杵马铃薯，不要向周围把马铃薯从筛子上抹下去。否则，薯泥会变得有筋道。

（4）在煮马铃薯时要非常注意，不要把马铃薯煮的时间过长，否则，制成的薯泥水分会非常多，很难干燥，很难成形。

（5）一定要离火后再加入蛋黄，并立即小心搅拌均匀，不要溅在锅边（很烫），蛋黄会凝固。

（6）在需要的温度下使用薯泥，如果薯泥过凉，会变得更浓稠、粗糙，不易使用。

实训5：奶油肉泥（Mousseline）

原料准备

制作1kg奶油肉泥		
原料	单位	重（数）量
基础原料：		
净禽肉	kg	1
或		
净小牛肉	kg	1
或		
净鱼肉（牙鳕、青鳕、梭鱼等）	kg	1
或		
净虾肉（龙虾、鳌虾、对虾、小龙虾）	kg	1
鸡蛋（蛋清）	个	2～4
淡奶油	L	0.8～1.2
调料：		
精盐	kg	适量
白胡椒粉或圭亚那辣椒粉	kg	适量
肉豆蔻（非必须添加）	kg	适量
平均准备时间	min	5
平均制作时间	min	25～30

操作过程

①准备工作：核查原料并称重，准备工具（2个不锈钢盆、1个筛子、1个撇沫铲、1个搅碎机、1个搅板、1把分刀、1个菜板、1个刮板、1个宽头杵棒、保鲜膜）。保证所有的制泥工具冷藏保存，或者放入冷冻室中。

②肉类初处理：禽肉去除肉皮、油脂、神经、筋膜。小牛肉去除脂肪、筋膜。鱼肉去除神经、刺。虾去壳、头、肠（黑线）。

③将肉类原料切成小块，然后放入冰箱内冷藏数分钟，使肉质变得紧实。

④肉中加入白胡椒粉或圭亚那辣椒粉进行调味。

⑤将肉放入搅碎机中搅成肉泥（之后用细筛网过滤肉泥）。

⑥搅拌期间加入蛋清。

⑦将肉泥倒入较大的不锈钢盆中，将装有肉泥的不锈钢盆放入另外一个装有冰块的不锈钢大盆中。

⑧加入奶油将肉泥打起：将肉泥搅拌均匀，使肉泥变凉（通过与冰块的接触），肉泥将变得紧实且富有弹性。逐渐倒入少量凉奶油，轻轻搅拌，使肉泥逐渐吸收奶油慢慢膨胀。当奶油肉泥变得松弛并失去弹性时，停止加入奶油。

⑨检查奶油肉泥的口味，加入精盐、胡椒粉或圭亚那辣椒粉（或肉豆蔻），再检查奶油肉泥的口味，并把盆边残留的奶油肉泥刮干净（盆边不要黏有肉泥）。如果不是立即使用，奶油肉泥盆的表面用保鲜膜密封好并始终处在冰块盆内，直到使用时方可取出。

用处：奶油肉泥通常作为馅瓤在禽类大腿、肉片、小牛肉卷、鱼肉卷里，做成各种（鱼）肉批、慕斯、肉肠等。

备注

（1）蛋清的用量及使用是根据奶油肉质的新鲜度所决定的，如果鱼肉的肉质或禽肉的肉质非常新鲜，就不需要加入蛋清。

（2）奶油的用量及使用可以使肉质变得细腻柔软，如果制作鱼肉批就要适量减少奶油的用量，保证制成的鱼肉批能够成形、切配。

（3）制作柔软细腻润滑的奶油肉泥需要两个步骤：首先将0.8L的奶油加入到1kg的肉泥中，然后放在冰块盆上静置数小时（冷藏），再加入剩余的0.6～0.7L的奶油，搅拌均匀。

（4）奶油中含有海藻萃取物（多糖），有利于降低蛋清的用量。

实训6：禽肝酱（Liver Paste）

原料准备

制作1kg禽肝酱		
原料	单位	重（数）量
基础原料：		
禽肝	kg	0.6
猪脂肪	kg	0.3
分葱	kg	0.1
白兰地	L	0.1
月桂叶粉	kg	适量
百里香	kg	适量
调料：		
精盐	kg	适量
胡椒粉	kg	适量
平均准备时间	min	12～15
平均制作时间	s	20～30

操作过程

①准备工作：核查原料并称重，准备工具（1个不锈钢盆、1个撇沫铲、1个搅碎机、1个搅板、1把分刀、1个菜板、1个炒锅、1个刮板、油纸或保鲜膜）。

②分葱去皮洗净，切成碎末。

③猪脂肪切成5毫米宽的方丁。

④禽肝初步处理：去除筋、膜（如肝上带有绿色的物质应去掉），切成厚片。

⑤制作禽肝酱：炒锅中放入猪脂肪，加热使其熔化。加入禽肝。旺火快速炒制，表面全部变色即可。加入盐、胡椒粉调味。加入分葱碎末、月桂叶粉和百里香。加入白兰地燃烧后离火。将禽肝放入搅碎机内打成酱，或者直接用细筛子过滤。制成的禽肝酱倒入不锈钢盆中。检查味道（盐和胡椒粉调味）。可以直接使用，否则用油纸或保鲜膜覆盖保存。

备注

（1）检查禽肝的新鲜质量（色泽光亮、轻度潮湿、无特殊气味等）。

（2）炒制禽肝时要旺火快炒，保持禽肝带血，制作成的禽肝酱成粉红色。

（3）禽肝酱要在即将使用前才制作出来，如果制作之后长时间不使用会影响口感。

（4）比较专业的做法是在制作完成的禽肝酱里加入少量的黄油膏，保持禽肝酱润滑的口感，且避免被氧化。有时可根据需要加入肥肝（鹅、鸭）、黑菌或黑菌汁来丰富禽肝酱的口味。

2. 注意事项

（1）制作干口蘑馅注意事项如下。

①使用新鲜白净的口蘑。

②不需要事先清洗口蘑，也不要在水中浸泡。

③可以事先把分葱末和洋葱末炒好，当把口蘑切成碎末后立即烹制。

④切口蘑碎末可以借助搅碎机。

（2）制作奶油肉泥时需要注意的卫生及安全事项如下。

①所有使用的工具在使用前后都要经过清洗消毒。

②容器在使用前要放入冷冻室降温。

③使用搅碎机非常方便，但是会产生热量，最好使用带有细纱滤网的搅拌机，能够在搅肉泥的同时进行过滤（肉泥中不会带有筋膜和神经）。

④在肉搅碎前进行调味，1kg肉放0.018kg的盐和0.003kg的白胡椒粉，然后放入冰箱冷藏数分钟，使其肉质变硬变紧实。

（3）制作禽肝酱所使用的肝脏一定要新鲜、质优。

3. 实训总结

馅料作为西餐菜品制作中常用的一种配菜原料，其种类相当丰富，动植物原料及其混合原料经过加工、烹调制作出的馅料可用于冷菜、热菜或配菜中。每种馅料都有其独特的制作方法，涉及原料的切配、混合、烹制、调味、搅拌、过筛、保存等技术要点，要熟练掌握。

在馅料制作过程中，原料的用量应按照标准使用，相关注意事项（卫生安全）需要严格遵守。

实训项目2 料汤制作工艺

相关知识

知识点1　西餐中常用的料汤通常为腌泡汁（Marinades）和鱼料汤。

知识点2　腌泡汁中的各种香料经过长时间的浸泡，散发出浓郁的香味，能去除肉类原料（禽肉、畜肉、杂碎、鱼等）的杂味，并带有独特的芳香。腌泡汁分为生腌泡汁、熟腌泡汁和即时腌泡汁。①生腌泡汁：通常用于各种肉质紧实的畜类、禽类原料，适合长时间的炖、煮、焖，如牛前臀肉、公鸡肉、腿肉、排骨等，菜品有红酒烩鸡、酒汁烧兔肉等名菜。②熟腌泡汁：用于大块的肉类原料，这些原料通常具有强烈的味道或者肉质较硬，如较老的肉质（猪肉、羊肉等）。③即时腌泡汁：通常使用少量的、种类较少的香草料或调料腌制。

知识点3　鱼汤料用于制作鱼类菜肴，借助料汤短时间煮制整鱼，使其肉质更加美味。鱼汤料主要分为煮鱼料汤、烫鱼料汤和简单鱼料汤。①煮鱼料汤：适用于梭鱼、青鳕鱼、鳟鱼、三文鱼等。煮鱼料汤为一种加工好准备使用的液体，具有香味和酸味，用于制作水煮整鱼和大块的鱼段，有时也用于水煮虾蟹。煮鱼料汤在使用过后再无烹饪价值，不能重复使用。水煮鱼通常冷食（鱼冻等），水煮后应立即放凉，因此水煮的时间要短。②烫鱼料汤：适用于制作嫩生鱼、螯虾、鳟鱼、鲤鱼、小梭鱼、小三文鱼等。③简单鱼料汤：适用于制作多宝鱼、菱鲆、黑线鳕等。

实训准备

实训场地准备：西餐实训厨房加工间、热菜间。

实训用品准备：分刀，小刀，菜板，不锈钢盘，小不锈钢桶/碗，汤锅，汤桶，撇沫铲，汤勺。

仪容仪表准备：穿厨师工作服、工作鞋、工作帽、围裙，不佩戴任何饰物，不留长指甲，洗净双手。

实训内容

1. 基本料汤制作

实训1：生腌泡汁（Les Marinades Crues）

原料准备

制作1L生腌泡汁		
原料	单位	重（数）量
基础香草料：		
胡萝卜	kg	0.1
洋葱	kg	0.1
分葱	kg	0.04
芹菜	kg	0.03
蒜	kg	0.015
番芫荽	kg	适量
百里香	kg	适量
月桂叶	kg	适量

续表

制作1L生腌泡汁		
原料	单位	重（数）量
风轮草	kg	适量
迷迭香	kg	适量
罗勒	kg	适量
欧百里香（非必须添加）	kg	适量
液体原料：		
白葡萄酒	L	0.7
或		
红葡萄酒	L	0.7
葡萄酒醋	L	0.2
白兰地	L	0.1
植物油	L	0.1
调料：		
盐	kg	适量
白胡椒粉	kg	适量
丁香	kg	适量
刺柏果	kg	适量
平均准备时间	min	5
平均制作时间	min	20～25

操作过程

①准备工作：核查原料并称重，准备工具（1个带盖的不锈钢盆、1把分刀、1个菜板）。

②准备要腌制的原料：根据使用需要，将肉类原料进行去骨、去脂肪、去筋膜、捆绑等加工工序。加入盐、白胡椒粉调味。

③香草料加工准备：胡萝卜去皮洗净，切成圆薄片。分葱、洋葱去皮洗净，切碎。芹菜梗刮皮、清洗，切碎。蒜去皮、去芽，洗净，拍碎。将番芫荽梗、百里香和月桂叶捆绑在一起制成香料束。

④将原料进行腌泡：将切好的一半香草料均匀地铺放在容器底部（不锈钢或聚碳酸酯的容器）。容器尺寸大小要能够装下所有原料（腌制原料和腌泡汁）。将腌制原料均匀平铺在容器底部香草料的上面。加入葡萄酒、白兰地、葡萄酒醋、所有香草料和调料。在表面倒上植物油，盖上盖子或用保鲜膜密封。将容器放入冰箱冷藏，要经常转动腌泡的原料。

实训2：熟腌泡汁（Les Marinades Cuites）

原料准备

制作1L熟腌泡汁		
原料	单位	重（数）量
基础香草料：		
胡萝卜	kg	0.1
洋葱	kg	0.1
分葱	kg	0.04
芹菜	kg	0.03
蒜	kg	0.015
香料束	束	1

续表

制作1L熟腌泡汁		
原料	单位	重（数）量
风轮草 迷迭香 罗勒 欧百里香（非必须添加）	kg kg kg kg	适量 适量 适量 适量
液体原料： 白葡萄酒 或 红葡萄酒 葡萄酒醋 白兰地 植物油	 L L L L L	 0.7 0.7 0.2 0.1 0.1
调料： 盐 白胡椒粒 丁香 刺柏果	kg kg kg kg	适量 适量 适量 适量
平均准备时间	min	5
平均制作时间	min	20～25

操作过程

①准备工作：核查原料并称重，准备工具（1个带盖的不锈钢盆、1个大汤锅、1个撇沫铲、1把分刀、1个菜板）。

②香草料加工准备：胡萝卜去皮洗净，切成圆薄片。分葱、洋葱去皮洗净，切碎。芹菜梗刮皮、清洗，切碎。蒜去皮、去芽，洗净，拍碎。将番芫荽梗、百里香、月桂叶捆绑在一起制成香料束。

③煮制腌泡汁：汤锅中放入油，加热，放入香草料（胡萝卜、芹菜、洋葱、分葱），煸炒出淡淡的颜色。加入葡萄酒、葡萄酒醋、香料束、蒜和调料，小火煮制1.5h，同时撇去浮沫。

④把煮好的腌泡汁倒入容器中迅速放凉。

⑤准备要腌制的原料：根据使用需要，将肉类原料去骨、去脂肪、去筋膜、捆绑等进行加工。加入底味。

⑥把要腌泡的原料浸没在腌泡汁中，加入风轮草、迷迭香、罗勒、欧百里香（非必须添加），盖好盖子冷藏。

> **备注**
>
> （1）腌制原料浸泡的腌泡汁一定是凉的。
>
> （2）熟腌泡汁和生腌泡汁的作用相同，但是熟腌泡汁里的各种香味更容易浸透原料，且腌制效果好。

实训3：即时腌泡汁（Les Marinades Instantanees）

即时腌泡汁香草料搭配推荐

即时腌泡汁通常使用少量的、种类较少的香草料或调料，根据不同原料的种类法区分腌制方式（表4-11）。

原料种类

表4-11 用料搭配表

原料种类	用处	香料调料推荐
烧烤肉类原料	羊羔肉排、腿肉、臀肉	植物油、百里香、月桂叶粉、普罗旺斯香草
	禽肉、肉片、鸡排	植物油、柠檬汁、鲜香草、香料（咖喱、红椒粉、番红花等）
小牛或羊羔杂碎原料	脑子、小牛蹄、脸	植物油、柠檬汁、盐、胡椒、鲜香草碎
猪肉原料	用于制作肉批、肉冻、肉卷、肉酱的肉馅	白兰地、马德拉酒、波尔图酒、黑菌汁、盐和各种香料
烧烤鱼类原料	多宝鱼、舌鱼、三文鱼	植物油、柠檬片、百里香、月桂叶粉
甲壳类原料	小龙虾、龙虾、红虾、对虾	植物油、柠檬片、百里香、月桂叶粉、鲜香草碎
生鱼类原料	三文鱼片、鲷鱼、鲈鱼	• 盐、糖、橄榄、茴香、八角、柠檬汁 或 • 椰奶、青柠汁
熟鱼类原料	鲭鱼、鲱鱼	白葡萄酒、醋和各种香料
蔬菜	糖醋泡菜、辣椒、混合蔬菜	• 盐腌制24h • 植物油、醋、小洋葱、分葱、蒜、辣椒、胡椒

操作过程

①将需要腌制的原料放入足够大的容器中。

②浇洒上少量的植物油，如果需要可以加入柠檬汁。

③加入所有的香草料、调料。

④制作肉批、肉酱、大块肉、蔬菜、生鱼等原料需要浸泡腌制数小时。

⑤制作小块、球形、小份的原料需要浸泡腌制数分钟。

实训4：煮鱼料汤（Court-Bouillon）

煮鱼料汤用于制作大型整条的鱼类（三文鱼、鳟鱼、鳕鱼块、梭鱼等）菜品。

原料准备

制作1L煮鱼料汤		
原料	单位	重（数）量
基础香草料：		
胡萝卜	kg	0.125
洋葱	kg	0.125
番芫荽	kg	适量
百里香	kg	适量
月桂叶	kg	适量
液体原料：		
水	L	1
醋	L	0.05
或		
白葡萄酒	L	0.1
调料：		
粗盐	kg	适量
白胡椒粒	kg	适量
平均准备时间	min	10～15
平均制作时间	min	30～40

操作过程

①准备工作：核查原料并称重，准备工具（1个不锈钢盘、1个大汤锅、1个撇沫铲、1把分刀、1个菜板、1个汤桶）。

②香草料加工准备：胡萝卜去皮洗净，切成圆薄片。洋葱去皮洗净，切碎。将番芫荽梗、百里香、月桂叶捆绑在一起制成香料束。

③制作煮鱼料汤：在大小适合的汤锅中加入胡萝卜片、水、醋或白葡萄酒和香料束，撒入粗盐（每升水加入12~15g盐）。放在火上煮开，撇沫。煮制15min左右，加入洋葱碎，继续煮制15min左右。加入胡椒粒煮数分钟后离火。

④倒入容器中，迅速降温（放在冷水或冰块中）。制好的煮鱼料汤一定要放凉后方可使用。

备注

煮鱼料汤中的醋不建议在制作三文鱼或肉质橙红色的鳟鱼中使用，因为醋会使鱼肉颜色变浅。

实训5：烫鱼料汤（Nage）

烫鱼料汤适用于把鱼肉烹制为一二成熟，如小三文鱼、鳟鱼、小梭鱼、螯虾等。

原料准备

制作1L烫鱼料汤		
原料	单位	重（数）量
基础香草料：		
胡萝卜	kg	0.125
洋葱	kg	0.125
分葱（非必须添加）	kg	0.05
番芫荽	kg	适量
百里香	kg	适量
月桂叶	kg	适量
液体原料：		
水	L	1
醋	L	0.08
或烫螯虾的液体原料		
水	L	0.5
白葡萄酒	L	0.1
鱼基础汤	L	0.4
调料：		
粗盐	kg	适量
白胡椒粒	kg	适量
平均准备时间	min	15~20
平均制作时间	min	20~30

操作过程

①准备工作：核查原料并称重，准备工具（1个不锈钢盘、1个大汤锅、1个撇沫铲、1把分刀、1个菜板、1个汤桶、1个鱼锅）。

②香草料加工准备：胡萝卜去皮洗净，切成圆薄片。洋葱去皮洗净，切成圈。将番芫荽梗、百

里香、月桂叶捆绑在一起制成香料束。

③制作烫鱼料汤：在大小适合的汤锅中加入胡萝卜片、水、醋和香料束。（用于烫螯虾的原料：将胡萝卜片、水、白葡萄酒、鱼基础汤和香料束放在锅中。）撒入粗盐（每升水放12～15g盐）。放在火上煮开，撇沫。小火煮制15min左右，加入洋葱圈，继续煮制数分钟左右。加入胡椒粒煮数分钟后离火。将滚烫的鱼料汤倒入装有鱼的容器中（铜质鱼锅）。

备注

（1）烫鱼料汤用于烹制水煮鱼（嫩生，三四成熟）时，料汤中可不加醋。醋先倒在鱼身上，然后再放入烫鱼料汤中。

（2）料汤用于水煮螯虾时，时间要短，且增香的料汤经过浓缩后与打起的黄油一起配螯虾食用。

（3）酸味原料可迅速使鱼肉凝结。

实训6：简单鱼料汤（Special Court-Bouillon）

简单鱼料汤适用于烹制菱鲆、多宝鱼、黑线鳕鱼等。

原料准备

制作1L简单鱼料汤		
原料	单位	重（数）量
基础原料：		
菱鲆（或多宝鱼、黑线鳕鱼）	条	1
水	L	0.9
牛奶	L	0.1
柠檬（1片）	kg	0.02
调料：		
粗盐	kg	适量
平均准备时间	min	2
平均制作时间	min	3～5

操作过程

①准备工作：核查原料并称重，准备工具（1个不锈钢盘、1个少司锅、1把分刀、1个菜板、1个鱼锅）。

②将牛奶煮开。

③柠檬去皮：将柠檬切成均匀的厚片。

④冷水将鱼浸没，加入牛奶、粗盐和柠檬片。

2. 注意事项

（1）浸泡腌制原料的腌泡汁一定是凉的。

（2）煮鱼料汤中的醋不建议在制作三文鱼或肉质橙红色的鳟鱼中使用，因为醋会使鱼肉颜色变浅。

（3）烫鱼料汤用于烹制水煮鱼（嫩生，三四成熟）时，料汤中可不加醋。醋先倒在鱼身上，然后再放入烫鱼料汤中。注意酸味原料可加速使鱼肉凝结。

（4）料汤煮鳌虾时，时间要短，增香的料汤经过浓缩后与打起的黄油一起配鳌虾食用。

3. 实训总结

料汤在西餐烹饪中用于腌制生肉类原料与煮制鱼类原料，通常由各种蔬菜原料、香料和调料混合而成。其主要目的是去除原料的异味，增加原料的香味。

在制作过程中涉及切配、混合、调味、浸泡、煮制、降温、保存等技术要点，需要熟练掌握。

实训项目3　实用辅助基础加工制作工艺

相关知识

知识点1　英式裹糊：烤吐司面包芯经搅碎机搅碎后过筛与油、鸡蛋、盐、胡椒粉等一起包裹在原料外部（猪肉片、鱼肉片、小牛肉片、肉丸子等），然后进行煎制或炸制。同样也可以用黄油（圣日耳曼烤鱼）和芥末做裹糊（美式烤鸡）。

知识点2　香料束：香料束是棕色基础汤、白色基础汤、鱼基础汤、少司、水煮肉、水煮鱼和水煮杂碎等菜品香味的基础来源。香料束一般由番芫荽梗、百里香和月桂叶组成。根据菜品使用情况（禽肉白色基础汤、水煮鸡、炖小牛肉等），香料束还可以由其他原料组成，如韭葱葱白和芹菜梗。对于一些特别的原料，香料束中还会加入迷迭香（白葡萄酒烩兔肉）或者是风轮草（烹制蔬菜干）。

知识点3　钉洋葱：是将丁香插入整个洋葱中，通过水煮得到其香味。作为白色基础汤、腌泡汁、水煮蔬菜干、水煮肉和水煮杂碎等的调味香料。一个质量好的丁香可用于制作六份菜品。

知识点4　绿色蔬菜着色剂：绿色蔬菜的叶片具有叶色素（番芫荽、水芹、菠菜等），可把叶片碾碎后，从中提取出叶绿素。加热后，叶绿素会以有颜色的胶质（凝固）状态出现，这种植物色素（叶绿素）在烹饪中通常用于少司、汤、意大利面、黄油、肉泥等着色或加强颜色。

实训准备

实训场地准备：西餐实训厨房加工间。

实训用品准备：分刀，小刀，拍刀，菜板，不锈钢盘，小不锈钢桶/碗，搅碎机，保鲜膜，油纸，线绳，大汤锅，小汤锅，搅板，笊篱，细纱布，温度计，小勺。

仪容仪表准备：穿厨师工作服、工作鞋、工作帽、围裙，不佩戴任何饰物，不留长指甲，洗净双手。

实训内容

1. 基本加工制作

实训1：肉片裹糊制作

原料准备

原料	单位	重（数）量
基础原料：		
猪里脊肉	kg	0.25
鸡蛋	个	3
面粉	kg	0.1
吐司面包或面包屑	kg	0.2
植物油	L	适量
调料：		
盐	kg	适量
白胡椒粉	kg	适量
平均准备时间	min	20
平均制作时间	min	10

操作过程

①准备工作：核查原料（鸡蛋、面粉、吐司面包、植物油、盐、白胡椒粉），准备工具（3个不锈钢方盘、1把拍刀、1把分刀、1个菜板、1个搅碎机、保鲜膜）。

②制作面包屑：将吐司面包外皮去掉，放入烤箱低温烤制变硬，内芯切成小丁，放入搅碎机内打成碎末，然后过筛成面包屑。将面包屑放在不锈钢方盘中。

③制作英式糊：在不锈钢盆中将鸡蛋打散，加入植物油（可加入少量的水）、盐和白胡椒粉，搅拌均匀。将蛋液倒入不锈钢方盘中。

④加工肉片：将肉切成所需的厚度。如果需要，修整肉片形状，将肉片用保鲜膜包好，用拍刀轻轻将肉片的薄厚拍打均匀。

⑤制作裹糊前准备：将面粉倒入不锈钢方盘中。将面粉盘放在最左边，英式糊（蛋液）放在中间，右边放面包屑盘。面包屑盘的右侧摆放一块案板（在裹好糊的肉片上压制网格）和一个覆盖油纸的不锈钢方盘（盛装裹好糊的肉片）。

⑥制作肉片裹糊：将肉片放在面粉中，两面沾匀一层薄面，然后拿起肉片轻轻地掸掉过多的薄面（肉片一片接一片按此方法制作）。沾好薄面的肉片放入中间的英式糊中，让蛋液全部包裹住肉片。沥去多余的蛋液。放入右边的面包屑盘中，让面包屑全部粘在肉片上，轻轻掸去多余的面包屑。如果盘中面包屑过少应再加入，盘中过多的面包屑便于肉片粘黏。将包裹好的肉片平放在案板上，用刀轻轻拍平修整肉片。用刀背轻轻压在肉片上制出网格状。有网格的一面朝上放在油纸上。立即冷藏保存。

实训2：香料束制作

原料准备

制作1束香料束		
原料	单位	重（数）量
番芫荽 月桂叶 百里香	kg kg kg	适量 适量 适量
平均准备时间	min	2
平均制作时间	min	3～5

注：根据制作的汤量，选择大小相对适合的香料束（小捆或大捆）。

操作过程

①初步准备工作：择洗番芫荽梗，不要选择用水浸泡或堆积在冷藏箱的番芫荽梗（易发霉变质具有不良的气味）。选择质量好的百里香（香味十足），择洗，沥干水分。月桂叶清洗，沥干水分。

②将一小枝的百里香和一片月桂叶放在番芫荽梗中间（根据汤料的多少适当增减香料束用量）。

③左手将香料束抓紧，右手用线绳在香料束底部捆绑两三圈勒紧，再绕到上部捆绑两三圈勒紧，在中间部位打结（这种方法避免在烹制过程中香料束散开）。

④用刀把香料束两头多余的原料切除，使其两头整齐。

> **备注**
>
> 小窍门：用线绳捆绑香料束并打好结后，留下长度30cm左右的线绳与锅把系在一起，以便烹制结束后可以轻松地从锅中取出香料束。

实训3：白色基础汤香料束

原料准备

制作1束白色基础汤香料束		
原料	单位	重（数）量
番芫荽 月桂叶 百里香 芹菜 韭葱	kg kg kg kg kg	适量 适量 适量 适量 适量
平均准备时间	min	2
平均制作时间	min	3～5

注：根据制作的汤量，选择制作大小相对适合的香料束（小捆或大捆）。

操作过程

①初步准备工作（图①）。择选番芫荽梗、芹菜梗和韭葱，清洗干净。不要选择用水浸泡或堆积

在冷藏箱的番芫荽梗（易发霉变质具有不良的气味）。选择质量好的百里香（香味十足），择洗，沥干水分。月桂叶清洗，沥干水分。

②将一半的韭葱、芹菜和番芫荽梗聚集在一起（图②）。

③将小枝的百里香和一片月桂叶（根据汤料增减其用量）放在香料束中间的部位（图③）。

④再用另外一半的韭葱、芹菜和番芫荽梗将百里香、月桂叶盖住。

⑤左手将香料束抓紧（图④），右手用线绳在香料束底部捆绑两三圈勒紧，再绕到上部捆绑两三圈勒紧（图⑤），在中间部位打结（这种方法可以避免香料束在烹制过程中散开）。

⑥用刀将香料束两头切齐（图⑥）。

⑦切好的成品（图⑦）。

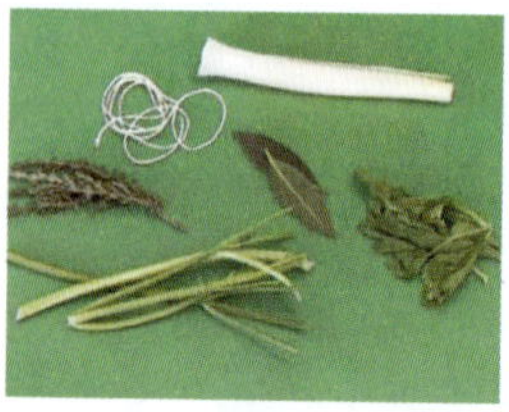
图①

图②

图③

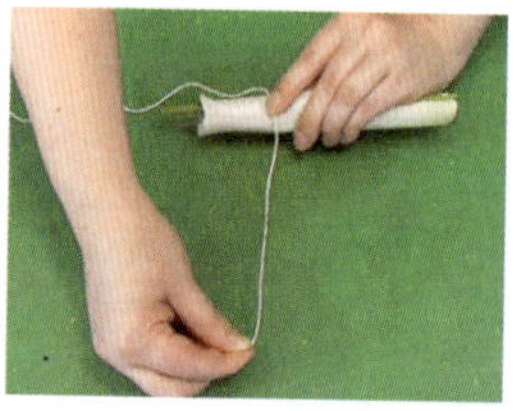
图④

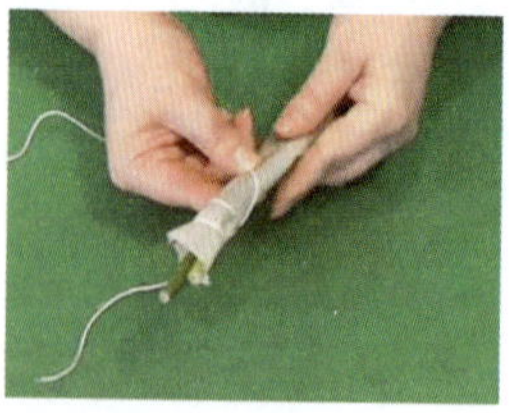
图⑤

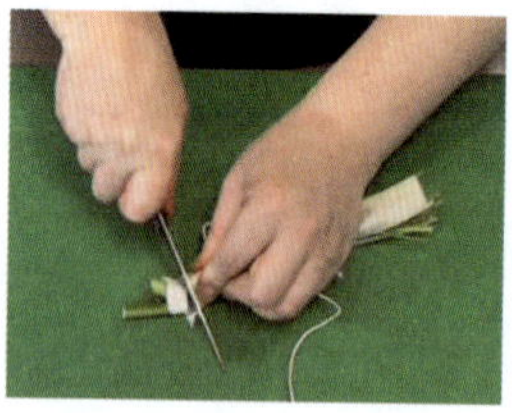
图⑥

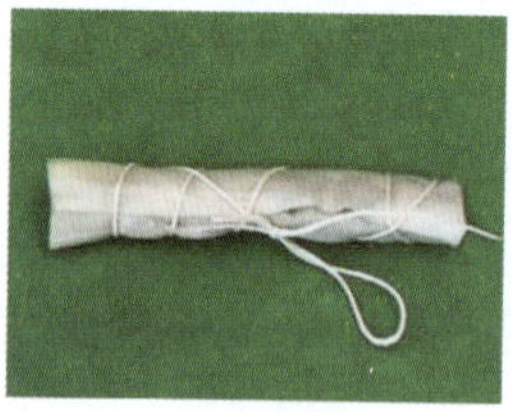
图⑦

实训4：钉洋葱

原料准备

制作1个钉洋葱		
原料	单位	重（数）量
洋葱 丁香	个 个	1 2～3
平均准备时间	min	1
平均制作时间	min	3～5

操作过程

①将洋葱去皮，切除根部和顶部。

②将洋葱清洗干净，沥干水分。

③将丁香根部较尖的部位插入整个洋葱中，只留头部露在外边即可。

实训5：马提依小料（Matignon）

原料准备

原料	单位	重（数）量
基础原料：		
胡萝卜	kg	1
洋葱	kg	1
芹菜	kg	0.4
生火腿	kg	0.8
香料束	束	1
黄油	kg	0.1
液体原料：		
白葡萄酒	L	0.2
或		
马德拉酒	L	0.2
平均准备时间	min	15～25
平均制作时间	min	30～40

操作过程

①准备工作：核查原料并称重，准备工具（1个不锈钢盘、1个大汤锅、1个搅板、1把分刀、1个菜板）。

②原料加工：将所有的蔬菜原料和生火腿切成小方片。

③锅中放入黄油，加热熔化后放入蔬菜和生火腿原料炒制数分钟，不要上色。

④加入白葡萄酒或马德拉酒和香料束，收汁。

⑤将锅内的汤汁蒸发到几乎没有即可。

用处：适用于白色基础汤炖菜（小牛胸腺、生菜等）和羊鞍肉、小牛鞍肉、小牛脊肉、小母鸡等菜中。

实训6：密尔博瓦小料（Mirepoix）

原料准备

原料	单位	重（数）量
胡萝卜	kg	1
洋葱	kg	1
猪腩肉（五花肉）	kg	0.8
香料束	束	1
黄油	kg	0.1
平均准备时间	min	15～25
平均制作时间	min	30～40

操作过程

①准备工作：核查原料并称重，准备工具（2个不锈钢盘、1个大汤锅、1个小汤锅、1个搅板、1把笊篱、1把分刀、1个菜板）。

②原料加工：将所有的蔬菜原料切成小方丁。猪腩肉切成小丁，放入冷水中煮熟，然后沥干水分。

③将黄油放入大汤锅内，加热熔化后放入所有原料炒香即可。

用处：适用于制作少司、基础汤少司、烹制干蔬菜和蔬菜泥汤中。

备注

（1）密尔博瓦小料通常情况下由胡萝卜丁和洋葱丁组成。

（2）要切配密尔博瓦小料，就是将胡萝卜和洋葱切成小丁的形状。

实训7：绿色蔬菜着色剂

原料准备

制作0.1kg绿色蔬菜着色剂		
原料	单位	重（数）量
绿叶蔬菜（菠菜、番芫荽、水芹等）	kg	0.5
平均准备时间	min	3～5
平均制作时间	min	15

操作过程

①将绿叶蔬菜梗、黄叶、蔫叶去掉，清洗干净。

②将菜叶放入搅碎机中，加入少量的水以便充分搅碎球状叶绿体，释放出叶绿素。

③用细纱布把打碎的绿色汁液滤出。

④将汁液倒入锅中小火加热，直到温度为70℃。

⑤汁液将会自动澄清，浓稠物漂浮在表面，剩下底部为清澈的液体。

⑥用小勺将表面凝固的物体轻轻撇出（不要用力搅拌），放在潮湿干净的布中滤去水分。

⑦立即使用，或者包裹起来与空气隔绝，冷藏保存。

2. 注意事项

（1）在制作英式裹糊时，如果第一次沾好的面包屑稀疏且薄，可以再次蘸蛋液后沾面包屑，这样使其表面能够完全被面包屑包裹均匀。但切记避免多次包裹面包屑，使其表层过厚而影响口味。

（2）制作好的绿色蔬菜着色剂应尽量立即使用，以保证其颜色质量。

3. 实训总结

作为西餐烹饪过程中一些其他辅助基础加工方法，虽然不能作为主要操作技能，但是涉及切配、捆绑、烹调、搅碎、过滤、保存等技法和相关注意事项是必须要掌握的。

第五章　烹调热加工工艺

第一节　以水为介质的热加工工艺

实训项目1　冷水煮制工艺

相关知识

知识点1　冷水煮是以液体为介质，将原料浸泡在冷液体中（水、基础汤等），再加热煮制，其传热形式是对流与传导。这种烹饪方法使得液体中的芳香物质进入原料中，同时具有芳香物质和营养物质的液体通常可以用于制作菜肴的少司。

知识点2　冷水煮适宜加工动物性原料，如牛肉、牛骨、鸡肉、整鱼、动物内脏等和根茎类蔬菜、豆类等。

知识点3　冷水煮加工目的：①使原料吸收更多的水分，为进一步加工烹制做准备，如煮马铃薯榄等。②冷水煮可以去除原料中残留的血污、油脂及杂质等，使原料干净变白，如冷水煮小牛肉等。③适宜煮制大块的动物原料，使液体中的香味进入原料中，去除原料中的不良气味，如煮整条三文鱼等。

实训准备

实训场地准备：西餐实训厨房加工间、热菜间。

实训用品准备：分刀，小刀，去皮刀，菜板，不锈钢盘，不锈钢桶/碗，汤锅，炒锅，鱼锅，撇沫铲，搅板，帽形滤器，打蛋器，餐勺，汤勺，煎铲，油纸，线绳。

仪容仪表准备：穿厨师工作服、工作鞋、工作帽、围裙，不佩戴任何饰物，不留长指甲，洗净双手。

实训内容

1. 冷水煮制基本烹调

实训1：白煮肉（Blanquette）

原料准备

原料	单位	重（数）量
基础原料：		
小牛肉、禽肉或小羊肉等白肉类原料	kg	1
奶油蛋黄白色浓稠汁	L	0.4
口蘑	kg	0.2
小洋葱	kg	0.2

续表

原料	单位	重（数）量
调料： 香料束（番芫荽、香叶、芹菜、韭葱） 丁香 洋葱 胡萝卜 粗盐	 束 个 个 个 kg	 1 1 1/2 1 适量
平均准备时间	min	10
平均制作时间	min	80

操作过程

①将原料切成每块重量约50g的肉块。

②把肉块放入炖锅中，加入冷水，没过原料。

③大火煮开后几分钟，撇去浮沫。

④将肉块从开水中捞出，放入冷水中冲洗干净。

⑤将炖锅清洗干净。

⑥准备馅料束和配料：制作香料束（番芫荽、香叶、芹菜、韭葱），丁香钉在洋葱上，胡萝卜切成大段。

⑦煮制：将洗净的肉块放入炖锅中，加入冷水（或白色基础汤）。大火煮开，改小火，撇去浮沫。加入香料束、丁香、洋葱、胡萝卜和粗盐。盖锅盖煮制40～50min。

⑧制作小配菜：如煮口蘑、煮小洋葱。

⑨制作白色黄油面糊，放置冷却（100～120g的黄油面糊，也就是50～60g的黄油和50～60g的面粉，然后在黄油面糊里加入1L的白色基础汤）。

⑩用笊篱把煮熟的肉块从锅中捞出，沥干水分。

⑪制作奶油蛋黄白色浓稠汁（Veloute）的具体原料及操作步骤参考第216页。先制作白色黄油面糊，放置冷却（100～120g的黄油面糊，需要50～60g的黄油和50～60g的面粉，然后在黄油面糊里加入1L的白色基础汤）。将适量的基础汤逐渐冲入凉的黄油面糊中。加入少许烹制过的口蘑。将汤汁煮开。改小火煮制，同时用打蛋器或搅板不时搅拌，慢慢收汁。将蛋黄与奶油混合，搅拌均匀。将一汤匙的增稠剂慢慢倒入白色浓稠肉汤中，加热的同时用打蛋器不停搅拌。离火，再将剩余的增稠剂全部倒入汤中（注意，一定要在其加入汤汁前制作蛋黄增稠剂，禁止过早制作出来长时间放置，易变质）。再将勾芡后的肉汤放在火上煮开几秒钟（使用蛋黄增稠的白色浓稠汁要煮开数秒钟。但如果加热时间过久，蛋黄会凝固，从而与少司汤汁分离，成为絮状，影响少司效果）。检查其浓稠度，调味。

⑫用细纱网帽形滤器将其过滤到肉块和配菜（口蘑、小洋葱）中。

⑬将炖肉和菜装入深盘或大碗中，在上面浇上少司，碗下面垫上盘子，上边盖上盖子或油纸。

实训2：煮鱼（整条）

原料准备

原料	单位	重（数）量
基础原料： 梭鱼、青鳕鱼、鳟鱼或三文鱼等 煮鱼料汤 鱼胶水	 条 L L	 1 2～5 0.25
调料： 少司（配鱼少司）	 L	 适量
装饰原料： 番芫荽	 P	 1
平均准备时间	min	10
平均制作时间	min	30

操作过程

首先制作煮鱼料汤。

煮体形较大的梭鱼或三文鱼

①将整条鱼放在铁架上，然后放入鱼锅中。

②把冷凉去除香料（胡萝卜、洋葱等）后的煮鱼料汤倒入锅中，没过鱼。

③大火加热直至温度在95～98℃，不要煮开。

④改小火煮制，不时撇去浮沫。

⑤如果鱼肉冷食，煮熟的鱼要迅速降温，然后放入冰箱冷藏。

⑥去皮的鱼肉可浇上鱼胶水，使其表面平滑有光泽。

煮鳟鱼

①将鳟鱼呈对角线方向一致整齐码放在椭圆形煎锅中。

②把一半的冷凉的煮鱼料汤倒入锅中，没过鱼。保留另外一半的煮鱼料汤。

③大火加热，但不要煮开，小火煮制8～10min。

④确保鱼肉成熟后，轻轻按压鱼头后部，这样鱼肉容易与鱼骨分离。

⑤煮好的鳟鱼呈对角线整齐码放在盘中。

⑥将另一半的煮鱼料汤倒入其中。

⑦将洋葱、胡萝卜等汤料整齐地码放在鱼体上，撒上几支番芫荽作为装饰。

⑧盘子旁边可单独配上少司。

实训3：盐水煮鱼柳/块

原料准备

原料	单位	重（数）量
基础原料： 鳕鱼等 少司（黄油少司或荷兰少司）	 条 L	 1 0.2

续表

原料	单位	重（数）量
调料：		
粗盐	kg	适量
柠檬	个	1
番芫荽	kg	0.05
平均准备时间	min	20
平均制作时间	min	20

操作过程

①将初步处理后的整鱼横向切成重180～200g的鱼块。或将整鱼的净肉剔下，用冰水浸泡，小心沥干水分。斜刀切成重120～150g的规则鱼片。

②煮制鱼柳/块：将鱼块或鱼片整齐码放在炖锅中。倒入冷水，没过鱼，加入粗盐和数片鲜柠檬。放到火上加热，直到温度达到95～98℃，不要煮开。保持此温度，煮制6～8min（根据鱼片的薄厚）。

③煮制过程中要不时地撇去浮沫。

④确定鱼肉成熟后，将中间脊骨从鱼块中抽出。

⑤将鱼肉从锅中捞出，用吸水纸吸干水分。

⑥将捆鱼块的线绳解开去掉。

⑦装盘：将鱼肉放在盘中，上面盖上盖子或油纸。

⑧盘中配上鲜柠檬和番芫荽。

⑨盘子旁边单独配少司（黄油少司、荷兰少司等）。

实训4：盐水柠檬奶煮鱼

原料准备

原料	单位	重（数）量
基础原料：		
大菱鲆幼鱼、大菱鲆鱼或黑线鳕鱼等	条	1
汤料：		
牛奶	L	0.1
冷水	L	0.9
粗盐	kg	适量
柠檬	个	1
番芫荽	kg	0.05
平均准备时间	min	20
平均制作时间	min	30

操作过程

①将大菱鲆幼鱼进行初步处理（去鳍、去鳃、去内脏、浸泡等）。

②借助钢针和线绳将鱼头与身体捆绑固定。

③将大菱鲆幼鱼切成规则大块，进行清洗、浸泡。

④将整只的大菱鲆幼鱼或切成大块的大菱鲆放在菱鲆锅中的架子上，黑面朝下。

⑤将事先煮开的牛奶与冷水混合倒入锅中，没过鱼身。

⑥撒入粗盐粒和去皮的鲜柠檬片。

⑦加热至95～98℃，禁止煮开。

⑧小火煮制15min左右（根据鱼肉厚度及大小适当增减时间）。

⑨煮制过程中要不时撇去浮沫。

⑩检查鱼肉成熟度（1.6kg左右的大菱鲆幼鱼在98℃煮制20min左右）。

- 用手指按压检查鱼肉成熟度：鱼肉应脱离鱼骨，即鱼肉已熟。
- 借助钢针刺鱼头下部较厚的肉：钢针从肉中拔出后，钢针上无鱼肉，即鱼肉已熟。

⑪装盘：将鱼从锅中轻轻地捞出，沥干水分。

⑫可借助刷子将鱼身上沾有的凝固奶块刷掉。

⑬放到盘中，放柠檬和番芫荽装饰。

备注

煮制好的大菱鲆鱼，白色皮朝上。黑色皮在装盘时提前去除，因为黑色的皮会粘住盘子。

实训5：煮鱼柳（成分制作）

原料准备

原料	单位	重（数）量
基础原料：		
净鳟鱼肉、舌鳎鱼肉、菱鲆或大菱鲆肉片等	片	4
鱼基础汤	L	1
少司（配白葡萄酒少司或白葡萄酒烧汁）	L	0.2
调料：		
黄油	kg	适量
盐	kg	适量
胡椒粉	kg	适量
干葱	kg	0.05
白葡萄酒	L	0.08
平均准备时间	min	20
平均制作时间	min	20

操作过程

①快速将鱼肉在冰水中清洗干净，并浸泡。

②如果需要去除筋膜，将鱼肉拍平。

③烹调准备：用刷子将软化的黄油抹在锅边，加入盐和胡椒粉，撒上干葱碎。

④将鱼肉整齐码放在锅中，鱼肉比较白的一面（与鱼骨接触的一面）朝上，否则可能会沾有锅

的颜色。如果鱼肉有相互重叠码放，黄油量不要过多。

⑤倒入白葡萄酒（根据需要可加入红葡萄酒或者苹果酒），不要把酒倒在鱼上，这样会使鱼肉变黑。

⑥将冷凉的鱼基础汤倒入锅中，其高度在鱼肉的1/3部位。

⑦小火加热至95～98℃，禁止煮开。

⑧表面盖上一层油纸。

⑨把锅放入烤箱内，温度在180～200℃，烤制数分钟。

⑩检查鱼肉的成熟度（整鱼的头部下方肉与鱼骨可分离）。

⑪装盘：将鱼肉从锅中轻轻捞出，沥干水分，放入盘中，可重叠码放整齐。保持盘子的热度。

备注

制作配煮鱼柳用的少司

（1）白葡萄酒少司（配煮鱼柳）

操作过程

①将锅中煮过鱼的汤汁（9/10的量）倒入较大的少司锅中（可加快浓缩）。

②在制作少司的同时，保持煮熟的鱼肉温度。

③收汁：旺火迅速收汁，避免汤汁上色，特别注意锅边。使用搅板或打蛋器不停地搅拌。直到汤汁开始变得浓稠。用汤匙检查汤汁浓稠后，即可加入奶油，继续收汁。

④检查少司的浓稠度和口感（少司能够附着在汤匙上而且有光泽，口感润滑）。在宴会上，一些专业厨师会在白葡萄酒少司中加入少许的白色黏稠鱼肉汁或黄油膏来保证少司的稳定性。

⑤将少司离火，慢慢加入小块的黄油，同时用打蛋器不停地抽打、搅拌。

⑥加入盐、胡椒粉调味，检查少司的口感和口味。

⑦用细纱网帽形滤器将少司过滤［如果白葡萄酒少司中有配料或香料（如口蘑、番茄等），就不必要将少司进行过滤］。

⑧放在暖汤池中63℃保存。

⑨将少司均匀地浇在成熟的鱼肉上。

⑩注意浓缩后的白葡萄酒少司不能再继续加热煮开（黄油会从少司中分离出来）。

（2）白葡萄酒烧汁（配煮鱼柳）

操作过程（四种制作方法）

①第一种方法：白葡萄酒少司离火后加入少量的黄油（0.15～0.2kg供8份菜品）。

这种简易制作的烧汁在80℃的时候很容易使其中的黄油与之分离。

②第二种方法：在白葡萄酒少司离火后加入黄油，充分的抽打起后，加入少量打起的奶油。

这种快速制作出来的烧汁形态很不稳定，千万不要加热煮开。但是这种烧汁可以保证少司的风味。

③第三种方法：在白葡萄酒少司离火后加入黄油，充分的抽打起后，加入少量意大利蛋黄酱（Sabyon–蛋黄加少量的水在55℃的火上加热，不停地抽打制成），再用细纱网帽形滤器过滤。

④第四种方法：在白葡萄酒少司离火后加入黄油，充分的抽打起后，加入少量的荷兰汁。

最后这两种方法能够使少司保持原味并且容易上色（加热上色非常快）。

⑤测试上色：在盘子底部均匀浇上一层烧汁，放在焗炉里，调整位置，使烧汁均匀上色（如果

颜色不够深，可根据需要适量加入荷兰汁、意大利蛋黄酱或打起的奶油）。
⑥焗烤鱼肉：将鱼肉整齐码放在烤盘或煎锅中，始终保持鱼肉的温度，将白葡萄酒烧汁均匀地浇在鱼肉上，放到焗炉中焗烤上颜色。

实训6：英式马铃薯

原料准备

原料	单位	重（数）量
基础原料： 马铃薯	个	2
调料： 粗盐	kg	适量
平均准备时间	min	10
平均制作时间	min	25

操作过程

①将马铃薯去皮，清洗，削成橄榄形。

②把马铃薯榄放入炖锅中。

③倒入冷水，没过马铃薯。

④撒入粗盐粒。

⑤大火烧开，撇去浮沫。

⑥改小火，煮制18～20min（根据马铃薯榄的大小而定）。

⑦检查马铃薯榄的成熟度。可用钢针或小刀插入马铃薯榄中，然后拔出，如果上面带有附着物说明马铃薯榄尚未煮熟。

⑧离火后，锅中加入少量的冷水或冰块。

⑨锅放在炉灶边，保持其温度在80℃左右。

⑩用笊篱将马铃薯榄捞出，沥干水分。

⑪装入蔬菜盆中即可（无须加入番芫荽末）。

用处：

①英式马铃薯用作蒸鱼、煮鱼、炖菜等菜肴的配菜。

②英式马铃薯可演变成其他菜品，如番芫荽马铃薯（英式马铃薯上沾满黄油，裹上番芫荽末）。

备注

（1）不要将英式马铃薯过冷水。
（2）在食用（服务）前进行煮制。
（3）不要将英式马铃薯再加热进行食用。
（4）英式马铃薯可用蒸制方法制作，效果更佳。
（5）只选用肉质紧实的马铃薯。

实训7：煮干制蔬菜

原料准备

原料	单位	重（数）量
基础原料：		
白芸豆、花芸豆或黑芸豆等干制蔬菜	kg	0.5
或煮豌豆、小扁豆等干制蔬菜	kg	0.5
猪五花肉或猪肉皮	kg	0.2
调料：		
胡萝卜	kg	0.15
洋葱	个	1/2
丁香	个	1
香料束	束	1
蒜	瓣	2
粗盐	kg	适量
黄油	kg	0.05
平均准备时间	h	2～3
平均制作时间	min	40

操作过程

（1）白芸豆、花芸豆或黑芸豆等干制蔬菜。

①将干制蔬菜小心地清洗干净，放入冷水中浸泡2～3h。

②为防止泡在水中的蔬菜发酵变质，应放入冰箱冷藏保存。

③准备香配料：胡萝卜段、钉洋葱、香料束、蒜、热水焯过的猪肥肉或猪肉皮用绳子捆好。

④煮制干制蔬菜：将浸泡好的干制蔬菜重新换水清洗干净，放入炖锅或汤锅中，倒入大量的冷水，用大火煮开，撇去浮沫。加入香配料。改小火，半盖锅盖煮制。不时地撇去浮沫，如果需要在煮开后可加入适量的水。在煮制过程中，加入粗盐。

⑤确保蔬菜煮熟（用品尝的方法），捞出沥干水分，根据菜品样式的不同需求可加黄油、奶油、番茄酱、肉汁等。

⑥装盘。

用处：白芸豆或小菜豆通常用于羊肉或小羊羔肉的配菜，还可以制作冷盘沙拉菜肴。

（2）煮豌豆、小扁豆等干制蔬菜。

①小心地将小扁豆或豌豆（斩碎）清洗干净，不要浸泡。

②放入汤锅中加入冷水，煮制2～3min。

③撇去浮沫，过冷水，沥干水分。

④准备香配料：把猪五花肉切成小丁，用开水焯过，沥干水分。胡萝卜和洋葱切成小丁。制作香料束，蒜去除芽，切成瓣。

⑤将黄油放入一个较大的炖锅中，熔化后放入焯过水的五花肉丁。

⑥加入香配料一起炒制数分钟。

⑦放入小扁豆或豌豆（斩碎）。

⑧倒入足够量的冷水或白色冷基础汤（非必须添加）。

⑨放入香料束和蒜瓣。

⑩半盖锅盖，小火煮制，不时地撇去浮沫。

⑪在煮制过程中，分2～3次撒入盐。

⑫检查成熟度，确保干制蔬菜完全成熟。

⑬将香料束和蒜瓣挑拣出来。

⑭过滤水分，根据需要再制作成配菜、汤或制成蔬菜泥。

2. 注意事项

（1）原料冷水下锅，水开后要及时撇去浮沫。

（2）冷水煮初步处理后的原料（牛肉、鸡肉等），要用清水将表面冲洗干净。

（3）使用蛋黄增稠的白色浓稠肉汤要煮开数秒钟。但是如果加热时间过久，蛋黄会凝固与少司汤汁分离，成为絮状，影响少司效果。

（4）冷水煮鱼时要注意水温，禁止将水或其他液体煮开，影响鱼肉质量。

3. 实训总结

冷水煮作为西餐烹调过程中常用的一种烹饪方法，以水为传热介质的烹调形式，可用在禽畜肉原料的初步热加工处理、鱼类原料的烹制和干制蔬菜的煮制中，主要是将新鲜原料或加工好的原料放入冷水中或冷料汤中，小火煮开或温煮，使原料去除杂味而增香成熟。

在烹饪过程中煮制原料的汤汁用量要适当，以刚刚浸没原料为宜，适当打开锅盖，以使原料中的不良气味挥发出去。其中涉及切配、煮制、撇沫、清洗、捆绑、制汁、收汁、过滤、焗烤等技术要点，需要熟练掌握。

实训项目2 沸水煮制工艺

相关知识

知识点1　沸水煮是将原料放入煮开的水（英式煮制法）中或煮开的基础汤或煮开的葡萄酒等液体中，利用液体的对流与热传导把原料煮制成熟。这种烹饪方法最大限度地保存了原料内部的营养成分。

口味和营养素的损失取决于液体浓缩的程度：液体浓缩程度大，对减少营养物质和防止口味丢失起到重要作用。

知识点2　沸水煮适用的原料主要以植物类原料为主，如番茄、芹菜、豌豆、花椰菜、西蓝花、大米、面条等；动物性原料，如下水等。

虽然沸水煮温度是100℃，但在实际操作中有两种温度范围：①液体一直保持在100℃的状况：如叶菜类、花菜类蔬菜等。②液体首先达到100℃，然后再使液体温度保持在85～90℃，称为微沸（Simmering），这种形式的烹饪方法被经常使用。

知识点3 沸水煮加工目的：①使原料吸收部分水分，体积膨胀，达到成熟。②使原料表层紧缩，关闭毛细孔以避免其水分及营养成分的流失。③使原料中的酶失去活性，防止其变色。④便于剥去水果或蔬菜的表皮。⑤使蔬菜中的果胶物质软化，易于烹调。

知识点4 沸水煮的传热介质主要有：①含盐热水（适宜煮制脂肪多、异味重的原料，如动物内脏、蔬菜等）。②基础汤（主要是指各种肉类基础汤，并用同种肉类的基础汤进行煮制，例如，以牛肉为主料的基础汤应该加入牛肉基础汤进行煮制，以鸡肉为主料的基础汤应该加入鸡肉基础汤进行煮制，适宜煮肉类、禽类等）。③菜汤（主要用番茄或番茄酱、西芹、番芫荽梗、洋葱、柠檬汁、醋、葡萄酒、胡椒等加清水制成，宜于煮制鱼类及嫩肉类）。④牛奶（主要用于煮制面食、谷物类原料，如燕麦片、大麦片等）。

实训准备

实训场地准备：西餐实训厨房加工间、热菜间。

实训用品准备：分刀，小刀，去皮刀，菜板，不锈钢盘，不锈钢桶/碗，汤锅，炒锅，鱼锅，撇沫铲，搅板，帽形滤器，打蛋器，餐勺，汤勺，煎铲，油纸，线绳。

仪容仪表准备：穿厨师工作服、工作鞋、工作帽、围裙，不佩戴任何饰物，不留长指甲，洗净双手。

实训内容

1．沸水煮制基本烹调

实训1：煮（焯）制绿色蔬菜（英式煮制法）

原料准备

原料	单位	重（数）量
基础原料： 新鲜蔬菜	kg	0.5
调料： 盐	kg	适量
平均准备时间	min	10
平均制作时间	min	5

操作过程

①可根据蔬菜原料新鲜度，将原料去皮、去粗纤维、去核、去荚等。

②将原料用手从水中捞出，放入清水中反复数次，直到清洗干净。

③汤锅或炖锅中放入足够量的水，加入盐大火煮开。

④将蔬菜原料一次性放入开水锅中（预先估计好锅的容量）。这时不要关火，始终保持大火，直到水再次煮开。

⑤检查蔬菜的成熟度：可以品尝（菜豆），可以用小刀或钢针插入蔬菜原料的中心（花椰菜）。

⑥成熟后用笊篱将蔬菜原料捞出放入冰水中。

⑦确保蔬菜原料完全冷凉后，小心将其捞出，沥干水分。

实训2：焯菠菜叶

原料准备

原料	单位	重（数）量
基础原料： 菠菜	kg	0.5
调料： 盐	kg	适量
平均准备时间	min	10
平均制作时间	min	5

操作过程

①将菠菜叶的梗用手掰去（将菠菜叶纵向折叠，左手抓住叶片，右手抓住叶梗，小心地将叶片从叶梗上拽下）。

②将蔫叶、烂叶、黄叶择除。

③小心地清洗菠菜叶：将菠菜放入盆中，清水反复浸泡清洗，用手将叶子捞出放入另外一个清水盆中浸泡清洗，反复清洗直到叶子被清洗干净（不要使用一个盆进行清洗，叶子上的沙土容易留在盆底）。

④将清洗干净的菠菜叶捞出并沥干水分。

⑤汤锅或炖锅放入清水和盐，加热煮开，把菠菜叶倒入锅中。

⑥借助笊篱将全部的菠菜叶压入开水中。

⑦直到锅中的水再次煮开，如果菠菜叶较嫩，可立即捞出，如果菠菜叶较厚实可以继续煮制1～2min后将其捞出。

⑧将捞出的菠菜叶立即放入冰水盆中，使菜叶保持嫩绿色。

注意，将煮好的菠菜叶要用笊篱从锅中捞出，不要直接将锅中的水和菠菜叶倒入笊篱或滤器中，如果锅底有残留的泥沙会很容易倒入菠菜叶中。

⑨菠菜叶在笊篱中将水分沥干。

⑩确保菠菜叶完全放凉（如果菠菜叶不够冷凉很容易发酵变质）。

备注

嫩、小的菠菜叶通常适用于直接与黄油炒制，不用预先焯水。

⑪用手将菠菜叶攥成统一分量（所需重量）的球形。

用处：可用于制作菠菜泥、黄油菠菜、奶油菠菜、菠菜布丁等。

实训3：煮“克里奥尔饭”（Creole）

原料准备

原料	单位	重（数）量
基础原料：		
大米	kg	0.1
水	L	0.6
调料：		
粗盐	kg	0.006
黄油	kg	适量
盐	kg	适量
胡椒粉	kg	适量
平均准备时间	min	10
平均制作时间	min	40

操作过程

①在汤锅或炖锅中放入足够量的水（水与米的比例为6∶1），煮开。

②加入粗盐粒（1L的水中放入大约12g盐）。

③称量所需要的米（每份50～70g），然后倒入帽形滤器中。

④放在清水下小心进行冲洗，直到从滤器中漏出的水为清澈透明（无淀粉）为止。

⑤将洗干净的米沥干水后，撒入开水中，用搅板搅拌直到水开。

⑥改小火，不要盖锅盖，煮制11～15min（根据米的质量及其湿度）。

⑦不时地搅拌，避免米粒粘黏锅底。

⑧煮制的同时品尝米粒的成熟度，成熟的米粒应该柔软有韧性，不黏。

⑨用滤器将米从锅中捞出。

- 冷水降温：将捞出的米，立即用流动的凉水进行冲泡降温；沥干水分，均匀地铺放在不锈钢盘中，加入黄油块、盐和胡椒粉调味；表面盖上一层油纸待用。

- 自然降温：将捞出的米，立即调味，然后放置待其完全冷凉（在其冷凉前便于更好的入味）；将其放入不锈钢盘中或凉煎锅中（热锅容易使米与其粘黏）；加入黄油块，调味；可立即使用或者盖上一层油纸放入烤箱或保温箱中。

⑩将铺放好米的不锈钢盘放入烤箱中，温度为180℃，或者放入微波炉中。

⑪烤制过程中不时地用叉子将其搅拌均匀，避免局部过度受热。

⑫装盘。

用处：用于混合沙拉，煮鱼或煮肉的配菜等。

实训4：煮“皮拉夫饭”（Pilaf）

原料准备

原料	单位	重（数）量
基础原料：		
大米	kg	0.5
白色基础汤（肉或鱼）或水	L	0.75
调料：		
洋葱	kg	0.08
香料束	束	1
黄油（炒制用）	kg	0.05
盐	kg	适量
黄油（拌制用）	kg	适量
平均准备时间	min	10
平均制作时间	min	40

操作过程

①称量所需要米的用量（大约0.5L的米可供8人份）。

②称量所需要的白色基础汤（肉或鱼）或水的用量（大约0.75L的液体可供0.5L的米），1L的米需要1.5L的液体。

③将洋葱切成碎末。

④制作香料束。

⑤将油纸剪成锅大小的圆形。

⑥将黄油放入锅中，加热熔化后放入洋葱碎末（不要炒制时间过长，洋葱里的水分会使米粒变得光亮，类似包裹一层珍珠层）。

⑦然后加入称量好且未清洗的米。

⑧用搅板不停搅拌翻炒，直到米粒表面具有一层珍珠层（色泽光亮）。

⑨加入煮开的白色基础汤或水。

⑩放入香料束，调味。

⑪确定再次煮开的确切时间，将圆形的油纸盖在上面，再把锅盖盖上。

⑫将锅放入烤箱中间，温度为190～200℃，普通大米烹制17～19min，印度米或泰国米烹制11～14min。

⑬品尝米粒是否成熟。

⑭从烤箱中取出，放在不锈钢盘中的不锈钢箅子上，不要打开锅盖，放置5min。

注意：在厨房为了防止被热锅烫伤，应当在锅盖和把手上撒上少许的面粉（让其他人知道此容器非常烫，禁止手直接与其接触，避免烫伤）。

⑮5min过后，用叉子翻铲米饭，同时加入小块的黄油，使其米粒相互分离。

⑯放入容器中，盖盖子，温度始终保持在63℃。

⑰装盘配菜使用。

实训5：煮牛奶饭

原料准备

原料	单位	重（数）量
基础原料：		
大米	kg	0.1
冷水	L	0.6
牛奶（根据大米质量调整用量）	L	0.2
调料：		
香草豆荚	kg	适量
盐	kg	适量
糖	kg	适量
蛋黄	kg	适量
平均准备时间	min	5
平均制作时间	min	40

操作过程

①将称量好的大米小心地用流动的清水冲洗干净，直到清洗过的水变得清澈为止。

②沥干水分，将其放在滤锅中，再将滤锅放入冷水锅中，加热煮开。

③同时不停地搅拌，避免米粒粘黏锅底。

④撇去浮沫，煮开1～2min。

⑤捞出大米沥干水分，冷凉。

⑥将牛奶放入足够大的锅中，加入香草豆荚和一撮盐煮开。

⑦把米放入煮开的牛奶中，然后不时地搅拌，直到牛奶再次煮开。

⑧将锅边内侧用吸水纸擦干净。

⑨盖上锅盖，放入烤箱，温度190～200℃，烤制20～25min（根据大米的质量而定）。大米应该吸收牛奶直到质地变软。

增稠牛奶饭

操作过程

①将糖和蛋黄混合并充分搅拌均匀。

②借助一块干布（防止烫手）垫锅把，将牛奶饭从烤箱中取出。

③确保牛奶饭烹制成熟（牛奶完全被大米吸收）。

④将香草豆荚从锅中取出，冲洗干净保存。

⑤将糖和蛋黄混合好的溶液逐渐倒入滚烫的牛奶饭中，同时将其搅拌均匀。注意，糖和蛋黄混合好的溶液不要倒在锅边（会使其立即凝固）。

⑥将锅放到火上加热至其煮开。

⑦用搅板小心地搅拌几秒钟，直到达到所需的浓稠度后离火。

⑧加入香配料（根据不同菜谱的需要，如水果果脯、葡萄干等）。

⑨放入模具中，擦拭边缘。

⑩冷藏或温食。

用处：适用于制作米饭布丁、水果蛋糕、国王饼、米饭小蛋糕等。

实训6：煮面食

原料准备

原料	单位	重（数）量
基础原料： 意面、饺子等 水	 kg L	 0.2 2
调料： 粗盐 植物油 黄油	 kg kg kg	 0.016～0.02 适量 适量
平均准备时间	min	5
平均制作时间	min	15

操作过程

（1）煮自制手工意面、饺子等（即点即煮）。

①在汤锅或炖锅中放入足够量的水，煮开。

②撒入粗盐粒（每升水放入8～10g盐）。

③锅中加入少量的植物油。

④将少量的意面倒入开水中煮制几分钟（上菜之前制作）。

⑤同时用叉子不停地搅拌。

⑥检查意面的成熟度，意面应该紧实有韧性，筋道。

⑦把意面从锅中捞出，保留少量的水分防止面条粘连。

⑧千万不要将意面冷凉。

⑨要求上菜前烹制面条：根据菜品种类不同，可加黄油、奶油、橄榄油或番茄沙司等。

⑩装盘。

（2）煮工业化生产的意面、饺子等。

面食即点即做即用

①在汤锅或炖锅中放入足够量的水煮开（煮0.1kg的意面需要1L的水）。

②撒入粗盐粒（每升水放入8～10g盐）。

③放入意面，用叉子搅拌，直到水再次煮开。

④煮制过程中不要盖锅盖（防止水溢出）。

⑤不时地搅拌意面，防止相互粘连或粘黏锅底。

⑥检查意面成熟度：用手指掐断意面，其横断面中间出现白点，并且紧实有韧性（煮制时间大约10min），加入少许的冷水停止加热。

⑦立刻捞出沥干水分放入盆中。

⑧如果意面捞出后相互粘连，可轻轻浸泡在开水中再捞出。

⑨在面中加小块黄油，搅拌均匀，调味。

⑩装盘。

面食待用或备用

①将煮好的意面用冷水冲凉，避免其相互粘连，沥干水分。

②可以加入适量的植物油（橄榄油）。

③冷藏保存。

④使用时将意面放入加盐的开水中煮制1～2min。

⑤捞出沥干水分，放入黄油块搅拌均匀，调味。

⑥装盘。

实训7：煮水果

原料准备

原料	单位	重（数）量
基础原料： 梨或苹果等	个	1
调料： 糖 柠檬 橙皮 八角、桂皮等香辛料	 kg 个 kg kg	 0.5 适量 适量 适量
平均准备时间	min	10
平均制作时间	min	30

操作过程

①将水果去皮、去籽，如梨、苹果等还需要在表面涂抹柠檬汁，防止氧化变色。

②制作糖水，浓度在1.247～1.1335°Bé：大约1L水加0.5～0.6kg的糖。

③可使用柠檬皮、橙皮、香草、香辛料等增加糖水的香味。

④将水果放入煮开的糖水中，使其完全浸没。

⑤将油纸剪成圆形，油纸的直径与锅的直径长短一样，中间留孔，盖在锅上，使蒸汽从中间的孔中散出。

⑥如果需要可用一个盘子压住水果使其完全浸泡在糖水中。

⑦小火煮20～30min（根据水果的种类、成熟度、纤维多少的不同，煮制时间也不相同）。

⑧可将小刀或钢针插入水果中，然后拔出，如果上边未有粘连物，说明水果已经煮熟。

⑨把煮好的水果放入不锈钢盆或瓷罐中，始终保持被糖水浸没（防止变色）。

用处：适用于水果泥、塔的装饰、冰淇淋、制作其他一些甜食等。

白色下水如小牛的头、蹄、肠膜等，使用白色下水原料（除内脏以外的器官）应注意当地的饮食习俗或法规。

实训8：白煮下水

原料准备

原料	单位	重（数）量
基础原料：		
小牛的头、蹄、肠膜等	kg	2
面粉	kg	0.05～0.08
调料：		
柠檬汁	L	适量
胡萝卜	根	1
洋葱	个	1
丁香	个	1
香料束	束	1
粗盐	kg	适量
柠檬	个	1/2
植物油或包裹小牛肾的脂肪碎	kg	适量
平均准备时间	min	15
平均制作时间	h	2～3

操作过程

①将下水泡在冰水中数分钟去除杂质（不时地加入冰水）。

②将下水放入冷水锅中，煮开后继续煮3～4min。

③撇去浮沫，冷水冲洗干净，沥干水分。

④表面洒上大量柠檬汁。

⑤准备香配料：胡萝卜去皮洗净，整根使用或切成大段。洋葱去皮洗净，在上面钉上丁香。制作香料束。

⑥准备白色芡汁：将10～15g的面粉与少量的冷水搅拌均匀呈液体状，用于制作1L的汤料。再加入半个柠檬挤出的汁液（柠檬汁和脂肪可以保证下水不被氧化变色，白色下水原料在白色煮汤煮制成熟后应当在其原来的汤中冷凉，取出沥干水分后应立即食用）。

⑦煮制下水原料：准备一个大汤锅或炖锅，装满足够的水（能够浸没下水）。加热煮开后，撒入粗盐粒。将白色芡汁用细纱网帽形滤器直接过滤到开水中。用打蛋器将其搅拌均匀。放入下水原料。

⑧加入香配料和少量的植物油或包裹小牛肾的脂肪碎。

⑨表面覆盖一层油纸（剪成与锅直径大小一致的圆形，中间有孔，可散蒸汽）。

⑩小火煮制（如小牛头可煮制2～2.5h）。

⑪检查下水的成熟度，用钢针插入下水中，感觉是否容易插入，如果容易插入，并且拔出的钢

针上无其他物质，则说明下水已经煮熟。

⑫当需要上菜时再将下水从煮汤中捞出，沥干水分。

⑬解开线绳（根据需要是否捆绑）。

⑭切片后配各种酸少司或者马乃司少司［格里比施汁（Gribiche）、酸辣汁（Ravigote）、芥醋汁（Remoulade）、塔塔汁（Tartare）等］立即食用。

实训9：白煮蔬菜（以洋蓟为例）

原料准备

原料	单位	重（数）量
基础原料： 洋蓟 面粉	 个 kg	 2 0.015
调料： 柠檬汁 植物油 粗盐粒	 L L kg	 适量 适量 适量
平均准备时间	min	10
平均制作时间	min	30

操作过程

方法一：

①将洋蓟花瓣去掉，保留花底部，用柠檬汁擦抹表面。

②将其放在柠檬水中保存。

③锅中加入冷水，水量以刚没过原料为宜，加热煮开。

④加入柠檬汁、植物油和粗盐粒。

⑤小心将洋蓟放入开水中。

⑥表面覆盖一层油纸（剪成与锅直径大小一致的圆形，中间有孔，可散蒸汽）。

⑦小火煮制20～30min。

⑧检查洋蓟的成熟度，将钢针插入洋蓟中，感觉是否容易插入，如果容易插入，并且拔出的钢针上无其他物质，则说明洋蓟已经煮熟。

⑨将煮熟的洋蓟放入盆中，加入煮汤将其没过。

⑩迅速降温使其冷凉，盖盖子放入冰箱。

用处：适用于瓤馅、配菜装饰。

方法二：

①准备白色芡汁：将10～15g的面粉与少量的冷水搅拌均匀呈液体状，再加入半个柠檬挤出的汁液。

②准备一个大汤锅或炖锅，装满足够的水（能够浸没洋蓟），加热煮开。

③撒入粗盐粒。

④将白色芡汁用细纱网帽形滤器直接过滤到开水中。

⑤同时用打蛋器将其搅拌均匀。

⑥再次煮开，加入洋蓟和少许的植物油。

⑦表面覆盖一层油纸（剪成与锅直径大小一致的圆形，中间有孔，可散蒸汽）。

> **备注**
>
> 植物油和柠檬汁可以避免原料氧化变色。

⑧小火煮制，不时搅拌避免粘锅底。

⑨确保洋蓟煮熟后，将其捞出放在盆中，倒入煮汤使其完全浸泡。

⑩表面盖上一张油纸。

实训10：白煮口蘑

原料准备

原料	单位	重（数）量
基础原料： 口蘑	kg	0.25
调料： 盐 黄油 柠檬汁	 kg kg L	 适量 适量 适量
平均准备时间	min	10
平均制作时间	min	10

操作过程

①将口蘑加工成所需要的形状（整口蘑、口蘑块、口蘑片）。

②锅中放入少量的水（煮制口蘑时，口蘑会渗出大量的水），加热煮开。

③撒入盐、黄油和柠檬汁。

④再次煮开后放入口蘑。

⑤盖上油纸，煮开后再煮4~6min（根据口蘑的大小而定）。

⑥将口蘑与其汤汁一起倒入盆中（不要将其捞出过滤水分，很容易氧化变色）。

⑦将其冷凉后盖盖子保存。

用处：适用于装饰配菜、炖菜配菜等。

实训11：溏心水波蛋配番茄

原料准备

原料	单位	重（数）量
基础原料： 新鲜鸡蛋 番茄 面包片 培根	 个 kg 片 片	 1 0.25 1 1

续表

原料	单位	重（数）量
调料：		
白醋	L	适量
橄榄油	L	适量
蒜	瓣	2
迷迭香	kg	适量
盐	kg	适量
糖	kg	适量
番芫荽	kg	适量
平均准备时间	min	20
平均制作时间	min	30

操作过程

①选用新鲜的鸡蛋，把一个鸡蛋倒入一个碗内（新鲜的鸡蛋应该是能看到蛋清完整地包裹在蛋黄周围）。

②制作水波蛋：用一个深的锅，锅里放水加热到水中逐渐起小气泡（静静地从锅底上浮，水不要沸腾）。然后倒入一些白醋（白醋可以加速蛋白迅速凝固，从而加快烹饪过程，同时鸡蛋也将保持一个完美的外形），并用小勺在水里搅出一个漩涡，然后慢慢倒入碗里的鸡蛋贴在水面滑入水中（此时蛋清会紧紧地包围着蛋黄，鸡蛋煮出来的形状也会饱满），保持小火，浸煮。水不能沸腾，否则鸡蛋会散开而且不成形并且煮过头。煮制4min左右就可以捞出，沥干水分，修整外边，即可使用。

③如果需要提前制作，将鸡蛋煮制3min左右后捞出放入冷水里浸泡，防止鸡蛋继续受热变为全熟。等要上桌出餐时再煮90s，就可以了。

④制作英式炖番茄：在炒锅中倒入橄榄油加热，然后放入蒜蓉、鲜迷迭香叶碎和番茄小丁，文火炒香。慢炖20min左右用盐调味（也可以放点白糖调味）。

⑤白面包片用焗炉焗上色，去四个边切成正方形备用。

⑥装盘（窝盘）：盛入炖好的番茄，放入焗好的面包片，面包片上放入一个水波蛋，放入烤好的培根碎（培根烤的时候要硬一点脆一点）在鸡蛋上边做装饰，菜的周围整体撒点番芫荽碎即可。

实训12：意大利肉酱面

原料准备

原料	单位	重（数）量
基础原料：		
意大利面条	kg	0.2
酱料：		
去皮番茄罐头	kg	0.1
白洋葱	kg	0.08
番茄酱	kg	0.06
牛肉馅	kg	0.1
猪肉馅	kg	0.05
胡萝卜	kg	0.05
西芹	kg	0.05

续表

原料	单位	重（数）量
调料：		
香叶	片	1
百里香	kg	0.003
披萨草	kg	0.003
罗勒叶	kg	0.003
番芫荽	kg	0.003
橄榄油（炒制用）	L	适量
鸡粉	kg	适量
橄榄油（拌制用）	L	适量
黄油	kg	适量
奶酪碎	kg	适量
黑胡椒碎	kg	适量
红葡萄酒	L	0.05
盐	kg	适量
蒜	p	1
芝士粉	kg	适量
小西红柿（装饰）	个	1
糖	kg	适量
浇汁	L	适量
水	L	适量
平均准备时间	min	20
平均制作时间	min	60

操作过程

（1）制作番茄酱汁。

①洋葱切丝，一瓣蒜切片备用。

②锅里放入橄榄油，炒洋葱丝和蒜片，炒出香味后放入去皮番茄罐头（如果没有番茄罐头里的去皮番茄，用整的带皮番茄也可以，用刀在番茄上边划一个十字口，然后用热水烫一下，捞出，把皮去掉，即可成为去皮番茄）。

③加入少许百里香叶、披萨草叶、罗勒叶三种香料，熬制30min左右。开锅后改小火，继续熬制30min左右。加入盐、鸡粉和少量的糖调味（如果去皮番茄颜色不是很红，可以炒一点番茄酱加入），放入打碎机打碎。

（2）制作肉酱。

①准备好的牛肉馅和猪肉馅，比例为2：1，或者可以只使用牛肉馅。用盐、黑胡椒粉腌制，然后放入锅中加热，把肉馅炒散。

②洋葱、西芹和胡萝卜切块，放入打碎机里打碎备用（也可以直接将原料切成碎丁）。

③锅中放入橄榄油，加热后放入洋葱、西芹、胡萝卜小火炒3～5min，目的是将蔬菜里边的水分去掉，将4~5瓣蒜切末，放入锅中继续炒1min，炒香后加入一点番茄酱（如果后边加的番茄酱汁颜色够红，番茄酱就不用加，反之需要加）一起炒5min左右。然后倒入炒好的肉馅，搅拌均匀。加入香料：香叶（1～2片），少许百里香叶、披萨草叶，倒入红葡萄酒（最好是酸度低一些的好的进口红葡萄酒），此时需要煮2～3min（目的是将红葡萄酒酸味煮出去挥发掉），加入一部分之前做好的番茄酱汁，适量

的烧汁和水，没过原料即可，加入盐、鸡粉调味（根据需要也可以加入少量李派林喼汁）。煮开15min左右，改小火熬制2h左右后，关火即可［最后也可以放入一点牛奶（非必须添加）进去，加入牛奶可以让肉酱上边的一层油很好的乳化］。

（3）煮意面。

在炖锅中加入八成满的水，一勺食用油和一勺盐，水开后一点点的下入意大利面条，轻轻用铲子搅拌防止粘锅，煮5～6min（煮六成熟左右），把面条捞出控水后放在一个平盘里自然凉，面条凉后用橄榄油或者食用油拌匀。

（4）制作肉酱意面。

①锅里放黄油，加热熔化后放洋葱碎，炒出香味后加入煮好的意面和适量的肉酱，边炒边搅拌，最后加入少量的制作好的番茄酱汁，使意面与酱汁搅拌均匀，意面炒热后调味即可。

②装盘（窝盘）：意面用夹子一点点地放入盘子里，最后往意面上浇一些剩余的肉酱汁，再撒一点奶酪碎或芝士粉在上边。

③装饰：在意面上面用鲜罗勒叶、番芫荽碎和小番茄做点缀。撒些黑胡椒粉和少许初榨橄榄油即可。

2. 注意事项

（1）绿叶蔬菜应在水开后下锅，当叶片全部烫软后（数秒钟）立即捞出，避免长时间煮制使菜叶变老变色（暗灰色），同时马上放入冰水中冷凉，以保持其鲜嫩度和鲜绿色。注意煮好的菠菜叶要用笊篱从锅中捞出，不要将锅中的水和菜叶一起直接倒入笊篱或滤器中，锅底如有残留的泥沙，则会很容易倒入菜叶中。

（2）为了防止被热锅（特别是从烤箱内刚拿出的热锅锅把）烫伤，应当在锅盖和把手上撒少许面粉（让其他人知道此容器非常烫，禁止手直接与其接触，避免烫伤）或用带手布将锅把包裹住。

（3）在增稠牛奶煮饭时，糖和蛋黄混合好的溶液不要倒在锅边（会使其立即凝固），再继续加热后会导致其变煳。

3. 实训总结

沸水煮是指以水为传热介质的烹调形式，将原料或加工好的原料放入煮开的沸水中，小火将原料煮制成熟。沸水煮是西餐烹调过程中常用的一种烹饪方法，主要用在蔬菜、水果和面食的烹制加工过程中，也适用于动物内脏以及下水的初步热加工处理，目的是去除原料的不良气味。

在沸水煮过程中，原料要完全浸没于汤液中，沸水煮汤液的温度一定要达到沸点，根据情况要及时除去汤中的浮沫，以防浮沫煮到原料中，在煮制过程中一般不要加盖，以使其不良气味挥发。其中涉及切配、煮制、撇沫、清洗、捆绑、收汁、过滤等技术要点，需要熟练掌握。

实训项目3　蒸制工艺

相关知识

知识点1　蒸是通过蒸汽使原料成熟的烹饪方法，将加工成形的原料经调味后，放入密封好的容器或特殊的容器（压力蒸锅、马铃薯蒸锅等）中，用液体（盐水、白色基础汤等）煮开后的蒸汽加热。烹制的时间应根据原料的质地、形状、大小、容器类型等不同因素而有不同。蒸适宜制作质地鲜嫩、水分充足的鱼类、禽类等原料，如鱼虾、鸡、蔬菜、鸡蛋等。

知识点2　蒸根据加工方法的不同，又可分为直接蒸法［即将加工好的原料直接放入蒸锅中或带有汤汁的锅中加盖（或油纸），利用锅中的蒸汽将原料蒸制成熟］和间接蒸法（即将加工好的原料先放入有盖或密封的容器内，再将容器放入蒸箱或蒸锅中蒸制）两种。

知识点3　蒸制食物是在容器内加热，利用蒸汽作为导热媒介，原料内外的汁液不像其他加热方式那样大量挥发，鲜味物质保留在菜肴中的营养成分损失很少，水分和香气不流失，所以菜肴具有原汁、原味的特点。

实训准备

实训场地准备：西餐实训厨房加工间、热菜间。

实训用品准备：分刀，小刀，去皮刀，菜板，不锈钢盘，不锈钢桶/碗，炒锅，炖锅，蒸锅，撇沫铲，搅板，餐勺，汤勺，煎铲，油纸，线绳。

仪容仪表准备：穿厨师工作服、工作鞋、工作帽、围裙，不佩戴任何饰物，不留长指甲，洗净双手。

实训内容

1. 蒸制基本烹调

实训1：蒸焖蔬菜

原料准备

原料	单位	重（数）量
基础原料： 胡萝卜、芹菜或韭葱等	个	1
调料： 黄油 盐 糖	 kg kg kg	 适量 适量 适量
平均准备时间	min	5
平均制作时间	min	30

操作过程

①小心将原料去皮、清洗干净，切成细丝。

②将炒锅放在炉灶或热板炉上，微火低温。

③加入少量的黄油、盐和糖。

④放入蔬菜原料并适量加入少许的水，便于产生蒸汽。

⑤将油纸将其盖住，中间留有气孔，再盖上锅盖。

⑥微火蒸焖20min左右。

⑦不时打开锅盖，注意里面蔬菜的情况，看锅底是否还有水分，避免使蔬菜失去水分与锅底粘黏而上色。

⑧品尝蔬菜是否蒸焖熟，调味。

⑨将蔬菜盛到不锈钢容器中，用保鲜膜密封好或用油纸覆盖。

用处：适用于装饰汤菜、鱼菜等。

实训2：希腊式蒸煮蔬菜

原料准备

原料	单位	重（数）量
基础原料： 口蘑、小洋葱、洋蓟、西葫芦、茴香根、韭葱白或芹菜根等	kg	0.5
调料： 洋葱 香料束 胡椒粒 芫荽籽 蒜 白葡萄酒 柠檬 橄榄油 盐	 kg 束 kg kg 瓣 L 个 L kg	 0.08 1 0.005 0.005 2 适量 1/2 适量 适量
平均准备时间	min	20
平均制作时间	min	10～30

操作过程

①蔬菜去皮、清洗、切配：口蘑切片，洋蓟底部切片，西葫芦切橄榄形，芹菜根切橄榄形，韭葱白切段。

②准备：将洋葱切成碎末。制作香料束。制作香料袋：将胡椒粒、芫荽籽和蒜瓣装在纱布里捆扎结实。称量所需要的白葡萄酒，榨取柠檬汁。

> **备注**
>
> 这种基础的烹调技法被加入番茄碎、茴香籽、咖喱粉、藏红花、葡萄干等原料而改变。

③希腊式煮制蔬菜：选用大的炒锅，放在火上，加入橄榄油，炒制洋葱末，炒香。加入柠檬汁、白葡萄酒、香料袋、香料束（额外放入几粒胡椒粒和芫荽籽），加入蔬菜。

④撒入盐（烹制时间较长的蔬菜可加入少量的水，如花椰菜、芹菜等），盖上锅盖。

⑤随时注意锅中的情况（口蘑煮5～6min，西葫芦煮10～12min，洋蓟煮20～25min）。

⑥锅中的水和汁液要全部蒸发。柠檬汁和油应成为一种光亮浓稠的醋汁包裹住蔬菜。

⑦装盘：翻搅蔬菜，让锅中的汁包裹住蔬菜。装入盘中，配上柠檬小薄片。

实训3：白色糖衣蔬菜

原料准备

原料	单位	重（数）量
基础原料： 胡萝卜、小洋葱或白萝卜等	kg	0.5
调料： 黄油 糖 盐	 kg kg kg	 适量 适量 适量
平均准备时间	min	10
平均制作时间	min	20

操作过程

①将蔬菜分散均匀在炒锅或汤锅中（厚锅底）。

②加入黄油块、糖和盐。

③倒入冷水，刚刚没过原料为宜。

④加热煮开，盖上一层油纸。

⑤改小火，保持水分能够蒸发。

⑥不时搅拌蔬菜，使全部蔬菜都能被汤汁包裹。

⑦检查（品尝）蔬菜成熟度，烹制成熟的蔬菜肉质应保持紧实。水分全部蒸发后，糖和黄油全部包裹在蔬菜上使其保持光亮。

⑧将蔬菜装入一个容器中，盖盖子或封上保鲜膜。

用处：适用于白色炖菜的装饰配菜，通常与白煮口蘑一起组合。

备注

如果蔬菜已经成熟，但是锅中还有较多的水，应当先把蔬菜捞出，收浓汤汁，呈糖浆状后，再将蔬菜倒入其中，搅拌均匀。同样相反，如果蔬菜尚未成熟，锅中的水已经蒸发干，应当适量地加入少量的水。

实训4：棕色糖衣蔬菜

原料准备

原料	单位	重（数）量
基础原料： 胡萝卜、小洋葱或白萝卜等	kg	0.5
调料： 黄油 糖 盐	 kg kg kg	 适量 适量 适量
平均准备时间	min	10
平均制作时间	min	30

操作过程

①将蔬菜分散均匀在炒锅或汤锅中（厚锅底）。

②加入黄油块、糖和盐。

③倒入冷水，刚刚没过原料为宜。

④加热煮开，盖上一层油纸。

⑤改小火，保持水分能够蒸发。

⑥不时搅拌蔬菜，使全部蔬菜都能被汤汁包裹。

⑦水分全部蒸发后，出现轻微的焦糖色。

⑧将蔬菜（小洋葱）在锅中轻轻搅拌，使其能够全部均匀包裹住金黄色的焦糖。

⑨停止加热（上色），在金黄色的焦糖中加入几滴冷水。

⑩将包裹住糖衣的蔬菜（小洋葱）捞出，放在盘中。

⑪立即在锅中加入热水（开水）进行清洗。

用处：适用于棕色炖菜的装饰配菜（勃艮第牛肉等）。

实训5：蒸龙利鱼虾仁蔬菜卷佐荷兰汁芝麻菜火龙果

原料准备

原料	单位	重（数）量
基础原料：		
龙利鱼	片	3
红、黄、绿彩椒	个	各1/4
虾仁	个	3
配料：		
火龙果	kg	0.1
芝麻菜	kg	0.05
丘比沙拉汁（焙煎芝麻口味）	kg	0.02
柠檬	个	1
黄瓜	根	1
莳萝	支	1
调料：		
黄油	kg	0.01
盐	kg	适量
白胡椒粉	kg	适量
柠檬汁	L	适量
荷兰汁	L	0.1
平均准备时间	min	10
平均制作时间	min	30

操作过程

①将龙利鱼切成薄片，用盐、白胡椒粉和柠檬汁腌制10min。

②将红、黄、绿彩椒切丝。

③将虾仁从背部划开，去掉虾线洗净。

④将虾仁、红、黄、绿彩椒丝（每种颜色的彩椒丝各2根）放在鱼片中，卷成鱼卷。

⑤把鱼卷放入盘里，放入蒸箱（温度100℃），蒸8min左右。

⑥制作清黄油：小号酱汁锅放在中小火上加热，熔化黄油，撇开黄油上边的沫子，将熔化的黄油倒出，锅底剩余牛奶不使用。保温即可。

⑦制作荷兰汁（参考荷兰汁的制作）。

⑧将火龙果切丁，芝麻菜洗净去根，留叶。放入器皿里加2～3甜品勺丘比沙拉汁（焙煎芝麻口味），拌均匀。

⑨装盘：柠檬切片，黄瓜用刨片机刨成薄片，放入盘子里，上边放入蒸好的鱼卷（鱼卷两头切掉），用小勺淋入一点荷兰汁。用一点鲜莳萝草点缀在鱼卷上。盘子另一侧，放入拌好的芝麻菜火龙果即可。

2. 注意事项

（1）在蒸制过程中要把容器密封好，尽量不要让蒸汽散出。

（2）根据不同的原料，掌握火候，原料质地越嫩，使用的温度越低。

（3）蒸制菜肴不要过火，要以菜肴刚好成熟为准。

3. 实训总结

蒸，作为西餐烹调过程中常用的一种烹饪方法，以水（蒸汽）为传热介质的烹调形式，主要烹制水分较多、肉质较嫩的蔬菜原料和水产品原料等。蒸是借助水、其他液体或原料本身的水分产生的蒸汽在一定的空间内将原料烹制成熟的过程。在实训菜品制作过程中涉及原料的清洗、加工切配、蒸煮、捆绑、收汁等技术要点，需要熟练掌握。

实训项目4　烩制工艺

相关知识

知识点1　烩是将加工后的小块原料浸泡在水中或浸泡在用其本身原料制作的基础汤或浓稠汤汁中，盖上锅盖小火长时间慢慢烹制，或者放入烤箱中利用水的传热和热空气的传导将原料烹制成熟。

知识点2　原料通过煎变深色后，用于制作红色烩菜；煎上浅色或无色的原料用于制作白色烩菜。酱汁和香配料等各种材料的味道相互渗透，使菜肴产生独特的风味。

由于烩制过程中使用汤汁的不同，烩又分为四种。①白烩：以白少司或奶油少司为基础。如白汁烩鸡、莳萝烩海鲜等。②红烩：以布朗少司或番茄沙司为基础。如红烩牛肉、古拉斯牛肉等。③黄烩：以白少司为基础，调入奶油、蛋黄等。如黄汁烩鸡等。④混合烩：利用菜肴自身的颜色，如咖喱鸡等。

实训准备

实训场地准备：西餐实训厨房加工间、热菜间。

实训用品准备：分刀，小刀，去皮刀，菜板，不锈钢盘，不锈钢桶/碗，汤锅，炒锅，肉叉，撇沫铲，搅板，帽形滤器，打蛋器，餐勺，汤勺，煎铲，油纸，线绳。

仪容仪表准备：穿厨师工作服、工作鞋、工作帽、围裙，不佩戴任何饰物，不留长指甲，洗净双手。

实训内容

1. 烩制基本烹调

实训1：棕色烩菜

实例菜品：蔬菜烩牛（羊）肉

原料准备

原料	单位	重（数）量
基础原料： 羊肉、小牛肉、牛肉、猪肉、鸡肉或兔肉等	kg	0.5
配料： 洋葱 胡萝卜 植物油	 kg kg L	 0.1 0.1 适量
调料： 香料束 蒜 番茄酱 面粉	 束 瓣 kg kg	 1 2 0.05 0.01
汤料： 冷水 或 红葡萄酒和牛肉棕色基础汤 或 小牛肉棕色基础汤 或 白葡萄酒、红葡萄酒和禽类棕色基础汤 或 苹果酒和啤酒	 L L L L L	 1.5 1.5 1.5 1.5 1.5
平均准备时间	min	20
平均制作时间	h	3～4

操作过程

①剔除肉的筋膜、脂肪，切成规则的小块，每块50～60g。

②准备香配料：将洋葱、胡萝卜去皮、洗净，切成小丁或小片。制作香料束。蒜去皮、去芽、去根，拍碎。

③打开烤箱，温度定为220℃或230℃。

④牛（羊）肉块热处理：将炒锅大火加热，倒入植物油烧热。一次性将肉块放入，每次量仅覆

盖锅底，避免肉块叠放。当肉块底部上色后，将其翻面，继续烹制。持续大火（否则肉会渗出大量的水分），反复翻炒，直到肉块表面全部上色（深棕红色），捞出放入不锈钢盘中，继续炒制下一锅，直到把所有的肉块全部炒上颜色。

⑤把全部上色的肉块倒入炖锅中，加入切成丁的胡萝卜和洋葱，炒制数分钟。

⑥盖上锅盖，但要留一小缝，将炖锅中的油全部倒入另外的容器内。

⑦加入少量的番茄酱（如果菜品需要）。

⑧撒上薄薄一层干面粉。

⑨放入烤箱中，温度为220℃或230℃，烤制数分钟，直到面粉烤上颜色（淡黄色）。

⑩将烤箱温度调至180℃或200℃。

⑪把炖锅从烤箱内拿出（锅把很烫，借助干带手布），将肉、番茄酱和面粉搅拌均匀。

⑫加入汤汁，根据肉质种类和菜品的不同，使用的液体汤汁也有所区别。羊肉使用冷水，牛肉使用红葡萄酒和牛肉棕色基础汤，小牛肉使用小牛肉棕色基础汤，禽肉使用白葡萄酒、红葡萄酒和禽类棕色基础汤（主菜原料与基础汤原料要一致）。苹果酒和啤酒适用于全部肉类。

⑬汤汁没过原料为宜。

⑭加入香料束和蒜瓣。

⑮放在火上煮开，调味（口味不要过重）。

⑯离火，擦去锅边的汤汁。

⑰盖上锅盖密封好，放入烤箱，温度为180℃或200℃。

⑱烹制45min（萝卜土豆烩羊肉）至3h（烩肉）。

⑲烹制期间要随时注意锅中情况，不时从烤箱取出，检查汤汁挥发情况，如果需要可适量加入汤汁，同时翻转锅中肉块或蔬菜（使其均匀受热，避免烤煳）。

> **备注**
>
> （1）制作大量的烩肉时，应先在煎锅内分批将肉块煎上颜色后，再一起放到炖锅中。
>
> （2）如果使用增稠的棕色基础汤，在肉上撒面粉烤制这个步骤是没有必要的。
>
> （3）对于制作烩菜，通常一些专业厨师会在烩菜制作完成后将少司增稠。
>
> （4）根据菜品的不同需要，可以在撒面粉烤制前加入适量的葡萄酒收汁。

⑳检查肉块成熟度：将钢针插入肉块中，感觉很容易插入，说明肉质软嫩已经成熟，即可从烤箱内取出（锅把很烫，需垫上干带手布）。

㉑用细肉叉或撇沫铲将肉块捞出放入另外一个炖锅中，借助细纱网帽形滤器把原先锅中剩余的汤汁过滤到新的炖锅中与肉块混合。

㉒检查汤汁的口味、颜色和质感（润滑）。

㉓完成烩制：将烹制好的原料（各种时蔬、棕色糖衣小洋葱、炒蘑菇、炒咸肉丁等）放入烩肉中。盖上锅盖放入暖汤池中，温度高于63℃，热保存。

㉔装盘：将肉块与配菜一起放入深盘中，菜上面淋上汤汁。

实训2：血浆勾芡的棕色烩菜

实例菜品：红酒洋葱烩兔肉

原料准备

原料	单位	重（数）量
基础原料：		
猪、兔或小公鸡等	kg	0.5
配料：		
时蔬（小洋葱、蘑菇等）	kg	0.1
黄油烤面包片	片	1
番芫荽	支	1
调料：		
腌泡汁	L	1
植物油	L	适量
黄油	kg	适量
陈葡萄醋	L	适量
干邑（白兰地）	L	适量
禽类棕色基础汤或西班牙少司	L	1.5
盐	kg	适量
胡椒粉	kg	适量
香料束	束	1
蒜	瓣	3
血浆	L	适量
平均准备时间	min	15
平均制作时间	h	2

操作过程

①准备工作。

- 将整兔子的各个部位分割（如果是其他禽类，将其分割成规则的小块）。
- 将肉块放入腌泡汁［红葡萄酒、干邑、植物油、洋葱、胡萝卜（可不用）、香料束、蒜、胡椒粒、香叶等］中浸泡。
- 将血浆（一般使用猪血）和经过细筛网过滤的肝脏加入少许的陈葡萄醋和干邑，保存。

②先把肉块从腌泡汁中捞出沥干水分，再将香配料从浸泡汁中捞出沥干水分。

③过滤后的腌泡汁煮开，撇去浮沫（可以收浓）。

④打开烤箱，温度设为200℃。

⑤肉块热加工：往炒锅中倒入植物油和黄油（也可使用猪肥肉炼油使用），加热。将肉块放入锅中（带皮的禽肉块需要先将皮朝下放入锅中）。待全部上色后，将其捞出放在不锈钢盘中。

⑥把香配料放入锅中，利用炒锅中的油脂炒制数分钟，炒香即可。

⑦如果油脂过多，可将油脂撇去。

⑧把肉块放在香配料上。

⑨大火加热，倒入干邑，使锅中着火。

⑩待锅中的火熄灭后，加入腌泡汁，煮开后改小火收汁，直到腌泡汁蒸发2/3（在这之前没有将腌泡汁浓缩）。

⑪倒入浓稠兔（禽类）棕色基础汤（勾芡）或西班牙少司（通常用质量较好的红葡萄酒制作的汤汁来烩制肉块），完全没过肉块。

⑫加入盐和胡椒粉调味，加入香料束和蒜瓣。

⑬煮开后撇去浮沫，锅边的汤汁擦干净，盖上锅盖密封好。

⑭放入烤箱，温度为200℃，烤制1～1.5h（根据肉质情况而定）。

⑮检查肉质成熟度：将钢针插入肉块中，如果感觉容易插入，肉质软嫩，说明肉块已经成熟。

⑯借助细肉叉或撇沫铲将肉块捞出，放入不锈钢盆中。

⑰检查汤汁的口味、颜色和质感（润滑）。

⑱借助细纱网帽形滤器，将汤汁过滤到肉块中。

⑲把烹制好的原料（各种时蔬、棕色糖衣小洋葱、炒蘑菇、炒咸肉丁等）倒入烩兔肉中。

⑳盖上锅盖密封，放入暖汤池中，温度高于63℃，热保存。

㉑上菜时，将兔肉块与蔬菜捞出，放到深盘中，同时保持盘子的热度。

㉒制作少司（血浆勾芡）：将盆中剩余的汤汁倒入少司锅中煮开。舀取少量的汤汁冲入血浆中，用打蛋器不停地抽打搅拌，防止血浆凝固。然后将血浆缓慢地倒入汤汁中，用搅板不停地搅拌直到汤汁变浓稠。关火，停止加热（血浆勾芡的少司一定要在上菜前现做，避免将勾芡后的少司煮开，因为血浆很容易凝结成块，影响少司质量）。检查口味。借助细纱网帽形滤器将少司过滤。

㉓装盘：少司可以直接浇在烩兔肉上，也可以装入少司盅里单配在盘边。黄油烤面包片的一角蘸上少司，再蘸上番芫荽末，面包片配在盘边。

实训3：白色烩菜

实例菜品：老式烩鸡

原料准备

原料	单位	重（数）量
基础原料：		
鸡	只	1
禽类白色基础汤	L	2
洋葱	kg	0.2
面粉	kg	0.08
配料：		
各种时蔬、白色糖衣小洋葱、白色炒蘑菇等	kg	0.25
调料：		
盐	kg	适量
胡椒粉	kg	适量
植物油	L	适量
黄油	kg	适量
鲜香草	kg	适量
奶油	L	适量
平均准备时间	min	20
平均制作时间	h	1

操作过程

①将整鸡初加工处理，分割成四大块（如果是小牛肉或羊肉可切成每个50～60g的小块）。

②制作鸡（禽类）白色基础汤（基础汤的种类要根据菜品主料而定，如烩制小牛肉，需要制作小牛肉白色基础汤）冷凉。

③鸡肉块热处理：在鸡肉块表面撒上少许的盐和胡椒粉。炒锅中放入少量的黄油，加热熔化后放入鸡肉块，鸡皮朝下，轻微煎至上颜色（淡黄色）。翻面继续煎至上色，注意不要将鸡肉块重叠码放在锅中煎制。鸡肉块表面全部煎制上颜色后，取出放入不锈钢盘中。

④洋葱去皮，洗净，切成碎末。

⑤小火加热锅中剩余的油脂（根据情况可适量添加黄油）。

⑥将洋葱碎末倒入锅中，炒制数分钟，炒香即可（不要上色）。

⑦加入干面粉（40g面粉用于1L的基础汤），搅拌均匀炒制数分钟（不要上色）。

⑧倒入鸡（禽类）白色基础汤（基础汤的种类根据菜品主料而定，如烩制小牛肉，需要加入小牛肉白色基础汤），借助打蛋器将其搅拌均匀。

⑨煮开后，调味。

⑩将鸡肉块放入白色浓稠鸡汤（Veloute）中，盖上锅盖，煮开后改小火（如果烹制小牛肉或羊肉，需要长时间烩制，应将其放入烤箱内烹制，烤箱温度设为180℃）。

⑪在烹制过程中，不时打开锅盖，观察汤汁的情况及鸡肉的成熟度：小心翻转锅中的鸡肉块，使其均匀受热。搅拌汤汁，避免汤汁黏住锅底。观察汤汁情况。如果汤汁蒸发过快，可适量加入基础汤。检查鸡肉成熟度（将钢针插入鸡腿中，然后将其拔出，观察是否有血液流出，如果流出的是透明汁液则鸡腿已经成熟，否则应继续烹制）。

⑫借助肉叉和撇沫铲，将成熟的鸡肉块取出放入不锈钢盆中。

⑬把奶油倒入锅中剩余的汤汁中，继续小火收汁。

⑭检查少司的口感（润滑），调味。调整少司的口感（润滑度）：可以通过收汁（或加入少许的白色黄油面粉糊或软黄油块）来增加少司的浓稠度；如果少司过于浓稠，可以加入适量的鸡（禽类或畜类）白色基础汤或烹制过的蘑菇来稀释，缓解过于浓厚的口感。

⑮将少司倒入细纱网帽形滤器，过滤到肉块中，再加入烹制好的蔬菜（各种时蔬、白色糖衣小洋葱、白色炒蘑菇等）。

⑯保持烩鸡肉块的热度。

⑰上菜前，将鸡肉块与蔬菜捞出，码放到深盘中，同时保持盘子的热度。

⑱将不锈钢盆中的剩余少司淋在鸡肉上，上面用鲜香草装饰。

备注

（1）烩制禽肉，烹制翅膀、胸脯需要8～12min，烹制大腿需要20～22min。

（2）烩制羊肉或小牛肉，烹制时间在45～75min，可借助探针温度计测试确保肉质成熟。

2. 注意事项

（1）汤汁用量不宜多，以刚好覆盖原料为宜。

（2）烩制菜肴可在灶台上进行，容器内少司的温度应保持在80～90℃。这种方法便于掌握火候，但较费人力。

（3）烩制菜肴在烤箱内进行，加热温度较为均匀，便于节省人力资源。如果烤箱的温度为180℃左右，则容器内少司的温度可控制在90℃左右。

（4）烩制的过程中容器要加盖密封，防止水分蒸发过多。

（5）烩制的菜肴大部分要经过初步热加工（煎、炒等）。

3. 实训总结

烩制加工工艺是以水为传热介质对原料进行烹调的方式，是西餐烹调过程中常用的一种烹饪方法，主要用于烹制小块的动物性原料。根据原料的类型可将其煎制成不同程度的颜色，加入不同颜色的液体（汤汁、水、奶油等）烩制不同颜色的菜品。菜品质地软嫩，少司包裹在主料表面，风味十足。

在实训菜品制作过程中涉及原料的清洗、加工切配、煎、炒、烩、捆绑、收汁、过滤等技术要点，需要熟练掌握。

实训项目5　炖制工艺

相关知识

知识点1　炖制工艺是将小块完整的原料（鸡腿、鸭腿、脾脏、整棵苦苣、生菜等）放在液体（水、汤）或增稠的液体中，加入香配料和肉类胶冻等，小火将锅中的原料烹制成熟。

知识点2　原料在初步热处理时被煎、烤上深色，使用棕色汤汁制作棕色炖菜；原料被轻微煎、烤上色或直接应用，使用水或白色汤汁制作白色的炖菜。

实训准备

实训场地准备：西餐实训厨房加工间、热菜间。

实训用品准备：分刀，小刀，去皮刀，菜板，不锈钢盘，不锈钢桶/碗，汤锅，炒锅，鱼锅，撇沫铲，搅板，帽形滤器，打蛋器，餐勺，汤勺，煎铲，油纸，线绳。

仪容仪表准备：穿厨师工作服、工作鞋、工作帽、围裙，不佩戴任何饰物，不留长指甲，洗净双手。

实训内容

1. 炖制基本烹调

实训1：棕色炖菜

实例菜品：炖瓤馅鸡腿

原料准备

原料	单位	重（数）量
基础原料：		
鸡腿	个	1
鸡（禽）肉馅或其他馅料	kg	0.15
猪网油	kg	0.1
禽类棕色基础汤	L	0.5
香配料：		
洋葱	kg	0.05
胡萝卜	kg	0.05
橙瓣肉	瓣	2
橄榄	个	2
棕色糖衣萝卜榄	个	2
调料：		
盐	kg	适量
胡椒粉	kg	适量
香料束	束	1
白葡萄酒	L	0.03
黄油	kg	适量
植物油	L	适量
平均准备时间	min	20
平均制作时间	h	1

操作过程

①用小刀将鸡腿的大腿骨、关节、胫骨和腓骨剔除。

②鸡腿内外侧撒盐、胡椒粉调味。

③展开鸡腿肉，在大腿内侧塞入鸡（禽）肉馅或其他馅料。

④再将馅料包裹严实（呈梨形）。

⑤借助钢针把大腿肉接缝处用线绳缝好。

⑥把猪网油平铺在案板上，把缝好的鸡腿放在中间，将其包裹严实。

⑦准备香配料：将洋葱、胡萝卜去皮、洗净，切成小丁或小片。制作香料束。

⑧鸡腿热处理：锅中放入黄油和少许的植物油，小火加热。黄油熔化后将鸡腿放入锅中，表面全部煎上颜色，避免黄油过热变煳。颜色呈金黄色后，把鸡腿取出，放入不锈钢盘中。

⑨打开烤箱，温度设为200℃。

⑩把锅中的油倒出，加入洋葱丁和胡萝卜丁，炒香（避免上色）。

⑪将鸡腿放在香配料上，加入白葡萄酒（如果制作橙汁炖鸡，则使用橙汁）。

⑫小火加热，使白葡萄酒慢慢挥发掉3/4。

⑬将味道较浓的或轻微勾芡过的禽类（鸡或鸭）棕色基础汤或者禽棕色基础汤冻倒入锅中，没

过鸡腿一半的高度。

⑭加入香料束。

⑮加盐和胡椒粉调味。

⑯把锅边残留的汤汁擦干净。

⑰盖上锅盖密封。

⑱放入烤箱，温度为200℃（如果用鸭腿的话需要烹制1.5h左右）。

⑲检查鸡腿成熟度和汤汁的浓稠度（收汁切忌过浓或过稀）：将钢针插入鸡腿中，然后将其拔出，观察是否有血液流出，如果流出的是透明汁液则说明鸡腿已经成熟，否则应继续烹制。

⑳将成熟的鸡腿捞出，放入容器中并加入少量的汤汁，盖上锅盖热保存。

㉑如果汤汁已经浓稠（否则继续收汁），可撇去过多的油脂（根据情况而定），检查口味、颜色（深棕色）和口感。

㉒用细纱网帽形滤器将汤汁过滤，放入暖汤池中，盖上锅盖热保存。

㉓将鸡腿取出，去除猪网油和线绳。

㉔将鸡腿放在不锈钢盘里，放入焗炉或烤箱内，不停地往鸡腿浇过滤的汤汁，直到汤汁变的浓稠可以附着在鸡腿上为止，此时鸡腿的颜色会特别光亮。如果鸡腿切片使用，则不需要此步骤（不要把切片的鸡腿肉放在烤炉里加热浇汁）。

㉕装盘：将鸡腿的小腿骨朝向盘子中心整齐摆放。加入香配料（橙瓣肉、橄榄、棕色糖衣萝卜等）。在上面浇汁，不要过多。将不锈钢盘底剩余的少司倒入少司盅内，单独配在盘边。

实训2：白色炖菜

实例菜品：炖小牛胸腺配羊肚菌少司

原料准备

原料	单位	重（数）量
基础原料：		
小牛胸腺	个	0.25
脂肪条、黑菌条或舌头条等	kg	0.1
小牛白色浓稠肉汤或小牛白色基础汤	L	1
香配料：		
胡萝卜	kg	0.06
洋葱	kg	0.06
少司原料：		
奶油	L	0.2
羊肚菌	kg	0.02
调料：		
盐	kg	适量
胡椒粉	kg	适量
香料束	束	1
黄油	kg	适量
白葡萄酒	L	0.03
波尔图酒	L	0.03
平均准备时间	min	20
平均制作时间	h	1.5

操作过程

①将小牛胸腺进行加工处理。

- 提前一晚先将胸腺放入冰水中浸泡，清洗干净。
- 放入开水中焯3～4min，捞出泡入冷水中冷凉。
- 剔除表层脂肪、筋膜等物质，将其保留（留作备用，与香配料一起炖制）。
- 将修整好的胸腺放在不锈钢盘中，上面铺上一层布，用保鲜膜封好。
- 在最上面再压一个同样大小的不锈钢盘（里面放入东西），保持重量在1kg左右。
- 放入冰箱冷藏（放置一晚）。

②次日将小牛胸腺取出，根据菜品需要，借助穿针（锥形内空）可将一些脂肪条、黑菌条或舌头条插入胸腺中。

③准备香配料：将胡萝卜清洗、去皮，切成小片。洋葱去皮，清洗，切成小粒。制作香料束。

④小牛胸腺热处理：将胸腺表面均匀撒上盐和胡椒粉。锅中放入黄油，小火加热熔化后，将胸腺放入。煎制上色（轻微淡黄色）后，翻面，直到每面均匀上色后取出，热保存。

⑤打开烤箱，温度设为200℃。

⑥利用锅中的油脂将胡萝卜片、洋葱粒和胸腺的下脚料炒制数分钟，炒出香味，但不要上色。

⑦舀去锅中的油脂。

⑧将胸腺放在香配料上。

⑨倒入白葡萄酒，小火收汁。

⑩待酒挥发3/4后，再倒入波尔图酒，继续收汁。

⑪将味道较浓的小牛白色浓稠肉汤或小牛白色基础汤倒入锅中，没过胸腺一半的高度。

⑫加入香料束。

⑬加入盐和胡椒粉调味。

⑭把锅边残留的汤汁擦干净。

⑮盖上锅盖密封。

⑯放入烤箱，温度设为200℃，烤制35～40min（根据胸腺大小而定）。

⑰检查胸腺成熟度和汤汁的浓稠度（收汁切忌过浓或过稀）：将钢针插入胸腺中，然后将其拔出，观察钢针上是否有物质，如果没有说明胸腺已经成熟，否则应继续烹制。

⑱将成熟的胸腺捞出，放入容器中并加入少量的汤汁，盖上盖子热保存，温度高于63℃。

⑲制作少司：如果汤汁已经浓稠（否则继续收汁）可撇去过多的油脂（根据情况而定）。用细纱网帽形滤器将汤汁过滤到少司锅中。小火加热，倒入奶油。煮开后，调味。加入炖制成熟的小块的羊肚菌。

⑳装盘：将胸腺倾斜码放在盘中。在上面浇上少司和羊肚菌。

> **备注**
>
> 小牛胸腺同样可以炖制成棕色，按照棕色炖菜的制作方法，将胸腺煎制上色（金黄色），使用味浓或勾芡的小牛肉棕色基础汤收汁。上菜前在焗炉或烤箱内将汤汁反复浇在胸腺上，直到汁浓色亮（棕色）。

实训3：炖蔬菜

实例菜品：莫尼埃式炖苦苣

原料准备

原料	单位	重（数）量
基础原料：		
苦苣	个	2
调料：		
黄油	kg	适量
柠檬汁	L	适量
盐	kg	适量
糖	kg	适量
平均准备时间	min	5
平均制作时间	h	1.5

操作过程

①将苦苣外层损坏或萎蔫的叶子去掉，清洗干净。

②切去粗厚的根部，再用小刀向根部的中心倾斜一定角度，刀尖插入根部边缘，围绕根部旋转走刀，把根部挖出一个洞。但要注意，不要让叶子在清洗或烹制的时候掉下来，主要是防止菜肴味道过苦。

③放入清水盆中轻轻清洗干净，滤干水分。

④将苦苣头部朝向锅中心，根部抵住锅内壁整齐码放（呈花形）在炖锅中。

⑤加入少量的水、柠檬汁、小块的黄油、盐和糖。

⑥苦苣表面盖上一层油纸，然后盖上锅盖。

⑦放入烤箱内烤制80min左右，烤制时间根据苦苣的品质而有不同。

⑧检查成熟度：将钢针插入苦苣根部，如果其质地软嫩很容易插入则说明已经成熟，即可从烤箱中取出。

⑨借助肉叉插入苦苣根部，将苦苣捞出，放在不锈钢盘上的篦子上，沥干水分。

- 事先炖好的苦苣如果不是立即使用，应放在其汤汁中保存（防止变色）。

⑩如果苦苣的体形较大可以用刀将其纵向均分为二。

⑪斜刀切去根部。

⑫在煎锅中放入黄油，加热熔化后，把苦苣放入，煎制上色。

⑬调味。

⑭将肉叉插入苦苣根部，将其翻面，再继续煎上颜色。

⑮将苦苣横向码放，在中间位置折叠，呈三角形，较宽的边朝向盘边，整齐码放。

用处：适用于布鲁塞尔式菜肴配菜。

实例菜品：炖生菜（叶用莴苣）

原料准备

原料	单位	重（数）量
基础原料：		
叶用莴苣	个	2
小牛肉白色基础汤	L	0.25
猪皮	张	1
香配料：		
胡萝卜	kg	0.03
洋葱	kg	0.03
香料束	束	1
调料：		
盐	kg	适量
胡椒粉	kg	适量
黄油	kg	适量
平均准备时间	min	10
平均制作时间	h	2

操作过程

①如果叶用莴苣外层的叶子过老、萎蔫、黄斑或损坏，应将其去除。

②切去粗厚的根部，再用小刀向根部的中心倾斜一定角度，刀尖插入根部边缘，围绕根部旋转走刀，把根部挖出一个洞。但要注意，不要让叶子在清洗或烹制的时候掉下来。

③将叶用莴苣头部朝下，手拿住其根部，小心地泡入大量的清水中反复清洗干净（用手把叶片稍微分开，清洗菜叶根部）。

④焯水：将洗净的叶用莴苣沥干水后，放入开水中。借助笊篱轻轻将整棵叶用莴苣按入水中，让水完全没过叶用莴苣。焯制2～3min。用肉叉插入其根部捞出，立即放入冰水盆中。待其全部冷凉后，轻轻用手捞出并挤干水分，使其呈纺锤形。

⑤准备香配料：胡萝卜洗净，去皮，切成小片。洋葱去皮，洗净，切成小丁。制作香料束。

⑥将黄油放在炖锅里，小火加热，熔化后放入胡萝卜片和洋葱丁，炒香。

⑦将叶用莴苣头部朝向锅中心，根部抵住锅内壁整齐码放（呈花环形）在锅中的香配料上。

⑧加入小牛肉白色基础汤，将要没过叶用莴苣。

⑨撒入盐和胡椒粉，放入香料束。

⑩叶用莴苣表面盖上一层猪皮，脂肪朝下，煮开。

⑪猪皮上盖一层油纸，然后盖上锅盖。

⑫放入烤箱内，温度为200℃，烤制1.5h左右。

⑬检查成熟度：将钢针插入生菜根部，如果其质地软嫩很容易插入则说明已经成熟，即可从烤箱中取出。

⑭用肉叉插入生菜根部将生菜捞出，放在不锈钢盘上的篦子上，沥干水分。

⑮用刀将其纵向均分为二。

⑯斜刀切去根部。

⑰将叶用莴苣横向码放，将上半部的叶子折叠一半，然后再在生菜中间位置折叠，呈三角形，较宽的边朝锅边，整齐码放。

⑱在锅中倒入相关主菜的基础汤汁，如烹制舒瓦西小牛肋排，应加入小牛肋排肉汁。

⑲装盘（通常作为配菜装饰在主菜的周围）。

备注

为改善或保持叶子的绿色，在炖制叶用莴苣前，可以用焯过水的绿色叶子将其包裹。

实例菜品：炖卷心菜

原料准备

原料	单位	重（数）量
基础原料： 卷心菜 猪胸肉（五花肉）	 棵 kg	 1 0.25
香配料： 胡萝卜 洋葱 香料束	 kg kg 束	 0.08 0.08 1
调料： 白醋 盐 胡椒粉 黄油	 L kg kg kg	 适量 适量 适量 适量
平均准备时间	min	10
平均制作时间	h	2

操作过程

①用小刀向卷心菜根部的中心倾斜一定角度，刀尖插入根部边缘，围绕根部走刀，把较厚较硬的根部挖出。

②把卷心菜外层叶子（较老、发黄、萎蔫）剥去。

③纵向将其平均分成四份，再把每份残留的根部和叶梗切掉。

④清水盆中放入少许醋，把卷心菜浸泡数分钟，再小心冲洗干净。

⑤打开烤箱，温度定为200℃。

⑥焯水：将洗净的卷心菜沥干水后，放入开水中。借助笊篱轻轻将卷心菜按入水中，让水完全没过。焯制几分钟后，放入冰水中冷凉。沥干水分。将猪胸肉放入开水中焯制十几分钟。

⑦准备香配料：胡萝卜洗净，去皮，切成小片。洋葱去皮，洗净，切成小丁。制作香料束。

⑧将黄油放在炖锅（最好使用较深的炖锅）里，小火加热，熔化后放入胡萝卜片和洋葱丁，炒香。

⑨加入焯过的卷心菜和焯过的猪胸肉。

⑩加入盐和胡椒粉调味。

⑪放入香料束。

⑫卷心菜上面覆盖一层油纸（或盖上一层猪皮），再盖上锅盖。

⑬放在火上加热，然后放入烤箱，温度为200℃，烤制90min左右（根据卷心菜的硬度而定）。

⑭检查成熟度：将钢针插入卷心菜根部，如果其质地软嫩很容易插入则说明已经成熟，即可从烤箱中取出。

⑮将卷心菜捞出，沥干水分，检查口味。

⑯装盘。

> **备注**
>
> （1）炖卷心菜通常作为猪肉或猪肉制品的配菜，如香肠卷心菜、炖锅、咸肉卷心菜等。
>
> （2）西方的卷心菜肉质硬且紧实，不易煮烂。

2. 注意事项

（1）炖制过程中，根据原料的质地，加入适量的液体。质地较老需要长时间炖制的原料，液体要没过原料，如果原料质地较嫩则要适当减少汤液。

（2）原料在炖制开始时，大多不能先放咸味调味品。特别不能放盐，如果盐放早了，由于盐的渗透作用，会严重影响原料的酥烂，延长成熟时间。因此，在炖熟出锅时，才能制汁，调味。

（3）炖制时切忌用旺火久烧，只要水一烧开，就要转入小火炖。或者直接放入烤箱，既能保持一定的温度使其均匀受热，又节省人力资源。

（4）炖制的原料不能被切成过小的块、条、丝、末等形状。

3. 实训总结

炖是以水为传热介质对原料进行烹调的方式，是西餐烹调中常用的一种烹饪方法，主要用于烹制小块的动物性原料。根据原料的类型可将其煎制或焯制不同程度的颜色，加入不同颜色的液体（汤汁、水、奶油等）炖制成不同颜色的菜品。这种烹调方法使原料的香味物质（香配料、基础汤等）渗透到主料中，使其充分吸收配料香味。最后与汤汁配合一起食用，滋味鲜浓，香气醇厚。

在实训菜品制作过程中涉及原料的清洗、加工切配、包裹、瓤、焯、煎、炖、捆绑、收汁、过滤、调味等技术要点，需要熟练掌握。

第二节　以油为介质的热加工工艺

实训项目1　炸制工艺

相关知识

知识点1　炸是将原料放入炸锅中，浸没在热油中，利用油作为传热介质将原料烹制成熟。这种烹饪方法适用于烹制小块的生原料或熟原料，通常是将原料裹糊（淀粉类的原料，如牛奶面粉糊、鸡蛋糊、啤酒糊、面包屑等）后进行炸制。炸制食物所需要的油通常熔点较高，不易腐败变质（如花生油、棕榈油等），其传热形式是对流与传导。

知识点2　炸制前工位准备工作：

①不要使用带有颜色和油沫子的炸炉或炸锅，应确保炸炉或炸锅干净无杂质、无水

（在每次烹制结束后，应把油过滤干净）。

②确保油的质量（如果需要可做氧化测试）。

③确保炸炉或炸锅中使用油的质量（如需添加油，要保证添加的新油与锅中原来的油脂的性质一样，不要把不同性质的油脂相互混合，会很容易形成泡沫并溢出炸炉或炸锅）。

④根据所烹制原料的质地（形状、大小、薄厚、质感），调整好准确的油温（电炸炉或使用温度计）。如55～160℃适用于炸制薯条，170℃适用于炸制裹糊或裹面包屑的原料，180℃适用于复炸薯条使其上色和表皮酥脆。

⑤在炸炉或炸锅的左侧，放置准备炸制的原料。

⑥在炸炉或炸锅的右侧，放置炸制成熟食物的容器（不锈钢盘、盒子、吸油纸等）和调味品。

知识点3　炸制原料的方法：清炸（原料沾上一层薄面粉或直接放入油锅中炸制）、面包屑炸（原料沾上一层薄面粉，裹上蛋液，沾面包屑后再炸制）、裹糊炸（原料表面裹上面糊，炸制）三种。

实训准备

实训场地准备：西餐实训厨房加工间、热菜间。

实训用品准备：分刀，小刀，去皮刀，去核刀，礤子，菜板，不锈钢盘，不锈钢桶/碗，炸锅，笊篱，油纸，线绳，吸油纸，花纸。

仪容仪表准备：穿厨师工作服、工作鞋、工作帽、围裙，不佩戴任何饰物，不留长指甲，洗净双手。

实训内容

1. 炸制基本烹调

实训1：炸制小块裹糊原料

实例菜品：炸羊脑

原料准备

原料	单位	重（数）量
基础原料：		
羊脑	个	6
腌泡汁（柠檬汁、植物油、香芹、蛇蒿和百里香花）	L	0.5
油炸面糊	kg	0.3
番茄沙司	L	0.2
调料：		
醋	kg	适量
盐	kg	适量
胡椒粉	kg	适量
植物油	L	适量

续表

原料	单位	重（数）量
装饰原料： 柠檬花 番芫荽	 P P	 适量 适量
平均准备时间	min	10
平均制作时间	min	30

操作过程

①羊脑初加工处理：用流动的清水轻轻冲洗附着在羊脑表面的血液黏稠物，然后将其浸泡在加醋的冰水中。

②羊脑热处理：汤锅中放入适量的水煮开后，放入羊脑。等到水再次煮开后改微火，煮制10min左右。捞出立即放入冷水中。

③将冷凉的羊脑捞出沥干水分，切成小块或小片。

④加入盐、胡椒粉调味。放入腌泡汁中（柠檬汁、植物油、香芹、蛇蒿和百里香花）。

⑤将炸炉或油锅的温度设为170℃。

⑥准备油炸面糊。

⑦将腌泡汁中的羊脑捞出，放入油炸面糊中。

⑧借助两把餐叉，将羊脑放入油炸面糊中反复翻转，直到将其包裹均匀（尽量多裹面糊）。

⑨当油温达到170℃时，可将包裹好的羊脑一个接一个放入油中。

⑩炸制成熟上色后（金黄色），用笊篱将其沥油捞出。

⑪捞出的羊脑放入不锈钢盘中，盘底垫上吸油纸。

⑫立即撒上精盐。

⑬装盘：将炸好的羊脑放在圆盘中，盘底垫上餐巾或凹凸花纹纸，码成小堆。周边码放柠檬花和小束的番芫荽。盘边单独配上少司（如番茄沙司等）。

实训2：炸制小份整鱼

实例菜品：炸牙鳕鱼

原料准备

原料	单位	重（数）量
基础原料： 牙鳕鱼 面粉	 个 kg	 3 适量
调料： 盐 胡椒粉 植物油 啤酒或牛奶	 kg kg L L	 适量 适量 适量 适量

续表

原料	单位	重（数）量
装饰原料： 柠檬花 番芫荽	 P P	 适量 适量
平均准备时间	min	10
平均制作时间	min	30

操作过程

①牙鳕鱼初加工处理：将牙鳕鱼剪鳍、刮鳞、去鳃、去内脏。放入冰水中浸泡数分钟，捞出沥干水分。

②炸制牙鳕鱼。

③将炸炉或炸锅的油温预热，预定为180℃。

④将牙鳕鱼放在不锈钢盘中，盘底放上吸水纸，吸干水分后放在另一个不锈钢盘中。

备注

裹面粉或裹面包屑的炸鱼通常会配上混合黄油或者马乃司少司（或由其演变出来的各种少司）一起食用。

⑤加入盐、胡椒粉调味。

⑥把牙鳕鱼放入啤酒或牛奶中。

⑦在下油锅之前，将牙鳕鱼放入干面粉中，让面粉完全将其均匀包裹。经过反复多次翻转，沾上一层厚厚的面粉。

⑧然后立即将裹好面粉的牙鳕鱼轻轻地放入热油中（用手拎住鱼尾巴，让鱼头先进入油中，最后全部将其放入油中），油温为180℃。

⑨炸制5～6min（根据鱼的大小而不同），不时用笊篱将其翻面。当鱼周围的油大量翻滚冒泡后，应停止继续加热，在这种情况下，鱼的颜色会变为金黄色，漂浮在油的表面。

⑩确保鱼肉成熟后，用笊篱将鱼捞出，沥干油后放入不锈钢盘，盘底垫上吸油纸。

⑪立即撒精盐，但注意不要过咸。

⑫装盘：将炸好的牙鳕鱼放在鱼盘中，盘底垫上凹凸花纹纸。柠檬花码放在鱼尾旁边，小束的番芫荽码放在鱼头旁边。

实训3：炸薯条

原料准备

原料	单位	重（数）量
基础原料： 马铃薯（宾什马铃薯）	 个	 2
调料： 盐 植物油	 kg L	 适量 适量
平均准备时间	min	10
平均制作时间	min	20

操作过程

①将马铃薯（宾什马铃薯）清洗、去皮。

②切成条，放入冷水中反复清洗。

③沥干水分后，放入棉布（不掉毛）中吸干其表面的水分。

④将炸炉或炸锅的油温预热，预定为150～160℃。

⑤油温达到后将少量的薯条倒入油锅中（大量的薯条会使油温降低变凉）。用笊篱不时搅拌，避免薯条受热不均。

⑥确保薯条炸熟（用手指捏薯条感觉是否变软），注意不要让薯条上色（金黄色）。

⑦将薯条捞出放到不锈钢盘中保存，再炸制下一批薯条。

⑧当薯条全部炸熟后，将油温调至180℃。

⑨将薯条再次倒入热油中，炸制上色（金黄色）。

⑩捞出沥干油后，倒入不锈钢盘，盘底部垫上吸油纸。

⑪立即在上面撒精盐，搅拌均匀。

⑫装盘：将盘底垫上凹凸花纹纸，薯条放在上面堆成小堆或码成立方体等。

实训4：炸薯片（华夫薯片或薯丝）

原料准备

原料	单位	重（数）量
基础原料： 马铃薯（宾什马铃薯）	个	2
调料： 盐 植物油	 kg L	 适量 适量
平均准备时间	min	10
平均制作时间	min	20

操作过程

①将马铃薯（宾什马铃薯）清洗、去皮。

②用礤子将马铃薯擦成片或华夫片或丝，放入冷水中反复清洗。

③沥干水分后，放入棉布（不掉毛）中吸干其表面的水分。

④将炸炉或炸锅的油温预热，预定为160～170℃。

⑤油温达到后将少量的薯片倒入油锅中（大量的薯片会使油温降低变凉），用笊篱不时搅拌，避免薯片或薯丝由于受热不均导致颜色和成熟度不一。

⑥确保薯片或薯丝炸熟后，小心将其捞出沥干油后，倒入不锈钢盘，盘底部垫上吸油纸。

⑦立即在上面撒精盐，搅拌均匀。

⑧装盘：将盘底垫上凹凸花纹纸，薯片或薯丝放在上面堆成小堆。

备注

炸制时，根据油锅中薯片或华夫薯片颜色的变化情况，可以逐渐地将上色的薯片捞出（同时炸制的薯片，其颜色的变化程度不会完全统一）。

实训5：炸水果

实例菜品：炸苹果

原料准备

原料	单位	重（数）量
基础原料：		
苹果	个	1
油炸面糊	kg	0.25
水果少司	L	0.2
调料：		
柠檬汁	L	适量
糖	kg	适量
苹果烧酒	L	适量
植物油	L	适量
糖粉	kg	适量
平均准备时间	min	10
平均制作时间	min	30

操作过程

①将苹果洗净，去皮，抹柠檬汁。

②用去核刀戳去苹果核。

③将苹果放倒，横向切成厚圆片或切段（根据苹果质地而定）。

④切好的苹果片整齐码放在不锈钢盘中，撒入糖、柠檬汁、苹果烧酒（Calvados）。如果炸制的是香蕉和菠萝，需要使用朗姆酒代替苹果烧酒。

⑤将炸炉或炸锅的油温预热，预定为170℃（建议使用新油，否则影响口味）。

⑥准备油炸面糊。

⑦将每片苹果逐一放入面糊中，借助餐叉将每片苹果表面均匀裹上面糊。

⑧然后立即放入热油中。

⑨用笊篱不时地翻动，使其均匀受热，颜色和成熟度达到一致，表面膨胀酥脆。

⑩用笊篱将成熟的苹果捞出，沥干油后放入不锈钢盘中，盘底部垫上吸油纸。

⑪在码放整齐的炸苹果上均匀地撒上一层糖粉，或者也可将其放入焗炉或高温的烤箱中，待其熔化后取出（也可熬制糖浆，将其刷在炸苹果表面）。

⑫装盘：将炸好的苹果码放在盘中，盘底垫上花边纸。根据水果的品种，也可在盘边单独配上相应的水果少司（橙子少司、杏少司、热情果少司等）。

实训6：啤酒糊炸鱼配塔塔酱

原料准备

原料	单位	重（数）量
基础原料：		
鱼柳	条	2
紫叶生菜	kg	0.08
苦菊生菜	kg	0.08
小番茄	kg	0.05
炸薯条	kg	0.1
啤酒糊原料：		
玫瑰面粉	kg	0.2
泡打粉	kg	0.002
酵母	kg	0.002
白葡萄酒醋	L	0.003
啤酒	L	0.2
塔塔酱原料：		
蛋黄酱	kg	0.2
酸黄瓜	kg	0.05
洋葱	kg	0.05
煮鸡蛋	个	1
番芫荽	kg	适量
调料：		
柠檬	个	1
盐	kg	适量
白胡椒粉	kg	适量
植物油	L	适量
李派林	L	适量
白葡萄酒	L	适量
黑酒醋	L	0.01
橄榄油	L	0.01
糖	kg	适量
平均准备时间	min	20
平均制作时间	min	20

操作过程

①将鱼柳切成大块条状（长约10cm左右，宽约5cm左右），用盐、白胡椒粉、柠檬汁、李派林和白葡萄酒腌制30min左右。

②制作啤酒糊：取一个圆盆，将200g玫瑰面粉、3g盐、2g白胡椒粉、2g泡打粉、2g酵母、3g白葡萄酒醋、200mL啤酒倒在一起用打蛋器顺一个方向搅拌均匀（不要有疙瘩，如果有疙瘩可以过滤一下）。打成稠的糊状后放在常温状态下静置1h备用。

③制作塔塔酱：把洋葱切碎，煮鸡蛋切碎、酸黄瓜切碎，番芫荽也切碎，然后把所有的原料放在一起加入蛋黄酱搅拌均匀，加入一点盐和柠檬汁调味。

④炸鱼：把腌好的大块鱼条沾上薄薄一层面粉，在表面裹上一层啤酒糊，放入140～150℃的炸炉中慢慢炸至金黄色成熟上色（如果鱼块很大，可以先慢慢炸上色，然后放入烤箱烤一下）。炸好的鱼用吸油纸吸去表皮层的余油，放入盘子备用。

⑤制作生菜盘头：将紫叶生菜、苦菊生菜、小番茄分别一开为二，用黑酒醋、少许盐和糖、初

榨橄榄油拌均匀。

⑥炸炉用170℃温度炸薯条，大约3min左右。

⑦装盘：用一张新的吸油纸对折叠起来放在盘子内，上边放入炸好的鱼，盘边配上炸薯条、生菜盘头，柠檬角及塔塔酱即可。

2. 注意事项

（1）小心地将原料放入热油中，禁止将原料扔到热油中（防止热油溅出烫伤人）。

（2）原料在裹糊后应立即炸制。

（3）一次炸制原料的分量不要过多，特别是一些冷冻原料（会降低油温）。

（4）尤其炸制酥脆食品，要即点即做，以便保持其酥脆的特性。

（5）把炸制成熟的食物沥干油后放在吸油纸上。

（6）使用笊篱捞取油中炸好的原料，不要使用撇沫铲。

（7）应立即在炸制完成的食物上撒盐调味，但千万不要在油锅里撒盐。

（8）炸制成熟的食物不要盖盖子保存（里面会产生水蒸气，会使食物变软）。

（9）炸制出来的咸味食物放在凹凸花纹纸上，甜味食物放在花边纸上。

（10）应尽量使用新油炸水果，要避免使用炸过鱼的油，否则会使水果带有鱼腥味。

（11）使用具有滤油功能的炸炉，应在每次使用完后，待热油完全变凉之前进行滤油或排油。

（12）根据炸炉或炸锅的使用操作规范流程进行清洗。

3. 实训总结

炸是以大量热油传热介质在短时间内用较高的温度将原料加热成熟的烹调法方式。炸制能使原料表层结成硬壳从而保存原料内部充足的水分，适宜制作粗纤维少，水分充足，质地脆嫩，容易烹制成熟的原料，如鱼虾类、嫩鸡、水果、马铃薯等。

炸制的菜肴都留有脂香的风味，具有外焦里嫩或焦脆的特点。尽管用油传热进行烹调会破坏一部分原料的营养素，但炸制仍是深受欢迎的烹调方法。

在实训菜品制作过程中涉及原料的清洗、加工切配、拍粉、蘸糊、炸、高温复炸、调味等技术要点，需要熟练掌握。

实训项目2 煎、炒制工艺

相关知识

知识点1　煎、炒是用少量的油脂，旺火，在煎锅、炒锅、炖锅中将原料烹制成熟的一种方法。煎适合烹制大块的原料，炒适合烹制小块的原料或加工成小型的原料。

知识点2　煎是把加工成形的原料用少量的油脂，加热至上色，并达到规定火候的烹调方法。煎的油脂量一般为原料厚度的1/5～1/2。由于煎的烹调方法要求原料在短时间内成熟，并保持质地鲜嫩的特点，所以适宜制作含水分多，肉质上乘，鲜嫩的块或片状肉类，如牛里脊、外脊、羊排、猪排等，鸡脯、鱼柳及小型的整条鱼和某些蔬菜，鸡蛋及薄饼等。

原料煎制的方法有清煎（原料直接放入油脂中煎制）、沾面粉煎（原料沾上一层面粉，再煎制）、沾蛋液煎（原料沾面粉，拖蛋液，再煎制）、沾面包屑煎（原料沾一层薄面粉，拖蛋液，沾面包屑，再煎制）四种。

知识点3 炒是把加工成丝、片、条等小型刀口的原料，用少量的油，较高的温度，在短时间内把原料加工成熟的烹调方法。炒的烹调方法适宜制作质地鲜嫩的原料和一些熟料，如里脊、外脊、蔬菜、米饭、面条等。

知识点4 煎、炒的传热介质是油与金属，传热形式是传导。

实训准备

实训场地准备：西餐实训厨房加工间、热菜间。

实训用品准备：分刀，小刀，去皮刀，菜板，不锈钢盘，不锈钢桶/碗，炒锅，煎锅，煎鱼锅，肉叉，帽形滤器，打蛋器，搅板，餐勺，汤勺，煎铲，吸水纸。

仪容仪表准备：穿厨师工作服、工作鞋、工作帽、围裙，不佩戴任何饰物，不留长指甲，洗净双手。

实训内容

1．煎、炒基本烹调

实训1：煎小块红色肉排（块）

实例菜品：波尔多肋排（Entrecôte Bordelaise）

原料准备

原料	单位	重（数）量
基础原料：		
牛肋排肉	块	1
煮牛骨髓	块	1
香草黄油	片	1
简易少司原料：		
分葱	kg	0.05
红葡萄酒（或白葡萄酒）	L	0.05
棕色基础汤	L	0.2
烧汁	L	0.08
调料：		
盐	kg	适量
胡椒粉	kg	适量
植物油	L	适量
黄油	kg	适量
平均准备时间	min	10
平均制作时间	min	30

操作过程

①加工准备：根据菜品需要对肉类原料进行修整、去脂肪、筋膜、切配、捆绑等加工。

②烹制：煎锅中放入混合在一起的植物油和黄油，旺火烧热后，迅速放入肉排（块）。肉块可提前加盐和胡椒粉入味或在烹制后用盐和胡椒粉调味。

③借助煎铲，将肉排翻面（注意不要使用叉子插入肉排中）。

④根据需要煎制肉排（块）的成熟度（一二成熟、三四成熟、五六成熟、七八成熟），用手指压按肉排来控制。

⑤把煎制成熟的肉排（块）放在不锈钢盘中的不锈钢箅子上，控油。

⑥将肉排（块）热保存，直到浇汁时取出。

烹制简易搭配少司

①将煎锅中的油脂倒掉，只保留锅底一层的油脂。

②加入分葱末或分葱粒（根据菜品需要而定）。

③炒出水分，炒香但不要上色。

④倒入红葡萄酒或白葡萄酒（根据需要而定）。

⑤收汁，蒸发其2/3的量以避免过酸。

⑥加入勾芡后的浓味棕色基础汤和少量的烧汁。

⑦小火慢慢收汁，用搅板不停地搅拌（不要使用打蛋器）。

⑧达到所需浓稠度后调味，并检查其润滑度。

⑨用细纱网帽形滤器过滤（如果分葱少量可不用过滤），加入少量黄油块。

⑩装盘：把保存的肉排放入盘子中。配上装饰（如煮过的牛骨髓、香草黄油等），浇汁。

用处：适用于贝西牛排、红酒牛排、分葱牛眼肉排等。

> **备注**
>
> 由于盐分可以使肉中的血液渗出，所以小块的红色肉排（块）通常是在烹制后调味的。在烹制时，避免用煎铲用力按压肉排，也要避免用叉子插入肉中将其翻面，这样都会使肉中的汁液流出，影响其质感。

实例菜品：胡椒牛排（Steak au Poivre）

原料准备

原料	单位	重（数）量
基础原料：		
牛排	块（kg）	1（0.2）
煮牛骨髓	块	1
香草黄油	片	1
简易少司原料：		
白葡萄酒	L	0.05
棕色基础汤	L	0.2
奶油	L	0.08
调料：		
盐	kg	适量
胡椒粉	kg	适量
植物油	L	适量
黄油	kg	适量
胡椒粒	kg	适量

续表

原料	单位	重（数）量
平均准备时间	min	10
平均制作时间	min	20

操作过程

①加工准备：根据菜品需要，对肉类原料进行修整、去脂肪、筋膜、切配、捆绑等加工。用盆底或擀面棍将胡椒粒压碎（不要过早加工准备，时间过久会影响其风味），包裹在肉排表面。将煎锅或炒锅旺火加热，放入植物油和黄油。肉排撒盐入味（也可以在烹制完成后调味）。

②用研磨胡椒碎包裹的牛排不用再次加胡椒粉调味。

③当植物油中的黄油熔化变黄后放入肉排。

④用煎铲将肉排翻面（注意不要使用叉子插入肉排中）。

⑤在烹制的时候要随时注意肉排表面，流出的肉汁焦糖变色，但避免过热变煳。

⑥根据需要煎制肉排（块）的成熟度（一二成熟、三四成熟、五六成熟、七八成熟），用手指压按肉排来控制（羊羔肉排通常烹制为粉红色）。

⑦把煎制成熟的肉排（块）放在不锈钢盘中的不锈钢篦子上，控油。

⑧将肉排（块）热保存，直到浇汁时取出。

备注

胡椒肉排中可以加入白兰地（干邑）后火烧。通常最后一道工序（制作少司）是当着客人完成的。

制作简易搭配少司

①将煎锅中的油脂倒掉，只保留锅底一层的油脂。

②倒入白葡萄酒。

③收汁，蒸发其2/3的量以避免过酸。

④加入勾芡后的浓味棕色基础汤。

⑤小火慢慢收汁，用搅板不停地搅拌（不建议使用打蛋器，因为这样会在少司内部打入过多的空气）。

⑥加入少量的奶油。

⑦继续收汁，用细纱网帽形滤器过滤。

⑧离火加入少量黄油块。

⑨检查少司的口感、润滑度，加入盐和胡椒粉调味。

⑩装盘：将保存的肉排放入盘子中，配上装饰（如煮过的牛骨髓、香草黄油等），浇汁。

实训2：煎小块白色肉排（块）

实例菜品：奶油肉排（Escalopes à la Crème）

原料准备

原料	单位	重（数）量
基础原料：		
肉排	块（kg）	1（0.2）
面粉	kg	适量
简易少司原料：		
波尔图酒或白葡萄酒	L	0.05
棕色基础汤	L	0.08
奶油	L	0.18
调料：		
盐	kg	适量
胡椒粉	kg	适量
植物油	L	适量
黄油	kg	适量
平均准备时间	min	10
平均制作时间	min	30

操作过程

①加工准备：根据菜品需要对肉类原料进行修整、去脂肪、筋膜、切配、拍打等加工。

②将煎锅或炒锅放在炉灶上，小火加热。

③加入植物油和黄油。

④肉排上撒盐、胡椒粉入味（肉排裹上薄面，切勿过多）。

⑤当植物油中的黄油熔化变黄后放入肉排。

⑥注意小火，黄油不要热煳。

⑦借助煎铲，将肉排翻面，每面的颜色应当为金黄色。

⑧用手指压按肉排来掌握成熟度。成熟的肉排肉质紧密硬实。

⑨将煎制成熟的肉排（块）放在配备好的盘中或不锈钢盘中的不锈钢箅子上，控油。

⑩将肉排（块）热保存，温度在63℃以上，直到浇汁时取出。

制作简易搭配少司

①将煎锅中的油脂倒掉，只保留锅底的一层油脂。

②根据菜品不同需要，可倒入波尔图酒或白葡萄酒。

③收汁，蒸发其3/4的量以避免过酸。

④加入奶油和少量勾芡后的浓味棕色基础汤。

⑤小火慢慢收汁，用搅板不停地搅拌（不要使用打蛋器）。

⑥调味，检查其口感（润滑度），颜色为淡淡的象牙白色。

⑦用细纱网帽形滤器过滤。

⑧如果需要可以加入炒过的口蘑或焖制过的羊肚菌等。

⑨离火加入少量的黄油块。

⑩装盘：把保存的肉排放入盘子中（长盘适用肉片，圆盘适用肋排）。肋排的骨头朝向盘中心，放入200℃的烤箱热几秒钟，浇汁。

用处：适用于奶油肉排、波尔图酒肉排、羊肚菌肉排等；芥末猪排、红椒猪排等。

实例菜品：煎猪肋排

原料准备

原料	单位	重（数）量
基础原料：		
猪肋排	块	1
简易少司原料：		
分葱	kg	0.05
白葡萄酒	L	0.03
棕色基础汤	L	0.2
芥末	kg	0.02
酸黄瓜	kg	0.08
调料：		
盐	kg	适量
胡椒粉	kg	适量
植物油	L	适量
黄油	kg	适量
面粉	kg	适量
平均准备时间	min	10
平均制作时间	min	30

操作过程

①加工准备：根据菜品需要对肉类原料进行修整、去脂肪、筋膜、切配等加工。

②将煎锅或炒锅放在炉灶上，小火加热。

③加入植物油和黄油。

④肉排撒盐、胡椒粉入味（肉排裹上薄面，切勿过多）。

⑤当植物油中的黄油熔化变黄后放入肉排。

⑥注意小火，黄油不要热煳。

⑦借助煎铲，将肉排翻面，每面的颜色应为均匀淡淡的棕褐色。

⑧用手指压按肉排来掌握成熟度，成熟的肉排肉质紧密硬实。

⑨把煎制成熟的肉排（块）放在不锈钢盘中的不锈钢箅子上，控油。

⑩将肉排（块）热保存，温度在63℃以上，直到浇汁时取出。

制作简易搭配少司

①将煎锅中的油脂倒掉，只保留锅底的一层油脂。

②加入分葱末或分葱粒（根据菜品需要而定）。

③炒出水分，炒香但不要上色。

④倒入白葡萄酒，根据需要可以加入马德拉酒（Madere）或玛莎拉葡萄酒（Marsala）。

⑤收汁，蒸发其2/3的量以避免过酸。

⑥加入勾芡后的浓味棕色基础汤。

⑦小火慢慢收汁，用搅板不停地搅拌（不要使用打蛋器）。

⑧达到所需浓稠度后用细纱网帽形滤器过滤。

⑨调味，并检查其润滑度和色泽。

⑩如果需要可加入配料（如芥末、酸黄瓜丝）。

⑪离火加入少量的黄油块。

⑫装盘：把保存的肉排放入盘子中，放入200℃的烤箱热几秒钟，浇汁。

用处：猪肋排、玛莎拉肉排、小牛肉排等。

实例菜品：马槽谷（诺曼底式）苹果煎鸡扒（Poulet Sauté Vallée d’Auge）

原料准备

原料	单位	重（数）量
基础原料：		
整鸡	只	1
少司原料：		
白色浓稠鸡肉汤	L	1
分葱	kg	0.1
白葡萄酒、苹果酒或啤酒	L	0.18
奶油	L	0.25
配菜原料：		
白煮口蘑	kg	0.2
焖羊肚菌	kg	0.1
白色糖衣小洋葱	kg	0.18
调料：		
盐	kg	适量
胡椒粉	kg	适量
面粉	kg	适量
黄油	kg	适量
平均准备时间	min	20
平均制作时间	min	40

操作过程

①将整鸡加工处理、分割，只使用鸡腿和鸡胸。

②将剩余的鸡骨和内脏等制作鸡白色基础汤，然后制作白色浓稠鸡肉汤。

③把鸡胸和鸡腿用盐、胡椒粉腌制入味，表面撣上薄面。

④炒锅或煎锅中放入黄油，加热。

⑤黄油熔化后，将鸡肉放入锅中，鸡皮朝下，煎制几分钟后，表皮紧绷、僵硬，出现淡淡的金黄色。

⑥翻面继续煎成金黄色。

⑦盖上锅盖放入烤箱，温度为200℃，将鸡肉烹制成熟。

⑧鸡胸和鸡腿一起烹制时，鸡胸要提前几分钟取出。

⑨将成熟的鸡胸和鸡腿取出，热保存，温度在63℃以上，直到浇汁时取出。

⑩制作少司：将煎锅中的油脂倒掉，只保留锅底的一层油脂。加入分葱末。炒出水分，炒香但不要上色。根据需要可以加入白葡萄酒、苹果酒或啤酒等。收汁，蒸发其3/4的量以避免过酸。

⑪加入白色浓稠鸡肉汤。

⑫小火慢慢收汁，用搅板或打蛋器不停地搅拌。

⑬倒入奶油，重新收汁，调味，并检查其润滑度和色泽。

⑭达到所需浓稠度后用细纱网帽形滤器过滤到汤盆或少司锅中。

⑮始终保持少司的温度在63℃以上。

⑯装盘：将鸡肉码放在盘中，骨头统一朝向盘中心。放入配菜（白煮口蘑、焖羊肚菌、白色糖衣小洋葱等），浇汁。

备注

如果烹制成熟的鸡肉不是立即食用，最理想的方法是将其放入少司中，在63℃以上热保存。这种情况要特别注意，不要把少司和鸡肉一起煮开（煎鸡排会成为烩鸡排）。

实训3：煎棕色鸡排（块）

实例菜品：勃艮第煎鸡排

原料准备

原料	单位	重（数）量
基础原料：		
整鸡	只	1
少司原料：		
棕色浓稠鸡肉汤	L	1
分葱	kg	0.1
白葡萄酒或红葡萄酒	L	0.18
奶油	L	0.25
配菜原料：		
口蘑	kg	0.1
牛肝菌	kg	0.08
棕色糖衣小洋葱	kg	0.1
咸肉丁	kg	0.05
炒洋蓟	kg	0.08
蛇蒿	kg	适量
调料：		
盐	kg	适量
胡椒粉	kg	适量
黄油	kg	适量
面粉	kg	适量
平均准备时间	min	20
平均制作时间	min	40

操作过程

①将整鸡加工处理、分割，只使用鸡腿和鸡胸。

②将剩余的鸡骨和内脏等制作鸡白色基础汤，然后制作棕色浓稠鸡肉汤。

③鸡胸和鸡腿用盐、胡椒粉腌制入味，表面撣上薄面。

④炒锅或煎锅中放入黄油，加热。

⑤黄油熔化后，将鸡肉放入锅中，鸡皮朝下，煎制几分钟后，表皮紧绷，僵硬，出现淡淡的金黄色。

⑥翻面继续煎成金黄色。

⑦盖上锅盖放入烤箱，温度为200℃，将鸡肉烹制成熟（用钢针或小刀插入鸡肉中，然后拔出，针孔如果溢出白色的汁液则说明肉质成熟，如果有血水渗出则说明肉质尚未成熟）。

⑧鸡胸和鸡腿一起烹制时，鸡胸要提前几分钟取出。

⑨将成熟的鸡胸和鸡腿取出，热保存，温度在63℃以上，直到浇汁时取出。

⑩制作少司：将煎锅中的油脂倒掉，只保留锅底的一层油脂。加入分葱末。炒出水分，炒香但不要上色。根据需要可以加入白葡萄酒或红葡萄酒。收汁，蒸发其3/4的量以避免过酸。

⑪加入棕色浓稠鸡肉汤。

⑫小火慢慢收汁，用搅板不停地搅拌（不要使用打蛋器）。

⑬加入奶油、盐和胡椒粉调味，并检查其润滑度和色泽。

⑭达到所需浓稠度后用细纱网帽形滤器过滤到汤盆或少司锅中（如果少司中没有其他的香配料）。

⑮离火，加入黄油块。

⑯装盘：将鸡肉码放在盘中，骨头统一朝向盘中心。放入配菜（口蘑、牛肝菌、棕色糖衣小洋葱、咸肉丁、炒洋蓟、蛇蒿等），浇汁。

实训4：煎禽类胸脯肉

实例菜品：煎鸭胸配绿胡椒少司

原料准备

原料	单位	重（数）量
基础原料：		
鸭胸	kg	0.2
绿胡椒少司原料：		
白葡萄酒	L	0.03
干邑（白兰地）	L	0.01
勾芡的鸭棕色基础汤	L	0.15
奶油	L	0.02
绿胡椒粒	kg	0.01
调料：		
盐	kg	适量
胡椒粉	kg	适量
植物油	L	适量
黄油	kg	适量
平均准备时间	min	10
平均制作时间	min	30

操作过程

①将鸭胸脯肉修整，去筋膜，皮部脂肪用刀划成格子状。

②用盐和胡椒粉腌制入味。

③锅中放入少量的黄油和植物油，加热。

④将鸭胸带皮的一面朝下放入锅中煎制，至七成熟（使脂肪熔化）。

⑤用煎铲将鸭胸翻面，煎制另外一面，直至煎熟（如果顾客没有特殊的要求，鸭胸肉应煎制六七成熟，粉红色）。

⑥制作少司：将锅中的油脂倒出，浇入适量的干邑（白兰地）。

⑦把煎制成熟的肉排（块）放在不锈钢盘中的不锈钢箅子上，控油。

⑧温度在63℃以上，热保存，直到浇汁时取出。

⑨制作少司：在锅中直接加入白葡萄酒。收汁，蒸发其3/4的量以避免过酸。

⑩加入勾芡的鸭棕色基础汤。

⑪小火慢慢收汁，用搅板不停地搅拌（不要使用打蛋器）。

⑫加入香配料（绿胡椒粒），如果需要可用汤匙背将绿胡椒粒压碎。

⑬倒入少许的奶油（根据菜品需要而定）。

⑭重新煮开收汁。

⑮调味，并检查其润滑度和色泽。

⑯离火，加入黄油块。

⑰装盘：煎制好的鸭胸肉切片，也可当客人面将其切片装盘。当鸭胸肉在厨房切配时，有时肉皮会被小心地剔下码放在鸭肉片上。装好盘的鸭胸肉，不要将少司直接浇在鸭胸肉上（汤汁的热度会使鸭胸肉过熟而改变其颜色）。鸭片在盘中倾斜码放，带皮的一面朝上。周边浇汁。

实训5：煎鱼

实例菜品：默尼埃式煎舌鳎鱼（Sole Meunière）

原料准备

原料	单位	重（数）量
基础原料：		
舌鳎鱼	条	1
面粉	kg	适量
厚土豆片	P	1
调料：		
黄油	kg	适量
盐	kg	适量
胡椒粉	kg	适量
植物油	L	适量
柠檬	个	1
番芫荽末	kg	适量
平均准备时间	min	10
平均制作时间	min	30

操作过程

①舌鳎鱼初步加工：去内脏，撕去深灰色皮。保留白色皮，刮鳞。在清水中浸泡，沥干水分（用吸水纸或棉布吸干水分）。

②将火力调节均匀（通常中火可以得到最好的烹制效果，使原料产生理想的颜色）。

③在煎鱼锅中放入植物油和黄油。

④舌鳎鱼用盐、胡椒粉入味，在煎制前包裹一层薄面，拍去多余的面粉。

⑤黄油熔化后，将舌鳎鱼放入锅中，带白皮的一面朝下，煎制几分钟后，表皮紧绷，僵硬，出现淡淡的金黄色。

⑥小火加热，避免黄油过热变煳。

⑦舌鳎鱼翻面继续煎成金黄色。

⑧不时地用锅中的油脂浇舌鳎鱼上面（在鱼尾部下面垫上薯片避免其表皮干燥焦煳）。

⑨如果舌鳎鱼肉质厚实，可两面煎上色后放入烤箱内将其烤制成熟。

⑩轻轻按压鱼头底部的鱼肉，如果鱼肉与鱼骨脱离则说明鱼肉已经烹制成熟。

⑪装盘：白色带皮的一面朝上，腹部朝左，头向上，放在鱼盘中，鱼腹部朝向客人。浇上柠檬汁和小块的黄油。每条鱼身上放一片或两片鲜柠檬片，撒上少许的番芫荽末。

备注

装盘时选择颜色好看的一面朝上，柠檬可以刻成花形配盘。

实例菜品：默尼埃式煎鳟鱼（Truites Meunière）

原料准备

原料	单位	重（数）量
基础原料：		
鳟鱼	条	1
调料：		
柠檬	个	1
盐	kg	适量
胡椒粉	kg	适量
植物油	L	适量
黄油	kg	适量
面粉	kg	适量
番芫荽	kg	适量
平均准备时间	min	5
平均制作时间	min	20

操作过程

①鳟鱼初步加工：在水中将腹腔内的凝血块冲洗干净。放入冰水中浸泡，沥干水分（用吸水纸或棉布吸干水分）。

②把火力调节均匀（通常中火可以得到最好的烹制效果，即好的颜色）。

③在煎鱼锅中放入植物油和黄油。

④鳟鱼用盐、胡椒粉入味，在煎制前包裹一层薄面，拍去多余的面粉。

⑤黄油熔化后，将鳟鱼放入锅中，整齐码放。

⑥小火煎制，避免黄油过热变煳。

⑦鳟鱼底部煎好上色后，用煎铲或抹刀与另外一只手小心将其翻面继续煎成棕褐色。

⑧不时把锅中的油脂浇在鳟鱼上面。

⑨轻轻按压鱼头底部的鱼肉，如果鱼肉与鱼骨脱离说明鱼肉已经烹制成熟。

⑩鳟鱼两面都成熟上色后停止加热。

⑪装盘：将鳟鱼腹部朝左，头向上，整齐码放在鱼盘中，鱼腹部朝向客人。浇上柠檬汁和小块的黄油。每条鱼身上放一片或两片鲜柠檬片，撒上少许的番芫荽末。

备注

装盘时选择颜色好看的一面朝上，柠檬可以刻成花形配盘。

实例菜品：默尼埃式煎鱼柳（块）

原料准备

原料	单位	重（数）量
基础原料：		
净鱼柳	条	2
调料：		
盐	kg	适量
胡椒粉	kg	适量
植物油	L	适量
面粉	kg	适量
黄油	kg	适量
柠檬	个	1
番芫荽	kg	适量
平均准备时间	min	10
平均制作时间	min	20

操作过程

①将整鱼加工成净鱼肉，根据需要分割鱼柳，清水浸泡，沥干水分。

②用盐、胡椒粉腌制入味，在煎制前裹薄面。

③小心地将鱼柳放入煎锅，鱼柳与鱼骨接触的面朝下，煎制上金黄色。

④用煎铲将鱼柳翻面，继续煎制上颜色。

⑤注意避免黄油过热变煳。

⑥确保鱼柳煎制成熟（用手指轻轻按压，鱼肉质紧实，手指上无黏稠物）。

⑦从锅中取出鱼柳，放在配备好的盘中。

⑧浇上柠檬汁和小块的黄油。

⑨每片鱼柳上面放一片或两片鲜柠檬片，撒上少许的番芫荽末。

实例菜品：英式煎鱼排

原料准备

原料	单位	重（数）量
基础原料：		
净鱼柳	条	2
面包屑	kg	0.2
少司：		
鞑靼少司或混合黄油等	L	0.1
调料：		
柠檬	个	1
盐	kg	适量
胡椒粉	kg	适量
植物油	L	适量
黄油	kg	适量
番芫荽	kg	适量
平均准备时间	min	10
平均制作时间	min	20

操作过程

①将整鱼加工成净鱼肉，根据需要分割鱼柳，清水浸泡，沥干水分。

②将鱼柳拍成薄厚一致的大片，撒盐、胡椒粉腌制。

③用英式裹糊的方法，将鱼排裹上面包屑，用刀背轻轻压在鱼排上制出网格状。

④煎鱼锅中放入植物油和黄油，当黄油熔化并开始变色时，先把带有网格的一面朝下放在煎锅中。

⑤小火煎制，因为温度过高面包屑很容易变色变煳。

⑥要经常移动锅中的鱼排使其颜色保持一致。

⑦借助大的煎铲，小心将煎制上色的鱼排翻面。

⑧不时用锅中的油脂浇在鱼排上面。

⑨再撒上少许的盐。

⑩装盘：将鱼排倾斜码放在盘中，配上半个柠檬（用V字戳刀戳成花边），上面放一小束番芫荽。旁边配上少司（鞑靼少司、混合黄油等）。

实训6：炒蔬菜

实例菜品：炒口蘑

原料准备

原料	单位	重（数）量
基础原料：		
口蘑	kg	0.25
调料：		
黄油	kg	适量
盐	kg	适量
胡椒粉	kg	适量

续表

原料	单位	重（数）量
平均准备时间	min	5
平均制作时间	min	10

操作过程

①将口蘑去皮，清洗干净，沥干水分。

②根据菜品需要，可将口蘑切成块、厚片、丁、末等。

③炒锅中放入黄油，加热熔化变黄后即可放入少量口蘑（如果装口蘑的容器底部有残留的水，应用手将口蘑抓入锅中，避免将整盆的口蘑连水一起倒入锅中）。

④每次应放入少量的口蘑进行炒制，避免一次炒制过多（口蘑加热后出水）。

⑤每次炒制完成后将炒熟的口蘑用漏铲将其捞出。

⑥炒锅重新受热数秒钟后再放入下一批口蘑。

⑦锅中温度较高的情况下，炒制成熟后的口蘑表皮会因立即失去水分而上色（如果锅中温度较低，在炒制口蘑时会从口蘑中流出较多的水分，形成口蘑在锅中被其汁液煮熟的现象，这样炒制的口蘑表面不容易上色，而且还会使口蘑内部变干）。

⑧出锅前撒入盐和胡椒粉调味。

用处：适用于装饰配菜（勃艮第菜品、煎蛋卷等）。

实例菜品：炒土豆片

原料准备

原料	单位	重（数）量
基础原料： 土豆	kg	0.25
调料： 盐 番芫荽 植物油 黄油	 kg kg L kg	 适量 适量 适量 适量
平均准备时间	min	5
平均制作时间	min	20

操作过程

①将土豆去皮，清洗干净并沥干水分。

②用模具或用刀将其修整成圆柱形。

③将其横向切成2～3mm厚的圆片。

④把圆片放入清水中浸泡，冲洗，用棉布吸干其表面的水分（防止土豆片上的水分使油锅中的

热油溅出造成危险）。

⑤炒锅中倒入植物油，旺火加热，使油的温度在180℃。

⑥小心地倒入少量土豆片，待油温上来后进行翻炒。

⑦炒制时注意所有的土豆片应保持成熟度和颜色一致。

⑧将炒熟的土豆片倒入滤锅中，滤油。

⑨用吸油纸将炒锅内的油吸拭干净，放在微火上加热。

⑩放入黄油，熔化后将滤锅中的土豆片倒入炒制。

⑪撒盐调味。

⑫捞出放入蔬菜盘中，撒上番芫荽末。

实例菜品：煎烤土豆榄（球等）

原料准备

原料	单位	重（数）量
基础原料： 土豆	kg	0.25
调料： 黄油 盐 植物油	 kg kg L	 适量 适量 适量
平均准备时间	min	5
平均制作时间	min	30

操作过程

①将土豆去皮、清洗干净，用小刀将其削成土豆榄或用挖球刀将其挖成球状（根据菜品需要制作大小形状）。

②将加工好的土豆榄或土豆球焯水：使用较大的厚底汤锅或厚底炖锅（土豆不会相互叠压），加入冷水没过土豆，煮开后撇去浮沫。借助滤锅，将土豆榄（球）过滤出来，沥干水分。不要用冷水将其冷凉（不易于煎烤）。

③将干净的炒锅内倒入植物油，旺火加热到180～190℃（专业的做法是将植物油和黄油或澄清的黄油混合后烹饪土豆，但是由于此烹制方法需要高油温，而黄油过热后会煳，所以通常只选用植物油，在烹制结束后再加入黄油来提味增香）。

④把沥干水分的土豆榄（球）均匀倒入锅中（做好防护，防止溅油）。

⑤不要立即搅拌（土豆会使热油立即降温）。

⑥用无水、干净的煎铲或撇沫铲小心翻炒，不要加盐，这时的土豆容易粘黏容器，直到土豆均匀上色（金黄色）。

⑦将炒锅和土豆一起放入烤箱，烤箱温度设为240℃或250℃。不要盖锅盖（容易使土豆表皮遇

到蒸汽后而收缩冷凝，破坏其硬质表皮）。

⑧确保土豆榄（球）成熟后，立即将其从锅中捞出，滤油（不要让油沁入土豆），放入盆中。

⑨加入黄油块，拌均匀，撒盐调味。

⑩装盘后立即食用。

备注

煎烤土豆需要即点即做，不适合长时间保存。

2. 注意事项

（1）要选用优质、鲜嫩原料。

（2）煎的温度一般在120～175℃，最高不应超过190℃，最低不能低于90～95℃。

（3）先煎制原料外观平整的一面，以保证有一个整齐、美观的外表。

（4）根据原料的不同来确定油温的高低和油量的多少。

（5）体积薄、易成熟的原料应用较高油温。

（6）体积厚、不易成熟的原料应用较低油温。

（7）煎制拖蛋液、沾面包粉的原料应用较低油温。

（8）煎制时，应先用较高油温再降温，以使热量能逐渐向原料内部渗透。

（9）煎制时，油温不宜多，最多只能浸没原料的1/2。

（10）煎制时，不要用叉子或铲子扎压原料，以避免其水分流失。

（11）煎制体积较大、较厚、不易成熟的原料，煎上色后可放入烤箱烤熟。

（12）炒的油温应控制在150～195℃。

（13）炒制原料时，应以油量为原料的1/4～1/3为标准。

（14）炒制原料时，油温要高，时间要短，翻炒频率要快。

（15）炒制的原料，形状要小，切配规格均匀一致。

3. 实训总结

煎、炒作为西餐烹调过程中常用的一种烹饪方法，是以较少的油为传热介质的烹调形式，在短时间内，用较高的温度将原料加热成熟。煎炒后的原料表层可结成硬壳而原料内部仍保持充足的水分。所以适宜制作粗纤维少，水分充足，质地脆嫩，易烹制成熟的原料。如牛排、鱼虾类、嫩鸡、鸭胸、水果、马铃薯、蘑菇等。

原料直接煎制或沾面粉煎制的方法可使原料表层结壳，原料内部仍保持较多的水分，因此具有外焦里嫩的特点。

裹蛋液煎的方法中，原料表层不结硬壳，而内部可保留充分的水分，因此具有鲜香软嫩的特点。

由于炒制的菜肴加热时间短，温度高，而且在炒制过程中一般不加入过多的汤汁，所以炒制的菜肴都具有脆、嫩、鲜香的特点。

在实训菜品制作过程中涉及原料的清洗、加工切配、拍粉、蘸、煎、炒、做汁、调味等技术要点，需要熟练掌握。

第三节　以空气为介质的热加工工艺

实训项目1　烤制工艺

相关知识

知识点1　烤，利用热空气的传导，将原料放入烤箱、烤炉或焗炉加热烹制成熟。空气传热的温度范围大，最低可在100℃以下，最高可达300℃以上，因此这种热加工工艺在西餐烹调中使用非常广泛。

用空气传热的烹调方法，包括烤、焗、铁扒、串烧烤、焖等，适用于烹制主要来自年幼动物（牛、羊、鸡等）身上较嫩的肉。烤制成熟的肉通常与水田芹和烤制出的肉汁配合食用，并在盘子旁边单独配上少司。

知识点2　炉烤是把初步加工整形并调味抹油的原料放入封闭的烤箱中，利用高温热空气和油脂的导热作用对原料进行加热直至上色，并达到规定火候或成熟的烹调方法。烤的传热介质是空气和烤汁，传热形式是热辐射、热传导和热空气对流。

知识点3　烤的温度范围一般在150～240℃。烤制肉类原料时，一般应先高温200～240℃烤制10min左右，使原料表面结成硬壳防止原料内部水分流失过多，然后再根据不同的原料酌情降温至150～180℃，直至达到所需的火候标准。

实训准备

实训场地准备：西餐实训厨房加工间、热菜间。

实训用品准备：分刀，小刀，去皮刀，抹刀，菜板，不锈钢盘，不锈钢桶，烤盘，少司锅，撇沫铲，针形温度计，搅板，帽形滤器，肉叉，餐勺，汤勺，锡纸，线绳。

仪容仪表准备：穿厨师工作服、工作鞋、工作帽、围裙，不佩戴任何饰物，不留长指甲，洗净双手。

实训内容

1．烤制基本烹调

实训1：烤牛外脊肉

原料准备

原料	单位	重（数）量
基础原料：		
牛外脊	kg	2
水田芹	kg	适量
烤牛肉少司原料：		
洋葱	kg	0.08
胡萝卜	kg	0.08
芹菜	kg	0.08
小牛肉棕色基础汤	L	1

续表

原料	单位	重（数）量
调料：		
植物油（或植物油和澄清的黄油混合）	L	适量
盐	kg	适量
胡椒粉	kg	适量
黄油	kg	适量
平均准备时间	min	15
平均制作时间	min	50

操作过程

①牛外脊加工处理：将大片的脂肪覆盖在牛外脊的上面，用线绳将其均匀捆绑（如果是快速烤制的红肉就无须此步骤）。

②烹制方法一：

- 在烤制前先进行着色处理（用高温旺火将肉表面迅速烘烤上色），此种方法适用于烤箱性能欠佳（烤制时热度分布不均匀）或烤制肉的数量过多的情况下使用。
- 首先将烤箱温度调到最高。
- 牛外脊撒盐、胡椒粉调味（千万不要把牛外脊放入烤盘后再撒盐、胡椒粉入味，盐会撒到烤盘周边上，当烤制出的肉汁与盐接触后，再用其制作烧汁口味就会过咸。也不要事先将红肉过早的调味腌制，只是在烹制前将红肉用盐、胡椒粉调味，然后立即烹制，否则调味时间过久会使肉中的血液流出，影响肉质口感）。
- 当烤箱温度达到最高时，在牛外脊上刷些植物油或混合油（植物油和澄清的黄油）。
- 牛外脊周围撒入碎肉头、肉筋、筋腱等。
- 将烤盘放入烤箱。
- 将烤箱的热度降至其三分之一。

③烹制方法二：

- 直接烤制，使用的通常是性能良好的烤箱，其温度提升速度快。
- 牛外脊撒盐、胡椒粉调味（千万不要把牛外脊放入烤盘后再撒盐、胡椒粉入味）。
- 牛外脊周围撒入碎肉头、肉筋、筋腱等。
- 在牛外脊上刷些植物油或混合油（植物油和澄清的黄油）。
- 放入烤箱，温度为240℃或250℃，烤制十几分钟。
- 将温度降为200℃或220℃。

④烤制时随时注意观察烤箱内肉的状态。

⑤不时地将牛外脊取出，用小勺将其周边的汁液油脂浇在其表面。

⑥用煎铲或撇沫铲将牛外脊翻面（注意禁止使用肉叉）。

⑦可以随时调节烤箱的温度（根据需要而定）：肉汁应成为焦糖色，但是不要焦煳。如果有大量的汁液从牛外脊中渗出，应立即提高烤箱温度。

⑧检查肉质成熟度：可以用手指按压来检测，也可以把温度计插入肉中观察其温度（中心温度在52～54℃为二三成熟）。

⑨当牛外脊的中心温度在45℃时，将其取出，放置十几分钟使其中心温度再继续升高。

⑩将牛外脊从烤盘中取出，放在不锈钢盘中的不锈钢箅子上或者放在不锈钢盘的背面（将不锈钢方盘翻转过来，盘底朝上），让牛外脊上的汁液全部流下去，使其表面没有汁液（汁液会使其表面硬壳般的肉质变软）。

⑪再次调味，热保存，温度为40～45℃。

⑫放置保存的时间等同于烹制时间（通常是30min，视其体积大小而定）。

制作烤牛肉少司

①烤盘中剩余的物质不要倒掉（肉头、肉汁等），往里面加入少量切成小丁的蔬菜香配料（洋葱丁、胡萝卜丁、芹菜丁）。

②在离火的情况下，将香配料与轻微上色烤出的汁液混合搅拌，过分上色会影响汁液使之变苦。

③将烤盘倾斜，撇去油脂，放入容器中，倒入少许的小牛肉棕色基础汤（或者只放水，也可以放小牛肉棕色基础汤和水的混合汤液）。

④将烤盘中焦糖味的汁液稀释均匀。

⑤加热收汁，直到汁液味浓醇厚。

⑥调味。

⑦用细纱网帽形滤器将汤汁过滤到少司桶中。

⑧盖上锅盖放入暖汤池中热保存，温度为63℃。

⑨烤牛外脊肉装盘：剪去牛外脊肉上的线绳，再放入烤箱重新预热后取出，把牛外脊两头的肉切去。将少量的烤肉汁浇在盘底，把烤牛外脊肉放在上面，表面放小块黄油。用一束水田芹放在牛外脊肉旁边（水田芹茎插放在牛外脊肉下面）。将烤牛肉少司放在少司盅里，配在盘子旁边。

实训2：烤羊肋排

原料准备

原料	单位	重（数）量
基础原料：		
羊肋排	块	1
水田芹	kg	适量
烤羊排少司原料：		
胡萝卜	kg	0.05
洋葱	kg	0.05
芹菜	kg	0.05
蒜	瓣	2
百里香	支	2
调料：		
植物油	L	适量
黄油	kg	适量
盐	kg	适量
胡椒粉	kg	适量
百里香花或普罗旺斯香草	kg	适量

续表

原料	单位	重（数）量
平均准备时间	min	15
平均制作时间	min	30

操作过程

①将羊肋排修整，剔除筋膜，羊肋排不需要捆绑。

②将羊肋排用盐、胡椒粉调味，用锡纸把露出的肋骨包裹起来。

③烤制前准备：将烤箱温度调到250℃，将羊肋排调味（禁止放在烤盘中调味）。在烤盘上先将碎瘦肉头、筋腱、碎骨头等铺匀，随意撒上一些百里香花或普罗旺斯香草，将羊肋排码放好，浇上一些植物油或熔化的黄油。

④待烤箱达到设定的温度后，将羊肋排放入烤箱，烤制10min后将温度降为200℃。

⑤1kg的羊肋排在200℃下应烤制10min左右。

⑥用手指按压来检查羊肋排肉的成熟度，成熟的羊肋排肉质应呈粉红色。

⑦将烤羊肋排从烤盘中取出，放在不锈钢盘中的不锈钢箅子上或者放在不锈钢盘的背面（将不锈钢方盘翻转过来，盘底朝上），让牛外脊上的汁液全部流下去，使其表面没有汁液（汁液会使其表面硬壳般的肉质变软）。

⑧再次加入盐、胡椒粉调味。

⑨在切配之前应放置20min左右。

⑩热保存，温度为40℃。

制作烤羊肋排少司

①制作方法参考烤牛肉少司。

②香配料包括：胡萝卜丁、洋葱丁、芹菜丁、拍蒜瓣（去芽）和百里香。

③烤羊肋排装盘：将包裹在肋骨条上的锡纸撕去。在烤箱或炉灶旁边将烤羊肋排放在盘中，使其保持热度。将少量的烤羊肋排少司浇在盘底，在烤羊肋排表面也浇上少司，表面放小块黄油。用一束水田芹放在烤羊肋排旁边（水田芹茎插放在烤羊肋排下面）。另外可将烤羊肋排少司放在少司盅里，配在盘子旁边。

实训3：番芫荽烤羊肋排

原料准备

原料	单位	重（数）量
基础原料： 烤制成熟的羊肋排	块	1

续表

原料	单位	重（数）量
番芫荽酱原料：		
黄油	kg	0.1
番芫荽	kg	0.02
蒜	瓣	1
百里香花	kg	0.02
普罗旺斯香草	kg	0.01
面包屑	kg	0.08
平均准备时间	min	5
平均制作时间	min	10

操作过程

制作番芫荽酱

①将软黄油与番芫荽末、蒜末、百里香花、普罗旺斯香草、面包屑等原料混合搅拌成膏状。

②借助抹刀将番芫荽酱涂抹在烤制成熟的羊肋排表面。

③放在焗炉下焗上颜色即可。

④装盘、配汁食用。

实训4：烤羊鞍

原料准备

原料	单位	重（数）量
基础原料：		
羊鞍	块	1
调料：		
植物油	L	适量
黄油	kg	适量
盐	kg	适量
胡椒粉	kg	适量
平均准备时间	min	10
平均制作时间	min	30

操作过程

①将羊鞍经过修整、去脂肪、去筋膜、捆绑等加工处理。

②制作方法参考烤羊肋排。

③在羊鞍上浇上植物油或熔化的黄油。

④放入220℃或230℃的烤箱中，烤制30～35min（适合重量在1.6kg的羊鞍）。

⑤控制羊鞍肉中心的温度，检查肉质成熟度。

⑥将烤制成熟的羊鞍肉取出，再次加入盐和胡椒粉调味。

⑦放入40℃的烤箱中放置30min左右。

⑧取出，剪去线绳。

⑨装盘，表面放小块黄油，浇上少司（参考烤牛肉少司）。

实训5：烤羊腿

原料准备

原料	单位	重（数）量
基础原料：		
羊腿	条	1
水田芹	kg	适量
烤羊腿少司原料：		
胡萝卜	kg	0.06
洋葱	kg	0.06
芹菜	kg	0.06
羊棕色基础汤	L	1
蒜	瓣	2～3
百里香	支	2
调料：		
植物油	L	适量
黄油	kg	适量
盐	kg	适量
胡椒粉	kg	适量
平均准备时间	min	20
平均制作时间	h	1

操作过程

①将羊腿经过修整、去脂肪、去筋膜、捆绑等加工处理。

②烤制前准备：将烤箱温度调到230℃或240℃。羊腿加入盐、胡椒粉进行调味处理。烤盘中撒入均匀的羊碎瘦肉头、碎骨头，再把羊腿放在其上面。表面浇上熔化的黄油或植物油。

③待烤箱温度达到设定温度后，将羊腿放入烤箱烤制10min左右，然后将温度降为200℃。

④烤制过程中，表面上色后将羊腿翻转过来继续烤制。

⑤翻转后烤制40～45min（适合小羊腿），50～55min（适合2.8kg左右的整羊腿）。

⑥检查羊腿成熟度：将食指插入羊大腿骨肉中感觉其温度，中心温度温暖，大约在40℃左右，此方法要求烹饪人员具备一定的实践经验；另外一种方法是使用钢针温度计，将其插入羊大腿较厚实的肉中测量其中心温度，当温度为40～45℃左右时表明肉质已成熟。

⑦羊腿成熟后，将烤羊腿从烤盘中取出，放在不锈钢盘中的不锈钢箅子上或者放在不锈钢盘的背面（将不锈钢方盘翻转过来，盘底朝上）。

⑧再次加入盐和胡椒粉调味，放置热保存，温度为40～45℃。

⑨在切配之前应放置30～40min。

制作烤羊腿少司

①将烤盘倾斜，撇去油脂，放入容器中。

②烤盘中剩余的物质不要倒掉（肉头、肉汁等），在里面加入少量切成小丁的蔬菜香配料（洋葱丁、胡萝卜丁、芹菜丁）。

③在离火的情况下，将香配料与轻微上色烤出的汁液混合搅拌，过分上色会影响汁液使之变苦。

④倒入少许的羊棕色基础汤或水。

⑤将烤盘中焦糖味的汁液稀释均匀。

⑥加入拍蒜瓣和百里香。

⑦小火加热收汁，直到汁液味浓醇厚。

⑧加入盐和胡椒粉调味。

⑨用细纱网帽形滤器将汤汁过滤到少司桶中。

⑩盖上盖子放入暖汤池中热保存，温度为63℃。

⑪烤羊腿装盘：将羊腿上的线绳剪去，再放入烤箱重新预热。将少量的烤肉汁浇在盘底，把烤羊腿放在上面，表面放小块黄油，均匀地浇上少司。用一束水田芹放在烤羊腿旁边（水田芹茎插放在烤羊腿下面压住）。另将烤羊腿少司放在少司盅里，配在盘子旁边。

备注

（1）红肉在烤制完成后必须放置一段时间，其收缩和膨胀的过程可以使肉质内部粉红的颜色均匀一致。一些专业的厨师会把一些蒜薹插入羊后腿肉中。

（2）如果羊腿在厨房切配，一定不要在上面撒上黄油块，也不要在上面浇烤肉少司（热的烤肉少司会使肉质颜色发生改变，影响其外观效果）。

实训6：烤整禽

原料准备

原料	单位	重（数）量
基础原料：		
整禽（鸡）	只	1
水田芹	kg	适量
烤禽少司原料：		
胡萝卜	kg	0.05
洋葱	kg	0.05
芹菜	kg	0.05
禽棕色基础汤或禽白色基础汤	L	1
调料：		
植物油	L	适量
黄油	kg	适量
盐	kg	适量
胡椒粉	kg	适量
平均准备时间	min	10
平均制作时间	h	1

操作过程

①将整禽进行去毛、去内脏、去爪尖捆绑等加工处理。

②将烤箱温度调至200℃。

③将禽爪用锡纸包裹起来。

④盐、胡椒粉涂抹在禽类表面和内腔里入味。

⑤把整禽侧放入大小适合的烤盘中（过多焦煳的汁液会使制作出的烤肉少司味道变苦）。

⑥把鸡内脏（心、胗）、翅膀尖、脖子撒在整禽周围。

⑦在整禽身上浇熔化的黄油或植物油。

⑧烤制整禽：当烤箱温度达到200℃时，将装有整禽的烤盘放入烤箱中，1.2kg的整禽的烤制时间为40～45min，1.4kg的整禽的烤制时间为50～55min。烤制15min后，将整禽取出，借助肉叉插入其较肥大腿部的关节处将其翻面，再烤制15min。然后，让整禽背部朝下，胸部朝上，淋上油脂，继续烤制。

⑨检验成熟度：借助肉叉插入其较肥大腿部的关节处将其放入白盘子中，将肉叉拔出，从大腿部位流出的汁液如果澄清无红色血液说明成熟，如果汁液呈淡粉红色，需要继续放入烤盘烤制。

⑩将烤制成熟的整禽取出，放在不锈钢盘中的不锈钢箅子上。

⑪如果需要调味可以适量撒盐、胡椒粉调味。

⑫热保存，直到浇汁时取出。

制作烤禽少司

①烤盘中剩余的物质不要倒掉（肉头、肉汁等），放在小火上。

②在里面加入少量切成小丁的蔬菜香配料（洋葱丁、胡萝卜丁、芹菜丁）。

③在离火的情况下将香配料与轻微上色烤出的汁液混合搅拌，过分上色会影响汁液使之变苦。

④将烤盘倾斜，撇去油脂，放入容器中。倒入少许的禽棕色基础汤（或禽白色基础汤或水）。

⑤将烤盘中焦糖味的汁液稀释均匀。

⑥加热收汁，直到汁液味浓醇厚。

⑦检查颜色，调味。

⑧用细纱网帽形滤器将汤汁过滤到少司桶中。

⑨盖上锅盖放入暖汤池中热保存，温度为63℃。

⑩整禽装盘：将整禽上的线绳剪去，再放入烤箱重新预热。然后取出，放到盘中。将少量的烤禽少司淋在盘底，把烤好的整禽放在上面，表面放小块黄油。用一束水田芹放在烤整禽旁边（水田芹茎插放在整禽下面压住）装饰。将烤禽少司放在少司盅里，配在盘子旁边。

实训7：烤珍珠鸡

原料准备

原料	单位	重（数）量
基础原料：		
珍珠鸡	只	1
水田芹	kg	适量
猪脂肪片	片	1
调料：		
植物油	L	适量
黄油	kg	适量
盐	kg	适量
胡椒粉	kg	
平均准备时间	min	10
平均制作时间	h	1

操作过程

①将珍珠鸡进行去毛、去内脏、去翅膀尖、去爪尖等加工处理。

②将烤箱温度调至200℃。

③盐、胡椒粉涂抹在禽类表面和内腔里入味。

④用猪脂肪片包裹住鸡胸一侧，与珍珠鸡一起捆绑结实。

⑤用锡纸将鸡爪包裹起来。

⑥将珍珠鸡侧放入大小适合的烤盘中。

⑦把鸡内脏（心、胗）、翅膀尖、脖子撒在整禽周围。

⑧在整禽身上浇熔化的黄油或植物油。

⑨烤制整禽：当烤箱温度达到200℃时，将装有珍珠鸡的烤盘放入烤箱中，0.8kg的珍珠鸡的烤制时间为30min左右，1.2kg的珍珠鸡的烤制时间为40～50min。烤制10min后，将珍珠鸡取出，借助肉叉插入其较肥大腿部的关节处将其翻面，继续烤制10min。然后将珍珠鸡背部朝下，胸部朝上，淋上油脂。

⑩检验成熟度：借助肉叉插入其较肥大腿部的关节处将其放入白盘子中，将肉叉拔出，从大腿部位流出的汁液如果澄清无红色血液则说明成熟，如果汁液呈淡粉红色则需要继续放入烤盘烤制。

⑪将烤制成熟的珍珠鸡从烤箱取出，放在不锈钢盘中的不锈钢箅子上。

⑫将珍珠鸡上的线绳剪去，再放入烤箱重新预热。

⑬在椭圆的盘中淋入少量留存烤盘底部的汤汁，把烤好的珍珠鸡放在上面，表面放小块黄油。

⑭掀去覆盖在胸部的猪脂肪片。

⑮用一束水田芹放在烤珍珠鸡旁边（水田芹茎插放在珍珠鸡下面压住）。

备注

对于一些专业烹饪的厨师来说，在烤制体形较大的禽类（阉鸡、火鸡等）前，会将其先放在味浓的禽类白色基础汤内煮制30min后捞出沥干水分，再放入烤箱，温度在180～200℃，将其烤制成熟。烤制出的汁液和煮过整禽（阉鸡、火鸡等）的禽类白色基础汤可以用于制作烤禽类少司。

实训8：德式烤脆皮猪肘配自制酸菜焗土豆

原料准备

原料	单位	重（数）量
基础原料：		
猪肘子	个	1
配菜原料：		
洋白菜	kg	0.25
洋葱	kg	0.06
培根	kg	0.1
配菜：		
小番茄	个	8
土豆	个	2
酸奶油	L	0.1
培根	kg	0.1
小洋葱	kg	0.08
小酸黄瓜	根	4
调料：		
大藏芥末	kg	适量
盐	kg	适量
香芹籽	kg	适量
洋葱（腌制用）	个	1
蒜	瓣	2
黑胡椒粒	kg	适量
啤酒	瓶	1
橄榄油	L	适量
香叶	片	1
白酒醋	L	0.05
鸡粉	kg	适量
糖	kg	适量
白胡椒粉	kg	适量
鲜百里香叶	kg	适量
黑胡椒粉	kg	适量
平均准备时间	min	20
平均制作时间	h	3

操作步骤

①猪肘子（选重1～1.25kg，最好选用猪前肘，前肘瘦肉多）洗净擦干，用喷枪去掉表皮的毛。

②腌制：将肘子用盐搓匀（一个肘子大概需要25g盐，3甜品勺的量），然后加入大藏芥末搓一下（一定要搓均匀，均匀抹上一层）。再加入香芹籽，均匀地抹在肘子上一点。大约腌制1h左右，有条件多腌会也可以。

③烤肘子：取一个深的烤盘，里边加入1个洋葱切成的丝、2瓣蒜一开二切成厚片、盐10g、黑胡椒整粒适量、啤酒500mL（一瓶）混合拌匀，肘子（大头朝下）立着放入烤盘里。万能蒸烤箱调至半蒸半烤模式（100℃）蒸烤1h，时间到后，调成烤的模式130℃温度再烤1h，然后烤箱调到180℃温度烤30min，时间到后打开烤箱，再往肘子上均匀地涂抹点啤酒揉搓一下，最后烤箱调至200℃温度烤10～15min，目的是让肘子表皮上色变脆。具体根据肘子大小情况调时间，烤好肘子取出备用。

④制作酸菜：将洋白菜、洋葱和培根切成丝。锅烧热倒入橄榄油，炒香洋葱丝后，炒培根丝，培根变色后加入洋白菜丝继续炒，加入一点儿香芹籽、一片香叶、盐搅拌均匀。洋白菜出汤后加入啤酒，小火煮20min左右，然后倒入白酒醋50mL左右，再煮一小会儿，等汁逐渐收干时，加少量鸡粉适当调味关火。

⑤制作配菜和焗土豆：将带枝小番茄用盐、糖、白胡椒粉、鲜百里香叶和橄榄油腌制，放入130℃烤箱内烤制1h左右即可。在锡纸上均匀抹黄油，撒上盐和黑胡椒粉，放带皮整土豆，然后锡纸包裹起来，放入烤盘，放进烤箱。用150～160℃温度烤1h。培根放入烤箱，用170℃温度烤18min后切碎。小洋葱切碎末。土豆烤好后立着用刀拉十字花刀，挤出造型，上边放入酸奶油、烤培根碎、小洋葱碎。

⑥装盘：在盘中放入酸菜，烤小番茄，焗土豆和烤好的肘子，也可以配上小洋葱和小酸黄瓜，效果更好。

2. 注意事项

（1）烤制肉类原料时，应选用肉质鲜嫩、质量好的原料。

（2）烤制前和烤制过程中应不时往原料上刷油或淋烤肉原汁。

（3）不要事先将红肉过早的调味腌制（只是在烹制前将红肉用盐、胡椒粉调味，然后立即烹制），否则调味时间过久会使肉中的血液流出，影响肉质口感。

（4）用煎铲或撇沫铲将红肉（牛外脊、羊排等）翻面，禁止用肉叉插入肉中将其翻面，否则血液会从针眼中流出。

（5）从烤肉中流出的汁液经过加热浓缩制作成烤肉少司，注意不要进行勾芡。

（6）烤肉汁液应成为焦糖色，但是不要焦煳，否则制作出的少司味道会变苦。

（7）将装有烤肉的烤盘放进另一个更大的烤盘中，这样可以避免肉汁焦煳味道变苦。

（8）在烤肉过程中，千万不能把渗出的肉汤汁取出进行浓缩制作少司（这时大量的蒸汽会使凝固变硬的肉质表皮变软）。

（9）在厨房中，千万不要将热的烤肉少司（汁）直接浇在切好的烤红肉（如牛外脊、羊排等）上面（这样很容易改变肉质颜色或破坏肉质）。

3. 实训总结

烤作为西餐烹调过程中常用的一种烹饪方法，是以热空气为传热介质的烹调形式，在烤箱内将原料加热并成熟。经过烤制的原料表层可结成硬壳而原料内部仍保持充足的水分。烤的烹调方法适用范围较广，适宜加工制作各种体积较大的肉类原料（T骨牛排、整条的里脊、外脊肉、羊腿等）、禽类原料（嫩鸡、鸭、鸽子、火鸡等）、一些蔬菜（马铃薯、胡萝卜等）和部分面点制品（清酥、混酥等）。封闭式烤法可以使原料加热均匀，烤出的菜肴具有特殊的风味，并有外焦里嫩的特点。

在实训菜品制作过程中涉及原料的加工切配、捆绑、包裹、烤、做汁、调味等技术要点，需要熟练掌握。

实训项目2　焖制工艺

相关知识

知识点1　焖是将加工成形，经初步热加工的大块原料与黄油、香配料、少量基础汤等放在较深的炖锅中盖上锅盖密封后放入烤箱中，利用热空气、水蒸气及少量的液体，借助对流与传导，热辐射的传热方式，使原料成熟的烹调方法。这种烹饪方法适用于烹制大块的禽畜类原料（如果这种大块的原料直接烤制，其肉质容易干柴）。

知识点2　原料在焖制过程中，容器内部液体的温度要求在80～90℃。为了能保持此温度，烤箱的温度则应控制在180℃左右。

实训准备

实训场地准备：西餐实训厨房加工间、热菜间。

实训用品准备：分刀，小刀，去皮刀，菜板，不锈钢盘，不锈钢桶/碗，汤锅，炒锅，鱼锅，撇沫铲，搅板，帽形滤器，打蛋器，餐勺，汤勺，煎铲，油纸，线绳。

仪容仪表准备：穿厨师工作服、工作鞋、工作帽、围裙，不佩戴任何饰物，不留长指甲，洗净双手。

实训内容

1．焖制基本烹调

实训1：布鲁塞尔式焖小牛肋排

原料准备

原料	单位	重（数）量
基础原料：		
小牛肋排	块	1
香配料：		
胡萝卜	kg	0.08
洋葱	kg	0.08
香料束	束	1
番茄	kg	0.1

续表

原料	单位	重（数）量
焖烧基础汤原料： 白葡萄酒或波尔图酒或马德拉酒 小牛肉棕色基础汤	 L L	 0.08 1
调料： 黄油 盐 胡椒粉	 kg kg kg	 适量 适量 适量
平均准备时间	min	10
平均制作时间	h	2

操作过程

①准备香配料：将胡萝卜、洋葱去皮清洗干净，切成小丁。番茄清洗干净，切成碎丁。制作香料束。

②小牛肋排加工准备：将整扇小牛肋排（6根或7根肋排）进行去脂肪、剔肉、捆绑等加工处理。

③将烤箱打开，温度调为200℃。

④焖制准备：将复合厚底的炖锅放在小火上，将盐、胡椒粉撒在小牛肋排上，表面涂满熔化的黄油。

⑤将小牛肋排放入锅中，每个面上都轻微上色即可（由于有黄油，所以颜色不要过深）。

⑥在其周围放入洋葱丁和胡萝卜丁（不要放在肋排上面）。另外，也可以放入少量的碎肉头、筋腱、碎骨头等。

⑦盖上锅盖，密封好，放入温度为200℃的烤箱中。烤制时间为1.5h左右（小牛整扇6~7根肋排或猪整扇6~7根肋排）。

⑧在烤制过程中不时将小牛肋排取出，翻面，将油脂和汁液浇在上面，使其均匀上色。

⑨烹制结束前，如果小牛肋排颜色不够（金黄色），可以去掉锅盖，烤制数分钟使其上色。

⑩加入剩下的香配料（番茄丁和香料束）。

⑪确保小牛肋排成熟后，将其捞出放在不锈钢盘中盖上盖子热保存（在制作少司期间）。

制作焖烧基础汤

①炖锅中剩余的物质不要倒掉（香配料、肉头、肉汁等），放在小火上。

②根据情况将锅中的汤汁收浓上色，颜色过深会导致汤汁味道变苦。

③往锅中倒入白葡萄酒或波尔图酒或马德拉酒（根据需要选用不同酒类）。

④小火收汁使酒蒸发，避免汤汁酸度过高。

⑤加入轻微勾芡的小牛肉棕色基础汤。

⑥继续收汁，但确保焖烧基础汤不要过于浓稠。

⑦将焖烧基础汤用细纱网帽形滤器过滤，过滤时不要用勺子或木铲搅拌。

⑧撇去焖烧基础汤表面的油脂。

⑨检查口味，调味。

⑩盖上盖子放在暖汤池中热保存，温度高于63℃。

小牛肋排裹汁

①将焖制成熟的小牛肋排取出，打开盖子，剪去捆绑的线绳，浇入适量的焖烧基础汤。

②将其放入焗炉或烤箱内，同时不停地将盘中的焖烧基础汤反复浇淋在小牛肋排上。

③直到汤汁变得浓稠（棕红色并且光亮），能够挂在小牛肋排上。

④装盘：通常焖制的菜肴最好放在空心的盘中或者炖锅中，用一些小的香配料装饰在周围。

备注

如果在厨房切片就不需要裹汁。在装盘的时候，在盘底浇上汤汁，汤汁上面码放切好的肉排，但不要在肉排上浇汤汁。

实训2：焖鸭

原料准备

原料	单位	重（数）量
基础原料：		
整鸭	只	1
香配料：		
胡萝卜	kg	0.08
洋葱	kg	0.08
番茄	kg	0.1
香料束	束	1
焖烧基础汤原料：		
白葡萄酒或波尔图酒或马德拉酒	L	0.08
鸭棕色基础汤	L	1
调料：		
黄油	kg	适量
盐	kg	适量
胡椒粉	kg	适量
平均准备时间	min	20
平均制作时间	h	1

操作过程

①将整鸭进行去毛、去爪、去内脏、去翅膀等加工处理。

②烤箱温度设定为200℃。

③准备香配料：将胡萝卜、洋葱去皮清洗干净，切成小丁。番茄清洗干净，切成碎丁。制作香料束。

④将盐、胡椒粉涂抹在整鸭表面和内腔里入味（不要在烹饪容器内调味）。

⑤将整鸭侧放在复合厚底的炖锅中，表面浇上熔化的黄油。

⑥在鸭子周围撒上胡萝卜丁和洋葱丁（番茄丁和香料束备用），不要撒在鸭身上。另外，也可以放入少量的鸭爪、鸭翅膀、内脏等。

⑦盖上锅盖放入200℃的烤箱中，重量1.2kg左右的整鸭（禽类）烤制1h左右。

⑧在烹制过程中，当整鸭一面上色后取出，将其翻面烤制另外一侧。不时将锅中的油脂和汁液浇在鸭身上。

⑨注意不要将香配料浇放在鸭身上。

⑩烹制结束前，如果鸭身颜色不够理想（金黄色），可以去掉锅盖，烤制数分钟使其上色。

⑪待侧面全部上色后，将其背部朝下，胸部朝上继续烹制。

⑫加入番茄丁和香料束。

⑬检验成熟度：把肉叉插入较肥大腿的关节处放入白盘子中，将肉叉拔出，从大腿部位流出的汁液如果澄清无红色血液则说明成熟，如果汁液呈淡粉红色，需要继续烹制。

⑭将烤制成熟的鸭子从烤箱取出，放在不锈钢盘中的不锈钢篦子上，胸部朝上，用锡纸将其密封，热保存，直到浇汁时取出。

制作焖烧基础汤

①炖锅中剩余的物质不要倒掉（香配料、鸭骨、内脏、肉汁等），放在小火上。

②根据情况将锅中的汤汁收浓上色，颜色过深会导致汤汁味道变苦。

③往锅中倒入白葡萄酒或波尔图酒或马德拉酒（根据需要选用不同酒类）。

④小火收汁使酒蒸发，避免汤汁酸度过高。

⑤加入轻微勾芡的鸭棕色基础汤。

⑥继续收汁，但确保焖烧基础汤不要过于浓稠。

⑦将焖烧基础汤用细纱网帽形滤器过滤。

⑧检查口味，调味。

⑨盖上盖子放在暖汤池中热保存，温度高于63℃。

焖鸭裹汁

①把焖制成熟的整鸭取出，打开盖子，浇入适量的焖烧基础汤。

②将其放入焗炉或烤箱内，同时不停地将盘中的焖烧基础汤反复浇淋在鸭身上。

③直到汤汁变得浓稠（棕红色并且光亮）能够挂在鸭身上。

④装盘：焖制的菜肴最好放在有保温功能的盘中或者炖锅中，用一些小的香配料装饰在周围。也可用一些胡萝卜等作为配菜。

备注

如果在厨房将整鸭拆分切片就不需要裹汁。在装盘的时候，在盘底浇上汤汁，汤汁上面码放切好的肉片，但不要再在肉片上浇汤汁。

实训3：焖小猪腿

原料准备

原料	单位	重（数）量
基础原料：		
小猪腿	条	1
肥肉条	kg	0.1

续表

原料	单位	重（数）量
焖烧基础汤原料：		
腌泡汁	L	0.1
小牛肉棕色基础汤	L	1
调料：		
腌泡汁	L	2
黄油	kg	适量
盐	kg	适量
胡椒粉	适量	适量
黄油少司	L	适量
平均准备时间	min	15
平均制作时间	h	2

操作过程

①将小猪腿去皮、去筋膜、锯去多余的骨头、捆绑成形。也可以在腿肉中穿入一些肥肉条。

②烤箱温度调到200℃。

③小猪腿与碎肉头、碎骨头一起放入腌泡汁中（红葡萄酒、干邑、植物油、醋、胡萝卜、洋葱、蒜、芹菜、香料束、丁香、月桂叶、胡椒等）腌制。

④腌制好后将小猪腿捞出沥干水分，然后把腌泡汁中的香配料也捞出来。

⑤用盐、胡椒粉均匀抹在小猪腿上，再抹上黄油后放入复合厚底的炖锅中，盖上锅盖。

⑥放到火上加热，直到表面全部上色后取出。

⑦再将控干水分的香配料倒入锅中，炒制数分钟。

⑧把小猪腿放回到锅中，香配料垫底。

⑨盖上锅盖，放入烤箱中，温度为200℃，烹制1.5h。3kg重的小猪腿要烹制1h45min。

⑩在烤制过程中不时将油脂和汁液浇在小猪腿上面。

⑪确保小猪腿成熟后，将其捞出放在不锈钢盘中盖上盖子热保存（在制作少司期间）。

制作焖烧基础汤

①炖锅中剩余的物质不要倒掉（香配料、碎肉头、碎骨头、肉汁等），放在小火上。

②根据情况将锅中的汤汁收浓上色，可适当地加入少量的腌泡汁。

③汤汁蒸发3/4后，加入小牛肉棕色基础汤（或也可以加入胡椒酸醋调味汁或半烧汁）或者轻微勾芡的小牛肉棕色基础汤。

④继续小火收汁。

⑤检查口味（咸淡）、口感（润滑）和颜色（深棕色），如果需要可适量加入少许胡椒粉。

⑥将焖烧基础汤用细纱网帽形滤器过滤，过滤时可借助小汤勺。

⑦小心撇去漂浮的油脂。

⑧把焖制成熟的小猪腿取出，打开锅盖，浇入适量的焖烧基础汤。

⑨将其放入焗炉或烤箱内，同时不停地将盘中的焖烧基础汤反复浇淋在小猪腿上。

⑩直到汤汁变得浓稠（烧汁，深棕黑色并且光亮），能够挂在小猪腿上。

⑪可以根据需要往烧汁中加入适量的配料，如冷冻醋栗、蓝莓、蘑菇、奶油等（非必须添加）。

⑫加入少量黄油少司，同时进行抽打。

⑬装盘：将小猪腿放在椭圆的银盘或不锈钢盘中，浇上少量的少司。如果在厨房将小猪腿切片就不需要裹汁。在装盘的时候，在盘底浇上汤汁，汤汁上面码放切好的肉片，不要再在肉片上浇汤汁。将剩余的少司装入少司盅内，配在盘边。

2. 注意事项

（1）容器内加入的基础汤用量要适当，应根据不同的原料，使汤汁浸过原料的1/3～1/2。

（2）焖制大块肉类焖前，应先用热油将原料四周煎上色，使原料表层结成硬壳，以便保持水分。

（3）焖制大块肉类焖前，可用红葡萄酒、橄榄油、香草、盐、胡椒粉及蔬菜香料等腌渍入味24h以上，以使其肉质松软。

（4）焖制大块瘦肉前，可借助肉针嵌入适量的肥肉条，补充肉中的油脂和水分。

（5）在烤箱内焖制时，容器一定要加盖密封。

（6）应在焖制的原料下面放一层根茎类蔬菜垫底，既可增加口味，又可防止原料直接与容器接触，使其煳底。

3. 实训总结

焖是以热空气为传热介质，在烤箱内将锅中的原料加热并成熟的烹饪方式，是西餐烹饪常用的一种烹饪方法。由于原料在密封的锅中长时间均匀受热，所以一般具有软烂、味浓、原汁、原味的特点。

焖制的烹调方法适用范围广泛，既可制作质地鲜嫩的原料，如芹菜、洋葱等，又适宜制作结缔组织较多、较老的禽畜大块原料（如小牛臀肉、肋排肉、肾脏、小母鸡、阉鸡、鸭子等）。

在实训菜品制作过程中涉及原料的加工切配、捆绑、包裹、烤、制汁、调味等技术要点，需要熟练掌握。

参考文献

[1] 郭亚东. 西餐工艺[M]. 北京：高等教育出版社. 2003.

[2] 郭晓赓. 西式烹饪工艺实训教程[M]. 北京：清华大学出版社. 2013.

[3] 郭亚东，王美萍. 烹饪学[M]. 北京：北京师范大学出版社. 2010.

[4] 韦恩·吉斯伦. 专业烹饪[M]. 李正喜，译. 大连：大连理工大学出版社. 2005.

[5] Michel Maincent. Technologie Culinaire[M]. France: Edition BPI, 1999.

[6] Jean-Paul Gravelle, Jean Montagard. Le Repertoire des Techniques de Cuisine[M]. France: Edition JEAN-PIERRE TAILLANDIER, 1995.

[7] Stephan Lagorce. Les petits plats dans les grands[M]. France: HACHETTE Pratique. 2004.

[8] Aude Mantoux. Larousse de la cuisine facile[M]. Paris: Larousse. 2001.

[9] Michel Faraguna, Michel Muschert. Modules de Technologie culinaire[M]. France: Edition BPI. 2001.

[10] Levine, Ellen (EDT). The Good Housekeeping Illustrated Cookbook[M]. New York: Revised/Expanded Edition Hearst Books. 2001.

[11] Michel Maincent. Cuisine de Reference[M]. France: Edition BPI. 2002.

西餐专业相关教材

西餐制作工艺

彩色印刷

李　晓　乔　兴　主编

页　数：356页

定　价：69.00元

ISBN：9787518430291

更多精彩内容

教学资源：

西餐工艺（第三版）

彩色印刷

高海薇　主编

页　数：220页

定　价：49.00元

ISBN：9787518407729

更多精彩内容

教学资源：

西点原料教程

彩色印刷

时　蓓　钱　峰　张　艳　主编

页　数：160页

定　价：42.00元

ISBN：9787518433223

更多精彩内容

西点制作基础

彩色印刷

周　航　主编

页　数：216页

定　价：42.00元

ISBN：9787518422654

更多精彩内容

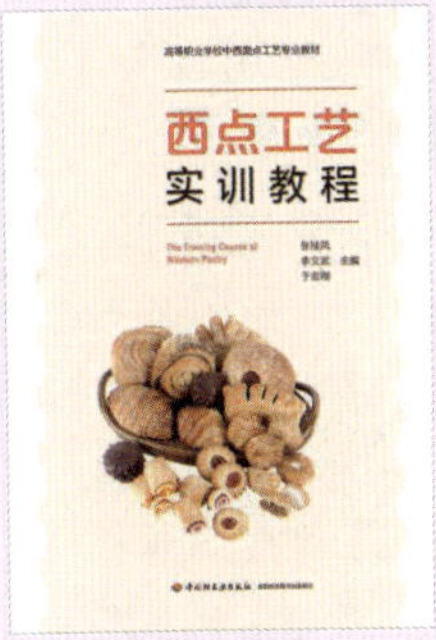

西点工艺实训教程

彩色印刷

张桂凤　李文武　于宏刚　主编

页　数：144页

定　价：38.00元

ISBN：9787518433087

更多精彩内容

蛋糕制作工艺与实训

彩色印刷

李天乐　主编

页　数：232页

定　价：49.00元

ISBN：9787518431342

更多精彩内容

教学资源：